# 新建住宅小区供配电系统
## 设计施工与运行维护

主编／徐海明　　主审／闫书俊　　参编／李小龙 孙阳 魏刚 徐玫艳

## 内 容 提 要

本书是根据国家及行业的相关技术标准和建设规范，结合已投入使用的新建住宅小区供配电系统的安装、运行及维护经验而编写的，全书共分十章。主要内容包括新建住宅小区供配电系统、新建住宅小区供配电系统架空线路、新建住宅小区供配电系统电缆线路、新建住宅小区供配电系统 10kV 高压装置、新建住宅小区供配电系统低压装置、新建住宅小区家庭住宅电气安装工程、住宅小区防雷接地与安全用电、新建住宅小区供电配套工程施工案例、新建住宅小区供配电系统运行与维护、新建住宅小区供配电系统施工与维护的安全管理。

本书可作为从事住宅小区供配电系统设计、施工、维护与管理相关工作的人员及住宅小区物业电工培训使用。也可供相关专业技术人员、配网管理、工程监理、住宅小区的家居电气安装工程的施工人员、房屋装修业主参考使用。

**图书在版编目（CIP）数据**

新建住宅小区供配电系统设计施工与运行维护/徐海明主编．—北京：中国电力出版社，2016.9（2023.1重印）

ISBN 978－7－5123－9259－5

Ⅰ．①新…　Ⅱ．①徐…　Ⅲ．①居住区-供电系统-施工设计②居住区-配电系统-施工设计　Ⅳ．①TM727

中国版本图书馆 CIP 数据核字（2016）第 088302 号

中国电力出版社出版、发行

（北京市东城区北京站西街 19 号　100005　http：//www.cepp.sgcc.com.cn）

三河市百盛印装有限公司印刷

各地新华书店经售

*

2016 年 9 月第一版　　2023 年 1 月北京第三次印刷

787 毫米×1092 毫米　16 开本　17.75 印张　411 千字

印数 3001—3500 册　定价 **49.80** 元

# 前　言

居民供电配套设施的建设与管理模式主要有两种：一种为专用变压器供电，由房地产开发商自主建设，建设期产权属开发商，房屋售出后作为小区内部公用设施，其产权自动归属业主，委托物业公司等中介机构代为管理；另一种为公用变压器供电，由小区建设开发商出资，委托电力部门按公用电力设施标准进行统一规划建设，纳入供电部门专业的营业管理，计量管理体系，建设费用按实结算。公用变压器属于电力部门的设施设备，一表一户，建成后由供电企业进行管理与维护。

住宅小区供配电设施建设由开发商建设后交给物业公司管理的专用变压器供电模式，随着经济社会发展暴露出越来越多的弊端，如：小区物业加价后用户电价较高，加重居民负担，且经常引发争议、投诉及群体性事件；供电配电设施建设标准偏低，设备质量较差，使用寿命较短，导致故障频发，难以满足居民用电日益增长的需求；供电配电设施产权归属各业主，一旦设备故障停电，经常出现维修责任推诿扯皮现象。这些弊端不仅使供电企业无法直接服务到户，也为后期运行维护带来困难，居民安全可靠用电存在严重隐患，成为停电事故、安全事故频发等问题的根源。

根据《电力供应与使用条例》《电力监管条例》《物业管理条例》等法律、法规的规定，目前，现有专用变压器供电模式的在建项目，已转为按公用变压器供电模式实施；所有新建住宅小区项目，按公用变压器供电模式进行规范。公用变压器供电模式的优点是：将住宅小区供配电设施交由供电企业统建统管，明确产权归属于供电企业，解决小区供配电设施后期维护、更新、改造资金问题以及高电价难题，确保广大小区居民正常的生活用电。新建住宅小区供配电设施的建设、管理、维修和养护纳入供电企业的建设规划和生产管理，确保电网的安全可靠运行，满足住户正常用电需求。

住宅小区的安全供电涉及千家万户的切身利益。随着公用变压器供电模式在新建住宅小区供配电系统的推广应用，以供电企业为主导的新建住宅小区供配电系统的技术和建设规范已逐步得到执行，新建住宅小区配套费实施工作得到稳步推进，新建住宅小区供配电设施实现统一规划、统一组织建设、统一运行工作得到有序促进。然而，新建住宅小区项目多、供配电设施杂、安装维护人员的技术素质参差不齐。如何保证新建住宅小区供配电系统的施工质量、可靠供电，是当前一个亟待解决的问题。在此背景下，湖北鄂电建设有限责任公司根据国家及行业的相关技术标准和建设规范，结合已投入使用的新建住宅区供配电系统的安装、运行及维护经验，组织编写了本书，以供从事新建住宅小区的供配电系统设计、施工、维护与管理相关工作的人员参考使用。

全书共分十章。书中第一至第三章分别对新建住宅小区供配电系统及供配电系统架空线路和电缆线路进行了介绍；第四章至第七章对新建住宅小区供配电系统的 10kV 高压、低压装置，新建住宅小区家庭住宅电气安装工程及住宅小区防雷接地与安全用电进行了详细介绍；第八章至第十章列举了新建住宅小区供电配套工程的施工案例，对新建住宅小区供配电系统的运行与维护以及施工与维护的安全管理进行了介绍。由于小区内专用变压器系统与公用变压器系统的安装、运行维护大致相同，区别不大，故此对于住宅小区内专用变压器供电系统本书未予赘述。

本书在编写过程中得到了湖北鄂电建设监理有限责任公司夏翠芬、湖北襄阳供电公司尹莉君和王德琳的指导、帮助，在此表示衷心的感谢。

由于时间仓促，书中疏漏和不足之处在所难免，恳请读者予以指正。

编　者

2016 年 6 月

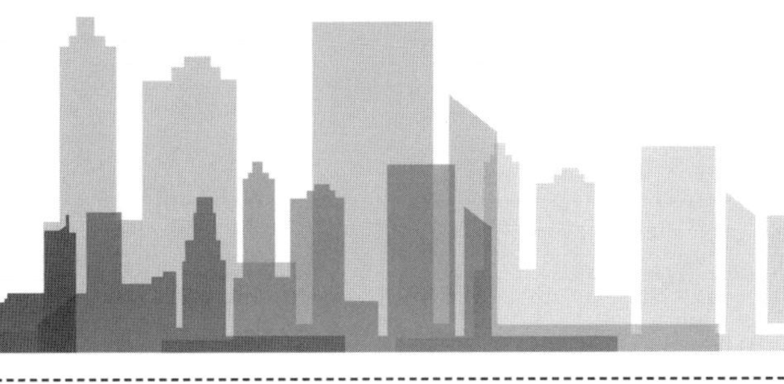

# 目 录

第一章

# 新建住宅小区供配电系统

## 第一节　住宅小区供配电系统配置原则

### 一、住宅小区用电负荷容量计算

1. 用电负荷容量的确定

每户建筑面积在 60m² 及以下的住宅，配套供电基本容量为每户不宜小于 4kW；每户建筑面积在 60～90m² 的住宅，配套供电基本容量为每户不宜小于 6kW；建筑面积在 90～150m² 的住宅，配套供电基本容量为每户不宜小于 8kW；每户建筑面积在 150m² 以上时，超出的建筑面积可按 40～50W/m² 计算。公建设施供电基本容量按 30W/m² 配置。

2. 用电负荷配电系数配置原则

用电负荷配电系数配置原则有：

(1) 配电变压器安装容量应按不小于 0.5 的配电系数进行配置。

(2) 低压干线截面积选择，应按表 1-1 中配电系数进行配置。

**表 1-1　　低压干线截面积选择配电系数表**

| 序号 | 居民住宅户数 | 配电系数 $K_p$ |
|---|---|---|
| 1 | ≤3 | 1 |
| 2 | 3～12 | ≥0.7 |
| 3 | 12～36 | ≥0.6 |
| 4 | >36 | ≥0.5 |

**注**　配电系数 $K_p$=配电变压器容量（kVA）或配线馈送容量（kW）/用电负荷（kW）。

(3) 新建住宅内公建用电设备总容量在 100kW 或需用变压器容量在 100kVA 以下者可采用低压方式供电。

(4) 公建设施应按实际设备容量计算。设备容量不明确时，按负荷密度估算：办公 60～100W/m²；商业（会所）100～150W/m²。

(5) 新建住宅配电变压器的容量宜选用 400～500kVA，油浸式变压器的容量不应超过 630kVA，干式变压器的容量不应超过 1000kVA。

### 二、10kV 高压配电

(1) 一级负荷一般为双电源供电，二级负荷宜采用两回线路或环网方式供电，三级负荷可采用 10kV 单电源供电。对于住宅小区中的一、二级负荷，除正常供电电源之外还应配备自备发电机等保安电源，并和小区的电源有可靠的闭锁，应急电源由房地产开发商建设管理。其中双电源或环网的两端电源应来自不同变电站（开关站）或同一变电站（开关站）的不同母线。

(2) 住宅小区的 10kV 外部供电线路应根据当地城市规划或配网规划选用电缆或架空方式供电。对于根据规划需采用电缆方式供电而暂时因客观原因无法采用电缆方式供电的，也应按电缆方式设计并预留接入点，同时采取临时接入方案。

(3) 开关站一般为双电源供电，由开关站供电的配电站或箱式变可根据其负荷性质采用双辐射、单辐射以及内环网等方式供电。开关站的馈线原则上不应占用主干电缆通道。

(4) 10kV 高压供电方式的要求：

1) 新建住宅区高压供电宜采用开关站和配电站供电方式，也可采用环网柜、电缆分支箱和箱式变压器方式，或两者相结合的方式供电。

2) 十层及以上高层建筑应采用户内配电站方式供电。

3) 开关站、环网柜每路出线所带配电变压器总容量不宜超过 2000kVA。

4) 高压电缆截面积应力求简化并满足规划、设计要求，应按表 1-2 进行选择。

**表 1-2　高压电缆截面积选择推荐表**

| 序号 | 类型 | 电力电缆（$mm^2$） | 备注 |
|---|---|---|---|
| 1 | 主干线 | 400、300、240 | |
| 2 | 电缆分支线 | 240、120、70、50 | |
| 3 | 环网柜联络线 | 400、300、240 | |
| 4 | 箱式变压器进线 | 70、50 | |
| 5 | 电缆分支箱进线 | 240、120 | |

(5) 10kV 高压接线形式。住宅小区 10kV 高压供电网络的接线形式有：

1) 新建住宅电源应经开关设备接入主网。

2) 小型开关站（不超过 2 进 4 出）可采用单母线接线方式。

3) 中型开关站（2 进 6～8 出）和大型开关站（2 进 8～14 出）应采用单母线分段接线方式，并应设置母联开关。

## 三、新建住宅小区低压配电

1. 低压配电设计原则

新建住宅小区的低压配电设计原则有：

(1) 住宅建筑低压配电系统的设计应根据住宅建筑的类别、规模、供电负荷等级、电价计量分类、物业管理及可发展性等因素综合考虑。

(2) 住宅建筑低压配电系统的设计应符合 GB 50054—2011《低压配电设计规范》和 JGJ 16—2008《民用建筑电气设计规范》的规定。

2. 新建住宅小区的低压配电的配置要求

新建住宅小区的低压配电的配置要求如下：

(1) 住宅建筑单相用电设备由三相电源供配电时，应考虑三相负荷平衡。

(2) 住宅建筑每个单元或楼层宜设一个带功能的开关电器，且该开关电器能独立设置，也可设置在电表箱内。

(3) 采用三相电源供电的住宅，套内每层或每间房的单相用电设备、电源插座宜采用同相电源供电。

(4) 每栋住宅建筑的照明、电力、消防及其他防灾用电负荷应分别供电。

(5) 住宅建筑的电源进线电缆宜地下敷设，进线处宜设置电源进线箱，箱内应设置总开关电器。电源进线箱宜设置在室内，当电源进线箱设置在室外时，箱体的防护等级不宜低于 IP54。

(6) 6 层及以下的住宅单元宜采用三相电源供配电，当住宅单元数为 $3^n$（$n$ 为正整数）时，住宅单元可采用单相电源供配电。

(7) 7 层及 7 层以上的住宅单元应采用三相电源供配电，当同层住户数小于 9 时，同层住户可采用单相电源供配电。

3. 低压供电方式

新建住宅小区低压供电方式有：

(1) 新建住宅低压供电半径不宜超过 250m。

(2) 0.4kV 电缆分接可采用低压分支箱，位置应接负荷中心。低压线路应采用多点及末端接地方式，接地电阻小于 10Ω。

(3) 每台变压器应装设低压自动无功补偿装置，电容器容量应满足不小于 15%变压器容量的要求。

(4) 每台配电变压器应安装满足计量要求的配电变压器综合测试仪或计量装置，以满足分线、分台区及电压考核要求。

(5) 低压线路应采用三相四线制，零线与相线应等截面，各相负载电流不平衡度应小于 15%。

(6) 具备两台及以上配电变压器的配电站应装设 0.4kV 母联断路器。

(7) 作为公建设施供电的低压线路不应与作为住宅供电的低压线路共用一路电源。

4. 低压配电线路的保护

新建住宅小区的低压配电线路的保护有：

(1) 当住宅建筑设有防电气火灾剩余电流动作报警装置时，报警声光信号除应在配电柜上设置外，还宜将报警声光信号送至有人值守的值班室。

(2) 每套住宅应设置自恢复式过、欠电压保护电器。

5. 低压配电的导体及线缆

(1) 低压配电的导体及线缆的选择。新建住宅小区的低压配电的导体及线缆的选择见表 1-3。

**表 1-3　　新建住宅小区的低压配电的导体及线缆的选择**

| 序号 | 内　容 | 导体及线缆的选择 |
|---|---|---|
| 1 | 住宅建筑套内的电源线 | 应选用铜材质导体 |
| 2 | 敷设在电缆竖井内的封闭母线、预分支电缆、电缆及电源线等供电干线 | 可选择铜、铝或合金材质的导体 |

续表

| 序号 | 内　　容 | 导体及线缆的选择 |
|---|---|---|
| 3 | 高层住宅建筑中明敷的线缆 | 应选用低烟、低毒类的阻燃类线缆 |
| 4 | 建筑高度为100m或35层及以上的住宅建筑 | 应采用矿物绝缘电缆 |
|  | 建筑高度为50～100m且19～34层的一类高层住宅建筑，用于消防设施的供电干线 | 用于消防设施的供电干线应采用阻燃耐火电缆，宜采用矿物绝缘电缆 |
|  | 10～18层的二类高层住宅建筑，用于消防设施的供电干线 | 应采用阻燃耐火类电缆 |
| 5 | 19层及以上的一类高层住宅建筑，公共疏散通道的应急照明 | 应选用低烟、无卤类的阻燃类线缆 |
|  | 10～18层的二类高层住宅建筑，公共疏散通道的应急照明 | 宜选用低烟、无卤类的阻燃类线缆 |

(2) 低压电缆及单元接户线、每套住宅进户线截面积应力求简化并满足规划、设计要求。低压交联聚乙烯绝缘导线截面积的选择，不应小于表1-4的要求。

**表1-4　　低压电缆截面积选择推荐表**

| 序号 | 项　　目 | 电缆截面积（$mm^2$） |
|---|---|---|
| 1 | 低压电缆 | 240、150、70 |
| 2 | 单元接户线 | 95、70、50 |
| 3 | 每套住宅进户线 | 单相：10；三相：6 |

**注**　高层建筑采用预分支电缆和插接母线槽应另行设计。

## 四、住宅小区电能计量方式

住宅小区的电能计量方式要求：

(1) 居民住宅用电应实行一户一表计量方式。

(2) 当每套住宅用电容量在12kW及以下时，应采用单相供电到户计量方式。每套住宅用电容量超过12kW时，可采用三相供电到户计量方式。

(3) 住宅区域内不同电价分类的用电负荷，应分别装设计量表计。对执行同一电价的公用设施用电，应相对集中设置公用计量表计。

(4) 新建住宅宜采用远程自动抄表方式。

(5) 新建住宅各类计量表箱应按国家和电力行业相关技术标准制造，并经当地供电部门确认后使用。

(6) 计量表计集中安装时，应采用多户表箱，除满足该处居民用电计量需求外，应预留一只远程自动抄表装置表位。多户表箱不宜安装在户外。

## 五、新建住宅小区配电装置接地

新建住宅小区的配电装置接地的技术要求：

(1) 新建住宅内配电站配电变压器中性点接地方式应遵从供电部门对该区域的规划要求。

(2) 当配电站采用建筑物的基础作接地极且接地电阻小于1Ω时，可不另设人工接地装置。

(3) 配电变压器等电气装置安装在由其供电的建筑物内的配电装置室时，其接地装置应与建筑物基础钢筋等相连。

(4) 配电电气装置的接地要求，参照现行国家标准及电力行业标准执行。

(5) 最末一级低压电缆分支箱应进行重复接地。

## 六、配电房站址及线路走廊

配电房站址的选择与线路走廊设计的相关要求如下：

(1) 住宅小区配电设施、高低压电缆走廊及户外配电箱等应纳入住宅小区设计的总体规划，应与小区内其他管线和设施进行统筹安排，与供电有关的土建设计图纸应经供电部门会审。申请用电时应提供相关主管部门审批文件。

(2) 新建住宅小区配电房的位置选择应满足以下要求：

1) 住宅小区的配电房以独立建筑物为宜，也可结合主体建筑建设，一般设在地面一层或二层。当条件限制而必须设在地下层时，不应设置在最底层，以防受潮或水淹。当地下仅有一层时应采取适当抬高地面防水、排水及防潮、通风措施。位置不应设在卫生间、浴室或其他经常积水场所的正下方，场所房间内不应有给排水管道及消防管道经过。住宅小区的变配电房不得单独建在地下。

2) 为明确供用电双方的责任及便于今后的管理，对设在住宅小区内部的公用配电装置应与住宅小区的其他设备（或其他性质用途的用房）以防火墙形式隔离，并具有独立门户。

3) 住宅小区配电房的选址应考虑设备运输方便，并留有消防通道。

4) 配电房净高一般不低于3.9m。

5) 若小区规模较小（建筑面积7000m$^2$以下），且条件限制，采用箱式变压器方式供电时，环网柜、电缆分支箱、箱式变压器宜在地面以上户外单独设置，并充分考虑箱式变压器的检修通道和运输通道，箱式变压器围栏的范围应考虑操作时的通道和箱式变压器内设备更换所需的空间。

6) 住宅小区内的供配电设施选址和设计应满足噪音等环保方面的要求，建设在主体建筑内时应与居民住宅相隔一层距离。若无法满足要求，变压器室内应有防噪声措施。

(3) 住宅小区内的专用和公用配电房由小区建设单位无偿提供，其预留面积应满足表1-5的各项要求。

**表1-5　　住宅小区内专用和公用配电房供电设施设置要求**

| 序号 | 内　容 | 预留面积要求 |
|---|---|---|
| 1 | 住宅小区总建筑面积在7000m$^2$以下，且供电容量小于400kVA | 可只留箱式变压器位置，箱式变压器的占地面积为5m×4m，同时在其四周至少应留有1.5m走廊，作为电气设备操作通道及接地与基础用地 |
| 2 | 住宅小区总建筑面积在7000～13 000m$^2$ | 应留有配电室位置，配电室的建筑面积为60～90m$^2$ |
| 3 | 住宅小区总建筑面积在13 000～25 000m$^2$ | 应留有小区配电室位置，配电室的建筑面积为90～130m$^2$ |
| 4 | 住宅小区总建筑面积在25 000～40 000m$^2$ | 应留开闭所兼配电室位置，开闭所的建筑面积为130～160m$^2$ |
| 5 | 住宅小区总建筑面积在40 000m$^2$以上 | 应留一座开闭所位置，开闭所的建筑面积160m$^2$，配电室的建筑面积按2～4项规定确定 |

续表

| 序号 | 内　容 | 预留面积要求 |
| --- | --- | --- |
| 6 | 住宅小区内单体建筑建有商业网点及其他公用设施 | 采用低压专柜或高压供电的，用户应自留这部分用电设施用地，不纳入小区配电室用地范畴内 |

（4）为避免电缆的迂回，避免占用主干电缆通道，小区内的高压电缆走廊应考虑与临近道路或住宅小区等建筑之间的直接电缆走廊，设置 2 个方向及以上的通道。

（5）高低压电缆走廊应根据规划及最终电缆数量确定建设规模，一次建成。

（6）电缆的敷设方式可采用电缆沟、电缆排管或桥架等方式，并设置必要的手孔或工井，同时还应按规定设置必要的标识桩。电缆排管不应设在住宅楼下方。

（7）高层住宅楼内的低压电缆、低压预分支电缆或母线槽应在电气竖井内敷设，电气竖井应专用并分层隔离。

## 七、居民区供配电设施负荷分级

居民区供配电设施负荷分级原则：

（1）住宅建筑中主要负荷的分级。根据 JGJ 242—2011《住宅建筑电气设计规范》的规定，居民区供配电设施主要负荷的分级见表 1－6。

**表 1－6　　居民区供配电设施主要负荷的分级**

| 序号 | 类　别 | 用电设备（或场所）名称 | 负荷等级 |
| --- | --- | --- | --- |
| 1 | 建筑高度为 100m 或 35 层及以上的住宅建筑 | 消防用电负荷、应急照明、航空障碍照明、走道照明、值班照明、安防系统、电子信息设备机房、客梯、排污泵、生活水泵 | 一级 |
| 2 | 建筑高度为 50～100m 且 19～34 层的一类高层建筑 | 消防用电负荷、应急照明、航空障碍照明、走道照明、值班照明、安防系统、客梯、排污泵、生活水泵 | 一级 |
| 3 | 10～18 层的二类高层建筑 | 消防用电负荷、应急照明、走道照明、值班照明、安防系统、客梯、排污泵、生活水泵 | 二级 |

（2）住宅建筑中主要负荷分级的规定应符合表 1－6 的规定，表中未列入的住宅建筑用电负荷等级为三级。

（3）严寒和寒冷地区住宅建筑采用集中供暖系统时，热交换系统的供电等级不低于二级。

（4）建筑高度为 100m 或 35 层及以上的住宅建筑的消防用电负荷、应急照明、航空障碍照明、生活水泵宜设自备电源供电。

# 第二节　新建住宅小区供配电工程供电方案

新建住宅小区的高压供电，应根据住宅小区规模及周边电源情况，可采用不同的方案供电。具体采用图 1－1～图 1－6 中的哪个方案供电，则要视情况而定。

## 一、小型住宅区供电方案

小型住宅区的供电方案（单电源单射式）如图 1－1 所示。

## 二、有重要负荷的小型住宅区供电方案

有重要负荷的小型住宅区的供电方案（双电源双射式）如图1－2所示。该供电方案优点是可靠性高，占地少。

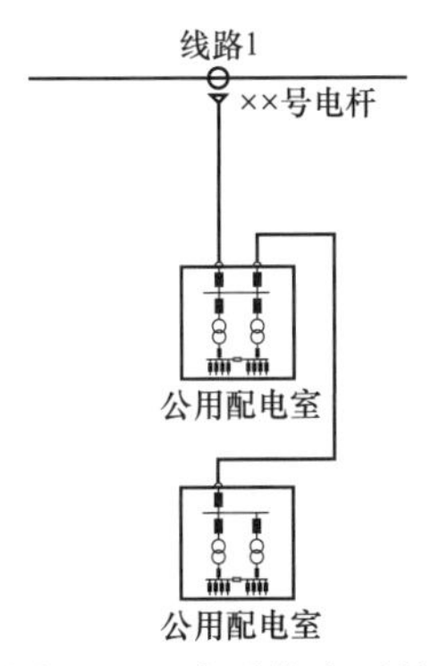


图1－1 小型住宅区的供电方案（单电源单射式）

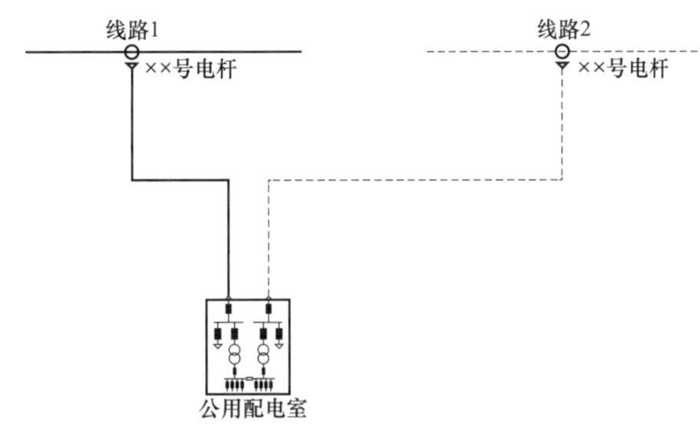


图1－2 有重要负荷的小型住宅区的供电方案（双电源双射式）

## 三、中、小型住宅区供电方案

中、小型住宅区的供电方案（户内环网单元双射式）如图1－3所示。

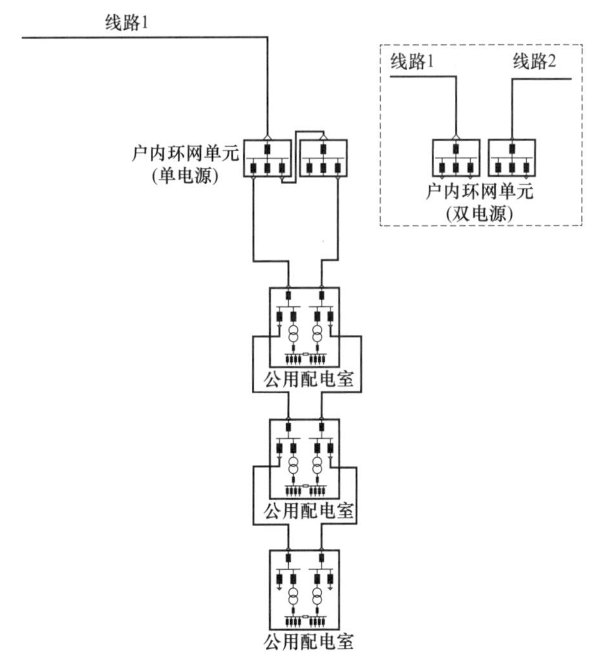


图1－3 中、小型住宅区的供电方案（户内环网单元双射式）

## 四、大、中型住宅区供电方案

(1) 大、中型住宅区的供电方案（开关站双射式）如图1－4所示。

(2) 大、中型住宅区的供电方案（户内环网单元环网型）如图1－5所示。

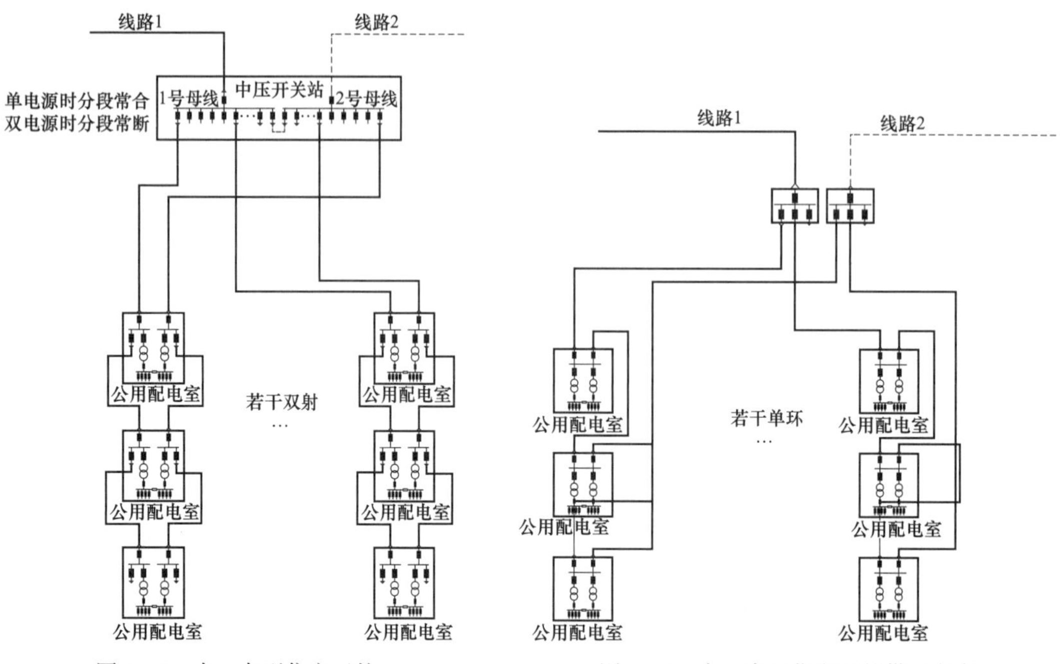


图 1－4　大、中型住宅区的供电方案（开关站双射式）

图 1－5　大、中型住宅区的供电方案（户内环网单元环网型）

（3）重要负荷较大的大、中型住宅区的供电方案（开关站单环网型）如图 1－6 所示。

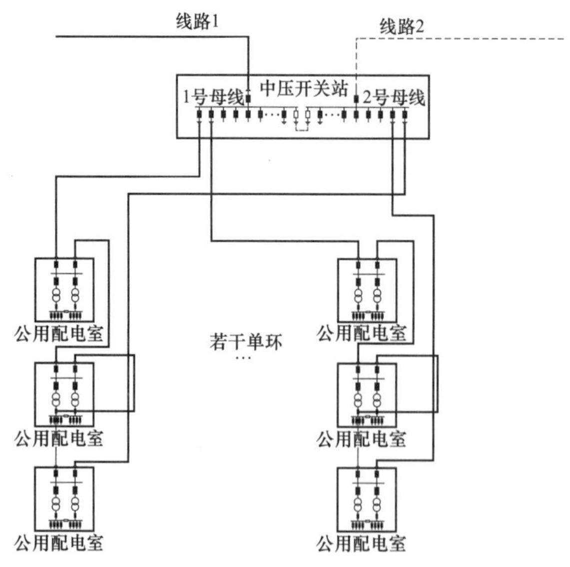


图 1－6　重要负荷较大的大、中型住宅区的供电方案（开关站单环网型）

## 五、住宅小区开关站、配电室典型布置

开关站典型布置如图 1－7 所示，配电室典型布置如图 1－8 所示。

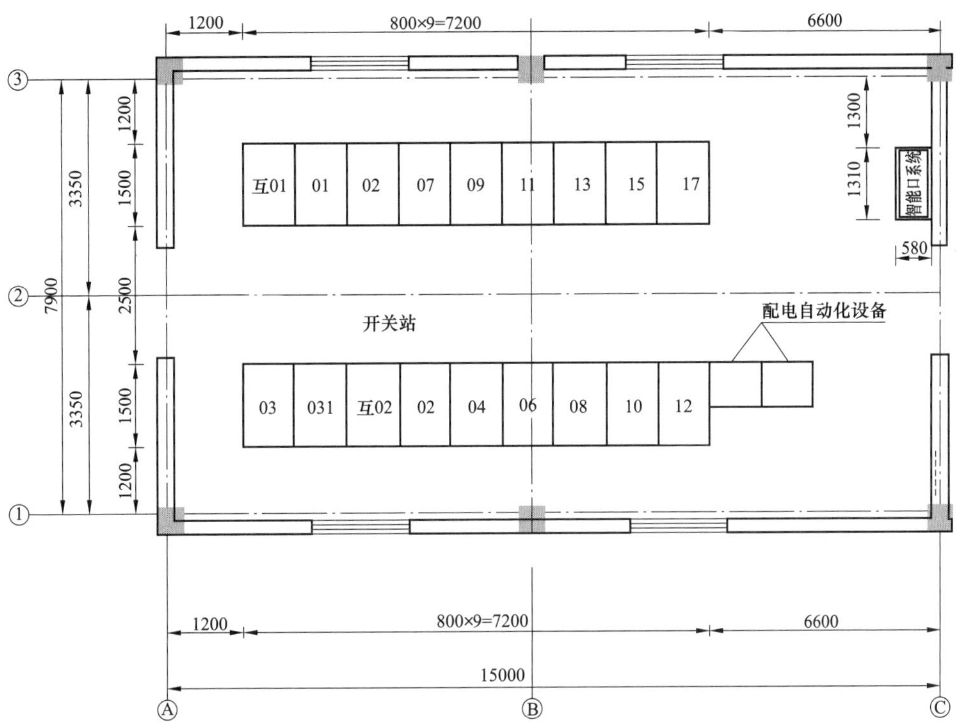


图 1-7 住宅小区开关站典型布置

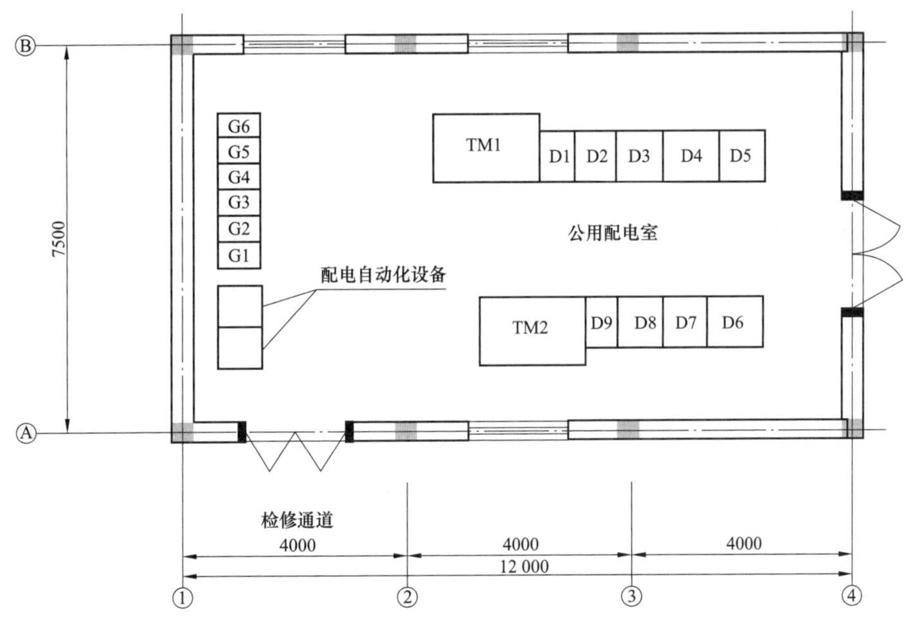


图 1-8 住宅小区配电室典型布置

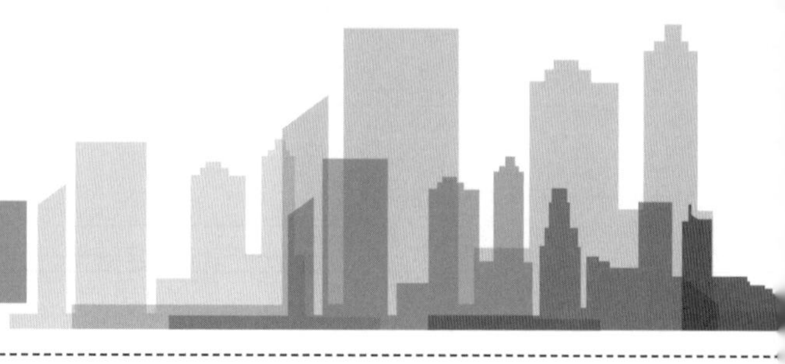

第二章

# 新建住宅小区供配电系统架空线路

## 第一节　供配电系统架空线路的组成

在供电系统中，从发电厂把电能输送到变电站的高压架空线，叫输电线。电压一般在35kV以上。从变电站把电能输送到配电变压器去的10kV架空电力线，叫高压配电线，常采用三相三线制。从配电变压器把电能输送到用电点去的低电压电力线，叫低压配电线，其电压按我国标准为380V/220V，常采用三相四线制。

### 一、供配电系统架空线路结构

新建住宅小区供配电系统的架空配电线路主要由杆塔、导线、避雷线、绝缘子、金具、杆塔基础、拉线和接地装置等组成。

1. 杆塔

杆塔是电杆和铁塔的总称。杆塔的用途是支持导线和避雷线，以使导线与导线、导线与避雷线、导线与地面及交叉跨越物之间保持一定的安全距离。

2. 导线

架空导线是架空电力线路的主要组成部件，其作用是传输电流，输送电功率。导线通过绝缘子架设在杆塔上，它除承受着自身的质量和经受风、雨、雪等外力作用外，还要承受空气中化学杂质的侵蚀，因此，不仅要求导线有良好的电气性能、足够的机械强度及抗腐蚀能力，还要求尽可能质轻且价廉。

架空裸导线一般每相一根，220kV及以上线路由于输送容量大，同时为了减少电晕损失和电晕干扰而采用相分裂导线，即每相采用2根及以上的导线。采用分裂导线能输送较大的电能，而且电能损耗少，有较好的防振性能。

架空导线常用的是导电性能好的铜、铝等金属材料。钢芯铝绞线由于其具有机械强度大、质量轻的特点，而在输电线路中得到广泛采用。

(1) 铜导线：具有良好的导电性能和足够的机械强度并且有很好的抗腐蚀能力，新架设的铜导线架空线路运行一段时间，在表面上形成很薄的氧化层，可防止导线进一步受腐蚀，但由于铜导线造价高，除特殊要求外，一般采用铝导线。

(2) 铝导线：其导电性能及机械强度仅次于铜导线。铝的导电率为铜的60%左右。铝导线要得到与铜导线相同的导电能力，其截面积约为铜导线的1.6倍左右，但铝的质量轻，在同一电阻值下，约为铜质量的50%，铝导线极易氧化，氧化后的薄膜能防止进一步

的腐蚀，铝的抗腐蚀能力较差，而且机械强度小，但导线价廉资源丰富，因此在新建住宅小区供配电系统的10kV及以下的架空配电线路中广泛使用。

(3) 钢芯铝绞线：它是一种复合导线。它利用机械强度高的钢线和导电性能好的铝线组合而成，其导线外部为铝线，导线的电流几乎全部由铝线传输，导线的内部是钢线，导线上所承受的力作用主要由钢线承担。复合导线集这两种导线的优点满足了架空线路的要求，广泛采用于高压输电线路中。

3. 避雷线

避雷线一般也采用钢芯铝绞线，且不与杆塔绝缘而是直接架设在杆塔顶部，并通过杆塔或接地引下线与接地装置连接。避雷线的作用是减少雷击导线的概率，减少雷击跳闸次数，提高耐雷水平，保证线路安全送电。

4. 绝缘子

绝缘子是一种隔电产品，一般是用电工陶瓷制成的，又叫瓷瓶。另外还有钢化玻璃制作的玻璃绝缘子和用硅橡胶制作的合成绝缘子。

(1) 绝缘子的用途。用来固定导线，并使导线之间以及导线和大地之间绝缘，保证线路具有可靠的电气绝缘强度，承受导线的垂直荷重和水平荷重。因为绝缘子要承受高压和机械力的作用，还要受大气变化的影响，所以绝缘子不仅应满足绝缘强度和机械强度的要求，还需能承受温度的骤变。

(2) 绝缘子的分类。按其形式可分为针式、蝶式、悬式和陶瓷横担绝缘子，见表2-1。

**表2-1　绝缘子的分类**

| 序号 | 类别 | 内容 |
|---|---|---|
| 1 | 针式绝缘子 | 按使用电压可分为高压针式绝缘子和低压针式绝缘子两种；按针脚的长度分，可分为长脚和短脚两种，长脚针式绝缘子用于木横担，短脚针式绝缘子用于铁横担 |
| 2 | 蝶式绝缘子 | 可分为高压蝶式绝缘子和低压蝶式绝缘子两种 |
| 3 | 悬式绝缘子 | 它包括悬式钢化玻璃绝缘子和悬式瓷绝缘子 |
| 4 | 陶瓷横担绝缘子 | 可分为顶相和边相 |

5. 金具

金具在架空电力线路中，主要用于支持、固定和接续导线及绝缘子连接成串，也用于保护导线和绝缘子。按金具的主要性能和用途，架空电力线路的金具分类及用途见表2-2。

**表2-2　架空电力线路的金具分类及用途**

| 序号 | 类别 | 用途 |
|---|---|---|
| 1 | 线夹类 | 线夹是用来握住导、地线的金具。包括悬垂线夹、耐张线夹 |
| 2 | 连接金具类 | 连接金具主要用于将悬式绝缘子组装成串，并将绝缘子串连接、悬挂在杆塔横担上 |
| 3 | 接续金具类 | 接续金具用于接续各种导线、避雷线的端头 |
| 4 | 保护金具 | 保护金具分为机械和电气两类。机械类保护金具能防止导、地线因振动而造成断股；电气类保护金具能防止绝缘子因电压分布严重不均匀而过早损坏。机械类金具有防振锤、预绞丝护线条、重锤等；电气类金具有均压环、屏蔽环等 |

防雷金具一般又称做“防雷线夹”，但严格来说，称为“线夹式防雷间隙”可能更准确，因为它只是安装在线杆导线支持绝缘子旁边的防雷用的放电间隙。

6. 杆塔基础

架空电力线路杆塔的地下装置统称为基础。基础用于稳定杆塔，使杆塔不致因承受垂直荷载、水平荷载、事故断线张力和外力作用而上拔、下沉或倾倒。

7. 拉线

拉线是为了平衡电杆各方面的作用力，并抵抗风力，以防止电杆倾倒，拉线多采用多股铁拉线绞成或由钢绞线制成，埋入地下。拉线底盘采用预制混凝土拉线盘。木杆拉线中间装设拉线绝缘子，以免雷击时通过拉线对地放电。导线与拉线之间必须保持安全距离。

8. 接地装置

架空地线在导线的上方，它将通过每基杆塔的接地线或接地体与大地相连，当雷击地线时可迅速地将雷电流向大地中扩散，因此，输电线路的接地装置主要是泄导雷电流，降低杆塔顶电位，保护线路绝缘不致击穿闪络。它与地线密切配合对导线起到了屏蔽作用。接地体和接地线总称为接地装置。

如图 2－1 所示是 10kV 与 380V 线路在钢筋混凝土电杆上共杆的结构示意。

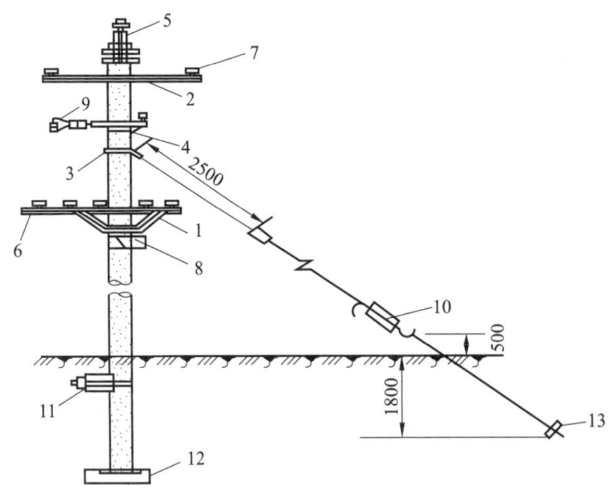


图 2－1　10kV 与 380V 线路在钢筋混凝土电杆上共杆的结构示意

1—低压五线横担；2—高压二线横担；3—拉线抱箍；4—双横担；5—高压杆顶支座；6—低压针式绝缘子；7—高压针式绝缘子；8—蝶式绝缘子；9—悬式绝缘子及高压蝶式绝缘子；10—花篮螺丝（或称索具、紧线扣）；11—卡盘；12—底盘；13—拉线盘

## 二、各种电杆在架空配电线路中的应用及分类

各种电杆在架空配电线路中的应用及分类如图 2－2 所示。

1. 按杆塔的作用和用途分类

架空配电线路的杆塔按作用和用途可分为：直线杆、跨越杆、转角杆、耐张杆、分支杆、终端杆、跨越杆塔、换位杆塔、轻承力杆等几种。各型杆塔的作用和用途见表 2－3。

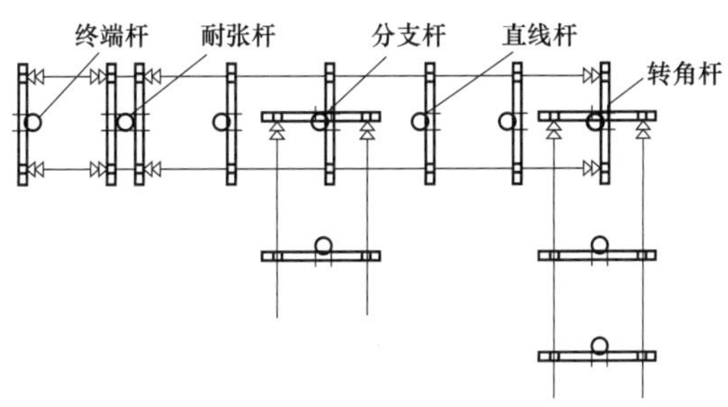


(a) 各种电杆的特征

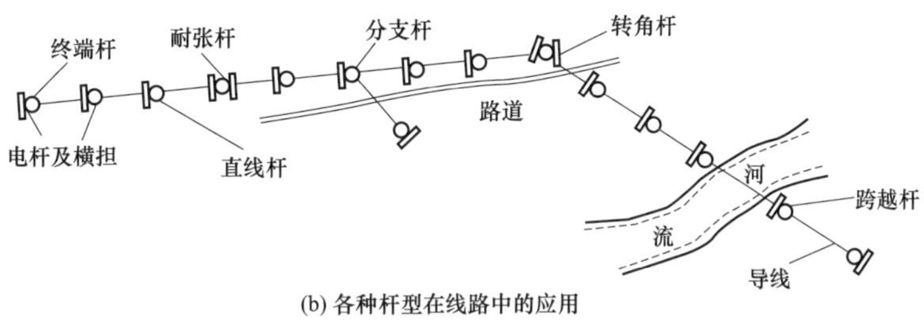


(b) 各种杆型在线路中的应用

图 2-2 各种电杆在架空配电线路中的应用及分类

**表 2-3** **架空配电线路各型杆塔的作用和用途**

| 序号 | 类别 | 作用和用途 |
| --- | --- | --- |
| 1 | 直线杆 | 又称为中间杆塔，在平坦地区用得较多，占全部电杆数的 80%以上。直线杆塔的导线用线夹和悬式绝缘子串挂在横担上以及用针式绝缘子固定在横担上，主要用于支持导线、绝缘子、金具等重量，可承受侧向风向 |
| 2 | 跨越杆 | 是指有拉线的直线杆，它除了一般直线杆的用途外，还可防止大范围的倒杆，用于不太重要的交叉跨越处 |
| 3 | 转角杆 | 用于线路的转角处，有直线和耐张两种。转角杆塔的型式是根据转角的角度与导线截面积的大小而确定的 |
| 4 | 耐张杆 | 又称承力杆塔，一般线路每隔 1km 左右设一耐张杆，与直线杆塔相比较，其强度较大，导线用耐张线夹和耐张绝缘子固定在杆塔上，耐张绝缘子串的位置几乎与地面平行。它承受导线的拉力，耐张杆塔将线路分隔成若干耐张段，以便于线路的施工和检修 |
| 5 | 分支杆 | 位于线路的分路处。有直线分支和转角分支两种情况。施工和设计时，应尽量避免在转角杆上分支。对分支杆，它相当于分支线的终端杆，同时又起着直线杆的作用，所以分支杆为加强型电杆 |
| 6 | 终端杆 | 是耐张杆塔的一种，用于线路的首端和终端，承受导线、地线的拉力和质量，所以要求机械强度很高。使用中应采用加强型电杆（有拉线等措施）或用金属电杆作为终端杆 |
| 7 | 跨越杆塔 | 用于线路与铁路、道路、桥梁、河流、湖泊、山谷及其他交叉跨越之处，要求有较大的高度和机械强度 |
| 8 | 换位杆塔 | 用于线路中为改变电容分布，需要更换位置 |
| 9 | 轻承力杆 | 用于防止绝缘子击穿后导线断落，也用于一般的交叉跨越处 |

2. 按架设的回路数分类

架空配电线路按架设的回路数可分为单回路杆塔、双回路杆塔及多回路杆塔。架空配电线路各回路在杆塔上的结构和布置见表 2-4。

表 2-4　　架空配电线路各回路在杆塔上的结构和布置

| 序号 | 类别 | 结构和布置 |
|---|---|---|
| 1 | 单回路杆塔 | 在杆塔上只架设一回路的三相线路 |
| 2 | 双回路杆塔 | 在同一杆塔上架设两个回路的线路 |
| 3 | 多回路杆塔 | 在同一杆塔上架设两个以上的线路，一般用于出线回路较多、地面拥挤的发电厂、变电站及工矿企业的出线段 |

## 第二节　供配电工程线路设备及材料的选取和使用

### 一、架空配电线路电杆的选取和使用

1. 架空配电线路电杆的类型

新建住宅小区的供配电系统的架空配电线路的电杆按其材质，主要有木电杆、钢筋混凝土电杆、薄壁离心钢管混凝土电杆、金属电杆等。

(1) 木电杆。优点是质量轻，搬运、架设方便。缺点是容易腐烂、使用寿命短、强度有限，且木材供应紧张，目前已很少采用。

(2) 钢筋混凝土电杆。优点是强度可以根据需要设计，坚固耐久性能好，使用寿命长，目前在新建住宅小区的供配电系统的架空配电线路中得到采用。缺点是钢筋混凝土电杆比较笨重，搬运和架设比较困难。

(3) 薄壁离心钢管混凝土电杆。它是 20 世纪 90 年代中期出现的一种钢管混凝土复合结构电杆。该电杆受力时，钢管可借助离心混凝土的内衬，增加管壁的稳定性，提高构件的抗压承载能力，又可防止钢管内壁的锈蚀；同时，混凝土可借助钢管的约束，处于双向或三向受压应力状态，从而大大提高了混凝土的抗压强度及抵抗变形的能力。薄壁离心钢管混凝土电杆，从根本上解决了混凝土杆的裂缝问题，并具有可焊性和易于组装的特点。克服了以往杆塔在使用中，基础占地大，不美观的缺点。这种杆塔不用打拉线，选型美观，特别适合于城市中新建住宅小区的供配电系统的架空配电线路。与同类型杆塔相比，同样荷载下，更经济合理。

(4) 金属电杆。一般由角铁用螺栓连接或焊接与铆接，具有机械强度高、使用寿命长的特点。但金属电杆也存在着制作耗用钢材量多、基础占地大、不美观的缺点。

2. 新建住宅小区架空配电线路电杆的选取

新建住宅小区的架空配电线路电杆的选取原则见表 2-5。

表 2-5　　新建住宅小区的架空配电线路电杆的选取原则

| 序号 | 架空配电线路 | 电杆选取原则 | 备注 |
|---|---|---|---|
| 1 | 10kV 架空配电线路采用双回或单回布置 | 一般选用 12m 或 15m 电杆 | 超过双回线路、特殊跨越要求时，可以选用 18m 电杆，采用组装式时，上下杆长各 9m |
| 2 | 低压架空配电线路 | 一般选用 10m 以上电杆 | |

续表

| 序号 | 架空配电线路 | 电杆选取原则 | 备注 |
|---|---|---|---|
| 3 | 10kV与380V共杆架空配电线路 | 一般选用非预应力钢筋混凝土电杆 | |
| 4 | 城市繁华区域等不便于设置拉线的线路耐张杆、转角杆，双回以上线路的耐张杆、转角杆 | 可选用钢管杆或加强型钢筋混凝土电杆 | |
| 5 | 对于受运输、安装条件限制及有跨越承力要求时 | 宜采用窄基角钢塔、Ⅱ形杆或组装杆 | |
| 6 | 同一城区10kV线路干线或支线，杆塔抗弯强度宜一致 | 一般采用Ⅰ级 | |
| | 低压线路 | 一般采用G级 | 如果有特殊要求，应计算后确定 |
| 7 | 配电网 | 宜选用圆形混凝土电杆 | 个别有特殊需要的地区可选用方形混凝土电杆 |
| 8 | 10kV架空绝缘线路 | 采用混凝土电杆 | 可在电杆梢部引出与钢筋连接的螺栓，供防雷接地，以避免雷电损伤电杆混凝土外皮 |

## 二、架空配电线路导线的型号和截面积选取

### （一）架空配电线路导线的种类

#### 1. 裸导线

裸导线又分铜绞线、铝绞线、钢芯铝绞线、轻型钢芯铝绞线、钢绞线等几种。各型裸导线的作用和用途见表2-6。

**表2-6　架空电力线路各型裸导线的作用和用途**

| 序号 | 类别 | 作用和用途 |
|---|---|---|
| 1 | 铜绞线（TJ） | 常用于人口稠密的城市配电网、军事设施及沿海易受海水潮气腐蚀的地区电网 |
| 2 | 铝绞线（LJ） | 常用于35kV以下的配电线路，且常作分支线使用 |
| 3 | 钢芯铝绞线（LGJ） | 广泛应用于高压线路上 |
| 4 | 轻型钢芯铝绞线（LGJQ） | 一般用于平原地区且气象条件较好的高压电网中 |
| 5 | 加强型钢芯铝绞线（LGJJ） | 多用于输电线路中的大跨越地段或对机械强度要求很高的场合 |
| 6 | 钢绞线（GJ） | 常用作架空地线、接地引下线及杆塔的拉线 |

#### 2. 架空绝缘导线

架空电力线路一般都采用多股裸导线，但近几年来城区内的10kV架空配电线路逐步改用架空绝缘导线。运行证明其优点较多，线路故障明显降低，一定程度上解决了线路与树木间的矛盾，降低了维护工作量，线路的安全可靠性明显提高。

架空绝缘导线按电压等级可分为中压（10kV）绝缘线和低压绝缘线；按绝缘材料可分为聚氯乙烯绝缘线、聚乙烯绝缘线和交联聚乙烯绝缘线，见表2-7。

表 2-7　　架空绝缘导线按绝缘材料分类

| 分类 | 特　点 |
|---|---|
| 聚氯乙烯绝缘线（JV） | 有较好的阻燃性能和较高的机械强度，但介电性能差、耐热性能差 |
| 聚乙烯绝缘线（JY） | 有较好的介电性能，但耐热性能差，易延燃、易龟裂 |
| 交联聚乙烯绝缘线（JKYJ） | 是理想的绝缘材料，有优良的介电性能、耐热性好、机械强度高 |

（二）架空导线结构

架空导线的结构有单股导线、多股绞线和复合材料多股绞线三类。单股导线由于制造工艺上的原因，当截面积增加时，机械强度下降，因此单股导线截面积一般都小于 $10mm^2$。多股绞线由多股细导线绞合而成，多层绞线相邻层的绞向相反，防止放线时打卷扭花，其优点是机械强度较高、柔韧、适于弯曲；且由于股线表面氧化电阻率增加，使电流沿股线流动，集肤效应较小，电阻较相同截面积单股导线略有减小。复合材料多股绞线是指两种材料的多股绞线，常见的是钢芯铝绞线，其线芯部位由钢线绞合而成，外部再绞合铝线，综合了钢的机械性能和铝的电气性能，成为目前广泛应用的架空导线。

（三）10kV 及以下架空线路导线选型技术原则

1. 10kV 及以下架空线路导线选型的一般原则

10kV 及以下架空线路导线选型的一般原则见表 2-8。

表 2-8　　10kV 及以下架空线路导线选型的一般原则

| 序号 | 架空线路 | 导线选型原则 |
|---|---|---|
| 1 | 城市 10KV 架空线路主干线导线 | 截面积宜为：150～$240mm^2$<br>分支线截面积不宜：<$70mm^2$ |
|  | 乡村 10kV 架空线路主干线导线 | 截面积不宜：<$120mm^2$ |
|  | 市区、经济发达城镇地区的低压架空线路主干线导线 | 截面积不宜：<$120mm^2$ |
|  | 其他地区 | 截面积：>$70mm^2$<br>分支线截面积不宜：<$35mm^2$ |
| 2 | 市区、林区、人群密集区域中低压架空线路 | 宜采用绝缘导线 |
|  | 空旷原野或山区、不易发生树木或异物短路的线路 | 可采用裸导线 |
|  | 10kV 系统中性点经低电阻接地地区的架空线路 | 应采用绝缘导线 |
| 3 | 沿海及化工污秽地区 | 可采用耐候铜芯交联聚乙烯导线或裸铝导线 |
|  | 一般区域 | 采用耐候铝芯交联聚乙烯导线或裸铝导线 |
|  | 铜芯绝缘导线 | 宜选用阻水型绝缘导线 |
| 4 | 山区、河湖等区域较大跨越线路 | 可采用中强度铝合金绞线或铜芯铝绞线 |
|  | 跨越走廊狭窄或周边环境对安全运行影响较大区域 | 可采用绝缘铝合金绞线或绝缘铜芯铝绞线 |
| 5 | 沿海及严重化工污秽等区域的大跨越线路 | 可采用铝锌合金镀层的铜芯铝绞线，或采用 B 级镀锌层，或采用防腐钢芯铝绞线 |
| 6 | 同杆多回 10kV 架空线路 | 宜采用绝缘导线 |
| 7 | 曾经发生导线严重覆冰的地区 | 可根据评估结果对导线加强配置或加大截面积 |
| 8 | 多雷区 10kV 大跨越线路段、带有重要负荷的架空线路、无高大构筑物或树木等遮蔽的架空线路 | 宜架设架空地线，架空地线宜选用镀锌钢绞线，截面积不宜小于 $35mm^2$，避免采用细股钢绞线 |

2. 10kV 及以下架空线路裸导线的选型

新建住宅小区的架空配电线路裸导线的选型原则见表 2-9。

**表 2-9　新建住宅小区的架空配电线路裸导线的选型原则**

| 序号 | 类别 | 内容 |
|---|---|---|
| 1 | 铝绞线 | 铝绞线中铝线的根数、直径和绞合节径比应符合 GB/T 1179—2008《圆线同心绞架空导线》的规定。任一绞层的节径比应不大于相邻内层的节径比，相邻层的绞向应相反，最外层为右向 |
| 2 | 钢芯铝绞线 | 钢芯铝绞线中铝线与钢丝的根数、直径和绞合节径比应符合 GB/T 1179—2008《圆线同心绞架空导线》的规定。任一绞层铝导线或钢丝的节径比应分别不大于其相邻内层的节径比，相邻层的绞向应相反，铝导线最外层为右向 |
| 3 | 中强度铝合金绞线 | 中强度铝合金绞线的根数、直径和绞合节径比应符合 GB/T 1179—2008《圆线同心绞架空导线》的规定。任一绞层的节径比应不大于相邻内层的节径比，相邻层的绞向应相反，最外层为右向。材质应符合 AS1531—1991《架空导线使用的裸铝—铝或铝—铜连接器》的规定 |
| 4 | 镀锌钢绞线地线和拉线 | 镀锌钢绞线地线和拉线的捻距、钢丝公称直径允许偏差应符合 YB/T 5004—2012《镀锌钢绞线》的规定，公称抗拉强度不小于 1270MPa |
| | | 铝包钢绞线的根数，直径和绞合节径比应符合 GB/T 1179—2008《圆线同心绞架空导线》的规定 |
| | | 沿海及严重化工污秽等区域，镀锌钢绞线地线和拉线的可采用铝锌合金镀层，或采用 B 级镀锌层，或者架空地线采用铝包钢绞线 |

3. 架空配电线路绝缘导线选型

(1) 10kV 架空配电线路绝缘导线选型。

10kV 架空配电线路绝缘导线的选型原则为：

1) 分相架设的 10kV 架空绝缘导线的导体最少单线根数应符合 GB/T 14049—2008《额定电压 10kV 架空绝缘电缆》的规定。绝缘层一般采用耐候交联聚乙烯材料，绝缘层厚度为 3.4mm 或 2.5mm，均应设置内屏障层。

2) 同一区域绝缘导线的绝缘层厚度标准应一致，绝缘层偏心度应符合 GB/T 14049—2008《额定电压 10kV 架空绝缘电缆》的规定。可根据特殊需要，选用磨损外皮后显示不同颜色的双绝缘层导线。

3) 变台引下线等需折弯敷设固定的导线应采用软铜芯导体软性交联聚乙烯绝缘层，技术性能符合 GB/T 14049—2008《额定电压 10kV 架空绝缘电缆》的规定。

(2) 低压架空配电线路绝缘导线选型。

低压架空配电线路绝缘导线选型原则为：

1) 低压架空绝缘导线一般采用铝芯耐候交联聚乙烯绝缘导线，绝缘层厚度应符合 GB/T 12527—2008《额定电压 1kV 及以下架空绝缘电缆》的规定。

2) 低压架空线路选用绝缘导线时，架设方式应采用分相式。线路走廊狭窄不满足安全距离要求，或同路径多回配电线路敷设时，低压架空线路可采用平行集束式或互绞集束式绝缘导线。

3) 低压架空线路采用三相四线制供电方式时，中心线截面积应与相线截面积相同。

4) 变台低压引线等需折弯敷设固定的导线宜采用软导体软性交联聚乙烯绝缘层。

## 三、架空配电线路拉线选型

架空配电线路拉线选型原则为：

(1) 10kV 及以下架空线路拉线一般采用镀锌钢绞线，且最小面积不应小于 35mm$^2$。

(2) 拉线的截面积宜根据线路终期规划导线截面积、电力自动化通信线路荷载需求，一次配置到位，拉线的安全系数不应小于 2.0。拉线棒的直径应按照应力设计方法计算，可根据土壤的腐蚀程度加大 2mm，且不得小于 16mm。

(3) 穿越中低压线路导线的拉线及线路末端变台杆的拉线应采取加装拉线绝缘子的方式，或采用交联聚乙烯绝缘镀锌钢绞线，绝缘层厚度应大于 1.4mm。

(4) 位于河岸、湖畔、山峰和山口等强风多发的区域，以及强台风登陆地带的架空线路应设置人字拉线或十字拉线。

## 四、架空配电线路金具选型

1. 配电架空线路金具的选型一般原则

配电架空线路金具的选型一般原则为：

(1) 尽量简化金具类型、型号、规格，并做到经济合理。

(2) 金具选用应有足够的机械强度、耐磨性、耐腐蚀性。

(3) 与导线接触的金具优先选用节能型金具。

(4) 金具选型应考虑施工简便，工艺可控，便于验收。

(5) 金具组合应简化类型，通用性强，标准化程度高。

2. 配电架空线路金具选型的技术要求

(1) 悬垂线夹。大档距线路直线杆导线固定可选用悬垂线夹（提包式、上杠式及预绞式），悬垂线夹应符合 GB/T 2314—2008《电力金具通用技术条件》和 DL/T 756—2009《悬垂线夹》的规定。

(2) 耐张线夹。耐张线夹应符合 GB/T 2314—2008《电力金具通用技术条件》和 DL/T 756—2009《悬垂线夹》的规定，预绞式耐张线夹应符合 DL/T 763—2013《架空线路用预绞式金具技术条件》的规定。并根据配电架空线路的导线而选用相对应的线夹加以固定。配电架空线路耐张线夹的选型原则见表 2-10。

**表 2-10　配电架空线路耐张线夹的选型原则**

| 序号 | 配电架空线路 | 耐张线夹的选型原则 |
| --- | --- | --- |
| 1 | 裸铝绞线 | 应采用螺栓型铝合金耐张线夹或楔形铝合金耐张线夹固定 |
| 2 | 绝缘铝（铜）绞线 | 应采用楔形绝缘耐张线夹或楔形铝合金耐张线夹固定 |
| 3 | 铝合金绞线、铝包钢芯绞线 | 应采用螺栓型耐张线夹或压缩性耐张线夹固定 |
| 4 | 线路拉线 | 应采用楔形耐张线夹、UT 型耐张线夹及预绞式拉线耐张线夹固定 |

(3) 连接金具。常规连接金具包含挂环、挂板和联板等，一般需根据杆型、塔型、地形条件、绝缘子挂点型式及绝缘子金具串型等要求选择匹配的连接金具。需校核连接金具之间的相互连接，并不应存在点与面、线与面接触的情况，连接金具应符合 GB/T 2314—

2008《电力金具通用技术条件》、GB/T 2315—2008《电力金具 标称破坏载荷系列及连接型式尺寸》和DL/T 759—2009《连接金具》的规定。

（4）接续金具。

1）承力接续金具的选型。

a. 绝缘铝（铜）绞线、裸铝绞线、铝合金绞线、钢芯铝绞线、铝包钢芯铝绞线及铜绞线承力接续宜采用压接式接续管，线路抢修可选用全张力预绞丝接续条。

b. 裸铝绞线、铝合金绞线、铝包钢芯铝绞线及钢芯铝绞线的破损和断股接续（导线最外层破损、断股不超过三分之一的情况下）可采用补修管、预绞丝补修条进行修补。

2）非承力接续金具的选型。

a. 铝（铜）绞线、铝合金绞线、铝包钢芯绞线、钢芯铝绞线、耐热钢芯铝绞线跳线接续宜采用H型铝（铜）液压线夹或楔形线夹。

b. 导线与设备引线接续宜采用楔形线夹。

c. 配电变压器一次绝缘引线可采用绝缘穿刺线夹与线路导线连接。

（5）接触导线与设备连接金具。

1）接触导线与设备连接宜采用设备线夹。

2）导线与设备连接处为不同材质时应采用过渡设备线夹。

（6）保护金具。

1）交叉阻力线夹、防振锤适用于有防振要求的线路，防振锤应符合DL/T 1099—2009《防振锤技术条件和试验方法》的规定。

2）重锤片（含附件）适用于线路垂直档距较小、摇摆角不满足规程要求时使用。

（7）防雷金具。防雷金具的选型应符合DL/T 1292—2013《配电网架空绝缘线路雷击断线防护导则》的规定。

## 五、架空配电线路绝缘子选型

1. 配电架空线路绝缘子的选型一般原则

配电架空线路绝缘子的选型原则有：

（1）架空配电线路绝缘子应根据所在地区特点选用，一般需要考虑耐污秽爬电比距等级、耐雷电冲击闪络电压水平、规划终期导线回路及截面负荷等，同一条线路宜配置相同绝缘水平的绝缘子。

（2）城市近郊、厂矿工业区以及群山起伏污秽物不易扩散和易形成局部小气候的地区采用防污绝缘子。

（3）大档距线路可根据导线弧垂计算结果，适当加大悬式绝缘子机械载荷能力。

（4）直线杆跨越可采用双绝缘子固定导线，直线杆小转角可采用双绝缘子承受导线侧向力矩。

（5）拉线绝缘子可根据拉线截面选用配套拉紧瓷绝缘子或拉紧复合绝缘子。

2. 瓷绝缘子选型

架空配电线路瓷绝缘子的选型原则为：

（1）同一区域绝缘子水平宜一致，以利于与防雷保护装置的配合应用。

(2) 10kV线路直线杆宜选用柱式绝缘子，雷电冲击耐受电压一般选用105kV。线路干线柱式绝缘子抗弯弧度不宜低于8kN。对耐污有特殊需要的可采用瓷横担绝缘子。

(3) 低压线路直线杆一般选用针式绝缘子，大截面导线宜采用ED-1型蝶形绝缘子或P6型针式绝缘子。小截面导线可采用PD-1型针式绝缘子。

(4) 10kV线路耐张杆可选用双盘形悬式绝缘子串，机械破坏负荷一般不低于70kN。小截面导线亦可采用盘形悬式绝缘子加蝶式绝缘子串。

(5) 低压线路耐张杆一般选用单片盘形悬式绝缘子串，机械破坏负荷一般不低于30kN。小截面导线采用ED-1型蝶式绝缘子。

(6) 柱上配电变压器引线支持绝缘子，雷电冲击耐受电压一般选取95kV。

(7) 瓷绝缘子外观颜色宜为白色或棕色。

3. 复合绝缘子选型

架空配电线路复合绝缘子的选型原则为：

(1) 采用复合针式绝缘子时，推荐采用高一抗弯等级的复合绝缘子，以避免复合针式绝缘子抗弯性较弱的不足。

(2) 沿海及受台风影响严重的地区，外力破坏易发地段，重要线段，跨越高等级公路、铁路、重要通航河流等推荐采用双联复合绝缘子。

(3) 重污秽地区可采用复合绝缘子，复合绝缘子的伞形推荐采用大小伞结构。

(4) 高海拔、重污秽地区采用的复合绝缘子，在高于海拔1000m条件下使用时，其外绝缘特性应进行相应海拔修正。

(5) 复合绝缘子的外观宜为灰色。

## 六、架空配电线路设备保护避雷器选型

1. 架空配电线路保护避雷器的选型及安装原则

架空配电线路保护避雷器的选型及安装原则有：

(1) 架空线路设备保护复合外套避雷器伞裙宜采用大小伞裙外形。

(2) 有成熟运行经验的地区，可采用带脱离器的无间隙避雷器，脱离器宜采用金属外壳热爆型。

(3) 用于柱上变压器台区等水平安装并起支撑作用的防雷避雷器，一般采用等径伞裙，避雷器横向应能耐受2kN试验负荷10s，不损坏。

(4) 架空线路设备保护避雷器一般选用额定电压17kV，避雷器持续运行电压13.6kV，标称放电电流5kA，雷电冲击电流残压不大于50kV，操作冲击电流残压不大于42.5kV，陡波冲击电流残压不大于57.5kV。

(5) 柱上配电变压器、柱上负荷开关和柱上断路器（常闭开关的避雷器应装在电源侧；常开开关的避雷器应装在两侧）、柱上常开隔离开关（避雷器应装在两侧）、柱上电缆终端、线路调压器、线路末端（末端无设备时）配置配电型无间隙避雷器。对于有可能经常改变运行方式的常闭开关宜在两侧安装避雷器。

2. 架空配电线路导线避雷器选型一般原则

架空配电线路导线避雷器的选型一般原则见表2-11。

表 2-11　　架空配电线路导线避雷器的选型一般原则

| 序号 | 架空配电线路 | 导线避雷器的选型一般原则 | 备注 |
|---|---|---|---|
| 1 | 多雷区域保护架空线路导线（含绝缘导线、裸导线） | 应选用外间隙避雷器，应保证避雷器与线路绝缘子之间伏秒特性曲线的配合 | 外间隙避雷器安装金具表面应热镀锌，锌层厚度应符合 DL/T 768.7—2012《电力金具制造质量 钢铁件热镀锌层》 |
| 2 | 变电站馈出架空绝缘线路 1km 范围内、继电保护无法保护到的架空绝缘长线路末端以及多雷区域的林区、临近居民区或带有重要负荷的架空绝缘线路 | 应采用外间隙避雷器保护。同杆多回 10kV 架空绝缘线路亦应采用外间隙避雷器保护 | |
| 3 | 多雷区域跨越高等级公路、铁路、河流等大档距线路 | 宜采用外间隙避雷器保护 | |

3. 架空配电线路导线避雷器技术参数的选择

(1) 避雷器额定电压的选择见表 2-12。

表 2-12　　避雷器额定电压选择

| 避雷器技术参数 | 额定电压（kV） | 标称放电电流（kA） | 雷电冲击电流残压（kV） | 陡坡冲击电流残压（kV） |
|---|---|---|---|---|
| 一般架空线路导线保护 | 17 | 5 | ≤50 | ≤57.5 |
| 外间隙避雷器的间隙被短接的可能性较低 | 15 | 5 | ≤45.6 | ≤52.5 |
| 尼龙球 | 13 | 5 | ≤40 | ≤46 |

(2) 避雷器直流 1mA 参考电压的选择。

额定电压 17kV：25.5～27kV；

额定电压 15kV：24～25.5kV；

额定电压 13kV：20kV。

(3) 工频放电电压的选择。工频放电电压不小于 25kV。

1) 避雷器标准雷击冲击电压波形（1.2/50μs）正极性 50%放电电压小于 90kV（保护冲击耐受电压大于 95kV 的各种类型绝缘子，绝缘子的正极性 50%放电电压一般不小于 135kV）。

2) 避雷器正极性伏秒曲线应低于被保护线路绝缘子伏秒曲线 20%以上。

## 七、架空配电线路柱上断路器选型

架空配电线路柱上断路器选型原则见表 2-13。

表 2-13　　架空配电线路柱上断路器选型原则

| 序号 | 架空配电线路 | 选型原则 |
|---|---|---|
| 1 | 10kV 架空线路过长，变电站继电保护不能有效保护线路末端 | 宜加装柱上断路器保护，并可配置多次重合闸功能 |
| 2 | 10kV 架空线路供电区域负荷对供电可靠性要求较高 | 其分段开关或支线开关宜采用柱上断路器 |
| | | 较长线路的联络开关也宜采用柱上断路器，可不配置重合闸 |
| 3 | 城市线路 | 柱上断路器选型应充分考虑电网的未来发展，与变电站断路器实现选择性配合，使柱上断路器不仅可以满足当前的需要，也可以满足未来的要求 |

## 八、架空配电线路柱上负荷开关选型

架空配电线路柱上负荷开关原则为：

(1) 城市10kV架空线路长度较短，或当供电半径较短时，线路的分段开关、联络开关可选用柱上负荷开关。

(2) 10kV柱上负荷开关的其他选型原则按GB 3804—2004《3.6kV～40.5kV高压交流负荷开关》中第10章的规定执行。

## 九、架空配电线路柱上分界开关选型

架空配电线路柱上分界开关选型原则见表2-14。

**表2-14　　架空配电线路柱上分界开关选型原则**

| 序号 | 条　　件 | 选　型　原　则 |
|---|---|---|
| 1 | 一般10kV架空线路用于与用户分界及故障隔离 | 可选用负荷型分界开关 |
| 2 | 10kV架空线路对供电可靠性要求较高时 | 宜选用断路器型分界开关 |
| | 用户内部10kV架空线路较长时 | |
| | 架空线路用于与用户分界及故障隔离 | |
| 3 | 用户内部电缆线路较长时 | 不宜选用带接地检测功能的分界开关 |

# 第三节　供配电工程线路的施工

## 一、配电线路电杆基坑施工

1. 电杆基坑施工前的定位

电杆基坑施工前的定位应符合以下要求：

(1) 直线杆顺线路方向位移不得超过设计档距的5%。直线杆横线路方向位移不得超过50mm。

(2) 转角杆、分支杆的横线路、顺线路方向位移均不得超过50mm。

2. 电杆基坑的深度

电杆基坑的深度应符合设计规定，当设计无规定时，应符合以下各项要求：

(1) 一般土质电杆基坑的埋设深度，应符合表2-15的各项要求。

**表2-15　　一般土质电杆基坑的埋设深度**

| 杆长（m） | 8 | 9 | 10 | 11 | 12 | 13 | 15 | 18 |
|---|---|---|---|---|---|---|---|---|
| 埋深（m） | 1.5 | 1.6 | 1.7 | 1.8 | 1.9 | 2.0 | 2.3 | 2.4 |

(2) 电杆基坑深度的技术要求有：

1) 一般土质电杆基坑的埋设深度应符合表2-15的各项要求。对特殊土质或无法保证

电杆的稳固时，应采取加卡盘、围桩、打人字拉线等加固措施。

2）电杆基坑的深度的偏差应为－0.05～＋0.1m。

3）基坑回填土应分层夯实，每回填0.5m应夯实一次，地面上宜设不小于0.3m的防沉土台。

4）安装柱上变压器的电杆在设计未作规定时，其埋设深度不小于2.5m。

3. 电杆基础的卡盘

电杆基础采用卡盘时，应符合以下要求：

(1) 卡盘上口距地面不小于0.5m。

(2) 直线杆的卡盘应与线路平行并在线路左、右侧交替埋设。

(3) 承力杆的卡盘应埋设在承力侧。

4. 杆塔基础的现场浇筑混凝土与保养

杆塔基础的现场浇筑混凝土与保养，应符合以下要求：

(1) 杆塔基础中，钢筋的焊接应符合我国有关国家标准的规定。

(2) 杆塔基础中，混凝土的配合比例应根据砂、石、水泥等原材料及现场施工条件，按国家有关国家标准的规定，通过计算和试配确定，并应有适当的强度储备。

(3) 杆塔和拉线现场浇筑基础中的钢筋混凝土工程施工和验收，应符合我国有关国家标准的规定。

(4) 杆塔基础混凝土在浇筑后的12h内开始水保养，当天气炎热、干燥有风时，应在浇筑后的3h内开始浇水保养。养护时应在基础模板外加遮盖物，浇水次数应能保持混凝土表面始终湿润；日均气温在5℃时，不得浇水保养。

(5) 混凝土浇水保养日期。对普通硅酸盐和矿渣硅酸盐水泥拌制的混凝土不得少于5天，当使用其他品种水泥时，其养护日期应符合国家有关标准的规定。

(6) 基础拆模表面检查合格后应立即回填土，并应对基础外露部分加遮盖物，按规定期限继续浇水养护，养护时应使遮盖物及基础周围的土始终保持湿润。

(7) 杆塔基础混凝土采用养护剂养护时，应在拆模并经表面检查合格后立即涂刷，涂刷后不再浇水。

(8) 杆塔基础现场浇筑混凝土冬季施工的保养，应符合国家有关标准的规定。

(9) 回填土后的电杆基坑应有防沉土台，其埋设高度应超出地面300mm。若是沥青路面或砌有水泥花砖的路面可不留防沉土台。

5. 杆塔基础混凝土的浇筑质量检查

杆塔基础混凝土的浇筑质量检查，应符合以下要求。

(1) 混凝土的坍落度每班日检查1～2次。

(2) 混凝土的强度检查，每项工程试块取1～2组，当原材料变化、配比变更时应另外制作。

## 二、架空配电线路施工前的检验

1. 架空配电线路施工前的器材检验

架空配电线路施工前的器材检验应符合以下要求：

(1) 架设中、低压绝缘线前，应先进行外观检查，且导线紧压、无腐蚀剂，绝缘线端部应有密封措施，绝缘层紧密挤包，表面平整圆滑，色泽均匀，无尖角、颗粒、无烧焦痕迹。

(2) 安装镀锌钢绞线、镀锌铁线前应先检查外观，且镀锌层良好，无锈蚀、无松股、交叉、折叠、断股及破损等缺陷。

(3) 组立钢筋混凝土电杆前，应先进行检查外观，且表面光洁平整，壁厚均匀，无露筋、漏浆、掉块等现象，电杆顶端应封堵，杆身弯曲不超过杆长的1/1000，普通环形钢筋混凝土电杆应无纵向裂纹，横向裂纹不应超过0.1mm，其长度不允许超过周长的1/3；预应力混凝土电杆（含部分预应力型）杆身应无纵向、横向裂纹。

(4) 组立钢管电杆前，应先进行检查外观，整根钢管电杆及各杆段的弯曲不超过杆长的2/1000；钢管电杆及附件均热镀锌，锌层应均匀，无漏锌、锌渣、锌刺。焊接有接地螺栓。

(5) 安装钢筋混凝土底盘、卡盘、拉线盘前，应先进行外观检查，表面应平整，不应有蜂窝、露筋、漏浆、裂缝等缺陷。预应力混凝土电杆预制件应无纵向、横向裂纹。普通钢筋混凝土预制件应无横向裂纹。

(6) 安装横担及附件前，应先进行检查外观。横担及附件应热镀锌，锌层应均匀，无漏锌、锌渣、锌刺。不应有裂纹、锈蚀及砂眼。不得切割、拼装焊接方式，不得破坏镀锌层。

(7) 安装绝缘子前，应先进行外观检查，瓷釉光滑、无裂纹、缺釉、斑点、气泡等缺陷。瓷件及铁件组合无歪斜现象，且结合紧密牢固。铁件镀锌良好，螺杆及螺母配合紧密，弹簧销、弹簧垫的弹力适宜。

(8) 安装绝缘附件前，应先进行外观检查，黑色耐火阻燃绝缘护罩应平整光滑、色泽均匀，无裂纹、缺损、气泡等缺陷。搭扣扣合紧密，绝缘自黏带应表面平整，厚度宽窄一致，自融合不易剥离。

2. 架空配电线路施工前的线路金具检验

安装线路金具前，应先进行外观检查，且符合以下要求：

(1) 表面光洁，无毛刺、飞边、砂眼、飞泡等缺陷。

(2) 线夹转轴灵活，与导线的接触面光洁，螺栓、螺母、垫圈齐全，配合紧密适当。

(3) 镀锌金具镀锌层应良好，无锌层脱落、锈蚀等现象。

(4) 用于铜铝过渡部位的各种线夹，应采用摩擦工艺制品。

(5) 设备线夹接线端子表面应平整无毛刺，孔缘距平板边缘有足够的距离，应与导线截面相匹配。

(6) 预绞式接续条及修补条中心位置应涂有颜色标志，预绞式耐张线夹两组脚靠心形环的交叉应标出齐缠位置。

(7) 作为导电体的金具应有电气接触面涂以电力脂，用塑料袋或纸盒封闭包装。

(8) 金具应铸有生产厂家或商标，预绞丝应有能长期存留的生产厂家标识。

## 三、架空配电线路的杆塔组立

1. 单杆组立

电杆立好后应垂直，允许倾斜偏差应符合以下要求：

(1) 直线杆的横向位移不应大于50mm。电杆的倾斜不应使杆梢的位移大于杆梢直径的1/2。

(2) 转角杆应向外角预偏，紧线后不应内角倾斜，向外角的倾斜不应使杆梢位移大于杆梢直径。

(3) 终端杆应向拉线侧预偏，紧线后不应拉线反方向倾斜，拉线侧倾斜不应使杆梢位移大于杆梢直径。

(4) 拉线转角杆、终端杆、导线不对称布置的拉线直线单杆，在架线后拉线点不应向受力侧挠倾。向反受力侧（轻载侧）的偏斜不应超过拉线点高的3%。

2. 双杆组立

双杆立好应正直，位置偏差应符合表2-16的各项要求。

**表2-16　双杆位置偏差的技术要求**

| 序号 | 双杆位置偏差 | 技术要求 |
|---|---|---|
| 1 | 双杆中心与中心桩之间的横向位移 | ≤50mm |
| 2 | 迈步 | ≤30mm |
| 3 | 两杆间高低偏差 | ≤20mm |
| 4 | 根开 | ≤±30mm |

## 四、架空线路电杆与横担

1. 线路横担的安装

线路横担的安装，应符合表2-17的各项要求。

**表2-17　线路横担的安装技术要求**

<table>
<tr><th>序号</th><th>内容</th><th colspan="2">安装技术要求</th></tr>
<tr><td rowspan="2">1</td><td rowspan="2">线路横担应为热镀锌角铁</td><td>高压横担的角铁</td><td>截面积：≥63mm×6mm</td></tr>
<tr><td>低压横担的角铁</td><td>截面积：≥50mm×5mm</td></tr>
<tr><td rowspan="2">2</td><td rowspan="2">电杆</td><td>直线杆</td><td>应装于受电侧</td></tr>
<tr><td>分支杆、转角杆及终端杆</td><td>应装于拉线侧</td></tr>
<tr><td rowspan="2">3</td><td rowspan="2">线路横担的安装应平正</td><td>端部上下、左右</td><td>偏差：≤20mm</td></tr>
<tr><td>偏支担端部</td><td>上翘30mm</td></tr>
<tr><td rowspan="2">4</td><td rowspan="2">导线为水平排列时，最上层横担距杆顶</td><td>高压担</td><td>≥300mm</td></tr>
<tr><td>低压担</td><td>≥200mm</td></tr>
</table>

2. 同杆架设的多回路线路横担的安装

同杆架设的多回路线路，横担间的最小垂直距离，应符合表2-18的各项要求。

**表2-18　同杆架设的多回路线路横担间的最小垂直距离**　单位：m

| 架设方式 | 直线杆 | 分支或转角杆 |
|---|---|---|
| 中压与中压 | 0.5 | 0.2/0.3① |
| 中压与低压 | 1.0 | — |
| 低压与低压 | 0.3 | 0.2（不包括集束线） |

① 当为分支杆时，同杆架设的多回路线路横担间的最小垂直距离0.2m；当为转角杆时，同杆架设的多回路线路横担间的最小垂直距离0.3m。

## 五、线路绝缘子与拉线

1. 线路绝缘子安装

线路绝缘子安装应符合以下要求：

(1) 线路绝缘子的安装应牢固，连接应可靠。

(2) 线路绝缘子安装时应清除表面灰垢、泥沙等附着物及不应有的涂料。

2. 线路蝶式绝缘子安装

线路蝶式绝缘子安装应符合以下要求：

(1) 线路蝶式绝缘子安装后，应防止积水。

(2) 线路蝶式绝缘子的开口销应开口至60°～90°，开口后的销子不应有折断、裂痕等现象，不应用线材或其他材料代替开口销子。

(3) 金具上所有使用的闭口销的直径必须与孔径配合，且弹力适度。

(4) 与电杆、导线金属连接处，不应有卡压现象。

3. 线路拉线的安装

线路拉线的安装应符合以下要求：

(1) 拉线与电杆的夹角不宜小于45°，当受地形限制时，夹角不应小于30°。

(2) 终端杆的拉线及耐张杆承力拉线应与线路方向对正，分角拉线应与线路分角线方向对正，防风拉线应与线路方向垂直。

(3) 拉线穿过公路时，对路面中心距离不应小于6m，且对路面的最小距离不应小于4.5m。

(4) 当一基杆上装设多条拉线时，拉线不应出现过紧、过松、受力不均匀现象。

4. 采用UT形线夹及楔形线夹固定拉线

在采用UT形线夹及楔形线夹固定的拉线安装时，应符合以下要求：

(1) 安装前丝扣上应涂润滑剂。

(2) 线夹舌板与拉线接触应紧密，受力后无滑动现象，线夹凸肚应在尾线侧，安装时不应损伤线股。

(3) 拉线弯曲部分不应明显松脱，拉线断开处与拉线应有可靠固定。拉线处露出的尾线长度不宜超过0.4m。

(4) 同一组拉线使用双线夹时，其尾线端的方向应统一。

(5) UT形线夹的螺杆应露扣，并应有不小于1/2螺丝杆扣的长度可供调紧。调整后，UT形线夹的双螺母应并紧。

5. 拉桩杆的安装

拉桩杆的安装应符合设计要求，设计无要求时，拉桩杆的安装应符合以下要求：

(1) 采用坠线的，不应小于杆长的1/6。

(2) 无坠线的，应按其受力情况确定，且不应小于1.5m。

(3) 拉桩杆应向受力反方向倾斜10°～20°。

(4) 拉桩坠线与拉桩杆夹角不应小于30°。

(5) 拉桩坠线上端固定点的位置距拉桩杆顶部应为0.25m。

## 六、导线架设

1. 导线展放

导线展放应符合以下要求：

(1) 导线在展放的过程中，应进行导线外观的检查。导线不得有磨损、断股、扭曲、金钩等现象。

(2) 放、紧线过程中，应将导线放在铝制或塑料滑轮的槽内，导线不得在地面、杆塔、横担、架构、绝缘子或其他物体上拖拉。

(3) 展放绝缘导线宜在干燥天气时进行，气温不宜低于－10℃。

(4) 不同金属、不同规格、不同绞向的导线严禁在档距内连接。

(5) 架空线路在同一档内的接头不得超过一个，导线接头距横档绝缘子等固定点不得小于 500mm。

2. 绝缘导线绝缘层损伤处理

绝缘导线绝缘层损伤处理应符合 GB 50173—2014《电气安装工程 66kV 及以下架空电力线路施工及验收规范》的规定。对绝缘导线绝缘层的损伤处理应符合以下要求：

(1) 导线绝缘层的损伤深度超过绝缘层厚度的 10%，应进行补修。

(2) 补修可采用绝缘自黏带缠绕，将绝缘自黏带拉紧拉窄至带宽的 2/3，以叠压半边的方法缠绕，缠绕长度宜超出损伤部位两端各 30mm。

(3) 补修绝缘自黏带的厚度应大于绝缘层的损伤厚度，且不应少于两层。

(4) 一个档距，每条绝缘导线的绝缘层损伤补修不宜超过 3 处。

3. 导线紧线

导线紧线应符合以下要求：

(1) 导线弧垂应符合设计规定，允许误差为±5%，当设计无规定时，可根据档距、导线材质、导线截面和环境温度查阅弧垂表确定弧垂值。

(2) 架设新导线宜对导线的塑形伸长采用减小弧垂法进行补偿，弧垂减小的百分数为：铝绞线 20%；钢芯铝绞线 12%；铜绞线 7%～8%。

(3) 导线紧好后，同档内各相导线的弧垂应一致，水平排列的导线弧垂相差不得大于 50mm。

4. 导线固定

导线固定应符合以下要求：

(1) 导线固定应牢固。

(2) 导线绑扎应选用与导线同材质的直径不得小于 2mm 的单股导线做绑线。绑扎应紧密、平整。

(3) 铝包带的缠绕方向应对外层线股的绞制方向一致。

5. 导线在针式绝缘子上的固定

导线在针式绝缘子上的固定应符合表 2－19 的各项要求。

表 2-19 导线在针式绝缘子上的技术要求

| 序号 | 类别 | 技术要求 | 备注 |
|---|---|---|---|
| 1 | 直线杆 | 导线应固定在绝缘子顶槽内，低压裸导线可固定在绝缘子靠近电杆侧的颈槽内 | 固定低压导线可按十字形进行绑扎，固定高压导线可采用双十字形进行绑扎 |
| 2 | 直线转角杆 | 导线应固定在转角外侧的绝缘子颈槽内 | |
| 3 | 直线跨越杆 | 导线应双固定，主导线固定处不得受力 | |

6. 导线与建筑物的最小距离

导线在最大弧垂和最大风偏情况下，对建筑物的最小净空距离应符合表 2-20 的各项要求。

表 2-20 导线与建筑物的最小距离 单位：m

| 类别 | 绝缘导线 | |
|---|---|---|
| | 高压 | 低压 |
| 垂直距离 | 2.5 | 2.0 |
| 水平距离 | 0.75 | 0.2 |

## 七、柱上断路器的安装

柱上断路器的安装应符合以下技术要求：

(1) 横担及槽钢安装应平整。上下、左右歪斜不大于 20mm。

(2) 断路器安装固定后，其水平倾斜量不大于构架长度的 1%。

(3) 避雷器安装固定可靠，高低一致。相间距离不小于 0.35m。上引线截面积：铜线不小于 $16mm^2$、铝线不小于 $25mm^2$。下引线截面积：铜线不小于 $25mm^2$、铝线不小于 $35mm^2$。瓷套不受力，接地电阻合格。

(4) 断路器的引线连接紧密，接触良好。铝线连接应采用铜铝过渡措施。引线的相间距离应一致，松紧适中，不应使断路器的引线端子受力。

(5) 断路器的外壳与接地线连接可靠。

(6) 自接地点 0.5m 至地上 2m 范围内应有接地保护措施。

## 八、柱上负荷开关的安装

柱上负荷开关的安装应符合以下技术要求：

(1) 负荷开关的主闸刀和辅助闸刀（或灭弧触头）的动作顺序应该是：合闸时，灭弧触头先闭合，主闸刀后闭合；分闸时，主闸刀先断开，灭弧触头后断开。

(2) 负荷开关分闸后，闸刀张开的距离应符合制造厂的要求。如达不到要求时，可变更操作拉杆在扇形板上的位置，或改变拉杆的长度，使其符合要求。

(3) 调整分合闸机构时，应先慢分慢合。合闸时应使灭弧触头正好插入灭弧装置的喷嘴内，不应碰撞喷嘴，以免将喷嘴碰坏，否则应处理。

(4) 如安装带有熔断器的负荷开关，安装前应检查熔断器的额定电流是否与设计相符。熔断器的两端罩（端环或端帽）应封焊牢固，端帽不应活动，否则应更换。

RN1 型高压熔断器系用瓷管做成的，安装时应小心谨慎，不要碰坏，熔断管应紧密地插入钳口内。

(5) 开关操作机构应灵活，分合操作弹簧有力，指示到位。

(6) 柱上油断路器无渗漏油、油位合格、油色正常。导电杆加装抱杆线夹。

(7) 测量绝缘电阻不低于 1000MΩ。

## 九、柱上分界开关的安装

柱上分界开关的安装应符合以下技术要求：

(1) 横担及槽钢安装应平整。上下、左右歪斜不大于 20mm。

(2) 柱上分界开关安装固定后，其水平倾斜量不大于构架长度的 1%。

(3) 具有电动储能、电动分合功能，同时具有手动储能、手动分合功能，并能近距离或远距离操作功能。

(4) 柱上分界开关的 $SF_6$ 压力正常，密封性能可靠。

(5) 进出线硅橡胶管固定良好，接线端子之间绝缘距离充裕，外绝缘合格。

(6) 箱体顶部防爆装置良好，若发生故障，能隔绝内部高温气体或飞溅物。

(7) 断路器的外壳与接地线连接可靠。

(8) 自接地点 0.5m 至地上 2m 范围内应有接地保护措施。

## 十、配电架空线路避雷器

1. 配电架空线路直线杆环形间隙避雷器

配电架空线路直线杆环形间隙避雷器的安装应符合以下技术要求：

(1) 避雷器安装金具应以抱箍形式固定在柱式绝缘子底座上，避免避雷器金具与柱式绝缘子共用一个安装孔，以防环臂伸出过长。

(2) 安装后，避雷器环形电极应与绝缘子同心，环形电极与被保护绝缘子伞裙间距不大于 50mm，环形电极至导线距离与被保护绝缘子电弧距离的比值不大于 60%，线路柱式绝缘子规格应配套定型。

(3) 避雷器环形电极应固定牢固，不应随风晃动，环形电极宜采用外端可打开环扣的结构以便于带电作业拆除避雷器及绝缘子。

2. 直线杆棒形间隙避雷器

配电架空线路直线杆棒形间隙避雷器的安装应符合以下技术要求：

(1) 棒形间隙避雷器应与安装于绝缘导线上的针式电极（针式电极在绝缘线上破口，并对避雷器棒电极形成间隙）配套安装。

(2) 棒形间隙避雷器的金具应能够调整避雷器棒形电极与绝缘导线上针式电极之间的间隙，并适应线路导线的弧垂变化，适应不同类型柱式绝缘子和针式绝缘子。

3. 耐张杆吊装式固定间隙避雷器

配电架空线路耐张杆吊装式固定间隙避雷器的安装应符合以下技术要求：

(1) 避雷器边相为吊装式安装，中相伸出立式安装。

(2) 避雷器结构可采用内置瓷绝缘子等绝缘材料支撑串联间隙，间隙为固定电极。

# 第三章

# 新建住宅小区供配电系统电缆线路

## 第一节　供配电系统电力电缆结构、种类及选择

### 一、电力电缆的结构

电力电缆从结构上分析，包括导体、绝缘屏蔽层和保护层三大部分。

1. 导体

线芯是电力电缆的导体，用来传输电能，是电力电缆的主要部分。有实芯和绞合之分。材料有铜、铝、银、铜包钢、铝包钢等，主要用的是铜与铝。铜的导电性能比铝要好得多。

电缆线芯，采用多股圆铝线或铜线紧压绞合而成。其表面光滑，避免引起电场集中，防止挤塑内半导屏蔽层的半导电材料进入导体，可以极大地阻止水分沿纵向进入导体内部的可能性。

2. 绝缘屏蔽层

绝缘屏蔽层包括内外屏蔽层半导屏蔽层、铜屏蔽层及主绝缘。

（1）内外屏蔽层的作用。电力电缆在制造过程中，导体和绝缘体的表面必须制造得足够光滑，才能均匀导体和绝缘体表面的电场强度。但在实际的操作中，由于工艺、材料等方面的原因，往往达不到理想的光滑度要求。因此，电力电缆在导体和绝缘体表面各有一层半导屏蔽层，以均匀导体和绝缘体表面的电场强度。半导屏蔽层的存在减少了局部放电的可能性，也可有效抑制水树枝的生长。

（2）半导屏蔽层的作用。半导屏蔽层的热阻可使线芯上的高温不能直接冲击绝缘层。另外，由于外屏蔽层与金属护套等电位，也可避免在绝缘层与护套之间发生局部放电，造成电缆运行故障的发生。

（3）铜屏蔽层的作用。铜屏蔽层的存在是因为没有金属护套的挤包绝缘电缆，除半导屏蔽层外，还要增加用铜带或铜丝绕包的金属屏蔽层。铜屏蔽带在安装时两端接地，使电缆的外半导屏蔽层始终处于零电位，从而保证了电场的分布为径向均匀分布。电缆在正常运行时，铜屏蔽层流动的是对地电容电流。

（4）主绝缘的作用。交联聚乙烯电力电缆主绝缘所用材料是交联聚乙烯，交联聚乙烯良好的耐热性和机械性能，减少了它的收缩性，使其受热以后不再熔化，并能保持优良的电气性能。

3. 保护层

保护层包括内衬层、钢铠、外护套。内衬层和外护套所用材料一般均是聚氯乙烯

(PVC)，它们与钢铠配合能起到防止绝缘层受到外力损伤和水分侵入的作用。另外，当系统发生短路或接地时，保护层作为短路或接地电流的通道，同时也起到屏蔽电场的作用，以阻止电缆轴向沿面放电。

如图 3-1 所示为带绝缘型电力电缆构造示意图。

如图 3-2、图 3-3 所示为单相及三相交联聚乙烯电力电缆构造示意图。

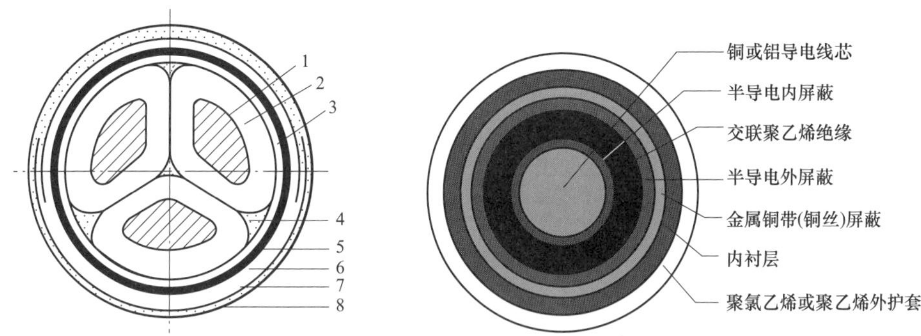


图 3-1 带绝缘型电力电缆构造示意

1—导体（铝芯或铜芯）；2—相绝缘；3—带屏蔽；4—填充材料；5—铅层；6—内衬层；7—铠装层；8—外被层

图 3-2 单相交联聚乙烯电力电缆构造示意

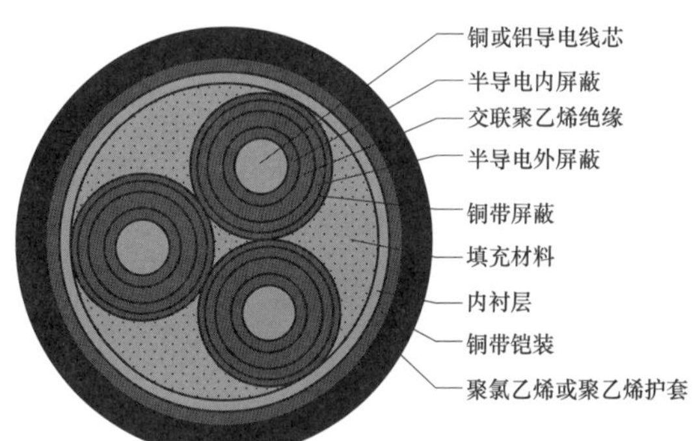


图 3-3 三相交联聚乙烯电力电缆构造示意

## 二、电力电缆的分类

供配电系统电力电缆的分类见表 3-1。

**表 3-1　电力电缆的分类**

| 分类方法 | 分类 | 性质 | 备　注 |
|---|---|---|---|
| 按电压等级 | 中、低压电力电缆 | 35kV 及以下 | 按电流种类分为交流电缆和直流电缆 |
| | 高压电缆 | 110kV 及以下 | |
| | 超高压电缆 | 275～800kV | |
| | 特高压电缆 | 100kV 及以下 | |

续表

| 分类方法 | 分类 | 性质 | 备注 |
|---|---|---|---|
| 按绝缘材料分 | 油浸纸绝缘电力电缆 | 以油浸纸作绝缘的电力电缆。其应用历史最长 | 优点：安全可靠，使用寿命长，价格低廉；<br>缺点：受落差限制。目前使用的不滴流油浸纸绝缘电力电缆，解决了落差限制问题，使油浸纸绝缘得以继续广泛应用 |
| | 塑料绝缘电力电缆 | 绝缘层为挤压塑料的电力电缆 | 塑料绝缘电缆结构简单，制造加工方便，质量轻，敷设安装方便，不受敷设落差限制。因此广泛用作中低压电缆，并有取代黏性浸渍油纸电缆的趋势。其最大缺点是存在树枝化击穿现象 |
| | | | 交联电缆通常是指电缆的绝缘层采用交联材料。最常用的材料为交联聚乙烯（XLPE）。交联聚乙烯是利用化学方法或物理方法，使电缆绝缘聚乙烯分子由线性分子结构转变为主体网状分子结构，即热塑性的聚乙烯转变为热固性的交联聚乙烯，使其长期允许工作温度由70℃提高到90℃（或更高），短路允许温度由140℃提高到250℃（或更高），在保持其原有优良电气性能的前提下，大大地提高了实际使用性能 |
| | 橡皮绝缘电力电缆 | — | 绝缘层为橡胶加上各种配合剂，经过加温硫化和充分混炼后挤包在导电线芯上，它柔软，富有弹性，适合于移动频繁、敷设弯曲半径小的场合 |

## 三、电缆的型号

1. 电缆型号的组成

电缆的型号采用汉语拼音字母和阿拉伯数字表示，其型号表示的含义见表3-2。

**表3-2　电力电缆型号字母含义表**

| | |
|---|---|
| 分类及用途代号 | K—控制缆；P—信号缆；YH—电焊机用电缆；<br>YD—探照灯用电缆；Y—移动电缆；N—农用电缆 |
| 绝缘代码 | Z—纸绝缘；X—橡胶绝缘；V—聚氯乙烯；YJ—交联聚乙烯 |
| 导体材料代码 | T—铜（一般不表示）；L—铝 |
| 内护层代码 | Q—铅包；L—铝包；H—橡套；Y—聚乙烯；V—聚氯乙烯；YJ—交联聚乙烯 |
| 派生代码 | F—分相铅包；C—滤尘器用；D—不滴流；P—干绝缘 |
| 外护层代码 | 1—麻被护层；2—钢带铠装麻被护层；3—细钢丝铠装麻被护层；<br>5—粗钢丝铠装麻被护层；20—裸钢带铠装；30—裸细钢丝铠装 |
| 特殊产品代码 | TH—湿热带；TA—干热带 |
| 额定电压 | 单位kV |

例如：型号YJ20—3×400—10，表示一条铜芯交联聚乙烯绝缘钢节铠装聚氯乙烯护层电力电缆，其截面积为400mm²，电压等级为10kV。

2. 各种型号电缆的用途

各种型号电缆的名称及用途见表3-3。

表 3-3 各种型号电缆的名称及用途

<table>
<tr><th>序号</th><th>名称</th><th>电缆型号</th><th>用　途</th></tr>
<tr><td>1</td><td>实芯聚乙烯绝缘同轴电缆，PVC护套，“视频电缆”</td><td>SYV</td><td>(1) 适用 1GHz 以下模拟信号和高速率数字信号传输。<br>(2) 适用于电视，广播信号控制及有关信号传输。<br>(3) 适用于固定和移动无线电通信和采用类似技术的电子装置中信号传输。<br>(4) 适用于视频监控系统、公共天线、闭路电视监控系统、无线电通信、传输系统及单向系统控制或高频率机器内部配线</td></tr>
<tr><td>2</td><td>聚乙烯物理发泡绝缘，PVC 护套</td><td>SYWV</td><td>有线电视系统电缆、视频（射频）同轴电缆</td></tr>
<tr><td>3</td><td>微射频同轴电缆</td><td>SYV、SYWV、SYFV</td><td>适用于闭路监控及有线电视工程</td></tr>
<tr><td>4</td><td>同轴电缆</td><td>SYWV（Y）、SYKV</td><td>结构：（同轴电缆）单根无氧圆铜线＋物理发泡聚乙烯（绝缘）＋（锡丝＋铝）＋聚氯乙烯（聚乙烯）<br>SYWV（Y）型聚乙烯物理高发泡电缆用于 CATV 闭路电视系统、传输高频和超高频信号，亦可用于数据传输网络。<br>SYKV 聚乙烯藕状介质射频同轴电缆是半空气绝缘的优质电缆，适用于 CATV、闭路电视等 VHF 和 UHF 信号的传输系统，在系统中作为干线、分支线和其他电子在装置的反馈电线</td></tr>
<tr><td>5</td><td>信号控制电缆</td><td>RVV、RVVP</td><td>适用于楼宇对讲、防盗报警、消防、自动抄表等工程</td></tr>
<tr><td>6</td><td>铜芯聚氯乙烯绝缘屏蔽聚氯乙烯护套软电缆</td><td>RVVP</td><td>电压 300V/300V 2-24 芯。用于仪器、仪表、对讲、监控、控制安装</td></tr>
<tr><td>7</td><td>物理发泡聚乙烯绝缘接入网电缆</td><td>RG</td><td>用于同轴光纤混合网（HFC）中传输数据模拟信号</td></tr>
<tr><td>8</td><td>聚氯乙烯护套编织屏蔽电缆</td><td>KVVP</td><td>用于电器、仪表、配电装置的信号传输、控制、测量</td></tr>
<tr><td>9</td><td>聚氯乙烯绝缘软电缆</td><td>RVV（227IEC52/53）</td><td>用于家用电器、小型电动工具、仪表及动力照明</td></tr>
<tr><td>10</td><td>铜芯聚氯乙烯绝缘护套安装用软电缆</td><td>AVVR</td><td>适用于楼宇对讲系统、安防监控报警系统、电气内部装线控制用线、电脑、仪表和电子设备及自动化装置等信号控制用线</td></tr>
<tr><td>11</td><td>数据通信电缆（室内、外）</td><td>SBVV HYA</td><td>用于电话通信及无线电设备的连接以及电话配线网的分线盒接线用</td></tr>
<tr><td>12</td><td>聚氯乙烯绝缘安装用电缆</td><td>RV、RVP</td><td>适用于家用电器、小型电动工具、仪器、仪表及动力照明连接用电线</td></tr>
<tr><td rowspan="2">13</td><td>铜芯聚氯乙烯绝缘绞型连接用软电线、对绞多股软线，简称“双绞线”</td><td>RVS</td><td>(1) 多用于消防火灾自动报警系统的探测器线路。<br>(2) 适用于家用电器、小型电动工具、仪器仪表及动力照明用线。双白芯用于直接接灯线头；红黑芯用于消防、报警等；红白芯用于广播、电话线；红黑芯用于广播线。<br>(3) 用于连接功放与音响设备、广播系统传输经功放机放大处理的音频信号</td></tr>
<tr><td>红黑（平行）线</td><td>RVB</td><td>适用于家用照明、电器、仪器、广播音响连接控制用线、消防电线等</td></tr>
<tr><td>14</td><td>聚氯乙烯绝缘电缆</td><td>BV、BVR</td><td>适用于电器仪表设备及动力照明固定布线用</td></tr>
<tr><td>15</td><td>PVC 音箱线</td><td>RIB</td><td>音箱连接线（发烧线）</td></tr>
<tr><td>16</td><td>聚氯乙烯绝缘控制电缆</td><td>KVV</td><td>适用于电器、仪表、配电装置信号传输、控制、测量</td></tr>
</table>

续表

| 序号 | 名称 | 电缆型号 | 用　途 |
|---|---|---|---|
| 17 | 双绞线 | SFTP | 传输电话、数据及信息网 |
| 18 | VL2464 系列多芯屏蔽线 | UL2464 | 电脑连接线 |
| 19 | 显示器连接线 | VGA | 显示器连接线包括连接主机和显示屏的数据线缆连接电源的电源线缆 |
| 20 | 同轴电缆 | SYV | 无线通信、广播、监控系统工程和有关电子设备中传输射频信号（含综合用同轴电缆） |
| 21 | 同轴电缆 | SDFAVP、SDFAVVP、SYFPY | 电梯专用 |
| 22 | 铜芯聚氯乙烯绝缘及护套铜丝编织电子计算机控制电缆 | JVPV、JVPVP、JVVP | 电缆有电力电缆、控制电缆、补偿电缆、屏蔽电缆、高温电缆、计算机电缆、信号电缆、同轴电缆、耐火电缆、船用电缆等。它们都是由多股导线组成，用来连接电路、电器等 |

3. 电缆用金属材料

电缆用金属材料的用途见表 3-4。

**表 3-4　　电缆用金属材料的用途**

| 金属名称 | 材　料　用　途 |
|---|---|
| 银 | 金属导电性及导热性最高，具有良好的耐腐蚀性及耐氧化性，易于焊接。主要用于镀层和包覆层。用以做耐高温线及用做高频通信电缆导体 |
| 铜 | 导电性仅次于银，导热性仅次于金、银。抗腐蚀，无磁性，塑性好，易于焊接，用途广泛。铜合金主要为提高铜的耐磨性，耐腐蚀性及机械物理性能 |
| 金镍 | 用做耐高温线 |
| 铝 | 导电性仅次于银、铜、金；导热性好，耐腐蚀性好，机械强度一般，塑性好，比重小。缺点是抗拉强度低，不易焊接。铝合金主要为提高铝的机械强度，耐热性及可焊性 |
| 铁（钢） | 常作复合导体的加强材料，如钢芯铝绞线、铜包钢、铝包钢线等 |
| 锌 | 用做钢丝/钢带/铁导体的镀层，用以防腐蚀 |
| 锡 | 用做钢丝/铜线的镀层，用以防腐蚀，并有利于铜线的焊接 |

## 四、电力电缆的选择

1. 电缆的型号选择

（1）普通用途电缆的型号选择见表 3-5。

**表 3-5　　普通用途电缆的型号选择**

| 序号 | 电缆型号 | 用　途 |
|---|---|---|
| 1 | VV 、VLV、VY 、VLY | 聚氯乙烯绝缘、聚乙烯护套电力电缆。敷设在室内、隧道及管道中 ，电缆不能承受机械外力作用 |
| 2 | VV22、VLV22 、VV23、VLV23 | 交联聚乙烯绝缘、聚氯乙烯、聚乙烯护套钢带铠装电力电缆。敷设在室内、隧道内。直埋土壤敷设，电缆能承受机械外力作用 |

续表

| 序号 | 电缆型号 | 用　途 |
|---|---|---|
| 3 | VV32 、VLV32 、VV33 、VLV33 、VV42 、VLV42、VV43、VLV43 | 交联聚乙烯绝缘、聚氯乙烯、聚乙烯护套钢丝铠装电力电缆。敷设在高落差地区，电缆能承受机械外力作用及相当的拉力 |
| 4 | YJV 、YJLV 、YJY 、YJLY | 交联聚乙烯绝缘、聚氯乙烯、聚乙烯护套电力电缆。敷设在室内、隧道及管道中，电缆不能承受机械外力作用 |
| 5 | YJV22 、YJLV22 、YJV23、YJLV23 | 交联聚乙烯绝缘、聚氯乙烯、聚乙烯护套钢带铠装电力电缆。敷设在室内、隧道内。直埋土壤敷设，电缆能承受机械外力作用 |
| 6 | YJV32 、YJLV32 、YJV33、YJLV33、YJV42 、YJLV42、YJV43、YJLV43 | 交联聚乙烯绝缘、聚氯乙烯、聚乙烯护套钢丝铠装电力电缆。敷设在高落差地区，电缆能承受机械外力作用及相当的拉力 |
| 7 | KVV 、KVVR 、KVY 、KVYR | 聚氯乙烯绝缘、聚氯乙烯、聚乙烯护套控制电缆。敷设在室内、电缆沟、管道内及地下 |
| 8 | KVV22 、KVV23 | 聚氯乙烯绝缘、聚氯乙烯 、聚乙烯护套钢带铠装控制电缆。敷设在室内、电缆沟、管道内及地下，电缆能承受机械外力作用 |
| 9 | KVVP、KVVP2、KVVRP | 聚氯乙烯绝缘、聚氯乙烯护套铜带、铜丝编织屏蔽控制电缆。敷设在室内、电缆沟、管道内及地下，电缆具有防干扰能力 |
| 10 | KYJV、KYJVR 、KYJY、KYJYR | 交联聚乙烯绝缘、聚氯乙烯、聚乙烯护套控制电缆。敷设在室内、电缆沟、管道内及地下 |
| 11 | KYJV22 、KYJV23 | 交联聚乙烯绝缘、聚氯乙烯 、聚乙烯护套钢带铠装控制电缆。敷设在室内、电缆沟、管道内及地下，电缆能承受机械外力作用 |
| 12 | KYJVP、KYJYP2、KYJYRP | 交联聚乙烯绝缘、聚氯乙烯、聚乙烯护套铜带、铜丝编织屏蔽控制电缆。敷设在室内、电缆沟、管道内及地下，电缆具有防干扰能力 |
| 13 | JKV、JKLV 、JKY 、JKLY 、JKYJ、JKLYJ | 交联聚乙烯绝缘、聚氯乙烯、聚乙烯架空电缆。用于架空电力传输等场所。软铜芯交联聚乙烯绝缘架空电缆用于变压器引下线 |
| 14 | JKLYJ/Q | 交联聚乙烯绝缘轻型架空电缆，用于架空电力传输等场所 |
| 15 | JKLGYJ、JKLGYJ/Q | 钢芯铝绞线交联聚乙烯绝缘架空电缆，用于架空电力传输等场所，并能承受相当的拉力 |

（2）特种用途电缆的型号选择见表 3－6。

**表 3－6　　特种用途电缆的型号选择**

| 序号 | 电缆型号 | 用　途 |
|---|---|---|
| 1 | ZR－X | 敷设在对阻燃有要求的场所 |
| 2 | GZR | 敷设在阻燃要求特别高的场所 |
| 3 | GZR－X | 隔氧层阻燃电缆 |
| 4 | WDZR－X | 低烟无卤阻燃电缆，敷设在对低烟无卤和阻燃有要求的场所 |
| 5 | GWDZR | 敷设在要求低烟无卤阻燃性能特别高的场所 |

续表

| 序号 | 电缆型号 | 用　　途 |
|---|---|---|
| 6 | GWDZR－X | 隔氧层低烟无卤阻燃电缆 |
| 7 | NH－X | 耐火电缆，敷设在对耐火有要求的室内、隧道及管道中 |
| 8 | GNH | 敷设在高阻燃的场所 |
| 9 | GNH－X | 隔氧层耐火电缆 |
| 10 | WDNH－X | 低烟无卤耐火电缆。敷设在有低烟无卤耐火要求的室内、隧道及管道中 |
| 11 | GWDNH | 电缆除低烟无卤耐火特性要求外，对阻燃性能有更高要求的场所 |
| 12 | GWDNH－X | 隔氧层低烟无卤耐火电缆 |
| 13 | FS－X | 防水电缆敷设在地下水位常年较高，对防水有较高要求的地区 |
| 14 | H－X | 耐寒电缆敷设在环境温度常年较低，对抗低温有较高要求的地区 |
| 15 | FYS－X | 环保型防白蚁、防鼠电缆用于白蚁和鼠害严重地区以及有阻燃要求地区的电力电缆、控制电缆 |

2. 电力电缆截面的选择

(1) 按电力电缆温升选择截面。电力电缆截面的选择应按电缆长期的载流量来确定。按电缆长期的载流量来确定，是为了保证电力电缆在正常运行时的温升不超过其允许的长期运行时的温度。电力电缆按发热条件的允许长期工作电流（简称载流量），不小于线路计算电流。电力电缆线路经济电流密度见表3－7。

**表3－7　　电力电缆线路经济电流密度**　　单位：$A/mm^2$

| 最大负荷利用小时（h/年） | ＜3000 | 3000～5000 | ＞5000 |
|---|---|---|---|
| 铝芯 | 1.92 | 1.73 | 1.54 |
| 铜芯 | 2.5 | 2.25 | 2.0 |

(2) 按电力电缆允许电压损耗检验截面。按电缆允许电压损耗来检验截面，使各种用电设备端电压符合要求，是为了保证供电质量，保证用电设备安全可靠的运行。

(3) 按电力电缆使用条件进行校验截面。电力电缆截面的选择应考虑多根电缆并列敷设时的影响、土壤热阻力和参考电缆使用的环境温度及温度变化等因素的影响。并应分别根据敷设及使用条件进行校验。若选出的电力电缆截面为非标截面，则应按上限选择标准截面。

电力电缆截面的选择还应考虑电力电缆中不允许长期过负荷，在紧急情况下不超过2h的过负荷能力为10kV电缆不超过15%。

3. 10kV电缆及附件选型

(1) 电缆及附件选型原则如下：

1) 应按照资产全寿命周期管理的要求，根据线路输送容量、系统运行条件，电缆路径、敷设方式等合理选择电缆和附件型式。

2) 应加强电力电缆和附件选型、订货及验收的过程管理，应优先选择具有良好运行业绩和成熟制造经验的制造商。

3) 电缆和附件的使用寿命应不小于40年。

(2) 电缆选型技术原则。

1) 电缆和附件的额定电压用$U_0$、$U$和$U_m$表示，电缆线路主绝缘的雷电冲击耐受电压水平用$U_{p1}$表示。10kV电缆和附件的额定电压和冲击耐受电压见表3-8。

**表3-8　10kV电缆和附件的额定电压和冲击耐受电压**

| 电压类别 | 系统 | $U_0$ | $U$ | $U_m$ | $U_{p1}$ |
|---|---|---|---|---|---|
| 电压值（kV） | 10 | 8.7 | 10或15 | 12或17.5 | 95 |

**注** 1. $U_0$为电缆设计时采用的导体对地或金属屏蔽之间的额定工频电压有效值。

2. $U$为电缆设计时采用的导体之间的额定工频电压有效值。

3. $U_m$为电缆所在系统的最高系统电压有效值。

2) 电缆线路截面应按远期规划一次选型，构成环网的干线截面应匹配，建设改造区域的电缆截面和材质应标准化，并满足通过最大短路电流时热稳定的要求。

3) 10kV电缆主绝缘应为交联聚乙烯（XLPE）绝缘材料。三芯统包电缆内护套宜选用聚氯乙烯（PVC），外护套宜采用聚氯乙烯；为提高防水性能，内护套可选用聚乙烯（PE）材质。

4) 线路全线在隧道、排管等不易被外力破坏的设施内敷设时，宜选用单芯互绞集束电缆，无铠装层；外护套应选用聚氯乙烯材质并适当加厚以提高机械防护性能。为满足防水要求，宜在金属屏蔽层内设阻水层。

5) 直埋电缆线路应选用具有钢带铠装层的电缆。垂直落差大的电缆线路宜选用具有钢丝铠装层的电缆。

6) 在对弯曲度要求较高的场所可选用橡胶绝缘软铜芯电缆。

7) 在隧道、电缆沟内敷设时，应采用阻燃型交联聚乙烯绝缘电缆。

(3) 电缆附件选型原则。10kV电缆附件选型原则如下：

1) 10kV电缆附件的额定电压应与所连接的10kV电缆额定电压相同。

2) 10kV电缆附件的载流量应与所连接的10kV电缆载流量相同。

3) 一般选用冷缩型、热缩型或预制型电缆附件（可分离式连接器）。与全绝缘紧凑型开关柜（环网柜）的电缆套管底座连接时，应选用全屏蔽全绝缘可触摸式预制型电缆终端。10kV电缆与配电变压器直接连接时，宜选用预制型电缆终端。

4) 冷缩式电缆附件宜采用液态硅橡胶制作。

5) 预制式电缆终端宜选用液态硅橡胶或三元乙丙橡胶模铸工艺制作。

## 第二节　电缆线路及其附属设备构筑物设施施工

### 一、10kV及以下的电缆线路及其附属设施的施工

1. 10kV及以下的电缆线路及其附属设施

10kV及以下的电缆线路及其附属设施应符合以下要求：

(1) 电缆及附件安装用的钢制紧固件，除地脚螺栓外，应采用热镀锌或等同热镀锌的产品。

(2) 对有抗干扰要求的电缆线路，应按设计要求采取抗干扰措施。

(3) 采用的电缆及附件，均应符合国家现行标准及相关产品标准的规定，并应有产品标识及合格证件。

(4) 电缆线路的施工，应符合国家现行标准及相关规范要求。

2. 10kV 及以下的电缆线路构筑物设施施工

10kV 及以下的电缆线路构筑物设施的施工应符合以下要求：

(1) 电缆工作井、通气孔可采用砖砌、预制或现浇，有防渗要求时，宜采用现浇。工作井的尺寸应满足电缆管线敷设最大截面电缆弯曲的要求。电缆工作井内应有积水坑，上有金属盖板。

(2) 与电缆线路有关的住宅建筑物、构筑物的建筑工程质量，应符合国家现行的建筑施工及验收规范中的有关规定和设计要求。

(3) 电缆分支箱、箱式变压器基础安装位置合理，基础应用钢筋混凝土浇固底座，支撑梁宜采用槽钢或工字钢与混凝土浇筑，以满足动负荷的强度。基础底座露出地面不小于15cm；电缆分支箱、箱式变压器应垂直于地面；基础应安装接地棒，接地棒应是长度大于 2m，直径大于 50mm 的钢管，并埋入地下作为接地极。

(4) 电缆分支箱、箱式变压器的基础位置应与停车场、消防水龙头、大门口和道路转弯等的距离大于 3m。

(5) 电缆线路安装完毕后投入运行前，住宅建筑工程应完成由于预埋件补遗、开孔、扩孔等需要而造成的建筑工程修饰工作。

(6) 供 10kV 敷设电缆用的排管管材，应选用 C－PVC 管、无碱玻璃纤维管、聚乙烯双面涂塑钢管，每一根电缆穿一根管内。涂塑钢管不能用作单芯电缆的穿管。

(7) 在通过道路和穿过有车辆的场地时必须选用无碱玻璃纤维管或聚乙烯双面涂塑钢管预埋。

3. 10kV 及以下的电缆线路电缆排管埋设施工

10kV 及以下的电缆线路电缆排管埋设要求如下：

(1) 排管顶部距地面不小于 0.70m，不满足条件的必须采用高强度管（例如：聚乙烯涂塑钢管）或增大管材壁厚，但排管顶深要不小于 0.5m。

(2) 排管沟底部应垫平夯实，并应铺设 100mm 厚的混凝土垫层。所有排管均需用混凝土包封填实。

(3) 排管管枕间距为 1.5m，管枕距接头处为 0.75m。

(4) 排管敷设应平直，每两座工井之间仅允许有一处不大于 2.5°的转角。

(5) 排管安装时，应有倾向工作井侧不小于 0.5%的排水坡度。

(6) 10kV 进出线电缆排管应一次留足必要的备用管孔数，当无法预计发展情况时，除考虑散热孔外可留 10%的备用孔，但不少于 4 孔，并与配网主排管线路沟通。施放电缆时应先下后上，备用孔需留在上方。建筑预留的进线管内径不小于 160mm。

(7) 进线电缆竖井须在建筑物内，竖井内须满足 15 倍电缆直径的弯曲半径的要求。进线竖井须为电力电缆专用竖井，不得与居民进户电缆、电梯电缆等其他非供电资产电缆共用竖井桥架。竖井内设置支架，并具备爬梯功能。

(8) 电缆路径的选择应考虑安全运行、维护方便及节省投资等因素，并与小区内其他

地下管线统一安排。通道的宽度、深度应考虑远期发展的要求。电缆敷设时，宜同时敷设通信线或预留出通信线位置，为实现配电系统自动化打好基础。

4. 电缆工作井的施工

电缆工作井的技术要求如下：

(1) 电缆线路直线段每隔 50m 以及转角、分支及不同管材的连接处均要设置电缆工作井。

(2) 工作井内净空高度不小于 1.90m，顶板应设置一方一圆下人孔，尺寸分别为 1000mm×1000mm及内径 800mm。非机动车道上的下人孔井盖应采用复合材料盖板，机动车道上采用重型防盗球墨铸铁井盖。

(3) 工作井底部应比最下层排管低 300mm 以上，顶板与最上层排管之间距离不小于 500mm。排管不得超出井壁。

(4) 工作井下方设置不小于长 500mm、宽 500mm、高 500mm 的集水坑。

(5) 工作井内应设置电缆支架。

(6) 工作井底板应向集水坑有不小于 0.5%的排水坡度。

(7) 0.4kV 工作井内净空高度不小于 0.7m，工作井净尺寸不小于 1000mm×1000mm。

(8) 工井内设置排管标志牌，标注该处排管编号。

## 二、开闭所的电缆工程的施工

1. 开闭所内电缆沟、设备基坑盖板

开闭所内电缆沟、设备基坑盖板宜采用复合材料盖板，规格为 500mm 宽；用花纹钢板制作时，花纹钢板厚度不得小于 6mm，钢板下设加劲肋。

2. 开闭所内电缆桥架的安装

(1) 开闭所内电缆桥架安装的技术要求如下：

1) 直线段钢制电缆桥架长度超过 30m、铝合金或玻璃钢制电缆桥架长度超过 15m 时，应设有伸缩节。当设计无要求时，电缆桥架水平安装的支架间距应为 1.5～3m，垂直安装的支架间距不大于 2m。

2) 桥架与支架间的连接螺栓及桥架连接板螺栓的固定应紧固、无遗漏、螺母位于桥架外侧；当铝合金桥架与钢支架固定时，有相互间绝缘的防电化腐蚀措施。

(2) 开闭所内有燃气及热力管道时电缆桥架的施工。开闭所内电缆桥架敷设在易燃易爆气体管道和热力管道的下方，当设计无要求时，与管道的最小净距，应符合表 3-9 的各项要求。

**表 3-9　　电缆桥架与管道的最小净距**　　单位：m

| 管道类别 | | 平行净距 | 交叉净距 |
|---|---|---|---|
| 一般工艺管道 | | 0.4 | 0.3 |
| 易燃易爆气体管道 | | 0.5 | 0.5 |
| 热力管道 | 有保温层 | 0.5 | 0.3 |
| | 无保温层 | 1.0 | 0.5 |

3. 开闭所电缆工程的防火

敷设在竖井内和穿越不同防火区的桥架，按设计要求设置，并布有防火隔堵措施。

4. 开闭所电缆工程的防水

开闭所的电缆沟，设备基坑必须采取防水排水措施。

## 三、高层建筑电缆竖井的施工

住宅小区高层建筑电缆竖井有以下技术要求：

(1) 电缆竖井宜用于住宅建筑供电电源垂直干线等的敷设，并可采取电缆直敷、导管、线槽、电缆桥架及封闭式样母线等明敷设方式。当穿管管径大于电缆竖井井壁厚的1/3时，线缆可穿管暗敷设于电缆竖井壁内。

(2) 电缆竖井井壁应为耐火极限不低于1h的不燃烧体，竖井在每层楼应设维护检修门并应开向公共走廊，检修门应采用不低于丙级的防火门。

(3) 当电表箱设于电缆竖井内时，电缆竖井内电源线缆宜采用导管、金属线槽等封闭式布线。

(4) 电缆竖井的面积应根据设备的数量、进出线的数量、设备安装、检修等因素确定。高层建筑利用通道作为检修面积时，电缆竖井的净宽度不宜小于0.8m。

(5) 建筑高度不超过100m的高层建筑，其电缆井、管道井应每隔2～3层在楼板处用相当于楼板耐火极限的不燃烧体作防火分隔。建筑高度超过100m的高层建筑，应在每层楼板处用相当于楼板耐火极限的不燃烧体作防火分隔。

(6) 电缆井内竖向穿越楼板和水平过井壁的洞口应根据主干线缆所需的最大路由进行预留。楼板处的洞口应用不低于楼板耐火极限的不燃烧体或防火材料进行封堵，井壁的洞口应采用防火材料进行封堵。

(7) 电气竖井内的应急电源和非应急电源的电气线路之间应保持不小于0.3m的距离或采取隔离措施。

(8) 强电和弱电线路宜分别设置竖井。当受条件限制需要合用时，强电和弱电线缆应分别布置在竖井两侧或采取隔离措施。

(9) 电气竖井内应设电气照明及至少一个单相三孔插座。插座距地宜为0.5～1.0m。

(10) 电气竖井内应敷设接地干线和接地端子。

## 四、电缆保护管的施工

1. 电缆保护管的选用

电缆保护管的选用应符合以下要求：

(1) 电缆保护管应有满足电缆线路施工条件所需保护性能的品质证明文件，产品经过国家级检测机构鉴定和检测。电缆保护管不应有穿孔、裂缝和显著的凹凸不平，内壁应光滑。金属电缆保护管表面应经过防腐处理。

(2) 电缆保护管的内径与外径之比不得小于1.5。维纶水泥管、玻璃钢管、碳纤螺纹管除应满足上述要求，且其内径不宜小于100mm。

(3) 每根电缆保护管的弯头不应超过3个，直角弯头不应超过2个。

2. 电缆保护管明敷

电缆保护管明敷时，应符合以下要求：

(1) 电缆保护管应安装牢固，管间宜用托架进行固定，电缆管支持点间的距离应符合设计的规定。当无设计时，支持点间的距离不应超过 3m。

(2) 当采用塑料管作为电缆保护管时，其长度超过 30m 应加装伸缩节。

(3) 对于用碳纤螺纹管作为电缆保护管的，应采用预制的支架加以固定。其间隔距离为每隔 2m 装一个支架。

3. 电缆保护管直埋敷设

电缆保护管直埋敷设时，应符合以下要求：

(1) 电缆保护管直埋深度不得低于 1m，单根电缆保护管直埋深度不应小于 0.7m，在人行道下敷设时不应小于 0.5m。

(2) 电缆保护管的排水坡度不应低于 0.1%。

(3) 在机动车道等易受机械损伤的地方和在荷载较大处埋设时，应采用足够强度的管材。

(4) 敷设电缆保护管时，其地基应坚实、平整，不应有沉陷。对特殊地段，必要时要采用钢筋混凝土垫层，以提高地基的标准。

(5) 管线施工恢复道路路基应满足路政管理部门的要求。

4. 电缆保护管的加工

电缆保护管的加工应符合以下要求：

(1) 管口应无毛刺和尖锐棱角，管口宜做成喇叭形。

(2) 电缆保护管在弯制后，不应有裂缝和显著的凹凸不平现象，其弯曲程度不宜大于管子外径的 10%。电缆保护管的弯曲半径应大于所穿入电缆的最小允许弯曲半径。

(3) 金属电缆保护管表面应经过防腐处理。

(4) 金属电缆保护管宜采用无缝钢管，当采用焊接管时，焊接缝应朝上。

5. 电缆保护管的施工

电缆保护管的施工应符合以下要求：

(1) 金属电缆保护管连接应牢固，密封应良好，两管口应对准。套接的短套管或带螺纹的管接头的长度，不应小于电缆保护管外径的 2.2 倍。金属电缆保护管不宜采用直接对焊，宜采用套袖焊接的方式。

(2) 硬质电缆保护管的套接或插接时，其插入深度宜为管子内径的 1.1～1.8 倍。在插接面上涂以胶合剂黏牢密封。采用套接时套管两端应采用密封措施。排管敷设塑料管多采用橡胶圈密封。

(3) 引至设备的电缆保护管的管口位置，应便于与设备连接并不妨碍设备的拆装和进出。并列敷设电缆保护管的管口应排列整齐。

(4) 当电缆保护管作接地线时，应先焊接好接地线。有螺纹的管接头处，应用跳线焊接，再敷设电缆。

## 五、电缆支架的施工

1. 电缆支架的加工

电缆支架的加工应符合以下要求：

(1) 加工电缆支架的钢材应平直，无明显扭曲。下料误差应在 5mm 范围内，切口应无卷边、毛刺。

（2）金属电缆支架必须进行防腐处理，采用热镀锌或热浸塑，使用中，应优先采用热浸塑。

（3）支架应焊接牢固，无显著变形。各横撑间的垂直净距与设计偏差不应大于5mm。

2. 电缆支架的安装

（1）电缆支架的层间距离。电缆支架的层间允许最小距离，应按设计规定。当无设计规定时，应符合表3－10的各项要求。层间净距不应小于2*D*＋10mm（*D*为电缆外径）。

**表3－10　电缆支架的层间允许最小距离值**　单位：mm

| 电缆类型和敷设方式 | | 支（吊）架 | 桥架 |
|---|---|---|---|
| 电力电缆明敷 | 10kV及以下（除6～10kV交联聚乙烯绝缘外） | 150～200 | 250 |
| | 6～10kV交联聚乙烯绝缘 | 200～250 | 300 |

（2）电缆支架最上层至沟顶或楼板及最下层至沟底或地面的距离。电缆支架最上层至沟顶或楼板及最下层至沟底或地面的距离，应符合表3－11的各项要求。

**表3－11　电缆支架最上层及最下层至沟顶、楼板或沟底、地面的距离值**　单位：mm

| 敷设方式 | 电缆隧道及夹层 | 电缆沟 | 吊架 | 桥架 |
|---|---|---|---|---|
| 最上层至沟顶或楼板 | 300～350 | 150～200 | 150～200 | 350～450 |
| 最下层至沟底或地面 | 100～150 | 50～100 | — | 100～150 |

（3）电缆支架安装的允许偏差。电缆支架应安装牢固，横平竖直；托架、支（吊）架的固定方式应按设计要求进行。各支架的同层横档应在同一水平面上，其高低误差不大于5mm。托架、支（吊）架走向左右偏差不大于10mm。在有坡度的电缆沟内或建筑物上安装的电缆支架，应有与电缆沟内或建筑物相同的坡度。

组装后的钢结构竖井，其垂直偏差不应大于其长度的2/1000，支架横撑的水平误差大于其宽度的2/1000，竖井对角线的偏差不应大于其对角线长度的5/1000。

## 六、电缆桥架的配制

电缆桥架的配制应符合以下要求：

（1）电缆桥架（托盘）、电缆桥架（托盘）的支（吊）架、连接件和附件的质量应符合现行的有关技术标准。

（2）电缆桥架（托盘）的规格、支（吊）跨距、防腐类型应符合设计要求。

（3）桥架（托盘）在每个支（吊）架上的固定应牢固；桥架（托盘）连接板的螺栓应紧固，螺母应位于桥架（托盘）的外侧。铝合金桥架在钢制支（吊）架上固定时，应有防电化腐蚀的措施。

（4）电缆桥架转弯半径，不应小于该桥架上的电缆最小允许转弯半径的最大者。

（5）金属电缆桥架全长均有良好的接地。

（6）电缆桥架在使用防火涂料时，涂料应按一定浓度稀释，搅拌均匀。涂刷厚度及次数、间隔时间应符合材料使用要求。

## 七、电缆线路的防火

电缆线路的防火应符合以下要求：

（1）电缆线路的防火，必须按设计要求的防火阻燃措施要求进行施工。

（2）防火墙的防火门应严密，孔洞应封堵。防火墙两侧电缆应施加防火包带或涂料。

（3）防火包的堆砌应密实牢固，外观整齐，不应透光。

## 八、电缆孔洞的封堵

电缆孔洞的封堵应符合以下要求：

（1）电缆孔洞的封堵应严实可靠，不应有明显的裂缝和可见的孔隙，孔洞较大时应加装耐火隔板进行封堵。

（2）在使用有机堵料封堵电缆孔洞时，封堵不应有漏光、漏风、龟裂、脱落、硬化等现象。

（3）在使用无机堵料封堵电缆孔洞时，封堵不应有粉化、开裂等现象。

# 第三节　供配电系统 10kV 电缆配电线路的施工

## 一、10kV 电缆配电线路器材检验

1. 电缆及其有关材料的贮存保管

电缆及其有关材料如不立即安装，应按以下要求进行贮存保管：

（1）电缆应集中分类存放，并应标明型号、电压、规格、长度。电缆盘之间应有通道。地基应坚实，当受条件限制时，盘下加垫，存放处不得积水。

（2）电缆终端瓷套在贮存时，应有防止机械损伤的措施。

（3）电缆附件的绝缘材料的防潮包装应密封良好，并根据材料性能和保管要求贮存保管。

（4）防火涂料、包带、堵料等防火材料，应根据材料性能和保管要求贮存保管。

（5）电缆桥架应分类保管，不得因受力变形。

2. 防火阻燃材料的质量和外观检查

在使用防火阻燃材料前，材料质量和外观的检查，应符合以下要求：

（1）有机堵料不氧化、不冒油，软硬程度具有一定的柔韧度。

（2）无机堵料无结块、无杂质。

（3）防火隔板平整、厚薄均匀。

（4）防火包遇水或受潮后不板结。

（5）防火涂料无结块、能搅拌均匀。

（6）阻火网网孔尺寸均匀，经纬线粗细均匀。附着防火复合膨胀料厚度一致。网弯曲时不变形、不脱落，并易于曲面固定。

3. 10kV 电缆及附件的检查

电缆及附件的检查应符合以下要求：

（1）产品的技术文件应齐全。

（2）电缆型号、规格、长度应符合订货要求。

（3）电缆外观不应受损，电缆封端应严密。当外观检查有怀疑时应进行受潮判断或试验。

（4）附件部件应齐全，材质质量应符合产品技术要求。

## 二、10kV 电缆线路电缆敷设

1. 电缆线路安装前土建部分应具备的条件

电缆线路安装前，住宅建筑供电配套工程土建部分应具备以下条件：

（1）预埋件符合设计要求，安置牢固，接地点接地电阻符合设计要求。

（2）电缆沟、隧道、竖井及人孔等处的地坪及抹面工作结束，电缆支架、电缆桥架、接地极等附属设施安装到位。

（3）电缆夹层、电缆沟、隧道等处的临时设施、模板及建筑废料等清理干净，施工用道清理畅通，盖板齐全。

（4）电缆线路敷设应在住宅建筑工程结束后进行。

（5）电缆沟排水畅通，电缆室的门窗安置完毕。

2. 电缆线路电缆敷设前应进行的检查

电缆线路电缆敷设前应按以下要求进行检查：

（1）电缆敷设的路径、土建设施（电缆沟、电缆隧道、排管、交叉跨越管道等）及埋设深度、宽度、弯曲半径等符合设计和规程要求。电缆通道畅通，排水良好。金属部分的防腐措施符合要求，防腐层完整。隧道内通风符合要求，新建隧道应有通风口，隧道本体不应有渗漏。

（2）电缆型号、电压、规格应符合设计要求。

（3）电缆盘外观应无损伤，电缆外皮表面无损伤，电缆内外封头密封良好，若电缆外观和密封状态有异，应进行潮湿判断。直埋电缆应参照 DL/T 596—2005《电力设备预防性试验规程》的规定的项目进行相关试验。

（4）电缆放线架应放置稳妥，钢轴的强度和长度应与电缆盘重量和宽度相配合，电缆盘有可靠的制动措施。敷设电缆的机具应检查并调试正常。

（5）敷设前应按设计和实际路径计算每根电缆的长度，合理安排每盘电缆，减少电缆接头。应避免把中间接头设置在建筑物门口与其他管线交叉处或通道狭窄处。

（6）采用机械牵引方法敷设电缆时，敷设前要进行牵引力计算，牵引时应在牵引头连接拉力表以保证牵引力不超过允许值。牵引机和导向机构应试验完好，尽量采用牵引线芯的方式敷设。

（7）电缆敷设时，不应损坏电缆沟、隧道和电缆井的防水层。

（8）并联使用的电力电缆其长度、型号、规格宜相同，应对称布置。

（9）电力电缆的终端头附近宜留有备用长度。

（10）三相四线系统中应采用四芯电力电缆，不应采用三芯电力电缆加一根单芯电力电缆或以导线、电缆金属护套作中性线。

3. 电缆敷设施工

电缆敷设施工应符合以下要求：

(1) 电缆敷设时，电缆应从盘的上端引出，不应使电缆在支架上及地面摩擦拖拉。电缆上不得有铠装压扁、电缆绞拧、护层折裂等未消除的机械损伤。

(2) 机械敷设电缆时的最大牵引强度应符合表 3-12 的规定。

**表 3-12　　电缆最大牵引强度**

| 牵引方式 | 牵引头 | | 钢丝网套 | | |
|---|---|---|---|---|---|
| 受力部位 | 铜芯 | 铝芯 | 铅套 | 铝套 | 塑料护套 |
| 允许牵引强度（$N/mm^2$） | 70 | 40 | 10 | 40 | 7 |

(3) 机械敷设电缆的速度不宜超过 15m/min。

(4) 在复杂的条件下用机械敷设大截面电缆时，应进行施工组织设计，确定敷设方法、线盘架设位置、电缆牵引方向，校核牵引力和侧压力，配备敷设人员和机具。

(5) 机械敷设电缆时，应在牵引头或钢丝网套与牵引钢缆之间装设防捻器。

(6) 敷设电缆的最低允许温度，在敷设前 24h 内的平均温度以及敷设现场的温度不应低于表 3-13 的规定；当温度低于表 3-13 规定值时，应采取相应措施。

**表 3-13　　电缆允许敷设最低温度**

| 电缆类型 | 电缆结构 | 允许敷设最低温度（℃） |
|---|---|---|
| 橡皮绝缘电力电缆 | 橡皮或聚氯乙烯护套 | −15 |
| | 裸铅套 | −20 |
| | 铅护套钢带铠装 | −7 |
| 塑料绝缘电力电缆 | — | 0 |

(7) 电缆各支持点的距离应符合表 3-14 的规定。

**表 3-14　　电缆各支持点的距离**　　单位：mm

| 电缆种类 | | 敷设方式 | |
|---|---|---|---|
| | | 水平 | 垂直 |
| 电力电缆 | 全塑料 | 400 | 1000 |
| | 除全塑型外的中低压电缆 | 800 | 1500 |
| 控制电缆 | | 800 | 1000 |

**注**　全塑型电力电缆水平敷设沿支架能把电缆固定时，支架间的距离允许为 800mm。

(8) 电缆敷设的最小弯曲半径应符合表 3-15 的规定。

**表 3-15　　电缆敷设的最小弯曲半径**　　单位：mm

| 电缆形式 | | 多芯 | 单芯 |
|---|---|---|---|
| 控制电缆 | 非铠装屏蔽型、屏蔽型软电缆 | $6D$ | — |
| | 铠装型、铜屏蔽型 | $12D$ | |
| | 其他 | $10D$ | |

续表

<table>
<tr><th colspan="3">电缆形式</th><th>多芯</th><th>单芯</th></tr>
<tr><td rowspan="3">橡皮绝缘电力电缆</td><td colspan="2">无铅包、钢铠护套</td><td colspan="2">10D</td></tr>
<tr><td colspan="2">裸铅包护套</td><td colspan="2">15D</td></tr>
<tr><td colspan="2">钢铠护套</td><td colspan="2">20D</td></tr>
<tr><td rowspan="2">塑料绝缘电缆</td><td colspan="2">无铠装</td><td>15D</td><td>20D</td></tr>
<tr><td colspan="2">有铠装</td><td>12D</td><td>15D</td></tr>
<tr><td rowspan="3">油浸纸绝缘电力电缆</td><td colspan="2">铅包</td><td colspan="2">30D</td></tr>
<tr><td rowspan="2">铅包</td><td>有铠装</td><td>15D</td><td>20D</td></tr>
<tr><td>无铠装</td><td>20D</td><td>—</td></tr>
<tr><td colspan="3">自容式充油（铅包）电缆</td><td>—</td><td>20D</td></tr>
</table>

**注** $D$ 为电缆外径，mm。

(9) 电缆敷设后接头的布置应符合以下要求：

1) 并列敷设的电缆，其接头的位置宜相互错开。

2) 电缆明敷时的接头应用接头托架托置并与支架固定。

3) 直埋电缆接头应有防止机械损伤的保护结构或外设保护盒。

4) 电缆敷设时应排列整齐，不宜交叉，加以固定，并及时装设标识牌。

(10) 电缆的固定应符合以下要求：

1) 电缆垂直敷设或超过 45°倾斜敷设在支架或桥架上时，应每隔 20m 处将电缆加以固定。

2) 水平敷设的电缆，在电缆首末两端及转弯、电缆接头的两端处加以固定。当对电缆固定有特殊要求时，按要求执行。

3) 裸铅（铝）套电缆的固定处，应加软衬垫保护。

4) 终端的开关柜内，开关柜下电缆至少应有两个固定点，保持电缆垂直段不少于 1m。

5) 护层有绝缘要求的电缆，在固定处应加绝缘衬垫。

6) 在隧道内遇到没有电缆支架处（三通井、四通井等）应加装电缆吊架固定电缆。

7) 电缆进入电缆沟、隧道、竖井、建筑物、盘（柜）以及穿入管子时，出入口应封闭，管口应密封。

4. 直埋电缆

(1) 电力电缆直埋敷设应符合以下技术要求：

1) 在直埋电缆线路路径上有可能使电缆受到机械性损伤、化学作用、地下电流、振动、热影响、腐蚀物质、虫鼠等危害的地段，应采取保护措施。

2) 直接埋置的电缆表面距地面的距离不应小于 0.7m。穿越小区行车道下敷设时不应小于 1m。在引入住宅建筑物、与地下建筑物交叉及绕过地下建筑物处，可浅埋，但应采取保护措施。

3) 电缆应埋设于冻土层以下，当受条件限制时，应采取防止电缆受到损坏的措施。

4) 严禁将电缆平行敷设于管道的上方或下方。直埋电缆之间，电缆与其他管道、道

路、建筑物等之间平行和交叉时的最小净距，应符合设计要求。

5）直埋电缆穿越城市街道、公路，或穿过有载重车辆通过的大门、进入建筑物的墙角处、进入隧道、人井，或从地下引出到地面时，应将电缆敷设在满足强度要求的管道内，并将管口封堵紧密。

6）高、低压等级的电缆在交叉敷设时，高电压等级的电缆宜敷设在低电压等级电缆的下面。

7）当电缆穿管或者其他管道有保温层等防护措施时，净距应从管壁或防护设施的外壁算起。

8）电缆与热管道（沟）及热力设备平行、交叉时，应采取隔热措施，使电缆周围土壤的温升不超过10℃。

9）直埋电缆的上、下部应铺以不小于100mm厚的软土或沙层，软土或沙子中不应有石块或其他硬质杂物，并加盖保护板，其覆盖宽度应超过电缆两侧50mm，保护板采用混凝土盖板。

10）直埋电缆在直线段每隔50～100m处、电缆接头处、转弯处、进入建筑物等处，应设置明显的警示标志或标桩。

11）直埋电缆回填土前，应经隐蔽工程验收合格。回填土应为细沙土，并分层夯实。

12）管道内部应无积水，且无杂物堵塞。穿电缆时，不得损伤护层，可采用无腐蚀性的润滑剂（粉）。

13）电缆排管在敷设电缆前，应进行疏通，清理杂物。

14）穿入管中电缆的数量应符合设计要求；交流单芯电缆不得单独穿入钢管内。

（2）电缆之间、电缆与管道、道路、建筑物之间平行和交叉时的最小净距应符合表3-16的规定，如不能满足要求，应采取隔离保护措施。

**表3-16　电缆之间、电缆与管道、道路、建筑物之间平行和交叉时的最小净距**

| 项　目 | | 最小净距（m） | |
|---|---|---|---|
| | | 平行 | 交叉 |
| 电力电缆间与控制电缆间 | 10kV及以下 | 0.1 | 0.5 |
| | 10kV及以上 | 0.25 | 0.5 |
| 控制电缆间 | | — | 0.5 |
| 不同使用部门的电缆间 | | 0.5 | 0.5 |
| 热管道（管沟）及电力设备 | | 2.0 | 0.5 |
| 油管道（管沟） | | 1.0 | 0.5 |
| 可燃气体及易燃液体管道（沟） | | 1.0 | 0.5 |
| 其他管道（管沟） | | 0.5 | 0.5 |
| 铁路轨道 | | 3.0 | 1.0 |
| 电气化铁路轨道 | 交流 | 3.0 | 1.0 |
| | 直流 | 10.0 | 1.0 |
| 公路 | | 1.5 | 1.0 |

续表

| 项　　目 | 最小净距（m） | |
|---|---|---|
| | 平行 | 交叉 |
| 城市街道路面 | 1.0 | 0.7 |
| 杆基础（边线） | 1.0 | — |
| 建筑物基础（边线） | 0.6 | — |
| 排水沟 | 1.0 | 0.5 |

（3）电缆保护管或保护罩的加装。

在具有以下情况之一的地点，电缆应加装保护管或保护罩。

1）电缆进入建筑物、隧道、穿过楼板及墙壁处。

2）从沟道引到电杆、设备、墙外表面或室内行人容易接近处，距地面高度 2m 以下的一段。

3）可能有载重设备移经电缆上面的区段。

4）其他可能受到机械损伤的地方。

5. 构筑物中电缆的排列

构筑物中电缆的排列应符合以下要求：

（1）电力电缆和控制电缆不宜配置在同一层支架上。

（2）高低压电力电缆，强电、弱电控制电缆应按顺序分层配置。

（3）并列敷设的电力电缆，其相互间的净距应符合设计要求。

（4）在砖槽内敷设电缆时，在电缆敷设完毕后，应及时清除杂物，盖好盖板。必要时，还应将盖板缝隙密封。

6. 架空电缆敷设

架空电缆敷设应符合以下要求：

（1）对于较短且不便直埋的电缆可采用架空敷设，架空敷设的电缆截面不宜过大，考虑到环境因素的影响，可将敷设电缆的载流量按小一规格截面的电缆载流量考虑。

（2）架空电缆的金属护套、铠装及悬吊线均应有良好的接地，杆塔和配套金具符合规程和强度的要求。

（3）架空电缆悬吊点或固定的间距，应符合工程设计的规定。

（4）支撑架空电缆的钢绞线应满足荷载要求，并全线良好接地，在转角处须打拉线或顶杆。

（5）架空敷设的电缆不宜设置电缆中间接头。

## 三、10kV 电缆终端及接头的制作

1. 电缆终端及接头制作前的准备

（1）工艺材料的检查。制作电缆和接头前，应熟悉安装工艺材料，做好检查，并应符合以下要求：

1）电缆绝缘状况良好，无受潮进水。

2）附件规格应与电缆一致、零部件应齐全无损伤、绝缘材料不得受潮、密封材料不

得失效。

3）施工用机具齐全、便于操作、状况清洁、消耗材料齐备，清洁塑料绝缘表面的溶剂宜遵循工艺导则准备。

4）必要时进行试装配。

（2）制作绝缘材料的要求。采用的附加绝缘材料除电气性能应满足要求外，还应与电缆本体绝缘具有相容性。两种材料的硬度、膨胀系数、抗张强度和断裂伸长率等物理性能指标应接近。橡塑绝缘电缆应采用弹性大、连接性能好的材料作为附加绝缘。

（3）电缆线芯连接金具的要求。电缆线芯连接金具，应采用符合标准的连接管和接线端子，其内芯应与电缆线芯匹配，间隙不应过大，符合相关国家标准要求；截面积应为线芯截面积的1.2～1.5倍。采用压接时，压接钳和磨具应符合规格要求。

（4）电缆终端及接头制作的场所及环境的选择。在室外制作10kV电缆终端与接头时，其环境温度不应低于5℃、空气相对湿度宜为70%及以下；当湿度较大时，可提高环境温度或加热电缆。制作塑料绝缘电力电缆终端与接头时，应防止尘埃、杂物落入绝缘内。严禁在雾或雨中施工。在室内施工现场应备用消防器材。室内或隧道中施工应有临时电源。

2. 电缆终端及接头制作的技术要求

电缆终端及接头制作应符合以下要求：

（1）电缆终端及接头制作时，应严格遵守制作工艺规程。三芯电缆在电缆的中间接头处，电缆的铠装、金属屏蔽层应各自有良好的电气连接并相互绝缘。在电缆的终端头处，电缆的铠装、金属屏蔽层应分别引出接地线并应良好的接地。

（2）电力电缆接地线应采用铜绞线或镀锡铜编织线与电缆屏蔽层的连接，其截面积不应小于$25mm^2$。

（3）电缆终端与电气装置的连接，应符合GB 50149—2010《电气装置安装工程 母线装置施工及验收规范》有关规定。

（4）制作电缆终端与接头，从剥切电缆开始应连续操作直至完成，以缩短绝缘暴露时间。剥切电缆时不应损伤线芯和保留的绝缘层。附加绝缘的包绕、装配、收缩等应清洁。

（5）电缆终端盒接头应采取加强绝缘、密封防潮、机械保护措施。10kV电力电缆的终端与接头，应有改善电缆屏蔽端部电场集中的有效措施，并应确保外绝缘相间和对地距离。

（6）交联聚乙烯绝缘电缆在制作终端头和接头时，应彻底清除半导电屏蔽层。屏蔽层剥离时不得损伤绝缘表面，屏蔽端部应平整，绝缘层到屏蔽层的过渡应平滑，尽量减少绝缘表面毛刺划痕，保持电缆绝缘表面光滑，清洁绝缘表面应使用专用清洁剂，并且应从绝缘开始向半导电屏蔽层方向擦洗。

（7）电缆线芯连接时，应除去线芯和连接管内壁油污及氧化层。压接模具与金具应配合恰当。压缩比应符合要求。压接后应将端子或连接管上的凸痕修理光滑，不得残留毛刺。

（8）三芯电力电缆终端处的金属铠装层必须接地良好。塑料电缆每相铜屏蔽盒钢铠应锡焊接地线。电缆通过零序电流互感器时，电缆金属护层和接地线应对地绝缘，电缆接地点在互感器以下时，接地线应直接接地。接地点在互感器以上时，应穿过互感器接地。

(9) 电缆终端上应有明显的相色标志，且应与系统的相位一致。

3. 10kV 电缆终端头的制作

交联聚乙烯 10kV 电缆终端头的制作方法及要求如下：

(1) 严格按照电缆附件的制作要求制作电缆终端头。

(2) 剥除外套应分两次进行，以避免电缆铠装松散。先将电缆末端外护套保留 100mm，然后按规定尺寸剥除外护套。

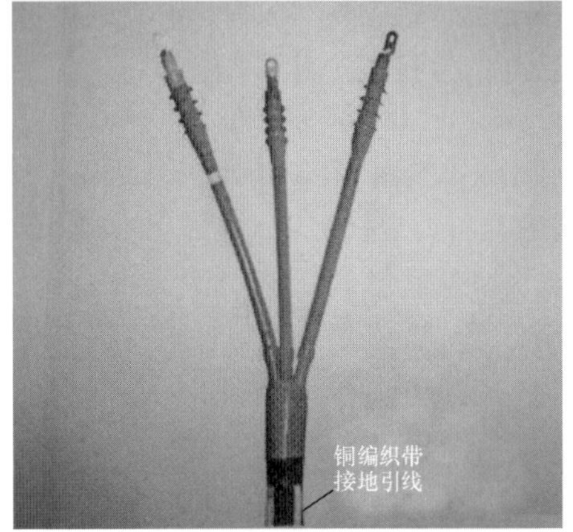


图 3-4　10kV 电缆终端头金属屏蔽层及铠装接地示意

(3) 金属屏蔽层及铠装接地时，应分别用两条接地铜编织带焊牢或固定在铠装的两层钢带和三相铜屏蔽层上，并分别用绝缘带包缠，在分支手套内彼此绝缘且两条接地线必须做防潮段，安装时错开一定距离。如图 3-4 所示。

(4) 三芯电缆的电缆终端的分支手套必须套入电缆三叉部位，并压紧到位。收缩后不能有空隙存在。为加强防潮，应在分支手套下端口部位，加缠几层密封胶。

(5) 外半导屏蔽层剥除后，绝缘表面必须用细砂纸打磨，并去除绝缘表面的半导颗粒。如图 3-5 所示。

(6) 热缩的电缆终端安装时，应先安装应力管，再安装外部绝缘护管及雨裙。

(7) 采用相应颜色的色带进行相位标识。如图 3-6 所示。

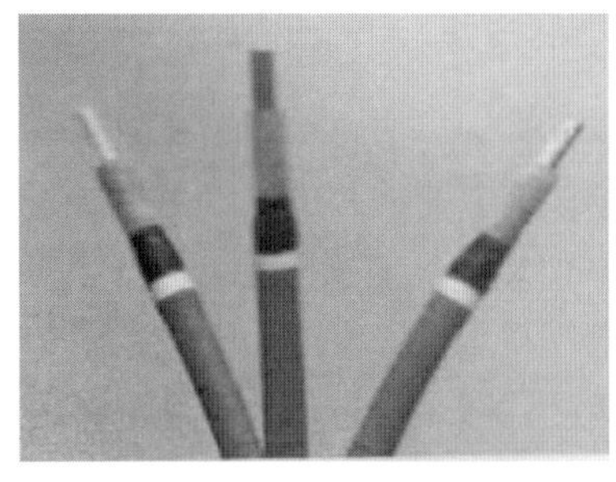

图 3-5　10kV 电缆终端头外半导屏蔽层剥除后表面处理示意

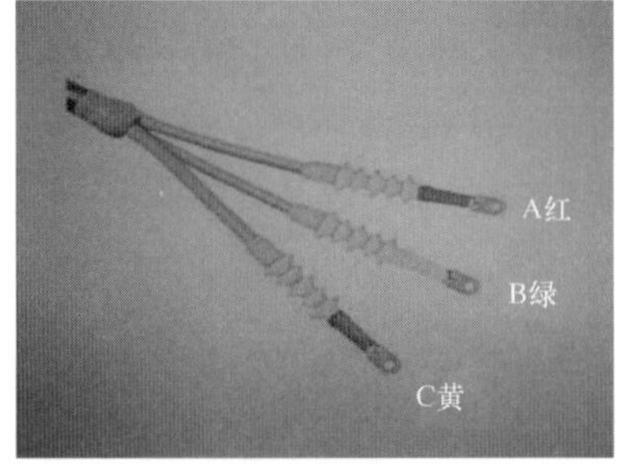


图 3-6　10kV 电缆终端头相位标识示意

4. 10kV 电缆中间接头的制作

交联聚乙烯 10kV 电缆中间接头的制作方法及要求如下：

(1) 剥除外套应分两步进行，以避免电缆铠装松散。先将电缆末端外护套保留 100mm，然后按规定尺寸剥除外护套。外护套断口以下 100mm 用细砂纸打磨，并清洗干净，在电缆线芯分叉处将线芯校直、定位。如图 3-7 所示。

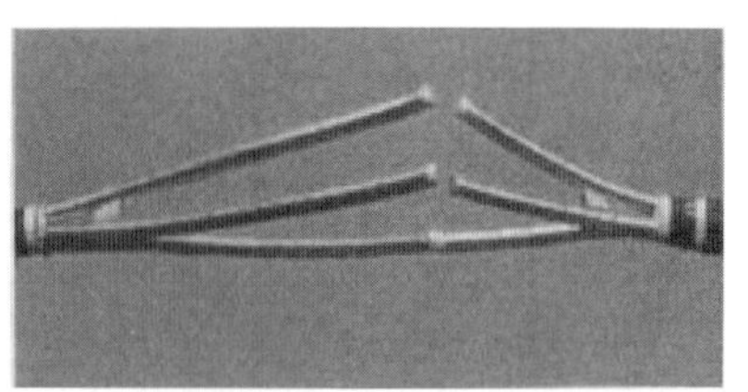

图 3-7　10kV 电缆中间接头外套剥除后表面处理示意

(2) 根据尺寸要求，剥铜屏蔽和外半导电屏蔽层。外半导屏蔽层剥除后，绝缘表面用细砂纸打磨，清洁嵌入在表面的半导电颗粒。

(3) 套热缩应力管，并以均匀火焰环绕加热，使其收缩。

(4) 压接连接管。压接模具与连接管的尺寸应对应一致。压接后，要注意清除连接管表面的棱角、毛刺。防止电场集中引起尖端放电，造成绝缘击穿。如图 3－8 所示。

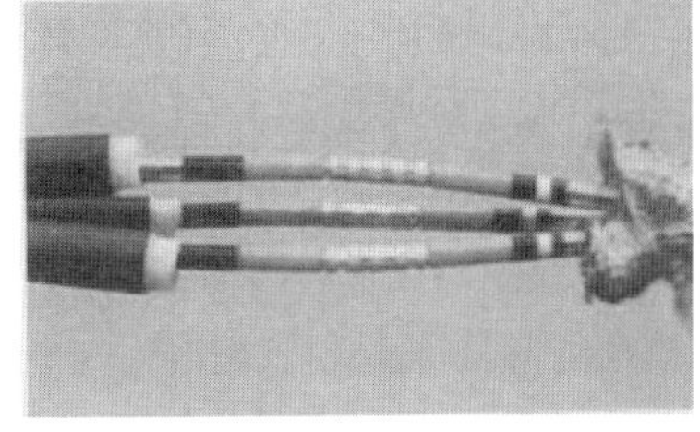

图 3－8 10kV 电缆中间接头压管连接后表面处理示意

(5) 在连接管上缠包半导电带。两端与内半导电屏蔽层应紧密搭接。

(6) 冷缩中间接头安装区域涂抹一层薄硅脂，将中间接头管移至中心部位。沿逆时针方向缓慢抽出撑条。如图 3－9 所示。

(7) 铜屏蔽网与电缆屏蔽层可靠搭接。如图 3－10 所示。

(8) 冷缩中间接头的绕包防水带，应覆盖接头两端的电缆内护层。搭接电缆外护层不小于 150mm。

(9) 热缩中间接头待电缆冷却后方可移动电缆，冷缩中间接头放置 30min 后方可移动电缆。

(10) 热缩中间接头制作时，禁止用吹风机替代喷灯进行加热。

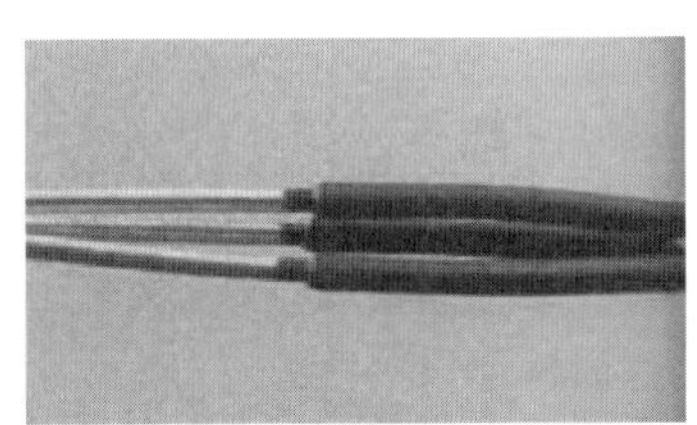

图 3－9 10kV 电缆冷缩中间接头连接后示意

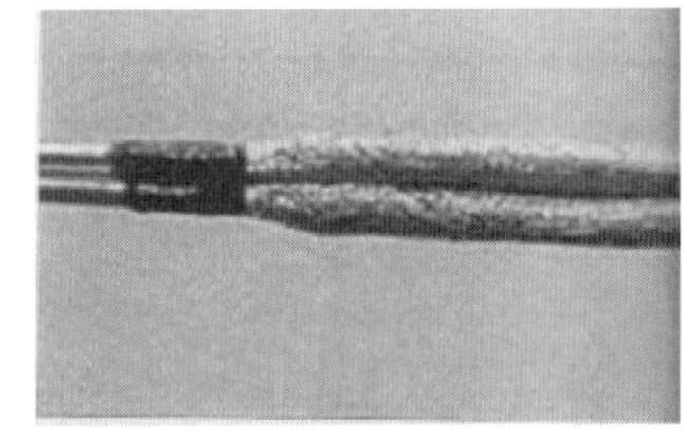

图 3－10 10kV 电缆中间接头铜屏蔽网与电缆屏蔽层搭接示意

5. 密封

密封包括两层含义：一要防潮，二要尽量避免气隙的存在。

(1) 交联聚乙烯绝缘电缆含水是近几年来国际国内比较重视的一个课题。绝缘中含水会引发绝缘体中形成水树枝，造成绝缘破坏。水树枝是直径小于几个微米的许多微观充水空隙所组成的放电通路，电场和水的共同作用形成水树。所以电力电缆在安装、运行过程中，不允许在导体、绝缘层中存在水分、空气或其他杂质。这些杂质在高强度的电场作用下容易发生电离，带电粒子在交变电场的作用下，使得电缆绝缘层在运行过程中逐渐老化导致击穿，从而引发电缆故障，所以密封工作一定要做好。每相复合管两端及内、外护套管两端都要密封填充密封胶，达到有效防潮。热缩管件包敷密封金属部位如连接管、金属护套时，金属部位应予加热至 60～70℃，才能获得良好的密封效果。

(2) 为减少气隙的存在，在电缆终端及接头制作过程中，还应作好以下各项工作：

1) 将绝缘端部削成锥体，以保证包绕的填充胶与绝缘端能很好地黏合。

2）在主绝缘表面均匀涂一层硅脂膏增强密封的作用。

3）复合管两端要包绕密封胶。

4）在安装内外护套前要回填填充物，将凹陷处填平，使整个接头呈现一个整齐的外观，用PVC胶带缠绕扎紧。

5）内外护套安装时要在两端缠绕密封胶。

以上工作中都是相辅相成的，每道工序都是互相衔接、互相影响的，要把它们作为一个连续的整体来看待。10kV交联聚乙烯电缆的基本结构是一定的，电缆中间头制作时参照安装说明，做到工艺规范并按照施工工艺施工，那么电缆中间接头的质量就能满足长期安全运行的要求。

## 四、电缆的试验

1. 10kV交联聚乙烯电力电缆交接试验项目

交联聚乙烯电力电缆交接试验项目有：

(1) 测量绝缘电阻。

(2) 交流耐压试验。

(3) 铜屏蔽层电阻和导体电阻比。

(4) 检查电缆线路两端的相位。

(5) 交叉互联系统试验。

2. 电缆试验

电缆试验应符合以下规定：

(1) 对电缆系统进行耐压试验或测量绝缘电阻时，应分别在每一相上进行。对一相上进行试验或测量时，其他两相导体、金属屏蔽或金属套和铠装层一起接地。

(2) 对金属屏蔽或金属套一端接地，另一端有保护层过电压保护器的单芯电缆主绝缘作耐压试验时，应将保护层电压保护器短接，使这一端金属屏蔽或金属套临时接地。

3. 测量各电缆导体对地或对金属屏蔽层间和各导体间的绝缘电阻

测量各电缆导体对地或对金属屏蔽层间和各导体间绝缘电阻的测量应符合以下规定：

(1) 电缆主绝缘绝缘电阻用2500V或5000V绝缘电阻表（兆欧表）测量，读取1min以后的数据。耐压试验前后无明显变化。

(2) 交联聚乙烯电力电缆外护套的绝缘电阻用500V绝缘电阻表（兆欧表）测量，不低于0.5MΩ/km。

4. 交联聚乙烯电缆交流耐压试验

交联聚乙烯电缆交流耐压试验采用20～300Hz交流电源进行，试验电压值及时间见表3-17。

**表3-17　　交联聚乙烯电缆交流耐压试验的规定**

| 电缆额定电压$U_N/U$（kV） | 试验电压 | 时间（min） |
|---|---|---|
| ≤18/30 | $2.0U_N$ | 60 |
| | $2.5U_N$ | 5 |

**注**　$U_N$为电缆导体对地或对金属屏蔽层间的额定电压，$U$为电缆线电压。

5. 铜屏蔽层电阻和导体电阻比

用双臂电桥测量在相同温度下的铜屏蔽层和导体的电阻。当铜屏蔽层电阻与导体的电阻之比数据与投运前数据增加时，表明铜屏蔽层的电阻增大，铜屏蔽层有可能被腐蚀；当该比值与投运前相比减少时，表明导体连接点的接触电阻有增加的可能。

6. 检查电缆线路两端的相位

检查电缆线路两端的相位应一致，并与电网相位相符合。

7. 交叉互联系统试验

(1) 交叉互联系统的对地绝缘的直流耐压试验：试验时必须将护层过电压保护器断开。在互联箱中将另一侧的三段电缆金属套都接地，使绝缘接头的绝缘环也能结合在一起进行试验，然后在每段电缆金属屏蔽或金属套与地之间施加直流电压10kV，加压时间1min，不应击穿。

(2) 非线性电阻型护层过电压保护器。

1) 氧化锌电阻片：对电阻片施加直流参考电流后测量其压降，即直流参考电压，其值应在产品标准规定的范围之内。

2) 非线性电阻片及其引线的对地绝缘电阻：将非线性电阻片的全部引线并联在一起与接地的外壳绝缘后，用1000V绝缘电阻表（兆欧表）测量引线与外壳之间的绝缘电阻，其值不应小于10MΩ。

## 第四节 供配电系统低压及二次电缆线路的施工

### 一、低压电力及控制电缆的型号和结构

1. 低压电力电缆

额定电压在0.6/1kV及以上，在电力系统低压主干线中用以传输和分配大功率电能的电缆，称为低压电力电缆。低压电力电缆型号字母含义见表3-18。图3-11所示为低压电力电缆结构示意。

**表3-18 低压电力电缆型号字母含义**

| | |
|---|---|
| 类别及用途代号 | A—安装线；B—绝缘线；C—船用电缆；ZR—阻燃型；NH—耐火型；ZA—A级阻燃；ZB—B级阻燃；ZC—C级阻燃；WD—低烟无卤型；K—控制电缆；N—农用电缆；R—软线；M—煤矿用；U—矿用电缆；Y—移动电缆；JK—绝缘架空电缆 |
| 导体代号 | T—铜导线（略）；L—铝芯 |
| 绝缘层代号 | V—PVC塑料；YJ—XLPE绝缘；X—橡皮；Y—聚乙烯料；F—聚四氟乙烯 |
| 护层代号 | V—PVC套；Y—聚乙烯料；N—尼龙护套；P—铜丝编织屏蔽；P2—铜带屏蔽；L—棉纱编织涂蜡克；Q—铅包 |
| 特征代号 | B—扁平型；R—柔软；C—重型；Q—轻型；G—高压；H—电焊机用；S—双绞型 |
| 铠装层代号 | 2—双钢带；3—细圆钢丝；4—粗圆钢丝 |

图 3-11　低压电力电缆结构示意

2. 控制电缆

用于电力系统、工矿企业、能源交通部门电气设备之间控制、保护线路等场合使用的电缆，称为控制电缆。图 3-12 所示为控制电缆结构示意。控制电缆型号字母含义见表 3-19。

**表 3-19　　控制电缆型号字母含义**

| | |
|---|---|
| 系列代号 | K—控制电缆 |
| 材料特征代号 | V—聚氯乙烯绝缘；YJ—交联聚乙烯或交联聚烯烃绝缘；<br>V—聚氯乙烯护套；Y—聚乙烯或聚烯烃护套 |
| 结构特征代号 | P—编织屏蔽；P2—铜带屏蔽；P3—铝/塑复合薄膜屏蔽；R—软结构（移动敷设）；<br>2—双钢带铠装；3—钢丝铠装；<br>2（第二个数字）—聚氯乙烯外护套；3（第二个数字）—聚乙烯或聚烯烃外护套 |
| 额定电压 | 450V/750V |
| 规格 | 芯数×每芯截面积（如果有不同截面积的，+芯数×每芯截面积） |

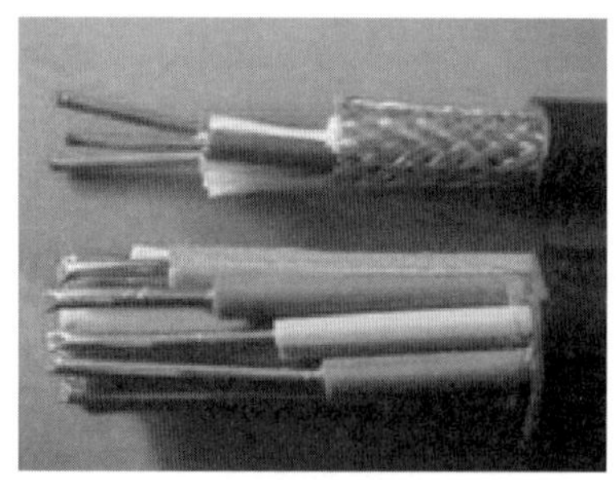

图 3-12　控制电缆结构示意

3. 低压电力电缆与控制电缆的区别

低压电力电缆与控制电缆的区别见表 3-20。

**表 3-20　　低压电力电缆与控制电缆的区别**

| 项目 | 控制电缆 | 低压电力电缆 |
|---|---|---|
| 用途 | 电气设备之间控制、保护线路等场合使用的电缆 | 在电力系统低压主干线中用以传输和分配大功率电能的电缆 |
| 额定电压 | 0.45kV/0.75kV | 0.6kV/1kV 及以上 |

续表

| 项目 | 控制电缆 | 低压电力电缆 |
| --- | --- | --- |
| 执行标准 | 控制电缆执行标准 GB/T 9330—2008 | 电力电缆执行标准 GB/T 12706—2008 |
| 电缆截面 | 控制电缆的截面一般都不会超过 $10mm^2$ | 电力电缆主要是输送电力的，一般都是大截面。电力电缆的规格一般可以较大，大到 $500mm^2$ |
| 电缆芯数 | 芯数较多，可达 61 芯，也可以根据要求生产 | 根据电网要求，最多一般为 5 芯 |
| 绝缘和护套厚度 | 同样规格的电力电缆和控制电缆在生产时，电力电缆的绝缘和护套厚度比控制电缆厚 | |

## 二、低压电力电缆线路的施工

1. 低压电力电缆线路施工前现场的检查

低压电力电缆线路施工前现场的检查项目如下：

(1) 根据施工设计图纸选择的电缆敷设的路径，沿路径勘查，查明电缆线路路径上的临近地下管线，制定详细的施工方案。

(2) 电缆盘外观应无损伤，电缆外皮表面无损伤，电缆内外封头密封良好，若电缆外观和密封状态有异，应进行潮湿判断。

(3) 土建设施（电缆沟电缆隧道、排管、交叉跨越管道等）及埋设深度、宽度、弯曲半径等符合设计和规程要求。电缆通道畅通，排水良好。

(4) 电缆敷设前选用 1kV 的绝缘电阻表（摇表）测量绝缘电阻，额定电压 0.6/1kV 的电缆线路应用 2500V 的绝缘电阻表测量导体对地绝缘电阻代替耐压试验，测量时间 1min。

(5) 电缆型号、电压、规格应符合设计要求。

(6) 电缆放线架应放置稳妥，钢轴的强度和长度应与电缆盘重量和宽度相配合，电缆盘有可靠的制动措施。敷设电缆的机具应检查并调试正常。

(7) 敷设前应按设计和实际路径计算每根电缆的长度，合理安排每盘电缆，减少电缆接头。应避免把中间接头设置在建筑物门口、与其他管线交叉处或通道狭窄处。

(8) 采用机械牵引方法敷设电缆时，敷设前要进行牵引力计算，牵引时应在牵引头连接拉力表以保证牵引力不超过允许值。牵引机和导向机构应试验完好，尽量采用牵引线芯的方式敷设。

(9) 电缆敷设时，不应损坏电缆沟、隧道和电缆井的防水层。

(10) 并联使用的电力电缆其长度、型号、规格宜相同，应对称布置。

(11) 三相四线制系统中应采用四芯电力电缆，不应采用三芯电缆另加一根单芯电缆或以导线、电缆金属护套作中性线。

(12) 电力电缆的终端头附近宜留有备用长度。

2. 低压及控制电缆的敷设

低压及控制电缆的敷设的施工要点如下：

(1) 电缆敷设时，电缆应从盘的上端引出，不应使电缆上及地面上拖拉。如图 3-13 所示。

图 3-13　电缆敷设时，电缆应从盘的上端引出示意

(2) 相同电压的电缆并列明敷时，电缆的净距不应小于 35mm，但在线槽内敷设除外。

(3) 电缆在室内埋地敷设时，应穿管敷设。管内径不应小于电缆外径的 1.5 倍。

(4) 1kV 以下的电力电缆及控制电缆与 1kV 以上的电力电缆一般分开敷设。当并列明敷时，电缆净距不应小于 150mm。

(5) 电缆水平悬挂在钢索上时，电力电缆固定点的间距不超过 0.75m。低压及控制电缆固定点的间距不超过 0.60m。

(6) 电缆在电缆沟内敷设时，应在电缆沟适当位置放置直线滑轮，如图 3-14 所示。在转角或受力的地方应搭支架增加滑轮组，如图 3-15 所示。以控制电缆弯曲半径和侧压力。

(7) 电缆敷设完后，电缆在电缆沟内应按设计要求进行排列。如设计没有要求时，应遵循进行电缆从上向上，从内到外的顺序排列原则。

(8) 电缆沟回填土前，应清理积水，进行一次隐蔽工程检验。检验合格后，应及时回填土，作好施工记录。并在电缆接头处、转弯处、进入建筑物等处，应设置明显的警示标志或标桩。

图 3-14　在电缆沟适当位置放置直线滑轮示意

图 3-15　转角或受力的地方应搭支架增加滑轮组示意

3. 低压电力电缆终端的制作

低压电力电缆终端制作的施工要点如下：

(1) 根据低压电力电缆终端和低压电缆的固定方式，确定电缆头的制作位置。

(2) 低压电力电缆终端采用分支手套，分支手套应尽可能向电缆头根部拉近。过渡自然、弧度一致，收缩后不得有空隙存在，并在分支手套下端口部位，绕包几层密封胶加强密封。如图 3-16 所示。

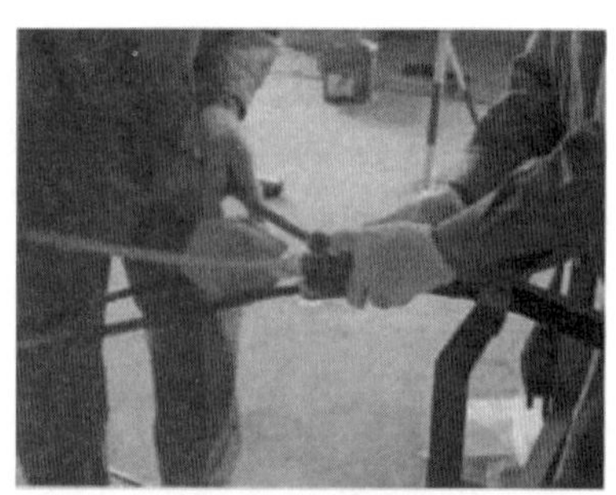
图 3-16　低压电力电缆终端套用分支手套方法示意

(3) 选用浇铸式镀锡铜接线鼻子，应采用压接钳进行压接，压接工艺符合规范要求。

(4) 将芯线插入接线鼻子内，用压接钳压接线鼻子，压接应在两模以上。

(5) 采用相应的颜色胶布进行相色标识。如图 3-17所示。

图 3-17 低压电缆终端相色标识示意

4. 低压电力电缆中间接头的制作

低压电力电缆中间接头制作的技术要求如下：

(1) 严格按照电缆附件的制作要求制作电缆中间接头。

(2) 剥除外套应分两次进行，以避免电缆铠装松散。先将电缆末端外护套保留 100mm，然后按规定尺寸剥除外护套。外护套断口以下 100mm 用细砂纸打磨，并清洗干净，以保证分支手套定位后，密封性能可靠。

(3) 剥除铠装时，按规定尺寸在铠装上绑扎铜线，铜线缠绕方向应与铠装的缠绕方向一致，绑扎宜用 $\phi 2.0$mm 的铜线，每道 3～4 匝。

(4) 压接连接管。压接模具与连接管的尺寸应对应一致。压接后，要注意清除连接管表面的棱角、毛刺。

(5) 连接两端铠装时，铜编织带应焊接在两层铠装上。焊接时，应先在已砂光打毛的铠装上镀一层锡，将铜编织带两端分别铠装镀锡层上，同时用铜扎线扎紧并焊牢。

(6) 热缩中间接头待电缆冷却后方可移动电缆，冷缩中间接头放置 30min 后方可移动电缆。

(7) 热缩中间接头制作时，禁止用吹风机替代喷灯进行加热。

5. 低压电力电缆的固定

低压电力电缆固定的技术要求如下：

(1) 各相终端固定处应加装符合规范要求的衬垫。

(2) 户外引入设备接线箱的电缆应有保护和固定措施，固定电缆的夹具应与电缆规格相同。

(3) 固定电缆的夹具可采用经防腐处理的扁钢制夹具、尼龙扎带或镀塑金属钢带。固定时金属夹具与电缆之间宜加装保护层。

(4) 电缆固定后应悬挂尺寸规格统一的电缆标识牌。

## 三、控制电缆线路的施工

1. 控制电缆就位

控制电缆就位的技术要求如下：

(1) 控制电缆的材料规格、型号符合设计要求。

(2) 电缆外观应无损伤，电缆外皮表面无损伤，电缆无明显皱折和扭曲现象。橡皮电缆、塑料电缆的外皮及绝缘层无老化和裂纹。

(3) 控制电缆应分层、逐根敷设。如图 3-18 所示。

(4) 电缆布置宽度应考虑到芯线固定及二次接线。如图 3-19 所示。

(5) 保护电缆、通信电缆与电力电缆不应同层摆放；交、直流不能混用同一根电缆。

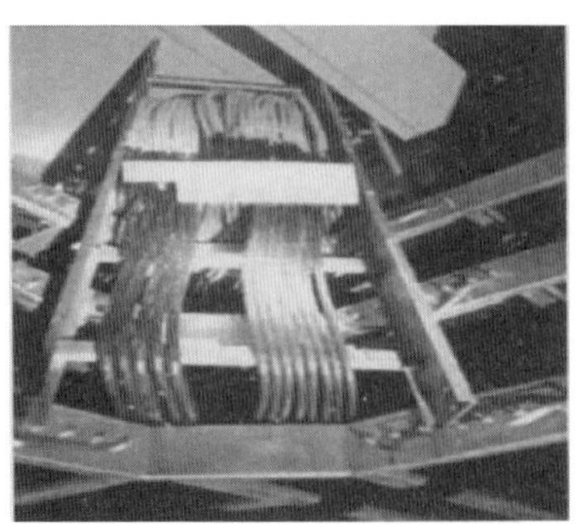

图 3-18　控制电缆排列示意

图 3-19　电缆布置及二次接线示意

2. 控制电缆终端头的制作

控制电缆终端头制作的技术要求如下：

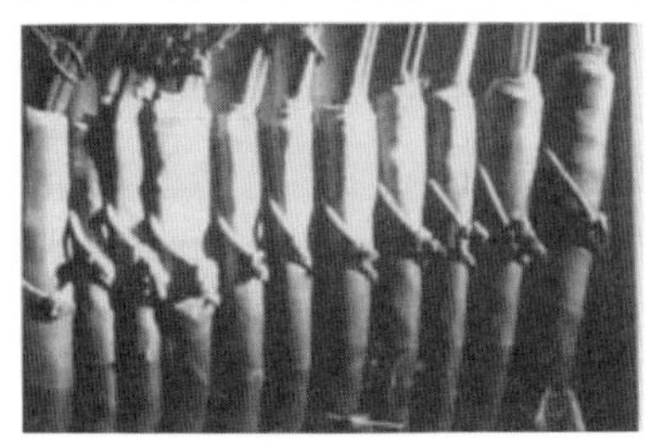

图 3-20　电缆终端头制作与排列示意

(1) 根据控制电缆的固定方式及接线要求，确定电缆头的制定位置。

(2) 控制电缆终端头制作时应缠绕密实牢固。

(3) 同一区域的电缆终端头制作的高度应统一，样式应一致。如图 3-20 所示。

(4) 电缆终端头制作时，应按工艺规范进行，严禁损伤电缆芯线。

(5) 室外布置的电缆终端头应采取防雨、防油、防冻措施。

3. 控制电缆芯线排列与整理

控制电缆芯线排列与整理的技术要求如下：

(1) 电缆头制作结束后，二次接线前应进行二次电缆芯线排列与整理工作。

(2) 槽板接线方式适用于以多股软线为主形式。在与接线端子同一高度从槽板内将二次电缆芯线引出接入接线端子。

(3) 整体绑扎适用于以单股硬线为主接线方式。底部电缆进线空间大、芯线排列方便的形式。线束的绑扎应间距一致、横平竖直，在分线束引出位置和线束的拐弯处应有绑扎措施。如图 3-21 所示。

(4) 网格接线方式适用于全部硬线的接线形式。二次电缆芯线扎带绑扎应间距一致、高度应统一。

(5) 芯线标识应用线号机打印、不能手写，并清晰完整。如图 3-22 所示。

(6) 芯线接线端应制作缓冲环。

(7) 备用芯应留有足够的余量，预留长度应统一，并有所在电缆的标识。

图 3-21　控制电缆接线方式示意

4. 控制电缆的固定

控制电缆固定的技术要求如下：

(1) 在电缆终端头制作和芯线排列与整理后，应按电缆的接线顺序再次进行固定，然后挂电缆的标识牌。如图 3-23 所示。

(2) 电缆标识牌应采用专用打印机打印、塑封。电缆标识牌的型号和打印样式应统一。

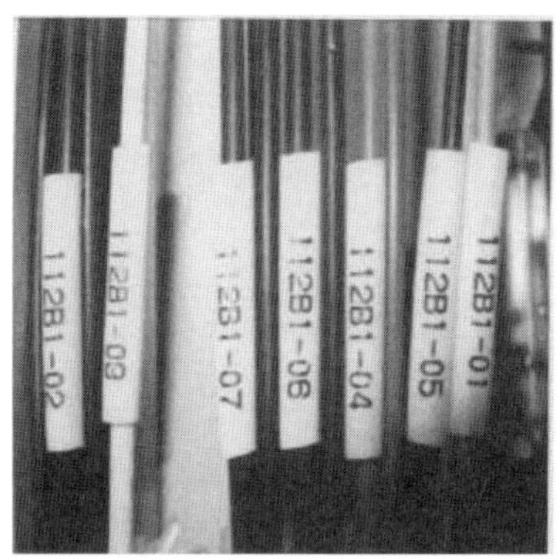


图 3-22 控制电缆芯线标识示意

图 3-23 二次电缆终端头排列固定示意

5. 二次回路接线

(1) 端子排的安装应符合下列规定：

1) 端子排应完好无损，排列整齐、固定牢固、绝缘良好。

2) 端子应有序号，并应便于更换且接线方便；离地高度宜大于 350mm。

3) 强弱电端子宜分开布置；当有困难时，应有明显标志并设空端子隔开或加设绝缘板。

4) 潮湿环境宜采用防潮端子。

5) 接线端子应与导线截面匹配，严禁使用小端子配大截面导线。

6) 每个接线端子的每侧接线宜为 1 根，不得超过 2 根。对插式端子，不同截面的 2 根导线不得接在同一端子上；对螺栓连接端子，当接两根导线时，中间应加平垫片。

(2) 二次回路接线应符合以下要求：

1) 应按图施工，接线正确。

2) 导线与电气元件均应采用铜质制品，螺栓连接、插接、焊接或压接等均应牢固可靠，绝缘件应采用阻燃材料。

3) 柜（箱、屏）内的导线不应有接头，导线绝缘良好、芯线无损伤。

4) 导线端部均应标明其回路编号，编号应正确，字迹清晰且不宜褪色。

5) 配线应整齐、清晰、美观。

6) 强弱电回路不应使用同一根电缆，应分别呈束分开排列。二次接地应设专业螺栓。

(3) 配电柜（箱、屏）内的配电电流回路接线的技术要求。配电柜（箱、屏）内的配电电流回路应采用铜芯绝缘导线，其耐压不应低于 500V，其截面积不应小于 $2.5mm^2$；当电子元件回路、弱电回路采取锡焊连接时，在满足载流量和电压降及有足够机械强度的情况下，可采用截面积不小于 0.5mm$^2$ 的绝缘导线。

(4) 对连接门上的电器、控制面板等可动部位导线连接的技术要求如下：

1) 应采用多股软导线，敷设长度应有适当裕度。

2) 线束应有外套塑料管等加强绝缘层。

3) 与电器连接时，端部应加终端紧固附件绞紧，不得松散、断股。

4) 在可动部位两端应用卡子固定。

第四章

# 新建住宅小区供配电系统 10kV 高压装置

## 第一节　供配电系统常用高压电气设备

### 一、高压开关

（一）高压隔离开关

1. 高压隔离开关的作用

高压隔离开关的作用是高压电器及装置在检修工作时通过隔离开关的操作，使停电与带电部分有明显的断开点，起隔离电压的作用，以保证工作人员在检修高压电器及装置时的人身安全。

高压隔离开关的触头全部敞露在空气中，具有明显的断开点，隔离开关没有灭弧装置，因此不能用来切断负荷电流或短路电流，否则在高压作用下，断开点将产生强烈电弧，并很难自行熄灭，甚至可能造成飞弧（相对地或相间短路），烧损设备，危及人身安全，这就是所谓“带负荷拉隔离开关”的严重事故。

高压隔离开关还可以用来进行某些电路的切换操作，以改变系统的运行方式。例如：在双母线电路中，可以用高压隔离开关将运行中的电路从一条母线切换到另一条母线上。

高压隔离开关按安装地点不同可分为屋内式和屋外式。按绝缘支柱数目可分为单柱式、双柱式和三柱式。

2. 高压隔离开关的组成

(1) 导电部分。由静触头、动触头、夹紧弹簧、磁锁等组成。静触头由一条弯成直角的铜板构成，其有孔的一端可通过螺钉与母线相连接；动触头可绕轴转动一定角度，合闸时它夹持住静触头。两条铜板之间有夹紧弹簧用以调节动静触头间接触压力，同时两条铜板，在流过相同方向的电流时，它们之间产生相互吸引的电动势，这就增大了接触压力，提高了运行可靠性。在接触条两端安装有镀锌钢片叫磁锁，它保证在流过短路故障电流时，磁锁磁化后产生的相互吸引的力量，加强触头的接触压力，从而提高了隔离开关的动、热稳定性。

(2) 绝缘部分。动静触头分别固定在两套支柱绝缘子上。为了使动触头与金属的接地的传动部分绝缘，采用了瓷质绝缘的拉杆绝缘子。

(3) 传动部分。有主轴、拐臂、拉杆绝缘子等。

(4) 底座部分。由钢架组成。支柱绝缘子或套管绝缘子以及传动主轴都固定在底座上，底座应接地。总之，隔离开关结构简单，无灭弧装置，处于断开位置时有明显的断开点，其分合状态直观。

图 4-1 所示为 GN-10/600 型高压隔离开关结构示意。

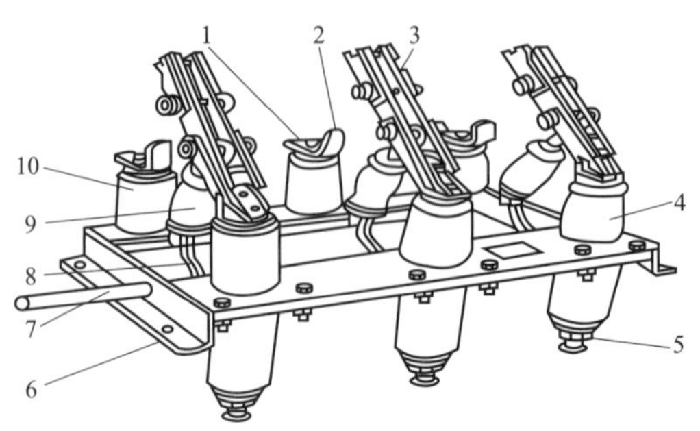


图 4-1 GN-10/600 型高压隔离开关结构示意

1—上接线端子；2—静触头；3—闸刀；4—套管绝缘子；5—下接线端子；6—框架；7—转轴；8—拐臂；9—升降绝缘子；10—支柱绝缘子

3. 高压隔离开关的型号含义

高压隔离开关的型号含义如图 4-2 所示。

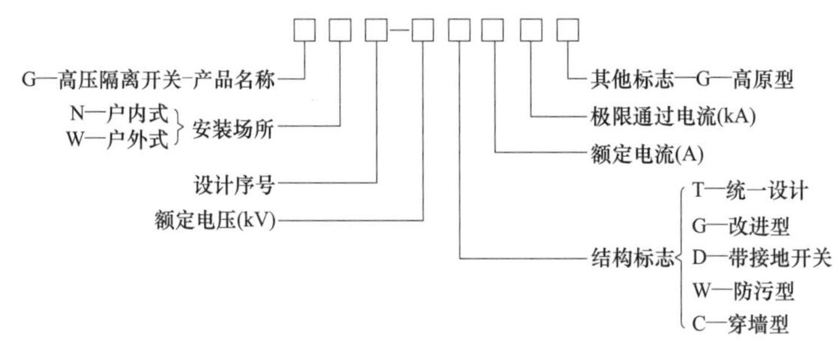


图 4-2 高压隔离开关的型号含义

（二）高压断路器

1. 高压断路器的作用

高压断路器（或称高压开关）它不仅可以切断或闭合高压电路中的空载电流和负荷电流，而且当系统发生故障时通过继电保护装置的作用，切断过负荷电流和短路电流，它具有相当完善的灭弧结构和足够的断流能力。高压断路器的作用有：

(1) 能切断或闭合高压线路的空载电流。

(2) 能切断与闭合高压线路的负荷电流。

(3) 能切断与闭合高压线路的故障电流。

(4) 与继电保护配合，可快速切除故障，保证系统安全运行。

2. 高压断路器的分类

(1) 高压断路器按其灭弧介质分：油断路器（多油断路器、少油断路器）、真空断路器、六氟化硫断路器（$SF_6$ 断路器）、压缩空气断路器等。目前，使用较普遍的是真空断路器、六氟化硫断路器（$SF_6$ 断路器），压缩空气断路器次之，而油断路器已很少采用。

(2) 高压断路器按使用场合分：户外型和户内型。

（3）高压断路器按分断速度分：高速度（<0.01s）、中速度（0.1～0.2s）、低速度（>0.2s）。

3. 高压断路器的组成

高压断路器由通断元件、中间传动机构、操动机构、绝缘支撑件和基座五部分组成。通断元件是断路器的核心部分，主电路的接通和断开由它来完成。主电路的通断，由操动机构接到操作指令后，经中间传动机构传送到通断元件，通断元件执行命令，使主电路接通或断开。通断元件包括触头、导电部分、灭弧介质和灭弧室等，一般安放在绝缘支撑件上，使带电部分与地绝缘，而绝缘支撑件则安装在基座上。这些基本组成部分的结构，随断路器类型不同而异。

4. 高压断路器的型号含义

高压断路器的型号含义如图 4-3 所示。

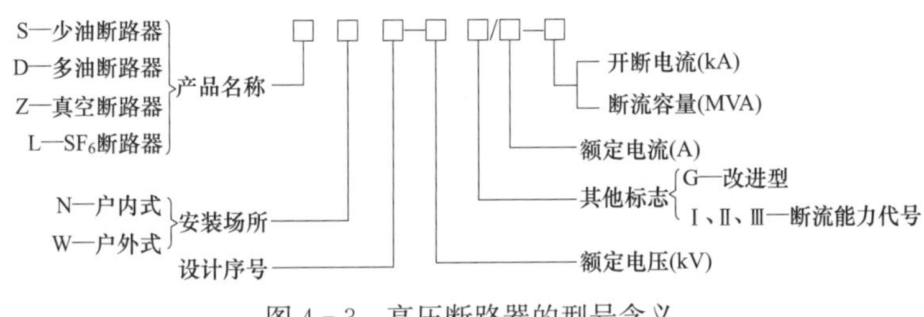


图 4-3　高压断路器的型号含义

5. 高压真空断路器

（1）高压真空断路器的工作原理。高压真空断路器因其灭弧介质和灭弧后触头间隙的绝缘介质都是高真空而得名。断路器的触头装在真空灭弧室内。在高度真空的情况下，灭弧室内部触头间不存在气体游离的问题，触头断开时很难发生电弧。

真空灭弧室的中部，有一对圆盘状的触头。在触头刚分离时，由于高电场发射和热电发射而使触头间发生电弧。电弧温度很高，可使触头表面产生金属蒸气。随着触头的分开和电弧电流的减小，触头间的金属蒸气密度也逐渐减小。当电弧电流过零时，电弧暂时熄灭，触头周围的金属离子迅速扩散，凝聚在四周的屏蔽罩上，以致在电流过零后几微秒极短时间内，触头间隙实际上又恢复了原有的高真空度。因此，当电流过零后虽很快加上高电压，触头间隙也不会再次击穿，也就是说，真空电弧在电流第一次过零时就能完全熄灭。

（2）高压真空断路器的组成。真空断路器主要包含三大部分：真空灭弧室、电磁或弹簧操动机构、支架及其他部件。按照断路器型式不同有外屏蔽罩式陶瓷真空灭弧室、中间封接杯状纵磁场小型化真空灭弧室、内封接式玻璃泡灭弧室。高压真空断路器的基本结构见表 4-1。

**表 4-1　　高压真空断路器的基本结构**

| 序号 | 项目 | 内　容 |
|---|---|---|
| 1 | 气密绝缘系统（外壳） | 由陶瓷、玻璃或微晶玻璃制成的气密绝缘筒、动端盖板、定端盖板、不锈钢波纹管组成的气密绝缘系统是一个真空密闭容器。为了保证气密性，除了在封接时要有严格的操作工艺，还要求材料本身透气性和内部放气量小 |
| 2 | 导电系统 | 由定导电杆、定跑弧面、定触头、动触头、动跑弧面、动导电杆构成。触头结构大致有三种：圆柱形触头、带有螺旋槽跑弧面的横向磁场触头、纵向磁场触头。目前采用纵磁场技术，此种灭弧室具有强而稳定的电弧开断能力 |

续表

| 序号 | 项目 | 内　容 |
|---|---|---|
| 3 | 屏蔽系统 | 屏蔽罩是真空灭弧室中不可缺少的元件，并且有围绕触头的主屏蔽罩、波纹管屏蔽罩和均压用屏蔽罩等多种。主屏蔽罩的作用是：①防止燃弧过程中电弧生成物喷溅到绝缘外壳的内壁，从而降低外壳的绝缘强度；②改善灭弧室内部电场分布的均匀性，有利于降低局部场强，促进真空灭弧室小型化；③冷凝电弧生成物，吸收一部分电弧能量，有助于弧后间隙介质强度的恢复 |
| 4 | 操动机构 | 按照断路器型式不同，采用的操动机构不同。常用的操动机构有 CD10 电磁操动机构、CD17 电磁操动机构、CT19 弹簧储能操动机构、CT8 弹簧储能操动机构 |
| 5 | 其他部件 | 折叠基座、绝缘支撑件、绝缘子等 |

图 4-4 所示为 ZN3-10 型真空断路器结构示意，图 4-5 所示为真空断路器灭弧室结构示意。

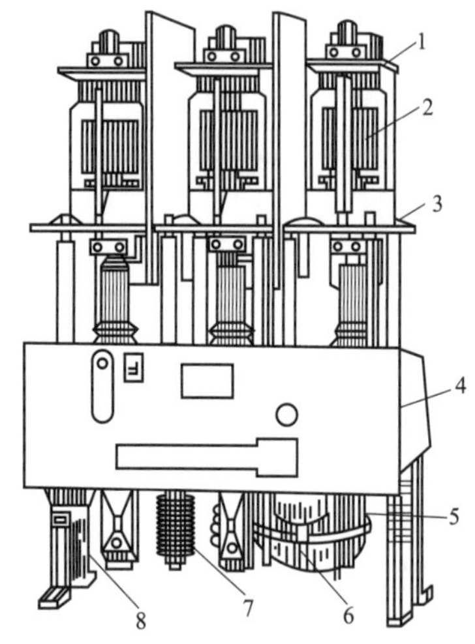


图 4-4　ZN3-10 型真空断路器结构示意

1—上接线端子（后出线）；2—真空灭弧室；3—下接线端子（后出线）；4—操动机构箱；5—合闸电磁铁；6—分闸电磁铁；7—断路弹簧；8—底座

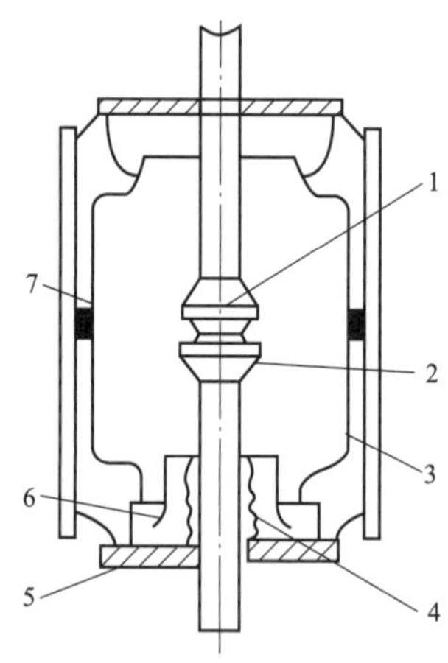


图 4-5　真空断路器灭弧室结构示意

1—静触头；2—动触头；3—屏蔽罩；4—波纹管；5—与外壳封接的金属法兰盘；6—波纹管屏蔽罩；7—绝缘外壳

6. 六氟化硫断路器（$SF_6$ 断路器）

（1）六氟化硫断路器（$SF_6$ 断路器）的灭弧原理。$SF_6$ 气体比空气重 5.135 倍，一个大气压时，其沸点为－60℃。在 150℃以下时，$SF_6$ 有良好的化学惰性，不与断路器中常用的金属、塑料及其他材料发生化学作用。在大功率电弧引起的高温下分解成各种不同成分时，电弧熄灭后的极短时间内又会重新合成。$SF_6$ 中没有碳元素，没有空气存在，可避免触头氧化。$SF_6$ 的介电强度很高，且随压力的增高而增长。在 1 个大气压下，$SF_6$ 的介电强度等于空气的 2～3 倍。绝对压力为 3 个大气压时，$SF_6$ 的介电强度可达到或超过常用的绝缘油。$SF_6$ 灭弧性能好，在一个简单开断的灭弧室中，其灭弧能力比空气大 100 倍。在 $SF_6$ 中，当电弧电流接近零时，仅在直径很小的弧柱心上有很高的温度，而其周围是非导电层。这样，电流过零后，电弧间隙介电强度将很快恢复。由于 $SF_6$ 气体的优异特性，

使 $SF_6$ 断路器单断口在电压和电流参数方面大大高于压缩空气断路器和少油断路器，并且不需要高的气压和相当多的串联断口数。因此，$SF_6$ 断路器已广泛用于超高压、大容量电力系统中。

(2) $SF_6$ 断路器的组成。它由线端子、绝缘筒、操动机构箱、断路弹簧、底座等组成。图 4-6 所示为 LN2-10（$SF_6$ 断路器）结构示意；图 4-7 所示为 $SF_6$ 断路器灭弧室工作原理示意。

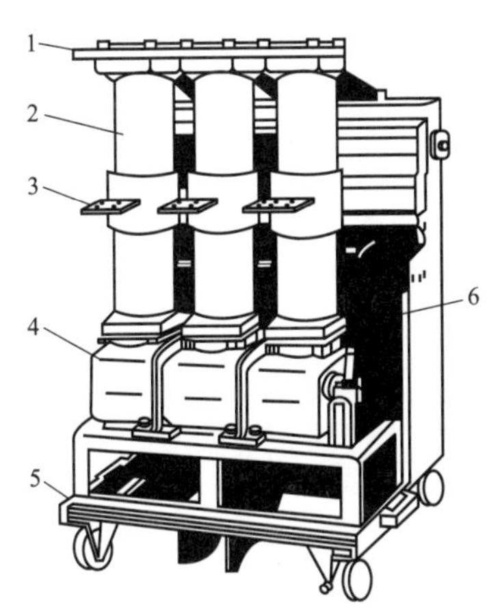


图 4-6 LN2-10（$SF_6$ 断路器）结构示意

1—上接线端子；2—绝缘筒；3—下接线端子；4—操动机构箱；5—小车；6—断路弹簧

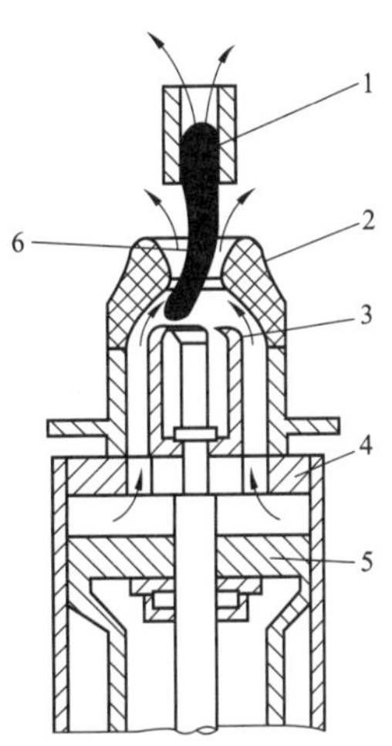


图 4-7 $SF_6$ 断路器灭弧室工作原理示意

1—静触头；2—绝缘喷嘴；3—动触头；4—气缸；5—压气活塞；6—电弧

7. 高压断路器的操动机构

高压断路器功能的实现，关键在于触头的有效分合，而触头的分合动作又是通过高压断路器的操动机构来完成的。因此，操动机构的性能和质量决定了高压断路器工作性能和可靠性。在给高压断路器、高压负荷断路器和隔离开关进行分、合闸及自动跳闸提供动能的设备中，一般常用的有手动操动机构、液压操动机构、电磁操动机构和弹簧操动机构。高压断路器的操动机构的型号含义如图 4-8 所示。

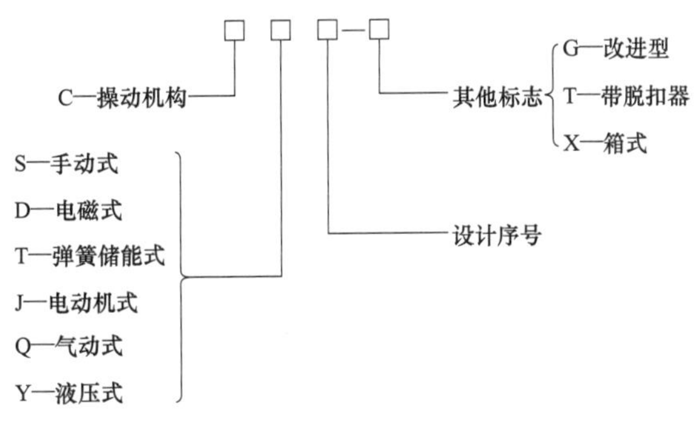


图 4-8 高压断路器的操动机构的型号含义

## 二、互感器

互感器是一种特殊变压器，是电流互感器和电压互感器的统称。能将高电压变成低电压、大电流变成小电流，用于测量或保护系统。其功能主要是将高电压或大电流按比例变换成标准低电压（100V）或标准小电流（5A 或 1A，均指额定值），以便实现测量仪表、保护设备及自动控制设备的标准化、小型化。同时互感器还可用来隔开高电压系统，以保证人身和设备的安全。

### （一）电流互感器

#### 1. 电流互感器的工作原理

电流互感器的工作原理和变压器的基本原理一样，是依据电磁感应原理而工作的。是由闭合的铁芯和绕组组成。

电流互感器一次绕组电流 $I_1$ 与二次绕组 $I_2$ 的电流比，叫实际电流比 $K_0$。电流互感器在额定工作电流下工作时的电流比叫电流互感器额定电流比，用 $K_n$ 表示。

电流互感器一、二次电流之间的关系为

$$K_n = I_1 N_1 / I_2 N_2$$

式中　$I_1$，$I_2$——电流互感器一、二次电流；

$N_1$，$N_2$——电流互感器一、次绕组匝数。

电流互感器在正常运行时，二次电流产生的磁通势对一次电流产生的磁通势起去磁作用，励磁电流甚小，铁芯中的总磁通很小，二次绕组的感应电动势不超过几十伏。如果二次侧开路，二次电流的去磁作用消失，其一次电流完全变为励磁电流，引起铁芯内磁通剧增，铁芯处于高度饱和状态，加之二次绕组的匝数很多，就会在二次绕组两端产生很高（甚至可达数千伏）的电压，不但可能损坏二次绕组的绝缘，而且将严重危及人身安全。

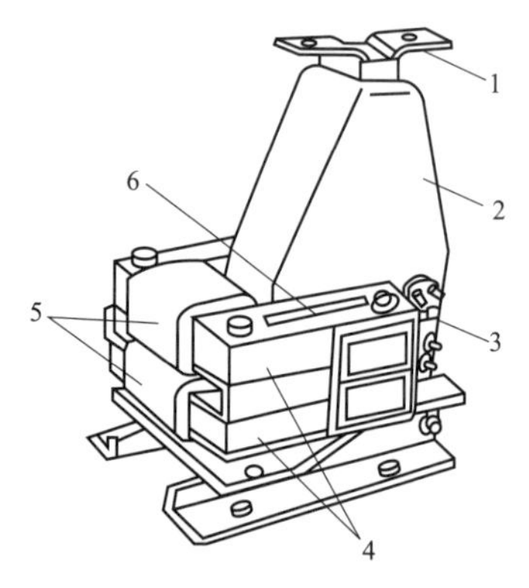

图 4－9　LQZ－10 型电流互感器外形示意

1—一次接线端子；2—一次绕组（树脂浇注）；3—二次接线端子；4—铁芯；5—二次绕组；6—警告牌（上写有“二次侧不得开路”等字样）

#### 2. 电流互感器的基本结构

电流互感器一次绕组匝数很少（有的型式的电流互感器还没有一侧绕组，利用穿过其铁芯的一次电路作为一次绕组，相当于匝数为 1)，且一次绕组相当粗；而二次绕组匝数较多，导体较细。工作时，一次绕组串接在电路中，而二次绕组侧与仪表、继电器等的电流线圈相串联，形成一个闭合回路。由于这些电流线圈阻抗很小，因此电流互感器工作时二次回路接近于短路状态。（二次绕组的额定值一般为 5A 或 1A)。LQZ-10 型电流互感器外形示意如图 4－9 所示。LMZJ1－0.5 型电流互感器外形示意如图 4－10 所示。

#### 3. 电流互感器的型号含义

电流互感器的型号含义如图 4－11 所示。

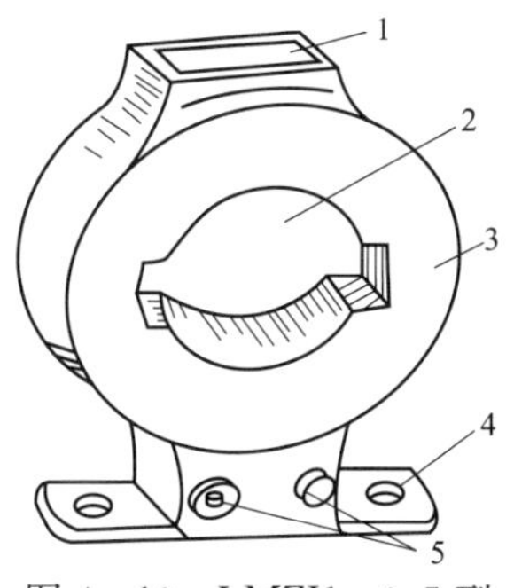

图 4－10 LMZJ1－0.5 型电流互感器外形示意

1—铭牌；2——一次母线穿孔；3—铁芯（外绕二次绕组，树脂浇注）；4—安装板；5—二次接线端子

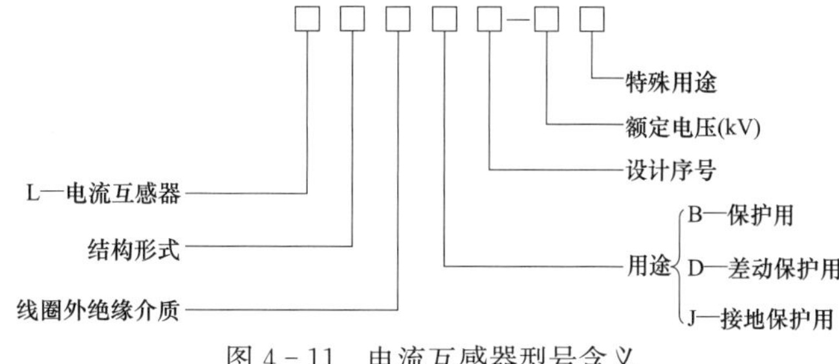

图 4－11 电流互感器型号含义

（1）结构形式的字母含义：R—套管式；Z—支柱式；Q—线圈式；F—贯穿式（复匝）；D—贯穿式（单匝）；M—母线式；K—开合式；V—倒立式；A—链式。

（2）线圈外绝缘介质的字母含义：J—变压器油（不表示）；G—空气（干式）；C—瓷（主绝缘）；Q—气体；Z—浇筑成型固体；K—绝缘壳。

4. 电流互感器的接线方式

（1）电流互感器在三相电路中的常用接线方式如图 4－12 所示。

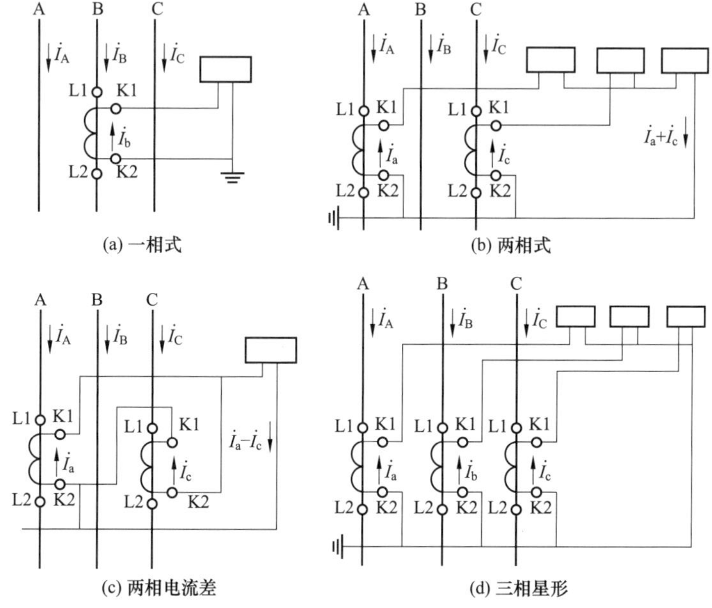

图 4－12 电流互感器在三相电路中的常用接线方式

（2）电流互感器在三相电路中的常用接线方式的原理与用途见表 4－2。

表 4-2　　电流互感器在三相电路中的常用接线方式的原理与用途

| 序号 | 接线方式 | 原理与用途 |
| --- | --- | --- |
| 1 | 一相式接线 | 通常用于负荷平衡的三相电路（如低压动力线路）中，供测量电流或接过负荷保护装置用 |
| 2 | 两相接线① | 在中性点不接地的三相三线制系统中，广泛用于测量三相电流、电能及作过电流继电保护用 |
| 3 | 两相电流差接线 | 适用于中性点不接地的三相三线制系统中，作过电流继电保护用 |
| 4 | 三相星形接线 | 三个电流线圈正好反应各相的电流，广泛用于三相不平衡的三相四线制系统如 TN 系统中，也用在三相可能不平衡的三相三线制系统中 |

① 也称为两相不完全星形接线。在继电保护装置中，这种接线称为两相两继电器接线。它在中性点不接地的三相三线制电路中（如一般的 6～10kV 电路中），广泛用作三相电流、电能的测量和过电流继电保护。

### （二）电压互感器

1. 电压互感器的工作原理

电压互感器工作原理与变压器相同，基本结构也是铁芯和一、二次绕组。特点是容量很小且比较恒定，正常运行时接近于空载状态。电压互感器本身的阻抗很小，一旦二次侧发生短路，电流将急剧增长而烧毁线圈。为此，电压互感器的一次侧接有熔断器，二次侧可靠接地，以免一、二次侧绝缘损毁时，二次侧出现对地高电位而造成人身和设备事故。

2. 电压互感器的基本结构

电压互感器的基本结构和变压器很相似，一、二次绕组都装在或绕在铁芯上。两个绕组之间以及绕组与铁芯之间都有绝缘，使两个绕组之间以及绕组与铁芯之间都有电气隔离。电压互感器在运行时，一次绕组 N1 并联接在线路上，二次绕组 N2 并联接仪表或继电器。因此在测量高压线路上的电压时，尽管一次电压很高，但二次电压却是低压的，可以确保操作人员和仪表的安全。

电压互感器的基本结构与接线如图 4-13 所示。JDZJ1-3/6/10 型电压互感器外形示意如图 4-14 所示。

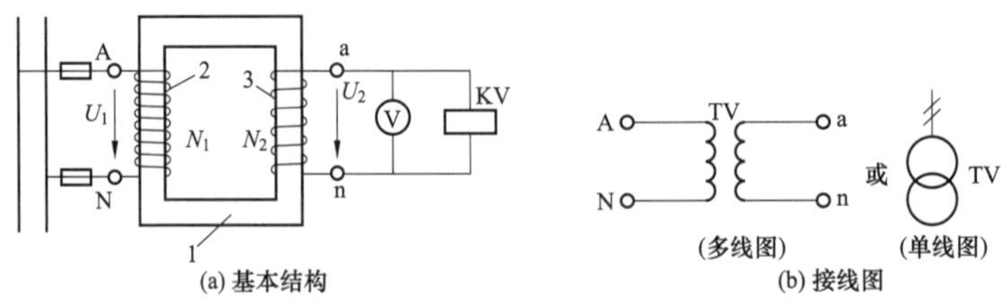


图 4-13　电压互感器的基本结构与接线

1—铁芯；2—一次绕组；3—二次绕组

3. 电压互感器的型号含义

电压互感器的型号含义如图 4-15 所示。

4. 电压互感器的接线方式

(1) 电压互感器在三相电路中的常用接线方式如图 4-16 所示。

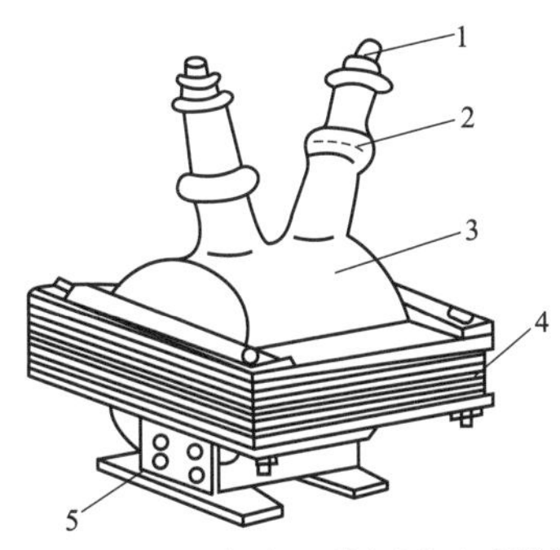


图 4-14 JDZJ1-3/6/10 型电压互感器外形示意

1—一次接线端子；2—高压绝缘套管；3—二次绕组（树脂浇注）；4—铁芯（壳式）；5—二次接线端子

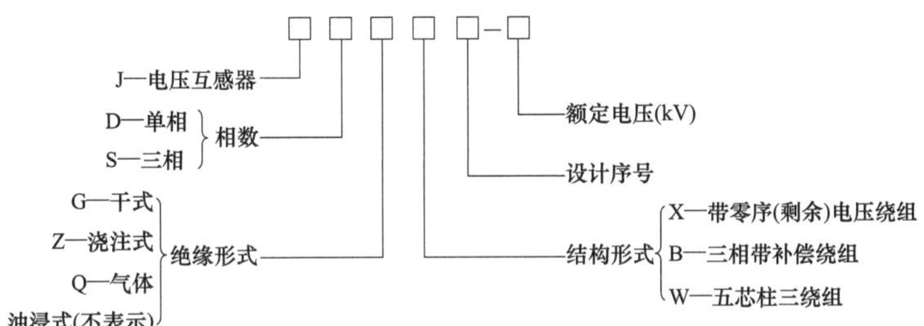


图 4-15 电压互感器型号含义

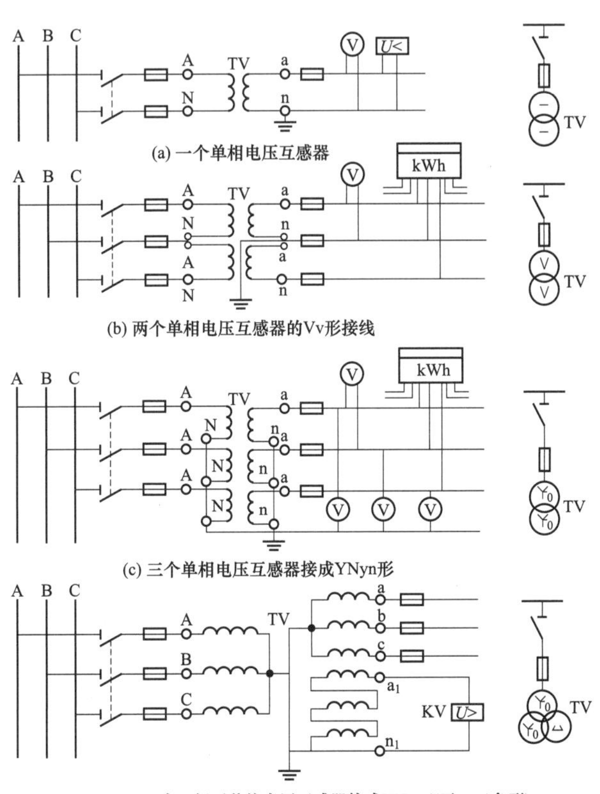

(a) 一个单相电压互感器
(b) 两个单相电压互感器的Vv形接线
(c) 三个单相电压互感器接成YNyn形
(d) 一台三相五芯柱电压互感器接成YNynd(开口三角形)


图 4-16 电压互感器在三相电路中的常用接线方式

(2) 电压互感器在三相电路中的常用接线方式的原理与用途见表 4-3。

表 4-3　电压互感器在三相电路中的常用接线方式的原理与用途

| 序号 | 接线方式 | 原理与用途 |
| --- | --- | --- |
| 1 | 一个单相电压互感器的接线 | 用于对称的三相电路，二次可接仪表或继电器 |
| 2 | 两个单相电压互感器的 Vv 形接线 | 可以测量相间线电压，但不能测量相电压 |
| 3 | 三个单相电压互感器的 YNyn 形接线 | 可供给要求测量线电压的仪表或继电器，以及供给要求相电压的绝缘监察电压表 |
| 4 | 一台三相五芯柱电压互感器的 YNynd（开口三角形）接线 | 接成 Y0 形的二次线圈供电给仪表、继电器及绝缘监察电压表等。辅助二次线圈接成开口三角形，供电给绝缘监察电压继电器。当三相系统正常工作时，三相电压平衡，开口三角形两端电压为零。当某一相接地时，开口三角形两端出现零序电压，使绝缘监察电压继电器动作，发出信号 |

5. 住宅小区供配电系统 10kV 电压互感器的接线方式

住宅小区供配电是供配电网络的末端系统。在开闭所的二次保护及操作电源的选择上，用户既不会增设专门的站用变压器，也不会从外界再引进电源；直流电源可靠性高，但投资大，配电室面积和运行维护工作量增加，用户考虑投资与维护的本钱，不会考虑直流电源供电方式。因此采用电压互感器供电的接线方式，提供 AC 220V 供控制、保护、信号电源是一种可靠性较高、经济实用、维护简单、实施方便的方法。

(1) 住宅小区供配电系统 10kV 电压互感器设备选取的注意事项。住宅小区供配电系统开闭所的二次保护及操作电源由 10kV 电压互感器二次侧专用绕组供电，与常规的 10kV 电压互感器在结构和性能上存在着一定差异。在 10kV 电压互感器设备选取时应注意的事项见表 4-4。

表 4-4　住宅小区供配电系统 10kV 电压互感器设备选取的注意事项

| 序号 | 项目 | 内　容 |
| --- | --- | --- |
| 1 | 变比 | 过往电压互感器的标准配置是 10kV/0.1kV，而在住宅小区供配电系统电压互感器选取变比应为 10kV/0.22kV |
| 2 | 容量 | 由于电压互感器二次负载的能力不高，所以电压互感器二次供电方式适用于开关柜数目少，弹簧操动机构或永磁（带电容储能的）操动机构，可靠性要求不是很高的场合，考虑的容量不宜小于 1000kVA，防止小容量的互感器用在大功率的地方，导致互感器烧毁故障的发生 |
| 3 | 自身保护 | 10kV 电压互感器的额定相电流为 0.005A，承受 100 倍过电流为 0.5A，所以一次侧选择 0.5A 的熔芯。二次侧一般经自动空气接入用电回路，其作用是电压隔离、短路及过负荷保护 |
| 4 | 精度 | 电压互感器二次侧专门作为电源使用，不考虑精度，不能与计量、测量用的 TV 混用，否则计量、测量会有误差 |
| 5 | 应用范围 | 适用于数目少、可靠性要求不是很高的住宅小区开闭所或继电保护采用交流、断路器是弹簧操动机构、分合闸电流小的场合 |

(2) 开闭所的二次保护及操作电源由 10kV 电压互感器供电的设备选型。

1) 直接选购变比为 10/0.1/0.22kV 的专用电源电压互感器，如 JDZW2-12W 型 TV，

10/0.22kV，容量达 1200kVA，瞬间容量可达 3000kVA，时间可达 30ms；自带熔丝(XRNP－10/0.5A）保护型的 JDZRW2－12W2，长期使用 300VA，短期使用 800VA，最大容量为 960VA，类似的还有型号为 JDZC－10、JDZF8－10、JDZX8－10 的电压互感器电压比均可以为10 000/100/220。容量达 1000VA，最大可以做到 2000VA。

2）设备选型时，应与高压开关柜制造厂家明确开闭所的二次保护及操作的使用电源、断路器操动机构型式。制造厂家会依据合同配置适用产品。

3）开闭所的二次保护及操作电源由 10kV 电压互感器供电方案的故障分闸能量。10kV 电压互感器二次侧电源方案中，断路器的跳闸线圈接在控制回路里的，而跳闸线圈动作是靠电压的，一般可靠动作范围是额定电压的 65%～110%，发生短路故障时，母线电压会明显下降，因此电压互感器二次侧电源方案的继电保护就不能采用跳闸线圈了。可采用过电流脱扣器，电源直接取之电流互感器回路。利用短路电流能量来分闸。

4）电压互感器供电的接线方式。住宅小区二次保护及操作电源由电压互感器供电的接线方式如图 4－17 所示。

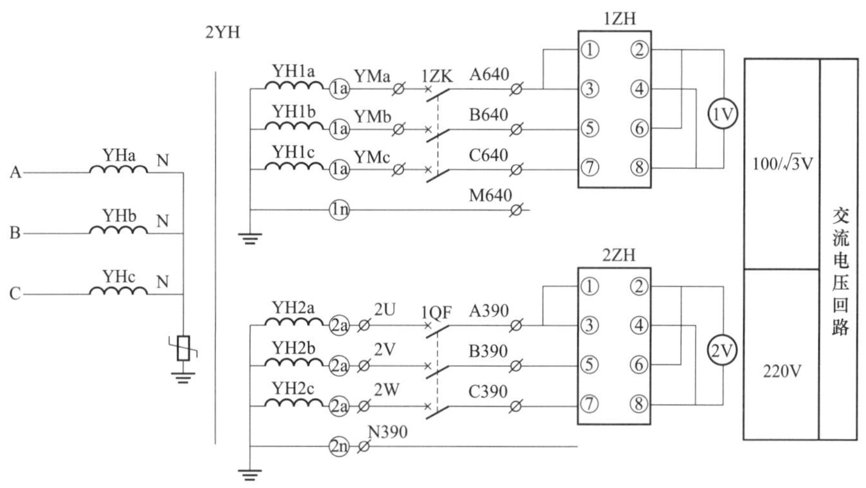

图 4－17　二次保护及操作电源由电压互感器供电的接线方式

## 三、高压熔断器

熔断器是根据电流超过规定值一段时间后，以其自身产生的热量使熔体熔化，从而使电路断开的一种电器。其作用是对电路及用电设备进行短路和过电流的保护，是应用最普遍的保护器件之一。

1. 高压熔断器的基本结构

熔体额定电流不等于熔断器额定电流，熔体额定电流按被保护设备的负荷电流选择，熔断器额定电流应大于熔体额定电流，与主电器配合确定。

熔断器主要由熔体、外壳和支座三部分组成，其中熔体是控制熔断特性的关键元件。熔体的材料、尺寸和形状决定了熔断特性。熔体材料分为低熔点和高熔点两类。低熔点材料如铅和铅合金，其熔点低容易熔断，由于其电阻率较大，故制成熔体的截面尺寸较大，熔断时产生的金属蒸气较多，只适用于低分断能力的熔断器。高熔点材料如铜、银，其熔点高，不容易熔断，但由于其电阻率较低，可制成比低熔点熔体较小的截面尺寸，熔断时产生的金属蒸气少，适用于高分断能力的熔断器。熔体的形状分为丝状和带状两种。改变截面的形状可显著改变熔断器的熔断特性。熔断器有各种不同的熔断特性曲线，可以适用于不同类型保护对象的需要。RN1、RN2 型高压管式熔断器外形示意图如图 4－18 所示。RN1、RN2 型高压管式熔断器的熔管剖面图如图 4－19 所示。RW4 型跌落式熔断器结构示意如图 4－20 所示。

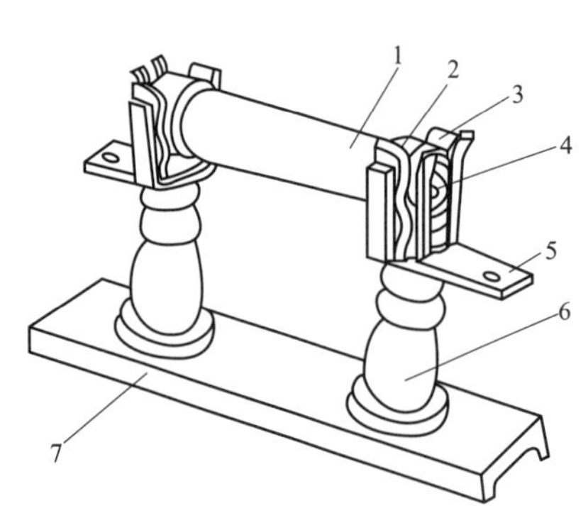


图 4－18 RN1、RN2 型高压管式熔断器

1—瓷熔管；2—金属管帽；3—弹性触座；4—熔断指示器；5—一次接线端子；6—瓷绝缘子（支柱绝缘子）；7—底座

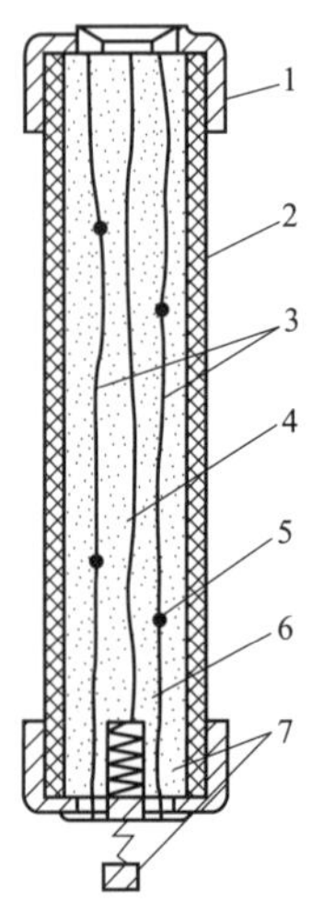


图 4－19 RN1、RN2 型高压管式熔断器的熔管剖面图

1—金属管帽；2—瓷熔管；3—工作熔体；4—指示器；5—锡球；6—石英砂；7—熔断指示器（虚线表示指示器在熔体熔断时弹出）

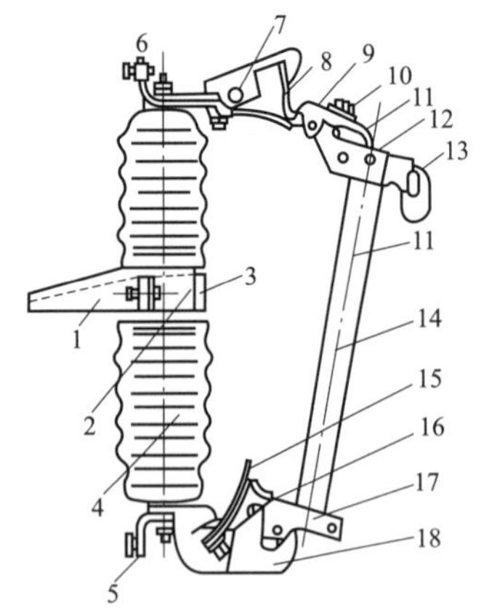


图 4－20 RW4 型跌落式熔断器结构示意

1—前抱箍；2—后抱箍；3—衬垫；4—绝缘支柱；5—下接线螺丝；6—上接线螺丝；7—鸭嘴罩；8—上弹性接触片；9—上动触头；10—接触头压板；11—熔件；12—石棉套管；13—耳环；14—熔管；15—下弹性接触片；16—下触头；17—熔管铜帽；18—金属支持座

2．熔断器与断路器的区别

（1）熔断器与断路器的相同点是都能实现短路保护。

（2）熔断器的原理是利用电流流经导体会使导体发热，达到导体的熔点后导体融化断开电路，保护用电器和线路不被烧坏。它是热量的一个累积，所以也可以实现过载保护。一旦熔体烧毁就要更换熔体。

（3）断路器也可以实现线路的短路和过载保护，不过原理不一样，它是通过电流的磁效应（电磁脱扣器）实现断路保护，通过电流的热效应实现过负荷保护（不是熔断，多不用更换器件）。具体到实际中，当电路中的用电负荷长时间接近于所用熔断器的负荷时，熔断器会逐渐加热直至熔断，它是一次性的。而断路器是电路中的电流突然加大，超过断路器的负荷时，

会自动断开，它是对电路一个瞬间电流加大的保护，例如当漏电很大时，或短路时，或瞬间电流很大时的保护跳闸。当查明原因后，可以合闸继续使用。

3. 熔断器的级间配合

为防止发生越级熔断扩大事故范围，上、下级（即供电干、支线）线路的熔断器间应有良好配合。选用时，应使上级（供电干线）熔断器的熔体额定电流比下级（供电支线）的大1～2个级差。

## 第二节 供配电系统高压成套配电装置

高压成套配电装置又称高压开关柜，是按不同用途和使用场合，将所需一、二次设备按设计方案组装而成的高压成套配电设备。用于住宅小区高压供配电系统的受电、馈电的控制、监测和保护。高压成套配电装置主要安装有高压开关电器、保护设备、监测仪表、母线和绝缘子等。

### 一、10kV高压开关柜

#### （一）10kV高压开关柜分类

10kV高压开关柜分类见表4-5。

**表4-5　　10kV高压开关柜分类**

<table>
<tr><th colspan="2">分类方法</th><th>含义</th><th>举例</th></tr>
<tr><td rowspan="2">按断路器安装方式分</td><td>移开式（手车式）Y</td><td>表示柜内的主要电器元件（如：断路器）是安装在可抽出的手车上的，由于手车柜有很好的互换性，因此可以大大提高供电的可靠性</td><td>常用的手车类型有：隔离手车、计量手车、断路器手车、TV手车、电容器手车和所用变压器手车等，如：KYN28A-12型</td></tr>
<tr><td>固定式G</td><td>表示柜内的所有电器元件（如：断路器或负荷开关等）均为固定安装的，固定式开关柜较为简单经济</td><td>如：XGN2-10、GG-1A型等</td></tr>
<tr><td rowspan="2">按安装地点分</td><td>户内N</td><td>表示只能在户内安装使用</td><td>如：KYN28A-12型等</td></tr>
<tr><td>户外W</td><td>表示可以在户外安装使用</td><td>如：XLW型等</td></tr>
<tr><td rowspan="4">按柜体结构分</td><td>金属封闭铠装式开关柜K</td><td>主要组成部件（例如：断路器、互感器、母线等）分别装在接地的、用金属隔板隔开的、隔室中的金属封闭开关设备</td><td>如：KYN28A-12型</td></tr>
<tr><td>金属封闭间隔式开关柜J</td><td>与铠装式金属封闭开关设备相似，其主要电器元件也分别装于单独的隔室内，但具有一个或多个符合一定防护等级的非金属隔板</td><td>如：JYN2-10型</td></tr>
<tr><td>金属封闭箱式开关柜X</td><td>开关柜外壳为金属封闭式的开关设备</td><td>如：XGN2-12型</td></tr>
<tr><td>敞开式开关柜</td><td>无防护等级要求，外壳有部分是敞开的开关设备</td><td>如：GG-1A（F）型</td></tr>
</table>

### （二）10kV 高压开关柜型号表示和含义

10kV 高压开关柜的型号表示和含义如图 4－21 所示。

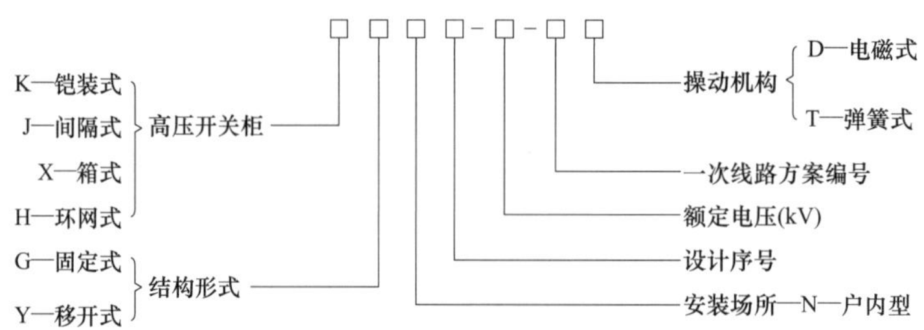


图 4－21　10kV 高压开关柜的型号表示和含义

### （三）常用 10kV 高压开关柜的结构和特点

近年来，我国设计生产的一系列符合 IEC（国际电工委员会）标准的新型固定式高压开关柜得到越来越广泛的应用，下面以 XGN2－系列（交流金属箱型固定式封闭高压开关柜）和 KYN 系列（交流金属铠装移开式高压开关柜）为例，介绍高压开关柜的结构和特点。

1. XGN2－系列（交流金属箱型固定式封闭高压开关柜）

（1）XGN2－系列（交流金属箱型固定式封闭高压开关柜）的型号表示和含义如图 4－22所示。

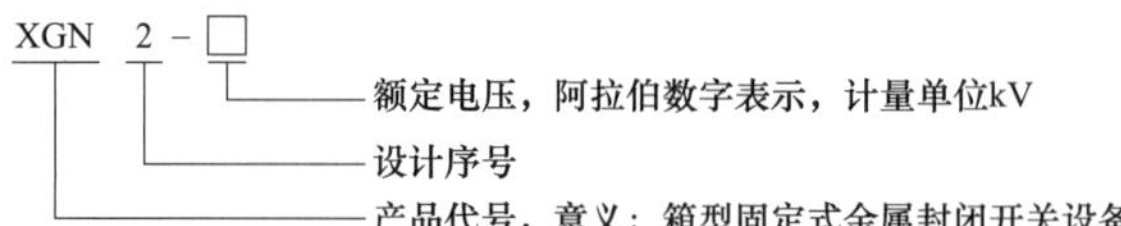


图 4－22　XGN2－系列（交流金属箱型固定式封闭高压开关柜）的型号表示和含义

（2）XGN2—系列（交流金属箱型固定式封闭高压开关柜）的性能及用途。开关柜采用金属封闭式结构，柜体骨架由角钢焊接而成，内部用钢板严密分隔成母线室、断路器室、进出线电缆室、继电保护、仪表室及控制小室五个独立的间隔室，整个柜体由三部分组成。骨架分成断路器室和电缆室，断路器室在骨架的前方，电缆室在骨架后下方，两室间用接地的金属封板间隔；母线室位于骨架的后上部，保护、仪表室位于骨架的上前方，母线室和保护室之间留有排气通道，这种结构可将任何设备、母线故障均限制在局部范围之内，可避免事故扩大，提高开关柜的运行可靠性。开关柜并具有防止误操作断路器，防止带负荷推拉手车，防止带电关合接地开关，防止接地开关在接地位置送电和防止误入带电间隔的五防功能。

XGN2－系列（交流金属箱型固定式封闭高压开关柜），是用于 3～10kV 三相交流 50Hz 作为单母线和单母线分段系统接受与分配电能的装置，特别适用于频繁操作的场所。主要用于发电厂、工矿企事业配电、住宅小区配电以及电力系统的二次变电站的受电、送电及大型电动机的启动等。实行控制、保护、实时监控和测量。柜体为全组装式结构，有完善的五防功能。图 4－23 所示为 XGN2－系列（交流金属箱型固定式封闭高压开关柜）

的示意。

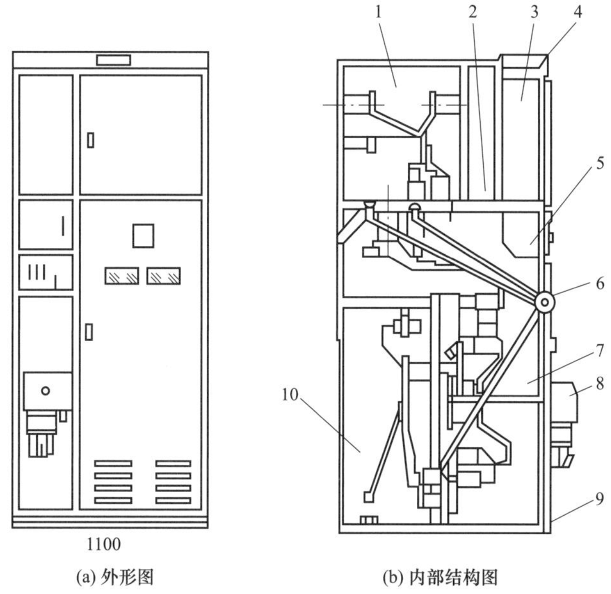


图 4-23 XGN2-系列（交流金属箱型固定式封闭高压开关柜）的示意

1— 母线室；2—压力释放通道；3—仪表室；4—二次母线室；5—组合开关室；6—手动操作及联锁机构；7—主开关室；8—电磁操动机构；9—设备接地点；10—电缆室

2. KYN 系列（交流金属铠装移开式高压开关柜）

（1）KYN 系列（交流金属铠装移开式高压开关柜）型号表示和含义如图 4-24 所示。

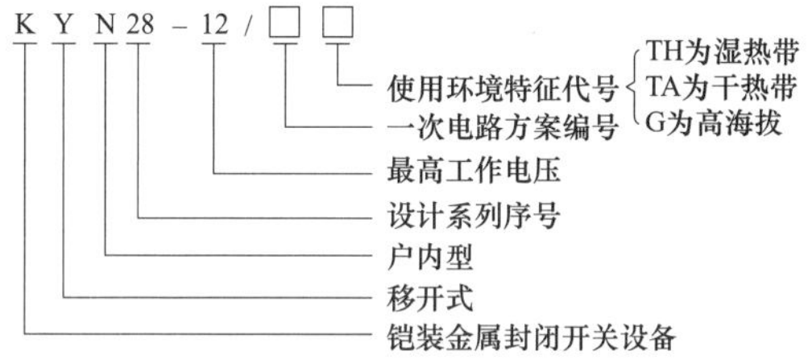


图 4-24 KYN 系列（交流金属铠装移开式高压开关柜）型号表示和含义

（2）KYN 系列（交流金属铠装移开式高压开关柜）的性能及用途。KYN 系列（交流金属铠装移开式高压开关柜，以下简称开关柜）是三相交流 50Hz 的户内成套配电装置，用于接受和分配 3～10kV 的网络电能并对电路实行控制保护及监测。额定电压 3.6～12kV，其特点是：真空断路器为中置式配装，即断路器位于开关柜前柜的中部，因此下部空间节省下来可用于其他方案的扩展或作为电缆室用。开关柜能满足 GB 3096—2008《声环境质量标准》、DL/T 404—2007《3.6kV～4.0kV 交流金属封闭开关设备和控制设备》、IEC298《交流金属封闭开关设备和控制设备》等标准要求，并具有防止误操作断路器，防止带负荷推拉手车，防止带电关合接地开关，防止接地开关在接地位置送电和防止误入带电间隔（简称“五防”）的功能。它既能配用 VDS 或 VS1 真空断路器，也可配置进口的 VM1、VD4 真空断路器。该装置主要用于发电厂、中小型发电机组送电、工矿企事业配电、住宅小区配电以及电力系统的二次变电站的变电、送电及大型高压电动机的启动实行控制保护、监测之用。图 4-25 所示为 KYN 系列（交流金属铠装移开式高压开关柜）的示意。

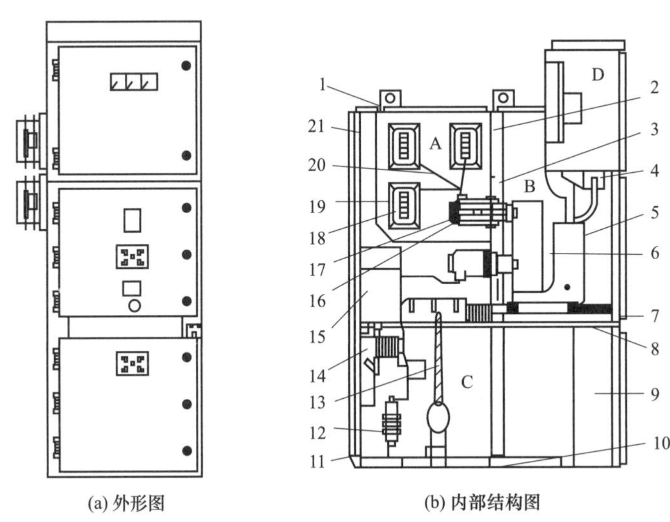


图 4-25　KYN 系列（交流金属铠装移开式高压开关柜）的示意

A—母线室；B—继电器手车室；C—电缆室；D—继电器仪表室；1—压力释放通道；2—装卸式隔板；3—隔板；4—二次插头；5—断路器手车；6—加热装置；7—可抽出式隔板；8—接地开关操动机构；9—控制导线；10—底板；11—接地母线；12—避雷器；13—电缆；14—接地开关；15—电流互感器；16—触头盒；17—静触头装置；18—主母线；19—母线套管；20—分支母线；21—外壳

（四）10kV 高压开关柜的技术要求

1. 10kV 高压开关柜的选型通用技术要求

10kV 高压开关柜的选型通用技术要求如下：

(1) 类型、额定值和结构相同的所有可移开的部件和元件在机械和电气上应有互换性。

(2) 高压开关柜母线应采取倒圆角的措施，圆角直径为母排厚度。

(3) 开关柜应分为断路器室、母线室、电缆室和控制仪表室等金属封闭的独立隔离室，其中断路器室、母线室和电缆室均有独立的泄压通道。

(4) 断路器室的活门应标有母线侧、线路侧等识别字样。母线侧活门还应附有红色带电标志和相色标志。

(5) 移开式开关柜的活门与断路器手车间应设有机械强制联锁。固定式开关柜的隔离开关与断路器应设有机械强制联锁，并满足“五防”要求。移开式开关柜柜门关闭后才能将断路器推入、退出工作位置。

(6) 移开式开关柜的避雷器、TV 应通过隔离开关与母线连接，不应与母线直接连接。

(7) 开关柜内电缆室和二次控制仪表室应设置照明设备，应便于更换，并确保不能触

及高压带电体。

(8) 开关柜相序按面对开关柜从左至右为 A、B、C，从上到下排列为 A、B、C。

(9) 开关柜内部导体采用的热缩绝缘材料老化寿命应大于 20 年，并提供试用报告。

(10) 以空气和绝缘隔板组成的复合绝缘作为绝缘介质的开关柜，绝缘隔板应选用耐电弧、耐高温、阻燃、低毒、不吸潮且具有优良机械强度和电气绝缘性能的材料。

(11) 开关柜中所有绝缘件装配前均应进行局放检测，单个绝缘件局部放电量不大于 5pC。

(12) 如果用热缩套包裹导引结构，则该部位必须满足空气绝缘净距离（125mm）要求。

(13) 开关柜内应配备温湿度控制器，对于手动控制的加热器应在柜外设置控制开关，以进行其投入或切除操作。加热器应能确保柜内潮气排放。

2. 10kV 高压开关柜断路器的技术要求

10kV 高压开关柜断路器（以真空断路器为例）的技术要求如下：

(1) 断路器灭弧室采用真空灭弧室。

(2) 同型号真空断路器所配用的真空灭弧室，其安装方式、端部连接方式及连接尺寸应统一，以保证真空灭弧室的互换性。

(3) 断路器应装设操作次数的计数器。

(4) 断路器操动机构应具有防跳装置。

(5) 真空灭弧室随同真空断路器出厂时，其内部气体压强不得大于 $1.33\times10^{-3}$Pa，并标明编号及出厂年月。

(6) 断路器在出厂时应做操作磨合试验（不少于 200 次），并附有试验报告。

(7) 用于开合电容器组的断路器必须通过开合电容器组的型式试验，满足 C2 级的要求。

(8) 断路器应配置分合闸机械指示，断路器状态位置应有符号及中文标识。

3. 10kV 高压开关柜操动机构的技术要求

10kV 高压开关柜操动机构的技术要求如下：

(1) 操动机构采用弹簧操动机构或永磁操动机构。

(2) 自身应具备防止跳跃的性能。应配备断路器的分合闸指示，储能状态指示应明显清晰，便于观察，且均用中文表示。

(3) 应安装能显示断路器操作次数的计数器。该计数器与操作回路应无电气联系，且不影响断路器的合分闸操作。

(4) 弹簧操动机构应具有紧急跳闸功能，并有防碰措施。

(5) 弹簧操动机构并联脱扣器应能满足（85%～110%）$U_a$ 时可靠合闸，（65%～110%）$U_a$ 时可靠分闸，30%$U_a$ 及以下时不动作（$U_a$ 为操作母线电压）。

(6) 弹簧操动机构应能满足“分——0.3s——合分——180s——合分”的操作顺序。

(7) 弹簧操动机构应具备手动、电动储能的操作功能，断路器处于断开或闭合位置，都应能对合闸弹簧储能。在正常情况下，合闸弹簧完成合闸操作后要立即自动开始再储能，合闸弹簧应在 20s 内完成储能。

(8) 在弹簧储能过程中不能合闸，并且弹簧在储能全部完成前不能释放。

(9) 应有机械装置指示合闸弹簧的储能状态，并配有辅助触点。

(10) 永磁操动机构应具有手动分闸和紧急跳闸功能，并有防碰措施。

(11) 永磁操动机构的储能元件的电压在 30%$U_a$ 及以下时不应合闸或分闸。

(12) 操动机构应确保断路器分闸时间不大于 60ms，合闸时间不大于 100ms，合闸弹跳时间不大于 2ms。

#### 4. 10kV 高压开关柜柜体的技术要求

10kV 高压开关柜柜体的技术要求如下：

(1) 柜体应采用敷铝锌钢板，板厚不小于 2mm。

(2) 门开启角度应大于 120°，并设有定位装置。

(3) 观察窗至少应达到对外壳规定的防护等级，观察窗材料应满足与外壳相当的机械强度，同时应有足够的电气间隙和静电屏蔽措施，防止危险的静电电荷。

(4) 主回路的带电部分与观察窗的可触及表面的绝缘应满足相对地的绝缘要求。

#### 5. 10kV 高压开关柜“五防”的技术要求

10kV 高压开关柜“五防”的技术要求如下：

(1) 开关柜应具有可靠的“五防”功能：防止误分、误合断路器；防止带负荷分、合隔离开关（插头）；防止带电分、合接地开关；防止带接地开关送电；防止误入带电间隔。

(2) 电缆室门与接地开关应采取机械闭锁方式，并有紧急解锁装置。

(3) 当断路器处在合闸位置时，断路器小车无法推进或拉出。

(4) 当断路器小车未到工作或实验位置时，断路器无法进行合闸操作。

(5) 当接地开关处在合闸位置时，断路器小车无法从“试验”位置进入“工作”位置。

(6) 当断路器小车处在“试验”位置与“工作”位置之间（包括“工作”位置）时，无法操作接地开关。

(7) 进出线柜应装有能反映出线侧有无电压，并具有自检功能的带电显示装置。当出线侧带电时，应闭锁操作接地开关。

(8) 分段开关手车在工作位置时，分段引线开关手车不能推进或拉出。分段引线开关手车在工作位置时，分段开关手车才能推进或拉出。

(9) 变压器柜的前门应具有带电显示强制闭锁，并留有方便变压器检修时接地线的部位，要求与柜前门有相互闭锁。

(10) 变压器柜内的隔离小车与柜内的低压总开关应设机械闭锁或电气闭锁。其程序过程为先拉开低压总开关、再拉出隔离小车，然后再开变压器柜门，反之亦然。

(11) 开关柜电气闭锁应单独设置电源回路，且与其他回路独立。

#### 6. 10kV 高压开关柜限制内部电弧故障的技术要求

10kV 高压开关柜限制内部电弧故障的技术要求如下：

(1) 选用开关柜时应确认其母线室、断路器室、电缆室相互独立，且均通过相应内部燃弧试验，内部故障电弧允许持续时间应不小于 0.5s，试验电流为额定短时耐受电流，对于额定短路开断电流 31.5kA 以上产品可按照 31.5kA 进行内部故障电弧试验，出具相应

的试验报告。

(2) 开关柜的各隔室之间应具有足够的机械强度，满足正常使用条件和限制隔室内部电弧影响的要求，并能防止因本身缺陷、异常或误操作导致的内电弧伤及工作人员，能限制电弧的燃烧范围。

(3) 应采取防止人为造成内部故障的措施，还应考虑到由于柜内组件动作造成的故障引起隔室内压力释放，可能对人员和其他正常运行设备的影响。

(4) 除继电器室外，在断路器室、母线室和电缆室均设有排气通道和泄压装置，当产生内部故障电弧时，泄压通道将被自动打开，释放内部压力，压力排泄方向为无人经过区域，泄压侧应选用尼龙螺栓。泄压通道出口处应设置明显的警示标志。

7. 10kV 高压开关柜二次设备的技术要求

10kV 高压开关柜二次设备的技术要求如下：

(1) 开关柜内所有的二次导线宜用阻燃性软管、金属软管或线槽进行全密封。

(2) 开关柜内的各二次电气元件应能单独拆装更换，而不影响其他电气元件及导线束的固定。每件设备的装配和接线均应考虑在不中断相邻设备正常运行的条件下，无阻碍地接触各机构器件并能完成拆卸、更换工作。

(3) 开关柜内二次回路端子要求使用阻燃型产品，接线端子号应清晰可见。

(4) 二次回路端子应便于更换且接线方便。由 10kV 电压互感器供电的二次保护及操作电源与合闸或跳闸回路之间，必须以一个端子隔开。

(5) 固定二次导线束用的扎带应保证绝缘材料老化寿命应大于 20 年。

8. 10kV 高压开关柜外形尺寸和主要部件互换性的技术要求

(1) 同规格的断路器手车可互换使用。

(2) 移开式开关柜外形应采用以下尺寸（宽×深×高）：800mm×1500mm×2260mm；800mm×1800mm×2260mm。

(3) 固定柜开关柜外形宜采用以下尺寸（宽×深×高）：出线柜 11000mm×1100mm×2650mm；进线柜 1200mm×1400mm×2500mm。

(4) 电缆连接桩头离柜底距离为 650mm。

9. 10kV 高压开关柜接地的技术要求

10kV 高压开关柜接地的技术要求如下：

(1) 开关柜的底架上均应设置可靠的适用于规定故障条件的接地端子，该端子应有一紧固螺钉或螺栓连接至接地导体。紧固螺钉或螺栓的直径不应小于 12mm。接地连接点应标以清晰可见的接地符号。

(2) 主回路中凡规定或需要触及的所有部件都应可靠接地。

(3) 可抽出部件应接地的金属部件，在试验位置、隔离位置及任何中间位置均应保持持续接地。

(4) 各个功能单元的外壳均应连接到接地导体上，除主回路和辅助回路之外的所有要接地的金属部件应直接或通过金属构件与接地导体相连接。金属部件和外壳到接地端子之间通过 30A 直流电流时压降不大于 3V。功能单元内部的相互连接应保证电气连续性。

(5) 接地导体应采用铜质导体，在规定的故障条件下，在额定短路持续时间为 4s 时，其电流密度不应超过 110A/mm²，但最小截面积不应小于 240mm²。接地导体的末端应用铜质端子与设备的接地系统相连接，端子的电气接触面积与接地导体的截面相适应，最小电气接触面积不应小于 160mm²。

(6) 移开式的真空断路器宜采用两侧导轨式接地。

(7) 可移开部件应接地的金属部件，在插入和抽出过程中，在静触头和主回路的可移开部件接触之前和分离过程中应接地，以保证能通过可能的最大短路电流。

(8) 二次控制仪表室应设有专用独立的接地导体（若需要）。门与柜架的接地线截面积不应小于 2.5mm²。

### (五) 新建住宅供电配套工程高压柜安装

1. 高压柜的基础

(1) 安装前对 10kV 开关柜的基础进行检查复测（包括电源进线柜、变压器柜、高压馈线柜、电压互感器柜、高压母联柜等），应符合以下要求：

1) 核对基础埋件及预留孔洞应符合设计要求。

2) 开关柜的基础钢槽应符合：基础槽钢的不直度不应大于 1mm/m，全长不大于 5mm；基础槽钢的水平度不应大于 1mm/m，全长不大于 5mm；基础槽钢的位置误差及不平行度全长不应大于 5mm。

(2) 高压柜的基础型钢安装、测试、调整应符合以下要求：

1) 确认型钢已经调直、除锈、刷防锈底漆，并已干燥。

2) 在现场进行组装时，应先将型钢电焊在基础预埋铁上，焊点处所用垫片数最多不超过 3 片。正式施焊时，应从中间开始，向两侧对角展开。在施焊过程中应经常检查，发现误差及时纠正。焊后应清理、打磨、补刷防锈漆。

3) 基础型钢与接地母线连接，将接地扁钢引入并与基础型钢两端焊牢。焊缝长度为接地扁钢宽度的 2 倍，三面施焊。

(3) 高压柜的基础型钢尺寸按设计要求，安装允许偏差应符合表 4-6 的要求。

**表 4-6　　高压柜的基础型钢尺寸安装允许偏差**

| 项目 | | 允许偏差（mm） | 检验方法 |
|---|---|---|---|
| 基础型钢 | 顶部平直度（每米/全长） | 1/54 | 拉线检查 |
| | 侧面平直度（每米/全长） | 1/5 | |

2. 高压柜的安装

(1) 高压柜的安装应符合以下要求：

1) 依据电器安装图，核对主进线柜与进线套管位置相对应，并将进线柜定位。柜体的安装应符合：垂直误差小于 1.5mm/m，最大误差小于 3mm/m；侧面垂直误差小于 2mm/m。

2) 进线柜定位后，将柜体与基础型钢用螺栓连接固定牢固，不允许焊接。

3) 相对排列的柜体以跨越母线柜为准，进行对面柜体的就位，保证两柜相对应，左右偏差小于 2mm。其他柜按顺序并装后，用螺栓连接紧固。柜体安装的质量要求应符合：垂直度小于 1.5mm/m。水平偏差：相邻两盘顶部小于 2mm，成列盘顶部小于 5mm。盘

间不平偏差：相邻两盘小于1mm、成列盘面小于5mm、盘间接缝小于2mm。

4）安装后整体尺寸符合规范规程要求，将柜体与基础槽钢固定牢固。

5）柜内接地母线与接地网可靠连接，接地材料规格不小于设计规定，每段柜接地引下线不少于两点。

6）电缆封堵必须使用防火软堵料。软堵料的厚度应在10～20mm之间。

（2）手车式开关柜的安装应符合以下要求：

1）“五防”装置齐全、符合相应逻辑关系，“五防”装置动作灵活可靠。

2）手车推拉灵活轻便，无卡阻、碰撞现象，相同型号的手车应能互换。

3）手车推入工作位置后，动、静触头接触应严密、可靠。

4）手车和柜体间的二次回路连接插件应接触良好。

5）安全隔离板开启灵活，随手车的进出而相应动作。

6）柜内控制电缆应固定牢固，不应妨碍手车的出入。

（3）环网柜的安装应符合以下要求：

1）基础与预埋槽钢接地良好，符合设计要求。基础水平误差应保证在±1mm/m范围内，总误差在±5mm范围内，产品有特殊安装要求时，执行产品要求。

2）基础位置、预留孔洞复测后，找准单元基础轴线，做好标记。

3）环网柜单元按正确的顺序摆放就位。

4）对于单元整体的环网柜，与基础应固定牢固，并按设计图纸及厂家技术资料按前后顺序组装。

### （六）新建住宅供电配套工程10kV高压断路器的操作

#### 1. 10kV高压断路器的操作原则

10kV高压断路器的操作原则如下：

（1）新建住宅供电配套工程断路器分、合操作在开闭所10kV开关柜上进行。

（2）操作前应检查控制回路、弹簧储能回路正常，应投入的保护均已加用。

（3）断路器操作前应检查防误闭锁装置正常。

（4）断路器的位置指示灯与实际开关位置对应。

（5）当分、合闸操作失灵时，立即断开该开关的控制电源。

（6）操作断路器控制开关把手时，用力不宜过猛，要注意位置灯的变换，操作要到位。

（7）断路器合闸或分闸后，应检查对应的位置灯、电流、电压指示正确，并从能真实反映断路器分、合闸位置。

#### 2. 10kV高压断路器停电检修及送电操作步骤

（1）停电步骤：断开10kV高压断路器→将10kV高压断路器小车开关摇至试验位置。

（2）停电检修步骤：断开10kV高压断路器→将10kV高压断路器小车开关摇至试验位置→打开前柜门→将小车开关拉至检修平台。

（3）送电步骤：将10kV高压断路器小车由隔离位置推至试验位置→关闭前柜门→将10kV高压断路器小车开关摇至运行位置→合上10kV高压断路器。

#### 3. 10kV计量（电压互感器）小车停送电注意事项

10kV计量（电压互感器）小车推入、拉出前必须断开10kV高压断路器开关并拉至检修位置，不得擅自解除电磁锁。

## 二、10kV高压环网柜

在工矿企业、住宅小区、港口和高层建筑等交流10kV配电系统中，因负载容量不大，其高压回路通常采用负荷开关或真空接触器控制，并配有高压熔断器保护。该系统通常采用环形网供电，所使用高压开关柜一般习惯上称为环网柜。

### （一）10kV高压环网干线的组成

环网是指环形配电网，即供电干线形成一个闭合的环形，供电电源向这个环形干线供电，从干线上再一路一路地通过高压开关向外配电。这样的好处是：每一个配电支路既可以同它的左侧干线取电源，又可以由它右侧干线取电源。当左侧干线出了故障，它就从右侧干线继续得到供电，而当右侧干线出了故障，它就从左侧干线继续得到供电，这样一来，尽管总电源是单路供电的，但从每一个配电支路来说却得到类似于双路供电的实惠，从而提高了供电的可靠性。这种互相拉手的供电方式简称为环网供电。

### （二）10kV高压环网柜的配电系统的作用

所谓“环网柜”就是每个配电支路设一台开关柜（出线开关柜），这台开关柜的母线同时就是环形干线的一部分。就是说，环形干线是由每台出线柜的母线连接起来共同组成的。每台出线柜就叫“环网柜”。实际上单独拿出一台环网柜是看不出“环网”的含义的。这些环网柜的额定电流都不大，因而环网柜的高压开关一般不采用结构复杂的断路器而采取结构简单的带高压熔断器的高压负荷开关。环网柜用负荷开关操作正常电流，而用熔断器切除短路电流，这两者结合起来取代了断路器。

### （三）10kV高压环网柜在新建住宅小区的供电系统中的作用

#### 1. 环网供电的作用

在新建住宅小区的供电系统中，10kV电源来自开闭所高压母线，进入配电室高压环网柜，环网柜出线接到变压器上，变压器将10kV变为380V/220V后送到低压配电柜，由低压配电柜分别送至各楼栋低压配电箱进行电源再分配。

#### 2. 控制和保护的作用

在新建住宅小区的供电系统中，10kV高压环网柜还用于分合负荷电流，开断短路电流及变压器空载电流，一定距离架空线路、电缆线路的充电电流，起控制和保护作用，是新建住宅小区的供电系统中环网供电和终端供电的重要开关设备。

### （四）高压环网柜的绝缘介质分类与负荷开关的配置

环网柜负荷开关的绝缘介质一般分为空气绝缘和$SF_6$绝缘两种。柜体中，配空气绝缘的负荷开关主要有产气式、压气式、真空式；配$SF_6$绝缘的负荷开关为$SF_6$式。

环网柜中的负荷开关，一般要求三工位，即切断负荷、隔离电路、可靠接地。产气式、压气式和$SF_6$式负荷开关易实现三工位，而真空灭弧室只能开断，不能隔离，所以一般真空负荷环网开关柜在负荷开关前再加上一个隔离开关，以形成隔离断口。

### （五）负荷开关和熔断器

#### 1. 负荷开关和熔断器的组成

负荷开关及组合电器主要由隔离开关（组合电器的限流熔断器在隔离开关上）、真空

断路器（或其他断路器）、接地开关、弹簧操动机构等组成。负荷开关和熔断器产品结构紧凑、体积小、寿命长、关合开断能力强、操作维护简便。真空断路器配有弹簧操动机构，采用电动机（另配手动）弹簧储能、合闸方式有电磁铁合闸和手动分、合闸两种。隔离开关、真空断路器、接地开关之间互相联锁（机械联锁），以防止误操作。图 4－26 所示为户内高压负荷开关及熔断器组合电器结构示意。

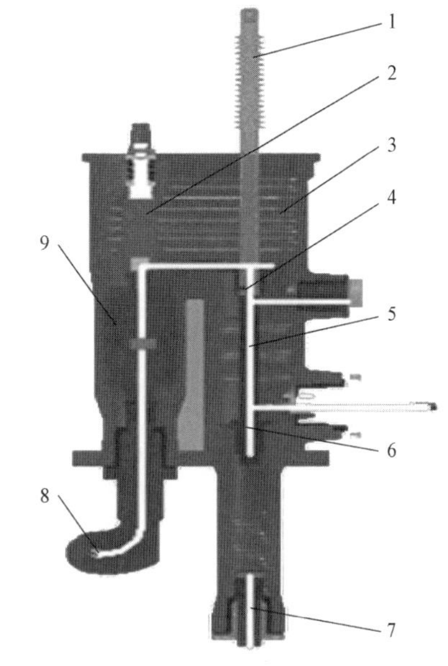


图 4－26 户内高压负荷开关及熔断器组合电器结构示意

1—隔离开关拉杆；2—负荷开关（断路器）拉杆；3—外绝缘筒；4—隔离开关上触头；5—动触头；6—隔离开关下触头；7—主接地；8—连接母线；9—真空灭弧室

2. 高压负荷开关和熔断器的作用

（1）开断和关合作用。接通、断开正常工作状态下的负荷电流，以及与高压熔断器一起配合使用，可代替断路器，由于它有一定的灭弧能力，因此可用来开断和关合负荷电流和小于一定倍数（通常为 3～4 倍）的过载电流；也可以用来开断和关合比隔离开关允许容量更大的空载变压器，更长的空载线路，有时也用来开断和关合大容量的电容器组。

（2）替代作用。负荷开关与限流熔断器串联组合可以代替断路器使用。即由负荷开关承担开断和关合小于一定倍数的过载电流，而由限流熔断器承担开断较大的过载电流和短路电流。

（3）负荷开关与限流熔断器串联组合成一体的负荷开关，在国家标准中规定称为“负荷开关—熔断器组合电器”。熔断器可以装在负荷开关的电源侧，也可以装在负荷开关的出线侧。当不需要经常调换熔断器时，宜采用前一种布置。当需要经常调换熔断器时，宜采用后一种布置。采用熔断器装在负荷开关出线侧的好处是：当需要检修更换熔断器或下面线路时，可以操作负荷开关分闸，以便利用负荷开关兼作隔离开关的功能，用它来隔离加在熔断器上的电压。

（六）10kV HXGN－10 型（固定式高压环网柜）的结构和特点

1. HXGN－10 型（固定箱式高压环网柜）的特点

HXGN－10 系列空气环网柜具有 15 种方案，其中 01 号方案为负荷开关熔断器柜；02 号方案为负荷开关柜，这两种柜都设有接地开关；09 号方案为计量柜。

该系列环网柜的外壳采用钢板弯制，螺钉紧固组装而成的金属全封闭结构。柜体由 4 根立柱、上盖板、下底板、前面板、后背板、侧板等组成。负荷开关柜正面有上下两块用螺钉固定的门；负荷开关熔断器柜正面则有 3 块门板。门上有观察窗，可观察负荷开关和接地开关所处的位置；柜与柜之间母线连接为梅花触头插接形式，母线配有绝缘护套管。柜的顶部可根据用户要求，增设仪表箱。

环网柜中安装的负荷开关为真空断路器，无油无毒。配备的手动、电动操动机构为扭力弹簧储能机构，结构简单、操作力小。图 4－27 所示为 HXGN－10 型（固定箱式高压

图 4-27 HXGN-10 型（固定箱式高压环网柜）的外形

环网柜）的外形。

负荷开关、接地开关及正面板之间设有机械联锁装置，它们之间的操作关系如下：

（1）接地开关合闸后，负荷开关不能操作，正面板可以打开。

（2）接地开关分闸后，负荷开关可以操作，正面板不能打开。

（3）负荷开关分闸后，接地开关可以操作，正面板可以打开。

（4）负荷开关合闸后，接地开关不能操作，正面板不能打开。

2. HXGN-10 型（固定箱式高压环网柜）的型号表示和含义

（1）HXGN-10 型（固定箱式高压环网柜）的型号表示和含义如图 4-28 所示。

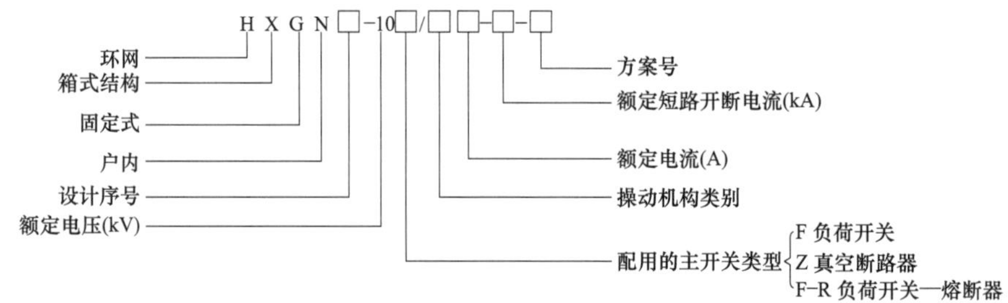


图 4-28 HXGN-10 型（固定箱式高压环网柜）的型号表示和含义

（2）HXGN-10 型（固定箱式高压环网柜）的使用环境条件见表 4-7。

**表 4-7 HXGN-10 型（固定箱式高压环网柜）的使用环境条件**

| 序号 | 环境条件 | 内容 |
|---|---|---|
| 1 | 环境温度 | 上限：+40℃；下限：一般地区-30℃，高寒地区-40℃ |
| 2 | 相对湿度 | 日平均值：⩽95%，月平均值：>90% |
| 3 | 海拔 | ⩾1000m |
| 4 | 其他 | 没有火灾、爆炸危险、严重污染、化学腐蚀及剧烈振动场所 |

## （七）单元模块式环网柜

### 1. 单元模块式环网柜的型号表示和含义

单元模块式环网柜的型号表示和含义见表 4-8 所示。

**表 4-8 单元模块式环网柜的型号表示和含义**

| 序号 | 柜型 | 配置模块 |
|---|---|---|
| 1 | C 柜 | 配置负荷开关模块 |
| 2 | D 柜 | 配置不带接地开关的电缆连接模块 |
| 3 | DE 柜 | 配置带接地开关的电缆连接模块 |

续表

| 序号 | 柜型 | 配置模块 |
| --- | --- | --- |
| 4 | F柜 | 配置负荷开关—熔断器组合电器模块 |
| 5 | V柜 | 配置真空断路器模块 |

2. 单元模块式环网柜的组合方式

环网柜的单元模块，不单独使用，而是组合在一起使用。在同一个$SF_6$绝缘气室内，最多可以配置5个模块，可为配电网络提供18种固定组合方式，适应多数需要环网单元的场合。组合形式为DF、CF、CCC、CCF、CFC、CFF、FCC、CCCC、CCCF、CCFF、CFFF、CFFC、CCVV、CCCCC、CCFFF、CCCFF、CFFFF、CCCCF。

## 第三节 供配电系统高压电缆分支箱

电缆分支箱是电力配电系统一种常用的电气设备，简单地说就是电缆分接箱，是把一个电缆分接成一根或多根电缆的接线箱。

电缆分支箱广泛用于户外，随着技术的进步，现在带开关的电缆分支箱也不断增加，而城市电缆往往都采用双回路供电方式，于是有人直接把带开关的分支箱称为户外环网柜，但目前这样的环网柜大部分无法实现配网自动化。不过可以实现配网自动化的户外环网柜已经推出，并开始使用。这也使得电缆分支箱和环网柜的界限开始模糊了。电缆分支箱的外形如图4－29所示。

图4－29 电缆分支箱的外形

### 一、电缆分支箱的作用

电缆分支箱的主要作用是将电缆分接或转接。

(1) 电缆分接。在一条距离比较长的线路上有多根小面积电缆往往会造成电缆使用浪费，于是在出线到用电负荷中，往往使用主干大电缆出线，然后在接近负荷的时候，使用电缆分支箱将主干电缆分成若干小面积电缆，由小面积电缆接入负荷。电缆分接的接线方式在城市电网中的路灯及小用户等的供电网络中得到采用。

(2) 电缆转接。在一条比较长的线路上，电缆的长度无法满足线路的要求，那就必须使用电缆接头或者电缆转接箱，通常短距离时候采用电缆中间接头，但线路比较长的时候，根据经验在1000m以上的电缆线路上，将有多个中间接头，为了确保安全，会在其中考虑电缆分支箱进行电缆的转接。

## 二、电缆分支箱型号的表示和含义

电缆分支箱的型号表示和含义如图 4－30 所示。

## 三、电缆分支箱分类

1. 美式电缆分支箱

美式电缆分支箱的外形图如图 4－31 所示。美式电缆分支箱是一种母排式横向排列的电缆分支设备，广泛应用于电缆配网系统中的电缆化工程设备。它以单向开门，横向多通母排为主要特点，具有宽度小、组合灵活、全绝缘、全密封等显著优点。按照载流量分类，一般可以分为 630A 主回路和 200A 分支回路两种。其连接组合方式简单、方便、灵活，可大大节约设备和电缆投资，提高供电可靠性，适用于商业中心、工业园区、住宅小区及城市密集区，是目前城市电网改造的理想产品。

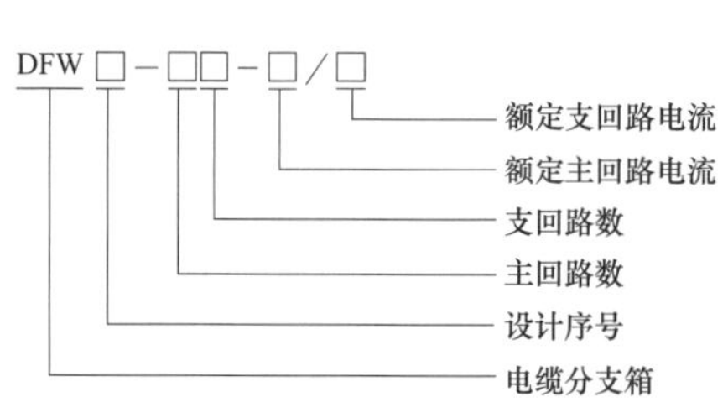

图 4－30 电缆分支箱的型号表示和含义

图 4－31 美式电缆分支箱的外形

2. 欧式电缆分支箱

欧式电缆分支箱的外形如图 4－32 所示。欧式电缆分支箱是近几年来广泛用于电力配网系统中的电缆化工程设备。它的主要特点是双向开门，利用绝缘穿墙套管作为连接母排，具有长度小、电缆排列清楚、三芯电缆不需大跨度交叉等显著优点。一般采用额定电流 630A 螺栓固定连接式电缆接头，对各种不同的用户要求均能提供令人满意的技术方案。

3. 开关型电缆分支箱

开关型电缆分支箱的外形如图 4－33 所示。开关型电缆分支箱以其全绝缘、全密封、耐腐蚀、免维护、安全可靠、体积小、结构紧凑、安装简单方便、灵活等特点在电力系统中得到广泛应用。开关采用意大利进口的带可视断口的 TPS 系列产品，采用灭弧特性先进的 $SF_6$ 气体作为绝缘和灭弧介质。其良好的绝缘性质、极短的燃弧时间，可视的断口视窗，耐腐蚀的不锈钢外壳，使电缆分支箱的性能得到了极佳的展示，充分地满足了电力用户对配网自动化设备的全绝缘、全密封、高可靠性、无油化、多组合、免维护、模块化、耐腐蚀等的需求。

图 4－32　欧式电缆分支箱的外形

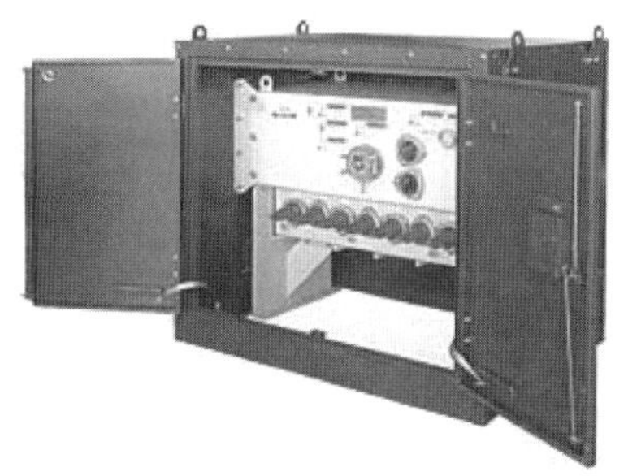

图 4－33　开关型电缆分支箱的外形

## 四、电缆分支箱的安装

新建住宅小区电缆分支箱安装的技术要求如下：

(1) 接地线连接应牢固可靠，接地线与设备连接点应清除锈渍，接地扁铁应除锈刷防锈漆。接地扁铁搭接长度应大于扁铁宽度的 2 倍并应三边焊接。接地电阻小于 4Ω。

(2) 电缆分支箱试验辅助和控制回路交流耐压值为 1000V。可采用普通试验变压器或 2500V 绝缘电阻表（兆欧表）摇测 1min 代替。

(3) 分电箱整体和断口间绝缘电阻：使用 2500V 绝缘电阻表（兆欧表）测量真空断路器整体对地和断口间绝缘电阻应不低于 300MΩ。

(4) 电缆头制作：①制作电缆头时应注意防尘、防水，进行每道工序前应用无水乙醇将电缆擦拭干净，并等挥发完全后方可进行下道工序；在进行电缆剥制时下刀应轻柔，防止伤及电缆绝缘层，对残余在绝缘层上的半导体应用细砂纸轻轻打磨掉，鼻子应压实牢固，无松动现象；②电缆护套烤制左右晃动速度应均匀，完后，护套应紧贴线芯，无空隙，无起泡、烤糊现象。

(5) 电缆连接应牢固可靠，无松动。联结螺栓应加双平垫及单簧垫。电气安全距离大于 125mm。电缆头连接好后，电缆头应无受力情况。电缆相色应与环网柜母排相色相对应。电缆转弯半径不小于 15$D$。

(6) 电缆标志牌、一次接线图、各开关标志牌及安全警示标志应齐全。

# 第四节　供配电系统电力变压器

电力变压器为工矿企业与民用建筑供配电系统中的重要设备之一，它将 10（6）kV 或 35kV 网络电压降至用户使用的 400V/230V 母线电压。此类产品适用于交流50（60）Hz，三相最大额定容量 2500kVA（单相最大额定容量 833kVA，一般不推荐使用单相变压器），可在户内（外）使用，容量在 315kVA 及以下时可在柱上台架式安装。环境温度不高于 40℃，不低于－25℃，最高日平均温度 30℃，最高年平均温度 20℃，相对湿度不超过 90%（环境温度25℃)，海拔高度不超过1000m。若与上述使用条件不符时，应按GB 1094.11—2007《电力变压器 第11部分：干式变压器》的有关规定，作适当的定额调整。

## 一、电力变压器型号表示和含义

电力变压器型号表示和含义见表4-9。

**表4-9　　电力变压器的型号表示和符号含义**

| 型号中符号排列顺序 | 含义 | | 代表符号 |
|---|---|---|---|
| | 内容 | 类别 | |
| 1 | 线圈耦合方式 | 自耦升压或降压 | O |
| 2 | 相数 | 单相 | D |
| | | 三相 | S |
| 3 | 冷却方式 | 油浸自冷 | J |
| | | 干式空气自冷 | G |
| | | 干式浇铸绝缘 | C |
| | | 油浸风冷 | F |
| | | 油浸水冷 | S |
| | | 强迫油循环风冷 | FP |
| | | 强迫油循环水冷 | SP |
| 4 | 线圈数 | 双线圈 | — |
| | | 三线圈 | S |
| 5 | 线圈导线材料 | 铜 | — |
| | | 铝 | L |
| 6 | 调压方式 | 无励磁调压 | — |
| | | 有载调压 | Z |
| 7 | 加强干式 | | Q |
| | 干式防火 | | H |
| | 移动式 | | D |
| | 成套 | | T |

注　电力变压器后面的数字部分：斜线左边表示额定容量，kVA；斜线右边表示一次侧额定电压，kV。

## 二、10kV三相油浸式电力变压器

1. 10kV油浸式电力变压器的分类

10kV油浸式电力变压器的分类见表4-10。

**表4-10　　10kV油浸式电力变压器的分类**

| 分类方法 | | 内　　容 |
|---|---|---|
| 按相数分 | 三相变压器 | 在三相电力系统中，一般应用三相变压器。当容量过大且受运输条件限制时，在三相电力系统中也可以应用三台单相式变压器组成变压器组 |
| | 单相变压器 | |

续表

| 分类方法 | | 内容 |
|---|---|---|
| 按变压器绕组分 | 双绕组变压器 | 通常的变压器都为双绕组变压器，即在铁芯上有两个绕组，一个为一次绕组，另一个为二次绕组。三绕组变压器为容量较大的变压器（在5600kVA以上），用以连接三种不同的电压输电线 |
| | 三绕组变压器 | |
| 按变压器结构分 | 铁芯式变压器 | 若绕组包在铁芯外围则为铁芯式变压器；如铁芯包在绕组外围则为铁壳式变压器。二者不过在结构上稍有不同，在原理上没有本质的区别。电力变压器都系铁芯式 |
| | 铁壳式变压器 | |

2. 10kV油浸式电力变压器的产品类型与用途

10kV油浸式电力变压器的产品类型与用途见表4-11。

**表4-11　10kV油浸式电力变压器的产品类型与用途**

| 序号 | 类型 | 系列及用途 | 举例 |
|---|---|---|---|
| 1 | 非封闭型油浸式变压器 | 主要有S8、S9、S10等系列产品，在工矿企业、农业和民用建筑中广泛使用 | (1) SJL-1000/10变压器。含义为三相油浸自冷式铝线、双绕组电力变压器，额定容量为1000kVA、高压侧额定电压为10kV。<br>(2) S7-315/10变压器。含义为三相（S）铜芯10kV变压器、容量315kVA、设计序号7、节能型 |
| 2 | 封闭型油浸式变压器 | 主要有S9、S9-M、S10-M等系列产品，多用于石油、化工行业中多油污、多化学物质的场所 | |
| 3 | 密封型油浸式变压器 | 主要有BS9、S9-、S10-、S11-MR、SH、SH12-M等系列产品，可做工矿企业、农业、民用建筑等各种场所配电之用 | |

注 1. S7至S11、S11-MR、SH、SH12-M等是设计序列。
2. 10、20、30、50、63、80、100、125、160、200、250、315、400、500、630、800、1000、1250、1600、2000、2500kVA是各变压器的容量。
3. M是全封闭的意思，例如：S9-M-315kVA/10/0.4。

3. 油浸式电力变压器的性能特点

油浸式电力变压器的性能特点如下：

(1) 油浸式变压器低压绕组除小容量采用铜导线以外，一般都采用铜箔绕抽的圆筒式结构。高压绕组采用多层圆筒式结构，使绕组的安匝分布平衡，漏磁小，机械强度高，抗短路能力强。

(2) 铁芯和绕组各自采用了紧固措施。器身及高、低压引线等紧固部分都带自锁防松螺母，采用了不吊心结构，能承受运输的颠振。

(3) 绕组和铁芯采用真空干燥，变压器油采用真空滤油和注油的工艺，使变压器内部的潮气降至最低。

(4) 铁芯和绕组浸在盛满变压器油的封闭油箱中，利用油的热循环将运行中变压器的热量散到空气或冷却水中，达到散热的目的。

(5) 变压器储油柜上部的空气通过吸温剂与外界交换，使变压器油与外界隔离，这样就有效地防止了氧气、水分的进入而导致绝缘性能的下降。

(6) 根据以上五点性能，保证了油浸式变压器在正常运行内不需要换油，大大降低了变压器的维护成本，同时延长了变压器的使用寿命。

4. 三相油浸式电力变压器的结构

三相油浸式电力变压器主要由铁芯、绕组及其他部件组成。其结构示意如图 4－34 所示。

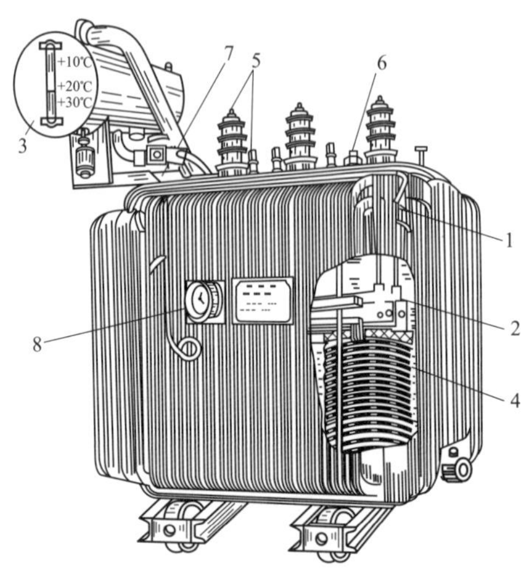


图 4－34　三相油浸式电力变压器的结构示意

1—油箱；2—铁芯及绕组；3—储油柜；4—散热筋；5—高、低压绕组；6—分接开关；7—气体继电器；8—信号温度计

(1) 铁芯。铁芯作为变压器的闭合磁路和固定绕组及其他部件的骨架。为了减小磁阻、减小交变磁通在铁芯内产生的磁滞损耗和涡流损耗，变压器的铁芯大多采用薄硅钢片叠装而成。变压器的铁芯有芯式和壳式两种基本形式。

芯式变压器的铁芯由铁芯柱、铁轭和夹紧器件组成，绕组套在铁芯柱上。芯式变压器的结构简单，绕组的装配工艺、绝缘工艺相对于壳式变压器简单，国产三相油浸式电力变压器大多采用芯式结构。

壳式变压器的铁芯包围了绕组的四面，就像是绕组的外壳。壳式变压器的机械强度相对较高，但制造工艺复杂，所用材料较多，一般的电力变压器很少采用。

(2) 绕组。绕组是变压器的电路部分，一次绕组吸取供电电源的能量，二次绕组向负载提供电能。变压器的绕组由包有绝缘材料的扁导线或圆导线绕成，有铜导线和铝导线两种。按照高、低压绕组之间的安排方式，变压器的绕组有同芯式和交叠式两种基本形式。

(3) 其他部件。

1) 油箱。变压器的器身放置在灌有高绝缘强度、高燃点变压器油的油箱内。

变压器运行时，铁芯和绕组都要发出热量，使变压器油发热。发热的变压器油在油箱内发生对流，将热量传送至油箱壁及散热器上，再向周围空气或冷却水辐射，达到散热的目的，从而使变压器内的温度保持在合理的水平。

2) 储油柜 (也称为油枕)。储油柜装置在油箱上方，通过连通管与油箱连通，起到保护变压器油的作用。

变压器油在较高温度下长期与空气接触容易吸收空气中的水分和杂质，使变压器油的绝缘强度和散热能力相应降低。装置储油柜的目的是减小油面与空气的接触面积、降低与

空气接触的油面温度并使储油柜上部的空气通过吸湿剂与外界空气交换，从而减慢变压器油的受潮和老化的速度。

3）气体继电器（也称为瓦斯继电器）。气体继电器装置在油箱与储油柜的连通管道中，对变压器的短路、过负荷、漏油等故障起到保护的作用。

4）安全气道（也称为防爆管）。安全气道是装置在较大容量变压器油箱顶上的一个钢质长筒，下筒口与油箱连通，上筒口以玻璃板封口。

当变压器内部发生严重故障又恰逢气体继电器失灵时，油箱内部的高压气体便会沿着安全气道上冲，冲破玻璃板封口，以避免油箱受力变形或爆炸。

5）绝缘套管。绝缘套管是装置在变压器油箱盖上面的绝缘套管，以确保变压器的引出线与油箱绝缘。

6）分接开关。分接开关装置在变压器油箱盖上面，通过调节分接开关来改变一次绕组的匝数，从而使二次绕组的输出电压可以调节，以避免二次绕组的输出电压因负载变化而过分偏离额定值。

分接开关分为无载分接开关和有载分接开关两种。一般的分接开关有三个挡位，+5%挡、0挡和−5%挡。若要二次绕组的输出电压降低，则将分接开关调至一次绕组匝数多的一挡，即+5%挡；若要二次绕组的输出电压升高，则将分接开关调至一次绕组匝数少的一挡，即−5%挡。

## 三、干式电力变压器

### 1. 干式电力变压器的型号表示和含义

干式电力变压器的型号表示和含义如图4-35所示。

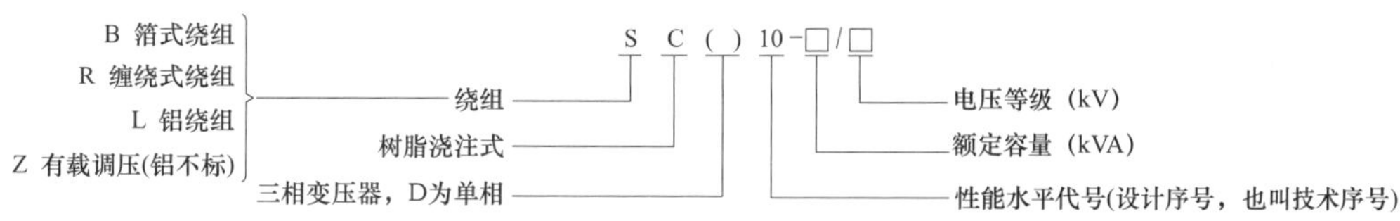


图4-35 干式电力变压器的型号表示和含义

### 2. 干式电力变压器的性能特点

我国生产的干式电力变压器的性能指标及其制造技术已达到世界先进水平，是世界上干式电力变压器产销量最大的国家之一。

干式电力变压器因没有油，也就没有火灾、爆炸、污染等问题，故电气规范、规程等均不要求干式变压器置于单独房间内。由于干式电力变压器的损耗和噪声降到了新的水平，更为变压器与低压屏置于同一配电室内创造了条件。

同时，随着低噪（2500kVA以下配电变压器噪声已控制在50dB以内）、节能（空载损耗降低达25%）的SC（B）9系列的推广应用，干式变压器现已被广泛用于新建住宅小区供配电系统及电站、工厂、医院等的配电系统。

3. 干式电力变压器的结构

环氧树脂浇注绝缘的三相干式电力变压器，在结构上可分固体绝缘包封绕组、不包封绕组两种类型。其结构示意如图 4－36 所示。

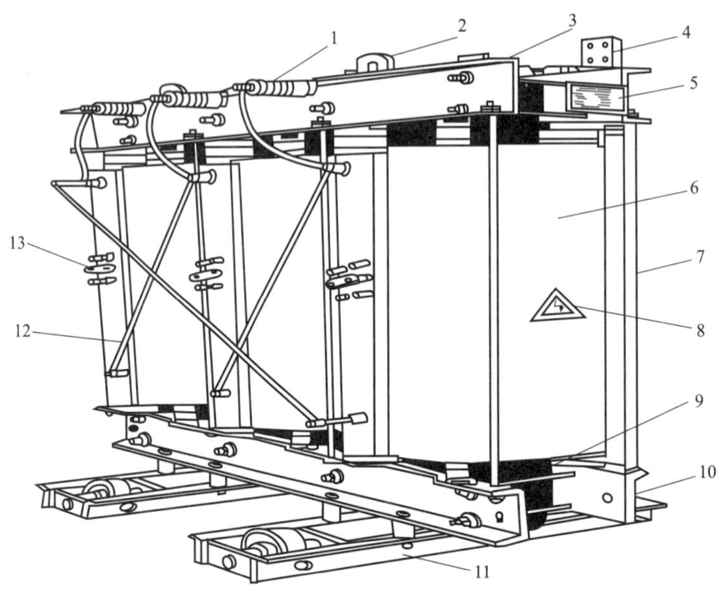


图 4－36　环氧树脂浇注绝缘的三相干式电力变压器结构示意

1—高压出线套管；2—吊环；3—上夹件；4—低压出线端子；5—铭牌；
6—环氧树脂浇注绝缘绕组；7—上下夹件拉杆；8—警示标牌；9—铁芯；
10—下夹件；11—底座；12—高压绕组相间连接导杆；13—高压分接头连接片

(1) 干式电力变压器的铁芯。采用优质冷轧晶粒取向硅钢片，铁芯硅钢片采用 45°全斜接缝，使磁通沿着硅钢片接缝方向通过。

(2) 干式电力变压器的绕组。绕组主要有缠绕式、环氧树脂加石英砂填充浇注、玻璃纤维增强环氧树脂浇注（即薄绝缘结构）和多股玻璃丝浸渍环氧树脂缠绕式 。

在使用中，一般多采用玻璃纤维增强环氧树脂浇注结构，因为它能有效地防止浇注的树脂开裂，提高了设备的可靠性。

(3) 干式电力变压器的高压绕组。高压绕组一般采用多层圆筒式或多层分段式结构。

(4) 干式电力变压器的低压绕组。低压绕组一般采用层式或箔式结构。

4. 干式电力变压器的型式

干式电力变压器的型式见表 4－12。

**表 4－12　　干式电力变压器的型式**

| 序号 | 型式 | 内　　容 |
|---|---|---|
| 1 | 开启式 | 一种常用的形式，其器身与大气直接接触，适应于比较干燥而洁净的室内（环境温度 20℃时，相对湿度不应超过 85%）。一般有空气自冷和风冷两种冷却方式 |
| 2 | 封闭式 | 器身处在封闭的外壳内，与大气不直接接触（由于密封、散热条件差，使用效率会降低。主要用于矿山等防爆场所） |

续表

| 序号 | 型式 | 内　　容 |
|---|---|---|
| 3 | 浇注式 | 用环氧树脂或其他树脂浇注作为主绝缘，它结构简单、体积小、适用于较小容量的变压器 |

5. 干式电力变压器的温度控制系统

干式变压器的安全运行和使用寿命，很大程度上取决于变压器绕组绝缘的安全可靠。绕组温度超过绝缘耐受温度使绝缘破坏，是导致变压器不能正常工作的主要原因之一，因此对变压器的运行温度的监测及其报警控制是十分重要的。

干式变压器冷却方式分为自然空气冷却（AN）和强迫空气冷却（AF）。AN时，变压器可在额定容量下长期连续运行；AF时，变压器输出容量可提高50%。适用于断续过负荷运行，或应急事故过负荷运行；由于过负荷时负载损耗和阻抗电压增幅较大，处于非经济运行状态，故不应使其处于长时间连续过负荷运行。三相干式电力变压器温度控制系统及功能见表4-13。

**表4-13　　三相干式电力变压器的温度控制系统的功能特点**

| 序号 | 控制系统 | 系　统　功　能 |
|---|---|---|
| 1 | 风机自动控制 | 通过预埋在低压绕组最热处的PT100热敏测温电阻测取温度信号。变压器负荷增大，运行温度上升。当绕组温度达110℃时，系统自动启动风机冷却。当绕组温度低至90℃时，系统自动停止风机 |
| 2 | 超温报警、跳闸 | 通过预埋在低压绕组中的PTC非线性热敏测温电阻采集绕组或铁芯温度信号。当变压器绕组温度继续升高，若达到155℃时，系统输出超温报警信号。若温度继续上升达170℃，变压器已不能继续运行，需向二次保护回路输送超温跳闸信号，应使变压器迅速跳闸 |
| 3 | 温度显示系统 | 通过预埋在低压绕组中的PT100热敏电阻测取温度变化值，直接显示各相绕组温度（三相巡检及最大值显示，并可记录历史最高温度），可将最高温度以4～20mA模拟量输出。温度的模拟量可传输至远方（距离可达1200m）的计算机终端 |

6. 干式电力变压器的防护方式

三相干式电力变压器通常选用IP20防护外壳，可防止直径大于12mm的固体异物及鼠、蛇、猫、雀等小动物进入，造成短路停电等恶性故障，为带电部分提供安全屏障。若需将变压器安装在户外，则可选用IP23防护外壳，除上述IP20防护功能外，更可防止与垂直线成60°角以内的水滴入。但IP23外壳会使变压器冷却能力下降，选用时要注意其运行容量的降低。

7. 干式电力变压器过负荷能力

干式变压器的过负荷能力与环境温度、过负荷前的负载情况（起始负载）、变压器的绝缘散热情况和发热时间常数等有关，若有需要，可向生产厂索取干式电力变压器的过负荷曲线。

8. 干式电力变压器工作环境

干式电力变压器工作环境如下要求：

(1) 环境温度：0～40（℃）；相对湿度：＜70%。

(2) 海拔高度：不超过 2500m。

(3) 避免遭受雨水、湿气、高温、高热或直接日照。其散热通风孔与周边物体应有不小于 40cm 的距离。

(4) 防止工作在腐蚀性液体、气体、尘埃、导电纤维或金属细屑较多的场所。

(5) 防止工作在振动或电磁干扰场所。

(6) 避免长期倒置存放和运输，不能受强烈的撞击。

## 四、供配电系统电力变压器的安装

1. 油浸式电力变压器的安装

(1) 油浸式电力变压器的运输及保管应符合应符合以下要求：

1) 吊装油浸式变压器应利用油箱体吊钩，不得用变压器顶盖上盘的吊环吊装整台变压器。

2) 变压器在运输途中应有防雨和防潮措施。存放时，应置于干燥的室内。

3) 变压器到达现场后，当超出 3 个月未安装时应加装吸湿器，并应进行下列检测工作：①检查油箱密封情况；②测量变压器内油的绝缘强度；③测量绕组的绝缘电阻。

(2) 油浸式配电变压器安装前的质量检查应符合以下要求：

1) 绝缘瓷套管应无裂纹、缺釉、斑点、气泡等缺陷。

2) 油箱及附件齐全。

3) 油箱无漆层脱落、锈蚀、损伤、渗漏油等现象。

4) 试验报告时限不超过一年。

5) 绝缘电阻：高压侧不低于 1000MΩ；低压侧不低于 10MΩ（在良好天气情况下）。

6) 使用说明书、出厂报告、试验报告等出厂文件齐全。

(3) 油浸式电力变压器室内安装就位应符合以下要求：

1) 变压器基础的轨道应水平，轮距与轨距应适合。

2) 装有滚轮的变压器就位后应将滚轮用能拆卸的制动装置加以固定。

3) 当使用封闭母线连接时，应使其套管中心线与封闭母线安装中心线相符。

4) 变压器应按设计要求进行高压侧、低压侧电器连接；当采用硬母线连接时，应按硬母线制作技术要求安装；当采用电缆连接时，则应按电缆终端头制作技术要求制作安装。

5) 变压器本体接地应符合设计和规范要求。

(4) 油浸式电力变压器的附件的安装应符合以下要求：

1) 储油柜应牢固安装在油箱顶盖上，安装前应用合格的变压器油冲洗干净，除去油污，放水孔和导油孔应畅通，油标玻璃管应完好。

2) 干燥器安装前应检查硅胶，如已失效，应在 115℃～120℃温度烘烤 8h，使其复原或更新。安装时必须将呼吸器盖子上橡皮垫去掉，并在下方隔离器中装适量变压器油。确保管道连接密封、管道畅通。

3) 温度计安装前应进行校核，确保信号接点动作正确，温度计座内或预留孔内应加

注适量的变压器油，且密封良好，无渗漏现象。闲置的温度计座应密封，不得进水。

(5) 油浸式电力变压器在室外柱上台架式安装应符合以下要求：

1) 安装变压器的柱上台架的混凝土应符合架空线路部分规范的相关要求，并且双杆基坑埋设深度一致，两杆中心偏差不应超过±30mm。

2) 柱上台架所用铁件必须热镀锌，台架横担水平倾斜不应大于5mm。

3) 变压器在台架平稳就位后，应采用直径4mm镀锌铁线将变压器固定牢靠。

4) 柱上变压器应在明显位置悬挂警告牌。

5) 柱上变压器台架距地面宜为3.0m，不得小于2.5m。

6) 变压器高压引下线、母线应采用多股绝缘线，宜采用铜线，中间不得有接头；其导线截面积应按变压器额定电流选择，铜线不应小于16mm$^2$，铝线不应小于25mm$^2$。

7) 变压器高压引下线、母线之间的距离不应小于0.3m。

8) 在带电情况下，应便于检查储油柜和套管中的油位、油温、继电器等。

9) 变压器本体接地应符合设计和规范要求。

变压器绝缘油应按GB 50150—2006《电气装置安装工程电气设备交接试验标准》的规定试验合格后，方可注入使用；不同型号的变压器油或同型号的新油与运行过的油不宜混合使用。当需混合时，必须做混合试验，其质量必须合格。

2. 干式电力变压器的安装

(1) 干式电力变压器安装前的检查应符合以下要求：

1) 变压器与低压配电柜并列安装时其外壳的防护等级不低于IP3X，分列安装时不低于IP2X。

2) 铁芯、套管表面无火花放电痕迹。

3) 套管、绝缘子外部无破损，裂纹。

4) 变压器绕组浇注体无裂纹和附着脏物。

5) 铁芯、套管表面无严重积污现象。

(2) 干式电力变压器室内安装就位应符合以下要求：

1) 变压器基础的轨道应水平，轮距与轨距应适合。

2) 当使用封闭母线连接时，应使其套管中心线与封闭母线安装中心线相符。

3) 变压器本体接地应符合设计和规范要求。

(3) 干式变压器的连接。干式变压器应按设计要求进行高压侧、低压侧电器连接；当采用硬母线连接时，应按硬母线制作技术要求安装；当采用电缆连接时，则应按电缆终端头制作技术要求制作安装。

3. 变压器的试验

(1) 油浸式电力变压器的试验。容量在1600kVA及以下的油浸式电力变压器试验项目包括：

1) 变压器绝缘油试验。

2) 测量线组套管的直流电阻。

3) 检查所有分接头的电压比。

4) 检查变压器的三相接线组别和单相变压器引出线的极性。

5）测量与铁芯绝缘的各紧固件（连接片可拆开者）及铁芯（有外引接地线的）绝缘电阻。

6）纯瓷套管的试验。

7）有载调压切换装置的检查和试验。

8）测量线组连同套管的绝缘电阻、吸收比或极化指数。

9）线组连同套管的交流耐压试验。

10）额定电压下的冲击合闸试验。

11）检查相位。

（2）干式电力变压器的试验。干式电力变压器的试验项目包括：

1）测量线组套管的直流电阻。

2）检查所有分接头的电压比。

3）检查变压器的三相接线组别和单相变压器引出线的极性。

4）测量与铁芯绝缘的各紧固件（连接片可拆开者）及铁芯（有外引接地线的）绝缘电阻。

5）有载调压切换装置的检查和试验。

6）测量线组连同套管的绝缘电阻、吸收比或极化指数。

7）绕组连同套管的交流耐压试验。

8）额定电压下的冲击合闸试验。

9）检查相位。

4. 电力变压器的送电试运行

变压器投入运行前应按 GB 1094.1—2013《电力变压器　第 1 部分：总则》要求进行试验并合格，投入运行后连续运行 24h 无异常即可视为合格。

（1）电力变压器的送电试运行应符合以下要求：

1）变压器在全部试验项目合格后才可进行试运行。

2）试运行前还应对变压器进行一次全面检查。

3）变压器做 5 次冲击试验（合闸试验）。

4）先空载通电，观察测试输入输出电压符合要求。同时观察变压器内部是否有异响、打火、异味等非正常现象，若有异常，请立即断开输入电源。

5）空载运行时间与变压器容量有关，一般不低于 24h。

6）空载运行时间完成后，变压器再加负荷。

（2）电力变压器的送电试运行后的巡视项目包括：

1）变压器有无异常声音及振动。

2）有无局部过热、有害气体腐蚀等使绝缘表面爬电痕迹和碳化现象等造成的变色。

3）变压器的风冷装置运转是否正常。

4）高、低压接头应无过热、电缆头应无漏电、爬电现象。

5）绕组的温升应根据变压器采用的绝缘材料等级，监视温升不得超过规定值。

6）支柱绝缘子应无裂纹、放电痕迹。

7）室内通风、铁芯风道应无灰尘及杂物堵塞，铁芯无生锈或腐蚀现象等。

# 第五节 供配电系统继电保护与高压开关柜状态智能控制器

## 一、供配电系统的继电保护

继电保护装置就是能反应供配电系统中电器设备发生的故障或不正常运行状态，并能动作于断路器跳闸或启动信号装置发出预告信号的一种装置。

1. 继电保护的任务

(1) 自动地、迅速地、有选择性地将故障设备从供配电系统中切除，使其他非故障部分迅速恢复正常供电。

(2) 正确反应电器设备的不正常运行状态，发出预告信号，以便工作人员采取措施，恢复电器设备的正常运行。

(3) 与供配电系统的自动装置（如自动重合闸装置、备用电源自动投入装置等）配合，提高供配电系统的供电可靠性。

2. 对继电保护的要求

(1) 选择性。当供配电系统发生短路故障时，继电保护装置动作，只切除故障设备，使停电范围最小，保证系统中无故障部分仍正常工作。如图 4-37 所示系统 k1 点若发生短路，则继电保护只应使断路器 QF1 跳闸，切除电动机 M，而其他断路器都不应该跳闸，则该保护装置满足选择性动作要求。若断路器 QF1 不动作，其他断路器跳闸，则该保护装置失去选择性动作要求。

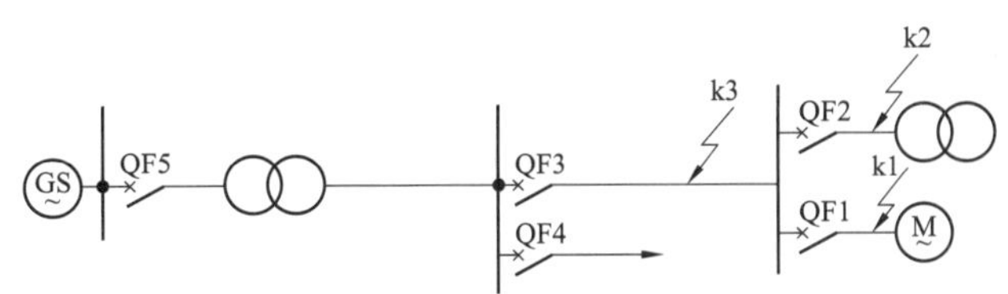


图 4-37 继电保护动作选择性示意图

(2) 可靠性。继电保护在其所规定的保护范围内，发生故障或不正常运行状态，要准确动作，不应该拒动作；发生任何保护不应该动作的故障或不正常运行状态，不应误动作。

(3) 速动性。发生故障时，继电保护应该尽快地动作切除故障，减小故障引起的损失，提高电力系统的稳定性。

(4) 灵敏性。灵敏性是指继电保护在其保护范围内，对发生故障或不正常运行状态的反应能力。在继电保护的保护范围内，不论系统的运行方式、短路的性质和短路的位置如何，保护都应正确动作。继电保护的灵敏性通常用灵敏度 KS 来衡量，灵敏度越高，反应故障的能力越强。

3. 供配电系统的继电保护

目前，住宅小区旧有的电磁保护装置已逐渐被微机型保护装置所取代。新建住宅小区供配电系统的微机型保护装置是一种具有测量、控制、保护、通信一体化的经济型保护；是针对配网终端高压开闭所量身定做，以三段式无方向电流保护为核心，配备电网参数的监视及采集功能，可省掉传统的电流表、电压表、功率表、频率表、电能表等，并可通过通信口将测量数据及保护信息远传上位机，方便实现配网自动化。

（1）微机型继电保护装置的作用。新建住宅供电配套工程保护测控装置安装在10kV的高压开关柜上，当运行的变压器及高、低压配电部分发生故障，其故障电流达到保护定值时，保护测控装置输出跳闸指令，10kV的高压断路器在接到跳闸指令信号后，随即启动跳闸，断开故障电流。实现对变压器及高、低压配电部分的保护。

（2）微机型继电保护装置的动作原理和基本组成。

1）微机型继电保护装置的动作原理。传统的继电保护装置是使输入的电流、电压信号直接在模拟量之间进行比较和运算处理，使模拟量与装置中给定的机械量（如弹簧力矩）或电气量（如门槛电压）进行比较和运算处理，决定是否跳闸。

计算机系统只能作数字运算或逻辑运算，因此微机保护的工作过程大致是：当电力系统发生故障时，故障电气量通过模拟量输入系统换算成数字量，然后送入计算机的中央处理器，对故障信息按相应的保护算法和程序进行运算，且将运算的结果随时与给定的整定值进行比较，判别是否发生故障。一旦确认区内故障发生，根据开关量输入的当前断路器和跳闸继电器的状态，经开关量输出系统发出跳闸信号，并显示和打印故障信息。

2）微机型继电保护装置的基本组成。由软件和硬件两部分组成。

微机保护的软件由初始化模块、数据采集管理模块、故障检出模块、故障计算模块、自检模块等组成。通常微机保护的硬件电路由六个功能单元构成，即数据采集系统、微机主系统、开关量输入输出电路、工作电源、通信接口和人机对话系统。

（3）微机型继电保护装置的功能。新建住宅小区供配电系统的继电保护装置具有：交流遥测功能、遥信功能、遥控功能、电流保护方向元件、三段式电流保护、后加速保护、反时限过电流保护、三相一次重合闸、低周低压减载、过负荷告警、零序保护、母线接地告警、TV断线告警及闭锁保护、断路器失灵告警、电流越限告警、保护电流回路异常、非电量保护等功能，具体功能的使用应执行保护定值通知单。

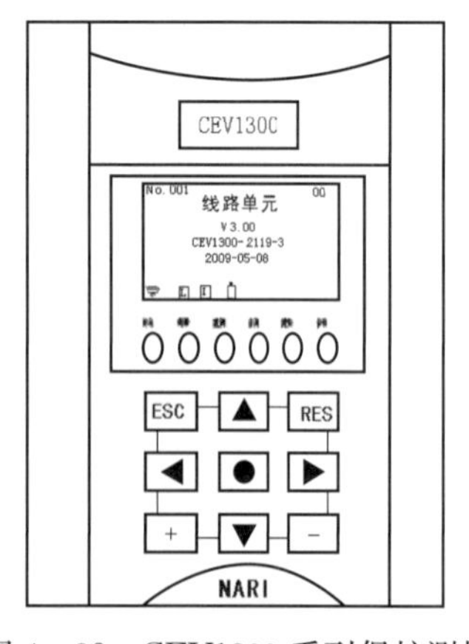

图4-38　CEV1300系列保护测控装置的液晶显示窗

（4）微机型继电保护装置的操作。新建住宅小区供配电系统的继电保护装置，生产厂家不同，其显示操作也不相同。本节以CEV1300系列保护测控装置的显示与操作进行说明。

1）CEV1300系列保护测控装置的液晶显示窗。如图4-38所示；CEV1300系列装置显示部分主要由一个128×128的点阵液晶显示窗，9键键盘阵列及若干状态指示发光二极管组成。液晶显示窗每行可显示8个汉字或16个英文字符，每屏可显示8行。采用多级菜单显示模式，具有自动背光管理功能。

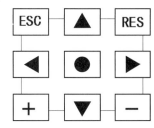

2）CEV1300 系列保护测控装置的键盘阵列如图 4－39 所示。

在图 4－39 中，CEV1300 系列保护测控装置的键盘具有九个操作键。其各操作键的功能为：

"▲" 光标上移一行或上翻一页

"▼" 光标下移一行或下翻一页

"▶" 光标右移一格

"◀" 光标左移一格

"＋" 修改，增加数值

"－" 修改，减少数值

"●"：确认当前操作或进入下一级菜单

"ESC"：取消当前操作并返回上一级菜单

"RES"：信号总复归



图 4－39　CEV1300 系列保护测控装置的键盘阵列

3）CEV1300 系列保护测控装置的状态指示灯。在 CEV1300 系列保护测控装置面板上标准配置 6 个状态指示灯，其显示定义见表 4－14。

**表 4－14　　CEV1300 系列保护测控装置面板状态指示灯的显示定义**

| 指示灯 | 状态 | 意义 |
| --- | --- | --- |
| 运行 | 绿灯闪烁 | 装置正常运行 |
| 故障 | 红灯亮 | 装置告警 |
| 跳闸 | 红灯亮 | 保护跳闸 |
| 合闸 | 红灯亮 | 重合闸动作 |
| 跳位 | 绿灯亮 | 开关分闸位置 |
| 合位 | 红灯亮 | 开关合闸位置 |

4）CEV1300 系列保护测控装置的液晶显示标志。

a. 小天线标识符为网络的通信状态。若双网配置时，小天线在左下角表示 A 网通信，在右下角表示 B 网通信。

b. E 表示有事件需要上送时此符号出现，当事件已上传时此符号消失。事件包括保护事件、SOE、COS 和自检事件。

c. A 表示装置正在等待上位机遥控执行及读取或修改定值等操作。

d. L 表示装置有录波事件。

e. I 表示装置自检正确，保护已投入运行。

f. X 修改定值或参数但未确认时，该标志出现。按确认键后，该标志消失。

g. 在装置中为重合闸充电标志。

h. 为电压电流相位关系标志，当电压电流相位关系满足电流由母线流向线路且相序为正时，该标志出现；不满足上述关系，该标志消失。

5）CEV1300 系列保护测控装置的显示菜单及操作使用。装置上电经初始化后，进入开机界面和滚动菜单。显示装置地址，装置类型，定值区号，版本和版本时间，各交流量等信息。按"确认"键可进入主菜单。进入主菜单后根据中文指示操作各项。通过"▲"

“▼”键移动菜单选项，按“确认”键进入菜单子项，按“取消”键返回上一级菜单。在任何界面下连续按“取消”键，均可返回到开机界面。

## 二、供配电系统的高压开关柜状态智能控制器

随着技术的进步，在住宅小区的供配电系统中，不仅是旧有的电磁保护装置已被微机型保护装置所取代。针对传统高压开关柜，在操控方面存在的不足之处，高压开关柜智能操控装置也应运而生。在新建住宅小区的高压开关柜传统的操控装置已逐渐被淘汰，而采用了新型的高压开关柜状态智能控制器。

高压开关柜状态智能控制器是根据国家电力行业“五防”的要求开发研制，主要适用于 2～35kV/50Hz 户内各类高压电器控制柜的带电、开关刀闸位置指示及安全闭锁装置（设备），是一种新型多功能、动态模拟指示的自动化设备。它集一次回路模拟图、断路器位置、开关状态、接地开关位置、弹簧储能状态、高压带电闭锁、温度湿度显示控制、语言防误提示、人体感应探头、远方/就地开关、分合闸开关、RS485 通信多项功能于一体。装置采用嵌入式方式，安装快速方便，用户选用时只需提供相应一次方案图即可。高压开关柜状态智能控制器生产的厂家及型号较多，本节以型号为 GWHB－600－A409 型高压开关柜状态智能控制器为例进行讲述。

GWHB－600－A409 型高压开关柜状态智能控制器模拟示意如图 4－40 所示。

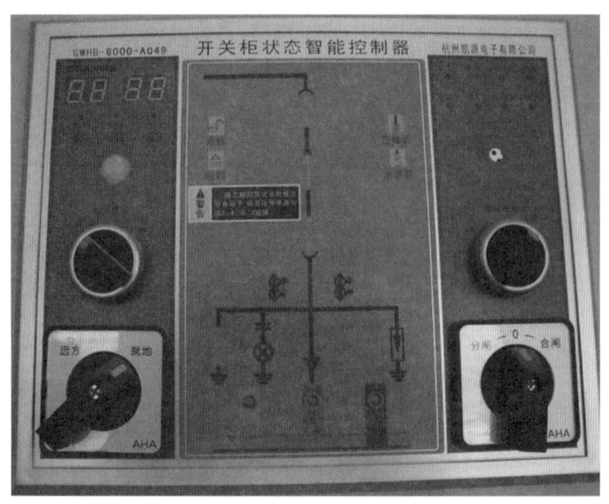


图 4－40　GWHB－600－A409 型高压开关柜状态智能控制器模拟示意

1. 功能与作用

GWHB－600－A409 型高压开关柜状态智能控制器的功能与作用如下：

（1）动态模拟图可以显示断路器分合闸指示，手车位置指示，接地开关位置指示和弹簧储能指示。

（2）高压带电显示及闭锁适用于 3.6～40.5kV/50Hz 系统，与相应电压等级的传感器配合使用，显示主回路带电情况并带有闭锁功能。

（3）ASD300/ASD200 具有温湿度数字控制，可显示现场的温度和湿度，并可根据需要自行设置加热、除湿、鼓风的上下限：ASD100 具有温湿度模拟控制。

(4) 智能语音防误提示是在断路器和接地开关处于合闸状态时，若误操作小车位置，会有语音提示纠正操作。

(5) 人体感应通过感应周围红外场的变化感知有人接近，自动启动柜内照明。

(6) 电力参数测量包括测量主回路的电流、电压、有功功率、功率因数、电能等电力参数。

(7) 仪表面板上设有分闸合闸转换开关、远方就地转换开关、储能开关、照明按键，方便用户操作。

2. 主要技术参数

GWHB－600－A409 型高压开关柜状态智能控制器的主要技术参数见表 4－15。

**表 4－15　GWHB－600－A409 型高压开关柜状态智能控制器的主要技术参数**

| 序号 | 性能 | 内　　容 |
|---|---|---|
| 1 | 电源 | AC/DC 110～220V |
| 2 | 使用环境 | 温度：－20℃～70℃；相对湿度：≤95%；海拔高度：≤3000m |
| 3 | 温、湿度监控部分（数码显示温度、湿度测量值） | 两路温度：测量范围－19～99℃；回差：1～25℃；传感器修正：－10～10℃<br>两路湿度：测量范围 5～99%RH；回差：1～25%RH；<br>传感器修正－10～10%RH<br>断路报警：在正常加热时，任何一路加热器出现断路故障，这时报警指示灯都将点亮，报警输出触点闭合（公用一副无源触点） |
| 4 | 分合闸功能 | 显示仪表上设有合闸/未闸转换开关、储能/未储能转换开关、远方/就地开关和照明开关，这些开关全部采用插拔式结构 |
| 5 | 通信功能 | RS485 通信接口，MODBUS 通信协议上传温湿度测量及开关器状态信号（不提供上位机软件） |
| 6 | 人头感应探头 | 三相高压电中任意一相带电状态，操作人员接近柜体正面时，进行语言安全提示 |
| 7 | 功耗 | <10W |
| 8 | 强制闭锁动作寿命 | >10000 次 |
| 9 | 抗电强度 | 外壳与端子间：>AC 2000V |
| 10 | 绝缘性能 | 外壳与端子间：>100MΩ |

3. 运行指示与语言报警

(1) 模拟指示部分。

1) 断路器状态指示：

合闸时，断路器常开触点闭合，红色垂直模拟条点亮。

分闸时，断路器常闭触点闭合，绿色倾斜模拟条点亮。

2) 断路器位置指示：

工作位置触点闭合时，红色垂直模拟条点亮，显示断路器位于工作位置。

实验位置触点闭合时，绿色水平模拟条点亮，显示断路器位于实验位置。

3) 弹簧储能提示：

触点闭合，红色指示灯点亮，表示已储能。触点断开，绿色指示灯点亮，表示未储能。

4) 接地开关位置指示：

触点闭合，红色垂直模拟条点亮，表示接地合闸。触点断开，绿色倾斜模拟条点亮，表示接地断开。

注：a. 失电状态下所有的发光指示均不亮；

b. 以上接点信号均来自断路器的辅助触点。

5）高压带电指示：

高压带电指示（符合 DL/T 538—2006《高压带电显示装置》规定）：

LED 启控电压（kV）：≥15%额定母线电压；闭锁启控电压（kV）：≥65%额定母线电压；闭锁继电器输出接点额定容量：AC 220V/3A。高压开关柜状态智能控制器的闭锁继电器动作规律见表 4-16。

**表 4-16　　高压开关柜状态智能控制器的闭锁继电器动作规律**

| 条　件 | 状　态 |
|---|---|
| 无辅助电源时 | 闭锁触点断开，禁止操作 |
| 有辅助电源，高压电任何一相带电时 | 闭锁触点断开，禁止操作。闭锁红灯亮 |
| 有辅助电源，高压三相都不带电时 | 闭锁触点闭合，允许操作。闭锁绿灯亮 |

（2）语言报警。

高压开关柜状态智能控制器的语言报警信息见表 4-17。

**表 4-17　　高压开关柜状态智能控制器的语言报警信息**

| 序号 | 语言报警信息 | 报　警　条　件 |
|---|---|---|
| 1 | 语音提示“本柜已带高压” | 三相高压中任意一相带电状态，操作人员接近柜体正面时 |
| 2 | 语音提示“本柜已断电” | 三相高压中无带电状态，操作人员接近柜体正面时 |
| 3 | 语音提示“请分接地开关” | 接地开关合闸状态，误将小车从试验位置推至工作位置时 |
| 4 | 语音提示“请分断路器” | 断路器合闸状态，误将小车从试验位置推至工作位置时 |
| 5 | 语音提示“请分接地开关，请分断路器” | 接地开关合闸状态、断路器合闸状态，误将小车从试验位置推至工作位置时 |

第五章

# 新建住宅小区供配电系统低压装置

## 第一节　供配电系统常用低压电气设备

### 一、低压断路器

低压断路器可用来分配电能，不频繁地启动异步电动机，对电源线路及电动机等实行保护，当它们发生严重的过负荷或者短路及欠电压等故障时能自动切断电路，而且在分断故障电流后一般不需要变更零部件。其功能相当于闸刀开关、过电流继电器、失电压继电器、热继电器及剩余电流动作保护器（漏电保护器）等电器部分或全部的功能总和，是低压配电网中一种重要的保护电器。

1. 低压断路器的型号含义

低压断路器的型号含义如图 5－1 所示。

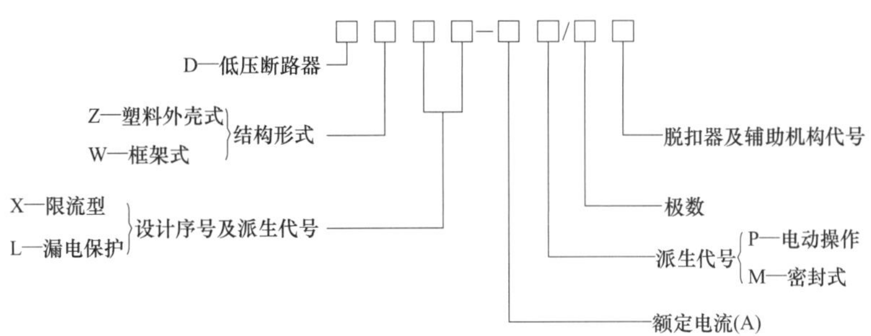


图 5－1　低压断路器的型号含义

2. 低压断路器结构和工作原理

低压断路器由操动机构、触点、保护装置（各种脱扣器）、灭弧系统等组成。低压断路器工作原理如图 5－2 所示。

低压断路器的主触点是靠手动操作或电动合闸的。主触点闭合后，自由脱扣机构将主触点锁在合闸位置上。过电流脱扣器的线圈和热脱扣器的热元件与主电路串联，欠电压脱扣器的线圈和电源并联。当电路发生短路或严重过负荷时，过电流脱扣器的衔铁吸合，使自由脱扣机构动作，主触点断开主电路。当电路过负荷时，热脱扣器的热元件发热使双金属片上弯曲，推动自由脱扣机构动作。当电路欠电压时，欠电压脱扣器的衔铁释放。也使自由脱扣机构动作。分励脱扣器则作为远距离控制用，在正常工作时，其线圈是断电的，在需要远距离控制时，按下启动按钮，使线圈通电，衔铁带动自由脱扣机构动作，使主触

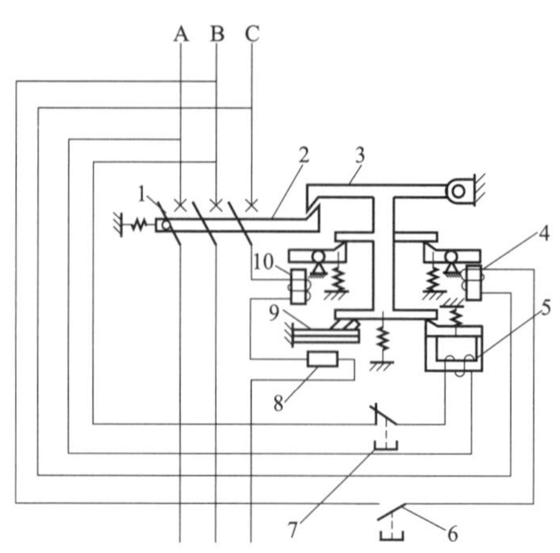


图 5-2　低压断路器工作原理

1—主触点；2—跳钩；3—锁扣；4—分励脱扣器；5—失电压脱扣器；
6、7—停止按钮；8—加热电阻丝；9—热脱扣器；10—过电流脱扣器

点断开。

低压断路器脱扣器件种类及作用见表 5-1。

**表 5-1　　低压断路器脱扣器件种类及作用**

| 序号 | 种类 | 作用 |
|---|---|---|
| 1 | 复式脱扣器 | 既有过电流脱扣器又有热脱扣器的功能 |
| 2 | 过流脱扣器 | 用于短路、过负荷保护，当电流大于动作电流时自动断开断路器。该脱扣器分瞬时短路脱扣器和电流脱扣器。在脱扣时间上又分长延时和短延时两种 |
| 3 | 欠压和失压脱扣器 | 用于欠电压和失电压保护，当电源电压低于定值时自动断开断路器 |
| 4 | 热脱扣器 | 用于线路或设备长时间过负荷保护，当线路电流出现长时间过负荷时，金属片受热变形，使断路器跳闸 |
| 5 | 分励脱扣器 | 用于远距离手动或保护跳闸 |

3. 低压断路器的保护

低压断路器的保护功能分别有非选择型、选择型和智能型。非选择型低压断路器的保护功能，一般为只用作短路保护，即在短路故障发生时，断路器瞬时跳闸，及时切除故障电流，保护电气设备。同时，非选择型低压断路器也具有长延时动作功能，以用作设备的过负荷保护；选择型低压断路器有两段保护和三段保护的保护功能组合。两段保护有瞬时和长延时的两段组合或瞬时和短延时的两段组合两种。三段保护有瞬时、短延时和长延时的三段组合。智能型低压断路器的脱扣器件动作由微机控制，保护功能更多，选择性更好。

低压断路器的保护特性曲线如图 5-3 所示。

4. 万能式低压断路器

万能式低压断路器又称框架式断路器，能接通、承载以及分断正常电路条件下的电

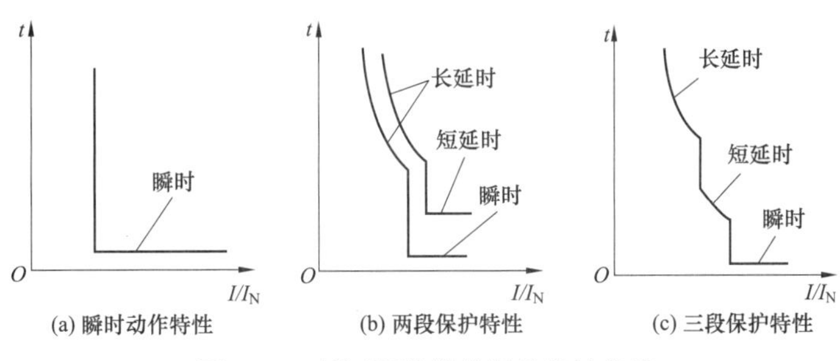


图 5-3 低压断路器的保护特性曲线

流，也能在规定的非正常电路条件下接通、承载一定时间和分断电流的一种机械开关电器。

(1) 万能式低压断路器的结构。断路器为立体布置形式，触头系统、瞬时过电流脱扣器左右侧板均安装在一块绝缘板上。上部装有灭弧系统，操动机构装在正前方或右侧面，有“分”“合”指示及手动断开按钮。其左上方装有分励脱扣器，背部装有与脱扣半轴相连的欠电压脱扣器。速饱和电流互感器或电流、电压变换器套在下母线上。欠电压延时装置、热继电器或半导体脱扣器分别装在操动机构的下方。

(2) 万能式低压断路器的保护特性。包括过载长延时保护、短路短延时保护、短路瞬时保护和接地故障保护四段主要保护功能。其保护功能都集中在同一只控制器上，通过面板操作进行各种保护特性设定，万能式断路器配套控制器型号现分为：L 型、M 型、H 型、P 型等。

(3) CW1 系列智能型万能式断路器的应用。CW1 系列智能型万能式断路器是具有智能化选择性保护功能的新一代断路器，其技术性能达到国际同类产品先进水平。它采用微处理技术的电子脱扣器，具有智能化保护功能，广泛适用于智能化配电网络及现场总线的需要，实现了“四遥”功能。它采用全模块结构和双重绝缘，不仅使安装、维护方便，而且运行分断安全、可靠。

1) 适用范围及工作原理。CW1 系列智能型万能式断路器，额定电流为 630～6300A，适用于交流 50Hz/400V，主要在低压配电网络中用于分配电能和保护线路、防止电源设备遭受过载、短路、欠电压、单相接地等故障的危害。具有高精度智能控制器，可以完成配电系统的过电流和剩余电流的全选择性保护，同时具有通信功能，可作为现场总线等控制系统实现遥控、遥信、遥测、遥调“四遥”功能的主要元件。该产品具有高分断能力，且无飞弧，有多种操作、安装、接线方式和产品之间、产品与柜门之间的机械联锁，以及运行参数的显示、故障记忆、现场设定、试验、热记忆、负载监控和自诊断等功能，可确保系统供电质量和可靠性。CW1 系列智能型万能式断路器的外形如图 5-4 所示。

2) 功能及特点。CW1 系列智能型万能式断路器产品结构功能部件模块化、体积小、造型比较美观，高动、热稳定性，高分断能力 (120kA)、无飞弧、集检测、三段保护、监控、显示、报警、通信、自诊断、现场设定、试验功能等。并具有如下的创新特点：

a. 分断能力高，零飞弧。

b. 采用微处理器技术的电子脱扣器，具有智能化保护功能；全系列模块化结构，安装维护方便，无需作任何调整。

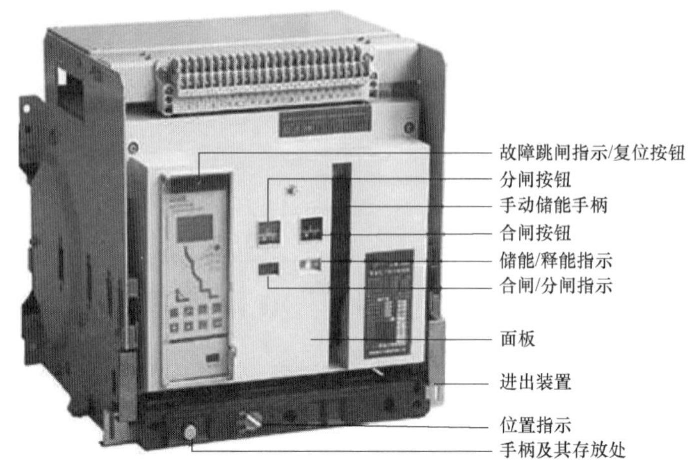


图 5－4　CW1 系列智能型万能式断路器的外形

c. 采用了新颖的设计，降低了短路时的电动斥力，增加接触面积，提高了分断能力和动热稳定性，符合 IEC 60947－2—2006、GB 14048. 2—2008《低压开关设备和控制设备 第 2 部分：断路器》国际、国内技术标准。

d. 主轴用分段设置，多个半圆形轴承，克服了主轴变形。

e. 采取了互感器加屏蔽，增加辅助线圈，微调相位等措施，提高了电流采集精度。

f. 研制了新型的触头材料，确保分断能力和耐磨性。

g. 采用了轴两端设拖动装置，解决了抽屉进出平衡问题。

CW1－6300 万能式断路器是国内乃至世界上最大容量的断路器，该产品具有遥调、遥测、遥控等四遥功能，其各项性能指标与法国施耐德 M 系列、德国西门子的 3WN6 系列等国际同类先进产品水平相当。CW1 系列智能型万能式断路器的规格型号有：CW1－2000、CW1－3200、CW1－4000、CW1－6300 等。

5. 自动空气断路器

自动空气断路器又称自动空气开关，是低压配电网络和电力拖动系统中非常重要的一种电器，它集控制和多种保护功能于一身。除了能完成接触和分断电路外，还具有对电路或电气设备发生的短路、严重过载及欠电压等进行保护的功能，同时也可以用于不频繁地启动电动机。自动空气断路器的外形如图 5－5 所示。

(1) 自动空气断路器工作原理。

自动空气断路器的工作原理示意如图 5－6 所示。在主触点闭合后，自由脱扣机构便将主触点锁在合闸的位置上。过电流脱扣器的线圈和热脱扣器的热元件与主电路串联，而欠电压脱扣器的线圈和电源并联。当电路发生短路或严重过载时，过电流脱扣器的衔铁吸合，使得自由脱扣机构动作，主触点断开主电路。当电路发生过负荷时，热脱扣器的热元件发热使得双金属片发生变形，当其变形到一定程度时便推动自由脱扣机构动作，断开断路器。当电路欠电压时，欠电压脱扣器的衔铁释放，也会使得自由脱扣机构动作，断开断路器。

(2) 自动空气断路器的应用。

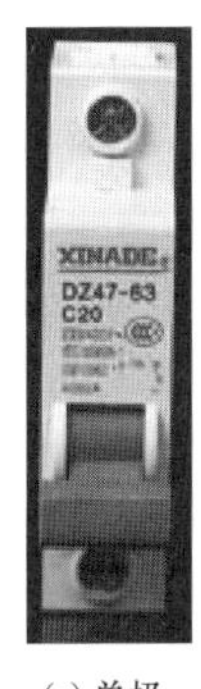


(a) 单极

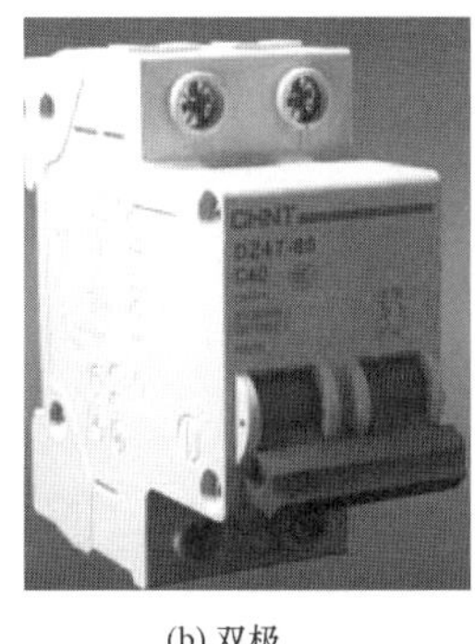


(b) 双极

(c) 三极

图 5-5 自动空气断路器的外形

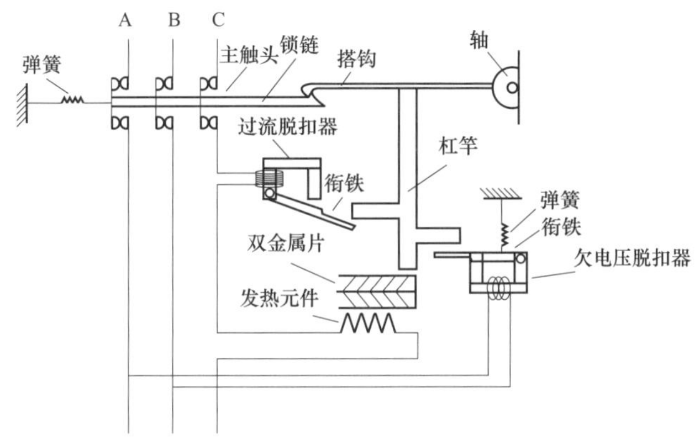


图 5-6 自动空气断路器的工作原理示意

1）自动空气断路器的极性和表示方法见表 5-2。

**表 5-2　　　　自动空气断路器的极性和表示方法**

| 序号 | 极数 | 表示方法和作用 |
|---|---|---|
| 1 | 单极 | 1P：220V 切断相线 |
| 2 | 双极 | 2P：220V 相线与零线同时切断 |
| 3 | 三级 | 3P：380V 三相相线全部切断 |
| 4 | 四级 | 4P：380V 三相相线一相零线全部切断 |

2）自动空气断路器在动力电路上的应用。

动力电路上应用的自动空气断路器常见的型号为：DW 和 DZ 型

其起跳电流分别为：20、32、50、63、80、100、125、160、250、400、600、800、1000A 等型号。

3）自动空气断路器在家庭中的应用。

目前，家庭常见总开关有闸刀开关配瓷插保险（已被淘汰）或空气断路器（带漏电保护的小型断路器）。家庭使用 DZ 系列的空气断路器，常见的有以下型号/规格：C16、C25、C32、C40、C60、C80、C100、C120 等规格，其中 C 表示脱扣电流，即起跳电流，例如C32表示启跳电流为32A，一般安装6500W热水器要用C32，安装7500、8500W热水器要用C40的空气断路器。

6. 抽屉式开关

抽屉式开关是低压抽屉式开关柜的主要工作部件之一。抽屉式开关柜是采用钢板制成封闭外壳，进出线回路的电器元件都安装在可抽出的抽屉中，构成能完成某一类供电任务的功能单元。功能单元与母线或电缆之间，用接地的金属板或塑料制成的功能板隔开，形成母线、功能单元和电缆三个区域。每个功能单元之间也有隔离措施。抽屉式开关柜有较高的可靠性、安全性和互换性，是比较先进的开关柜，目前生产的低压开关柜，多数是抽屉式开关柜。它们适用于要求供电可靠性较高的工矿企业、高层建筑、住宅小区，作为集中控制的配电中心。

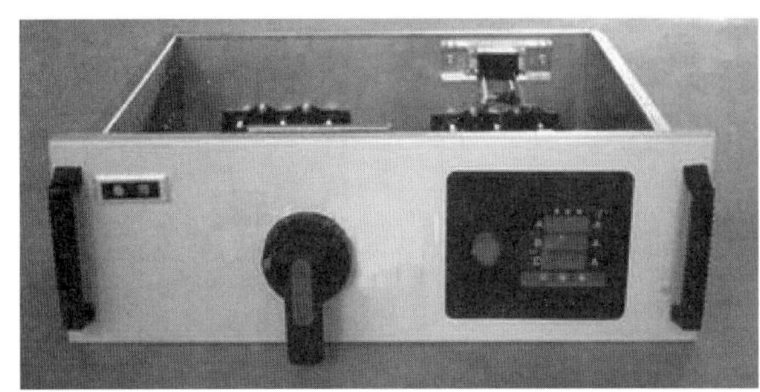

图5-7　抽屉式开关正视图

一般抽屉式开关前后各有一组抽头，起隔离开关的作用，其实抽屉开关里面的电气元件以及其二次回路和我们所见到的其他控制盘柜没什么太大的区别，抽屉开关的要点在于操作把手的各个位置上，即检修位、试验位、工作位，为防止误操作，在机构上装设了机械闭锁功能；另外因为是抽屉式的，二次插件也是必不可少的，样式也非常多，而且也是故障频发点之一，内部安装塑壳断路器或塑壳断路器＋接触器＋热继电器或塑壳断路器＋接触器＋电动机保护器等，有时候需要安装TA或零序TA。抽屉式开关正视图如图5-7所示。抽屉式开关侧视图如图5-8所示。

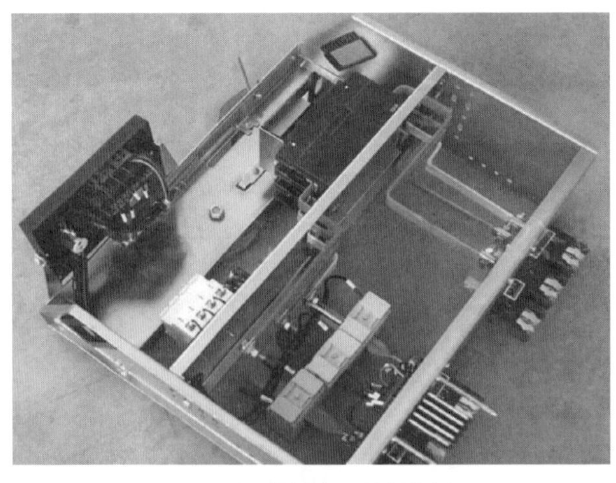

图5-8　抽屉式开关侧视图

## 二、电力电容器

1. 电力电容器的结构

电力电容器有高压和低压两种。额定电压在 1kV 以下的为低压电容器，额定电压在 1kV 及以上的为高压电容器。

用于电力系统和电工设备电容器的结构简单。即任意两块金属导体，中间用绝缘介质隔开，即构成一个电容器。电容器电容的大小，由其几何尺寸和两极板间绝缘介质的特性来决定。当电容器在交流电压下使用时，常以其无功功率表示电容器的容量，单位为 var 或 kvar。电力电容器的外形示意如图 5－9 所示。

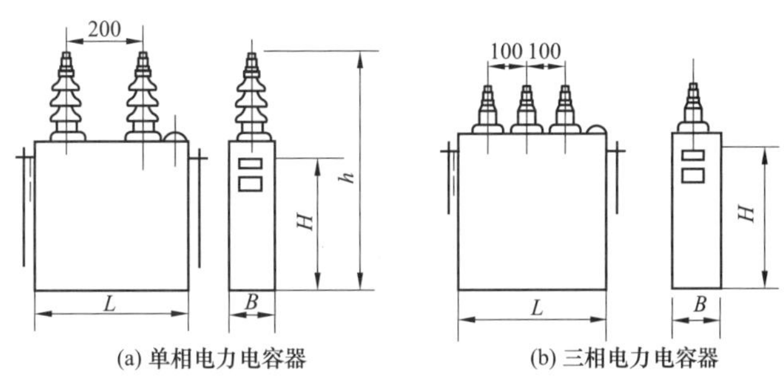


图 5－9 电力电容器的外形示意

2. 电力电容器的作用

电力系统的负荷如电动机、电焊机、感应电炉等电感性用电设备，除了消耗有功功率外，还要吸收无功功率。另外电力系统的变压器等也需要无功功率，假如所有无功电力都由发电机供应的话，不但不经济，而且电压质量低劣，影响用户使用。

电力电容器在正弦交流电路中能“发”出无功功率，假如把电容器并接在负荷（电动机），或输电设备（变压器）上运行，那么，电感性负载及输电设备需要的无功功率，正好由电容器供应。电容器的功用就是无功补偿。通过无功就地补偿，可减少线路能量损耗；减少线路电压降，改善电压质量；提高系统供电能力。

3. 无功功率补偿的基本原理

把具有容性功率负荷的装置与感性功率负荷并联接在同一电路，当容性负荷释放能量时，感性负荷吸收能量；而感性负荷释放能量时，容性负荷却在吸收能量。能量在两种负荷之间交换。这样感性负荷所需要的无功功率可从容性负荷输出的无功功率中得到补偿，这就是无功功率补偿的基本原理。

4. 住宅小区无功补偿的意义

（1）无功补偿的作用。作用有：①降低线损；②减少发、供电设备的设计容量，减少投资；③补偿无功功率，可以增加电网中有功功率的比例常数。

（2）国家政策的要求。全国供用电规则规定：在电网高峰负荷时，用户的功率因数应达到的标准：高压用电的工业用户和高压用电装有带负荷调整电压装置的电力用户，功率因数 0.9 以上；其 100kVA 及以上电力用户和大中型电力排灌站，功率因数为 0.85 以上；农业用电功率因数为 0.80 以上。凡功率因数达不到上述规定的用户，供电部门会在其用户使用电费的基础上按一定比例对其进行罚款（力率电费），要提高企业的用电功率因数，必须进行无功补偿，并做到随其负荷和电压的变动及时投入或切除，防止无功电力倒送。因此，在住宅小区的配电系统中装有智能无功补偿装置，以补偿感性负载对电网中无功功率的消耗。

## 三、低压熔断器

熔断器主要用作低压过负荷和短路保护及电动机控制线路中用作电路保护的电器。它串联在线路中，当线路或电气设备发生短路或严重过负荷时，熔断器中的熔体首先熔断，使线路或电气设备脱离电源，起到保护作用，它是一种保护电器。具有结构简单、价格便宜、使用和维护方便、体积小巧等优点。

1. 低压熔断器结构

熔断器最主要的零件是熔丝（或者熔片），将熔丝装入盒内或绝缘管内就成为熔断器。熔断器的规格以熔丝的额定电流值表示，但熔丝的额定电流并不是熔丝的熔断电流，一般熔断器电流大于额定电流 1.3～2.1 倍。熔断器所能切断的最大电流，叫作熔断器的断流能力。如果电流大于这个数值，熔断时电弧不能熄灭，可能引起爆炸或其他事故。

2. 低压熔断器的型号含义

国产低压熔断器的型号含义如图 5－10 所示。

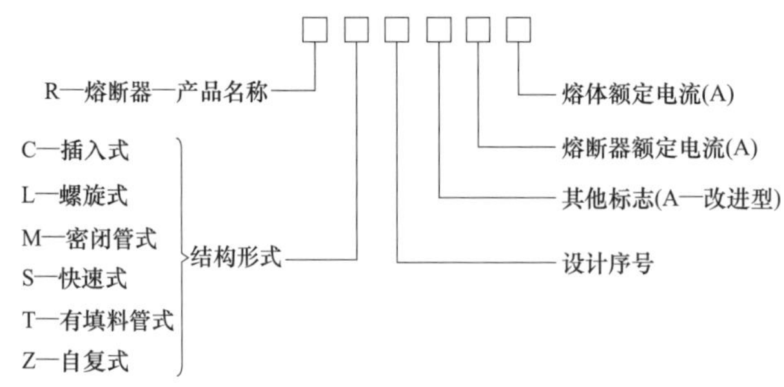


图 5－10　国产低压熔断器的型号含义

注：以上型号不适用于引进技术生产的熔断器。如 NT、gF、aM 等。

3. 低压熔断器的型号分类

低压配电系统中常用的低压熔断器有瓷插式（RC）、螺旋式（RL）、密闭管式（RM）、有填料式（RTO）及快速熔断器等。

（1）瓷插式熔断器（RC）。瓷插式熔断器是由瓷盖、瓷盒、动触头、静触头及熔丝五部分组成。瓷盖和瓷盒均用电工瓷，电源线及负载线可分别接在瓷盒两端的静触头上，瓷盒底座中间有一空腔，与盖突出部分构成灭弧室。RC1 系列熔断器价格便宜，更换方便，广泛用作照明和小容量电动机的断路保护中。瓷插式熔断器（RC）系列结构示意如图 5－11所示。

（2）螺旋式熔断器（RL）。螺旋式熔断器主要由瓷帽、熔断管、瓷套、上接线端、下接线端及低座等部分组成。RL1 系列螺旋式熔断器的熔断管内，除了装有熔丝外，在熔丝周围填满石英砂，作为熄灭电弧之用。熔断管的上端有一个小红点，熔丝熔断后红点自动脱落，显示熔丝已经熔断。使用时将熔断管有红点的一端插入瓷帽，瓷帽上有螺纹，将螺帽连同熔断管一起拧进瓷低座，熔丝便接通电路。螺旋式熔断器（RL）系列结构示意图如图 5－12 所示。

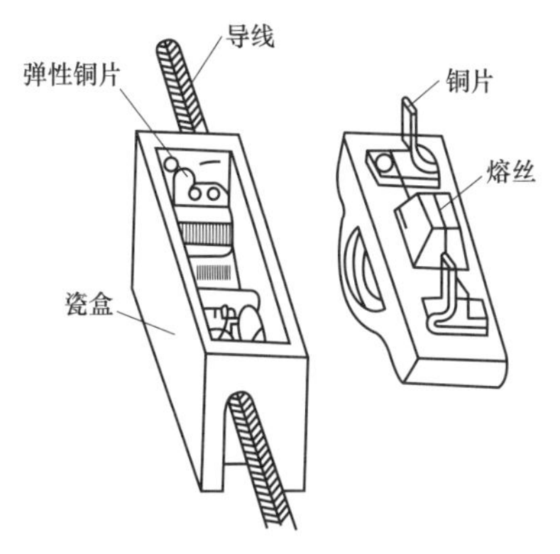


图 5－11 瓷插式熔断器（RC）系列结构示意

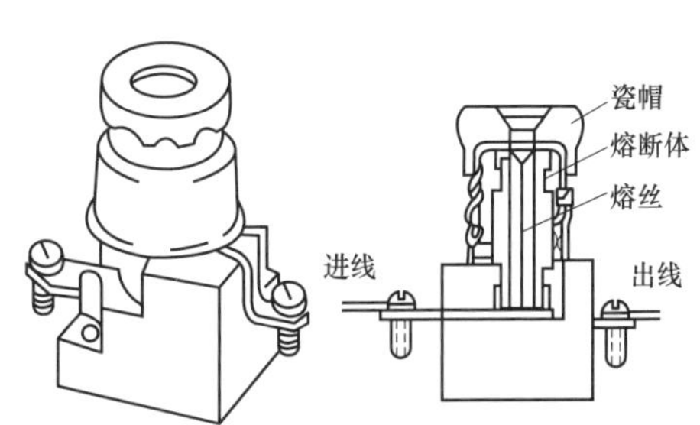


图 5－12 螺旋式熔断器（RL）系列结构示意

(3) 密闭管式熔断器（RM）。无填料封闭管式熔断器，由一个熔断管（即纤维管），2 个插座和 1 片或 2 片熔片组成。熔断器的熔片是带有一个或几个窄截面的锌质薄片，它装在熔断管里，并通过熔断管的帽子与插座接触，形成电流通路。其外形结构图 5－13（a）所示：熔片在正常工作时，熔体宽部可将狭部产生的热量传导出来，因此能承受较大的长期工作电流。在短路电流下熔体的狭颈部首先熔断，这就是在熔体中人为地引人一个薄弱环节，并希望这个薄弱环节在短路时充分发挥它的作用，以提高它的断流能力。密闭管式熔断器（RM）系列结构示意如图 5－13 所示。

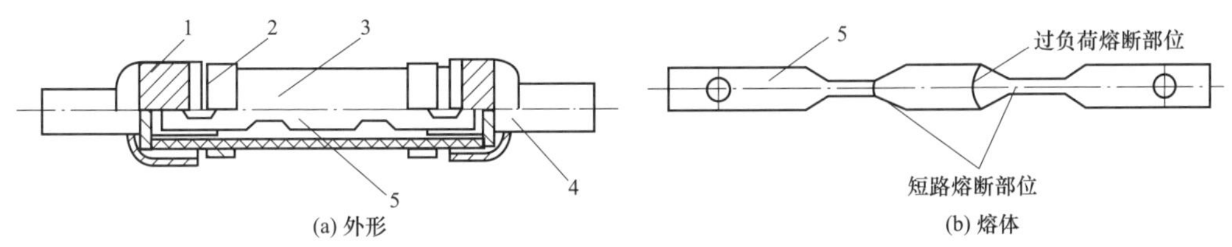


图 5－13 密闭管式熔断器（RM）系列结构示意

1—管帽；2—管夹；3—纤维熔管；4—触刀；5—变截面锌片

(4) 有填料式熔断器（RTO）。有填料封闭管式熔断器主要由管体、指示器、石英砂填料和熔体组成。它的管体由滑石陶瓷制成，管体外表做成波浪形，既增加了表面的散热面积，又比较美观，管体两端各有四个螺孔，以便用螺钉将盖板装在管体上。上盖装有明显红色指示器，指示熔断工作情况，当熔断时，指示器被弹起。熔体用薄紫铜片冲成筛孔，并围成笼形，中间焊以纯锡，熔体两端点焊于金属板上，而保证熔体与导电插刀间很好地接触。管内充满经过特殊处理的石英砂，用来冷却和熄灭电弧。

(5) 快速熔断器。由于硅半导体元件日益广泛地用于工业电力变换和电力拖动装置中，但 PN 结热容量低，硅半导体元件过负荷能力差，只能在极短时间内承受过载电流，否则半导体元件迅速被烧坏。为此必须采用一种在过负荷时能迅速动作的快速熔断器。

目前，快速熔断器主要有RLS、RSO及RS3三个系列。RLS系列是螺旋式快速熔断器，它用于小容量硅整流元件的短路保护和某些适当的过载保护；RSO系列用于大容量硅整流元件，RS3用于晶闸管元件的短路保护和某些适当过负荷保护。

## 第二节 低压成套配电装置

低压成套开关设备和控制设备包括低压开关柜和低压配电箱，它是按使用规模和设计方案，将低压设备的一、二次设备组装在一起，并同时具有控制、保护和计量的成套电气装置。低压开关柜和低压配电箱是交流50Hz，额定电压380V的配电系统作为动力、照明及配电的电能转换及控制之用的交流配电设备。

### 一、GCS型低压抽出式开关柜

1. GCS型低压抽出式开关柜的型号

GCS型低压抽出式开关柜的型号含义如图5-14所示。GCS型低压抽出式开关柜的外形如图5-15所示。

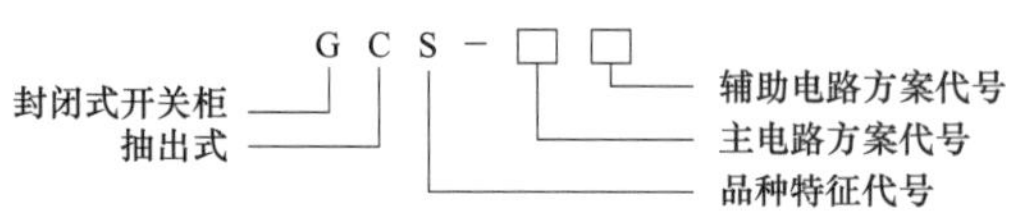


图5-14 GCS型低压抽出式开关柜的型号含义

图5-15 GCS型低压抽出式开关柜的外形

2. GCS型低压抽出式开关柜装置特点

GCS型低压抽出式开关柜装置特点如下：

(1) 框架采用8MF型开口型钢，一个单位抽屉的尺寸为：160（高）×560（宽）×410（深）mm；抽屉可分1/2单元、1单元、$1\frac{1}{2}$单元、3单元四个系列，框架组装灵活方便。

(2) 开关柜的各功能室相互隔离，其隔室分为功能单元室、母线室和电缆室。各室的作用相对独立。

(3) 所有馈线均采用抽屉式模块，每个模块均具备独立的保护、监视及操作功能，便于检修及维护。

(4) 水平母线采用柜后平置式排列方式，以增强母线抗高短路强度电动力的能力。

(5) 功能单元之间、间隔之间的分隔清晰、可靠，不因某一单元的故障而影响其他单元工作，使故障局限在最小范围。

(6) 装置的合理配置，提高了转接的容量，较大幅度的降低由于转接件的温升给插件、电缆头、间隔板带来的附加温升。

(7) 电缆隔室的设计使电缆上、下进出均十分方便。

(8) 抽屉高度的模数为160mm。抽屉改变仅在高度尺寸上变化，其宽度、深度尺寸不变。相同功能单元的抽屉具有良好的互换性。单元回路额定电流400A及以下。

(9) 抽屉面板具有分/合、试验、抽出等位置的明显标志。抽屉单元设有机械联锁装置。各抽屉单元同时具有抽出式和固定性，可以混合组合，任意使用。

(10) 母线平置式排列使装置的动、热稳定性好，能承受80kA/176kA短路电流的冲击。

(11) 抽屉单元有足够数量的二次接插件（1单元及以上为32对，1/2单元为20对），可满足计算机接口与自控回路对接点数量的要求。

3. 应用范围

GCS型低压抽出式开关柜适用于发电厂、石油、化工、冶金、纺织、住宅小区的高楼层建筑物等行业的配电系统。在大型发电厂、石化系统等自动化程度高，要求与计算机接口的场所，作为三相交流频率为50（60）Hz、额定工作电压为380（400）V、660V，额定电流为4000A及以下的发、供电系统中的配电、电动机集中控制、无功功率补偿使用的低压成套配电装置。

4. 应用环境

GCS型低压抽出式开关柜应用环境如下。

(1) 周围空气温度不高于+40℃、不低于−5℃。24小时内平均温度不得高于+35℃。超过时，需根据实际情况降容运行。

(2) 户内使用，使用地点的海拔高度不得超过2000m。

(3) 周围空气相对湿度在最高温度+40℃时不超过50%，在较低温度时允许有较大的相对湿度：如+20℃时为90%，应考虑到由于温度的变化可能会偶然产生凝露的影响。

(4) 装置安装时与垂直面的倾斜度不超过5%，且整组柜列相对平整（符合GB 7251.1—2013《低压成套开关设备和控制设备》规定）。

(5) 装置安装在无剧烈振动和冲击以及不足以使电气元件受到不应有腐蚀的场所。

## 二、GCK型低压抽出式开关柜

GCK开关柜符合IEC 60439.1—1999《低压成套开关设备和控制设备》、GB 7251.1—2013《低压成套开关设备和控制设备　第1部分：总则》、GB/T 14048.1—2012《低压开关设备和控制设备　第1部分：总则》等标准。且具有分断能力高、动热稳定性好、结构先进合理、电气方案灵活、系列性、通用性强、各种方案单元任意组合的特点。所容纳的回路数较多、节省占地面积、防护等级高、安全可靠、维修方便等优点。

1. GCK 型低压抽出式开关柜的型号

GCK 型低压抽出式开关柜的型号含义如图 5-16 所示。GCK 型低压抽出式开关柜的外形图如图 5-17 所示。

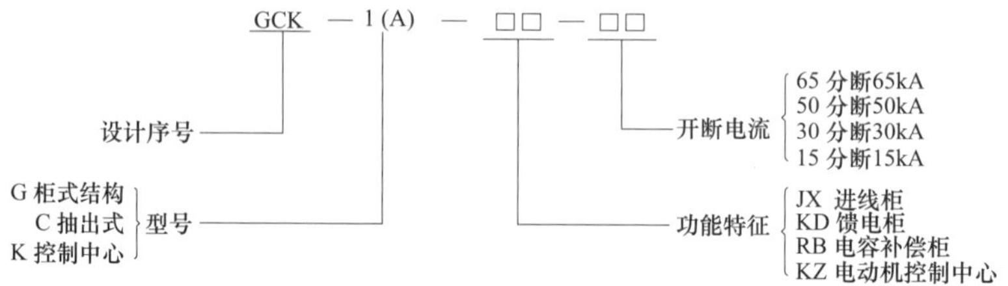


图 5-16　GCK 型低压抽出式开关柜的型号含义

2. GCK 型低压抽出式开关柜装置特点

GCK 型低压抽出式开关柜装置特点如下：

(1) 整柜采用拼装式组合结构，模数孔安装，零部件通用性强，适用性好，标准化程度高。

(2) 柜体上部为母线室、前部为电器室、后部为电缆进出线室，各室间有钢板或绝缘板作隔离，以保证安全。

(3) 抽屉小室的门与断路器或隔离开关的操作手柄设有机械联锁，只有手柄在分断位置时门才能开启。

(4) 受电开关、联络开关的抽屉具有三个位置：接通位置、试验位置、断开位置。

(5) 开关柜的顶部根据受电需要可装母线桥。

图 5-17　GCK 型低压抽出式开关柜的外形

(6) 具有分断能力高、动热稳定性强、结构先进合理、电气方案灵活、系列性通用性好、各种方案单元任意组合等优点。一台柜体容纳的回路数较多，节省占地面积，而且防护等级高、安全可靠、维修方便。

(7) 柜体基本结构是组合装配式结构。柜体之间采用螺栓紧固连接。

(8) 装置的功能室相互隔离，GCK 柜的基本特点就是母线在柜体上部，其隔室分为功能单元室（柜前）、母线室（柜顶部）、电缆室（柜后）。也可靠墙安装，此时，柜体右边加宽 200mm 作为电缆室。

(9) 主架构功能单元的抽屉层高的模数为 200mm。

(10) 缺点：水平母线设在柜顶，垂直母线没有阻燃型塑料功能板，不能与计算机联络。

3. 应用范围

GCK 低压抽出式开关柜由动力配电中心（PC）柜和电动机控制中心（MCC）两部分组成。该装置适用于交流 50Hz、额定工作电压小于等于 660V、额定电流 4000A 及以下的配电系统作为动力配电、电动机控制及照明等配电设备。

## 三、GGD（ESS）型低压固定式开关柜

GGD 型低压固定式配电柜具有分断能力高、动热稳定性好、电气方案灵活、组合方便、系列性、实用性强、结构新颖、防护等级高等特点，可作为低压成套开关设备的更新换代产品使用。GGD 型低压固定式配电柜适用于变电站、发电厂、厂矿企业等电力用户的交流 50Hz，额定工作电压 380V，额定工作电流 3150A 以下的配电系统，作为动力、照明及发配电设备的电能转换、分配与控制之用。

1. GGD 型低压固定式开关柜的型号

GGD 型低压固定式开关柜的型号含义如图 5－18 所示。GGD 型低压固定式开关柜的外形如图 5－19 所示。

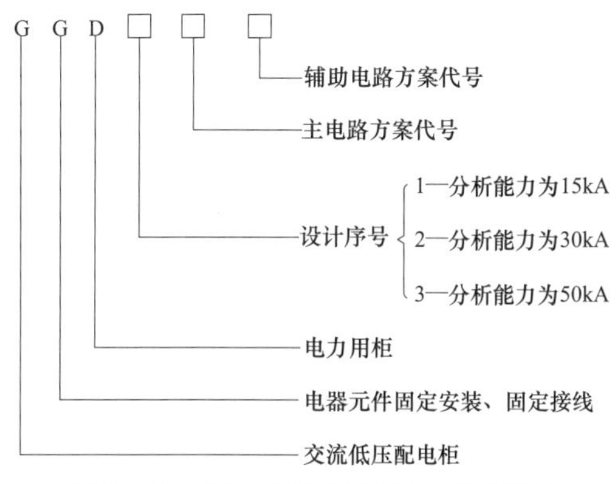


图 5－18 GGD 型低压固定式开关柜的型号含义

图 5－19 GGD 型低压固定式开关柜的外形

2. GGD 型低压固定式开关柜装置特点

GGD 型低压固定式开关柜装置特点如下：

(1) GGD 型交流低压配电柜的柜体采用通用柜形式，构架用 8MF 冷弯型钢局部焊接组装而成，并有 20 目的安装孔，通用系数高。

(2) GGD 柜充分考虑散热问题，在柜体上下两端均有不同数量的散热槽孔，当柜内电气元件发热后，热量上升，通过上端槽孔排出，而冷风不断地由下端槽孔补充进柜，使密封的柜体自下而上形成一个自然通风道，达到散热的目的。

(3) GGD 柜按照现代化工业产品造型设计的要求，采用黄金分割比的方法设计柜体外形和各部分的分割尺寸，使整柜美观大方，面目一新。

(4) 柜体的顶盖在需要时可拆除，便于现场主母线的装配和调整，柜顶的四角装有吊环，用于起吊和装运。

(5) 柜体的防护等级为 IP30，用户也可根据环境的要求在 IP20～IP40 选择。

3. GGD 型低压固定式开关柜装置主要技术性能

GGD 型低压固定式开关柜装置主要技术性能见表 5－3。

表 5-3　　GGD 型低压固定式开关柜装置主要技术性能

| 序号 | 主要技术性能 | 参　数 |
|---|---|---|
| 1 | 额定绝缘电压 | 交流 660（1000）V |
| 2 | 额定工作电压 | 主电路：交流 380（660）V；辅电路：交流 380（220）V、直流 220（110）V |
| 3 | 额定频率 | 50Hz |
| 4 | 额定电流 | 水平母线系统：1600～3150A；垂直母线系统：400～800A |
| 5 | 额定短时耐受电流 | 水平母线：80kA 有效值/1s；垂直母线：50kA 有效值/1s |
| 6 | 额定峰值电流 | 水平母线 175kA；垂直母线 110kA |
| 7 | 功能单元分断能力 | 50kA |
| 8 | 外设防护等级 | IP40 |

## 四、新建住宅小区低压配电柜安装

1. 低压配电柜的基础型钢

低压配电柜的基础型钢安装后，其顶部宜高出抹平地面 10mm；手车式成套柜应按产品技术要求执行。基础型钢应有可靠的接地装置。低压配电柜的基础型钢安装允许偏差应符合表 5-4 的规定。

表 5-4　　低压配电柜（屏）的基础型钢安装的允许偏差

| 项目 | 允许偏差（mm） | |
|---|---|---|
| | mm/m① | mm/全长 |
| 不直度 | <1 | <5 |
| 水平度 | <1 | <5 |
| 位置误差及不平行度 | — | <5 |

① 指每米允许偏差的毫米。

2. 低压配电柜安装前的质量检查

低压配电柜安装前的质量检查，应符合以下要求：

(1) 配电柜外观完好，无漆层脱落、锈蚀、损伤等现象。

(2) 配电柜框架无变形，装在屏、柜上的电器元器件无损坏。

(3) 配电柜电器元器件型号符合设计图纸要求和规定。

(4) 配电柜按照装箱单核对备品备件齐全。

(5) 配电柜使用说明书、出厂报告、试验报告等出厂文件齐全。

3. 低压配电柜在室内布置时四周通道宽度的技术要求

(1) 低压配电柜在室内布置时四周通道的最小宽度应符合表 5-5 的规定。

表 5-5　　低压配电柜在室内布置时四周通道最小宽度　　单位：mm

| 配电柜布置方式 | 柜前通道 | 柜后通道 | 柜左右两侧通道 |
|---|---|---|---|
| 单列布置时 | 1500 | 800 | 800 |
| 双列布置时 | 2000 | 800 | 800 |

(2) 当电源从配电柜后进线，并在墙上设隔离开关及其手动操动机构时，柜后通道净宽不应小于 1500mm，当柜背后的防护等级为 IP2X，可减为 1300mm。

4. 低压配电柜的施工与检验

(1) 低压配电柜的施工。低压配电柜施工应符合以下技术要求：

1) 依据电器安装图，核对主进线柜与进线套管位置相对应，并将进线柜定位，柜体找正应符合：垂直误差小于 1.5mm/m、最大误差小于 5mm/m、侧面垂直误差小于 2mm/m。

2) 进线柜定位后，将柜体与基础型钢固定牢固，不允许焊接。

3) 相对排列的柜体以跨越母线柜为准，进行对面柜体的就位，保证两柜相对应，左右偏差小于 2mm。其他柜按顺序安装并用螺栓连接紧固，质量要求应符合：垂直度小于 1.5mm、水平偏差。相邻两盘顶部小于 2mm、成列盘顶部小于 5mm。盘间不平偏差：相邻两盘小于 1mm、成列盘面小于 5mm、盘间接缝小于 2mm。

4) 柜内接地母线与接地网可靠连接，接地材料规格不小于设计规定，每段柜接地引下线不少于两点。

5) 电缆封堵必须使用防火软堵料。软堵料的厚度应在 10～20mm。

(2) 低压配电柜安装后的质量检验，应符合以下技术要求：

1) 机械闭锁、电气闭锁动作应准确、可靠。

2) 动、静触头的中心线应一致，触头接触精密。

3) 二次回路辅助切换接点应动作准确，接触可靠。

4) 柜门和锁开启灵活，应急照明装置齐全。

5) 柜体进出线孔洞应做好封堵。

6) 控制回路应留有适当的备用回路。

7) 配电柜（箱、屏）的柜门应向外开启，可开启的门应以裸铜软线与接地的金属构架可靠连接。柜体内应装有供检修用的接地连接装置。

8) 配电柜（箱、屏）的漆层应完整无损伤。安装在同一室内的配电柜（箱、屏）其盘面颜色宜一致。

## 五、低压配电柜的定期维护

低压配电柜的每年定期维护主要是确保低压配电柜的正常、安全运行。低压配电柜的定期维护的内容及步骤如下：

(1) 检修时应从变压器低压侧开始。配电柜断电后，清洁柜中灰尘，检查母线及引下线连接是否良好，接头点有无发热变色，检查电缆头、接线桩头是否牢固可靠，检查接地线有无锈蚀，接线桩头是否紧固。所有二次回路接线连接可靠，绝缘符合要求。

（2）检查抽屉式开关时，抽屉式开关柜在推入或拉出时应灵活，机械闭锁可靠。检查抽屉柜上的自动空气断路器操动机构是否到位，接线螺钉是否紧固。清除接触器触头表面及四周的污物，检查接触器触头接触是否完好，如触头接触不良，必要时可稍微修锉触头表面，如触头严重烧蚀（触头点磨损至原厚度的 1/3）即应更换触头。电源指示仪表、指示灯完好。

（3）检修电容柜时，应先断开电容柜总开关，逐个把电容器对地进行放电后，外观检查壳体良好、无渗漏油现象。若电容器外壳膨胀，应及时处理。检查并更换不合要求的放电装置、控制电路的接线螺钉及接地装置。检查电容器柜合闸后，运行指示及自动补偿部分的工作均正常。

（4）受电柜及联络柜中的断路器检修：先断开所有负荷后，用手柄摇出断路器。重新紧固接线螺钉，检查刀口的弹力是否符合规定。灭弧栅有否破裂或损坏，手动调试机械联锁分合闸是否准确，检查触头接触是否良好，必要时修锉触头表面，检查内部弹簧、垫片、螺钉有无松动、变形和脱落。

（5）母排接触处固定紧密，并涂上电力复合脂。检查母排间的绝缘子、间距连接处有无异常，检查电流、电压互感器的二次绕组接线端子连接可靠。

## 六、新建住宅小区供配电系统低压配电装置低压抽出式开关的操作

新建住宅小区供配电系统的低压配电装置 0.4kV 的配电系统，根据其用电设计容量，所采用的低压开关柜型式也有所不同。本节以 GCS 型低压抽出式开关柜的操作进行说明。

1. GCS 型低压抽出式开关柜各馈线开关的操作方法

新建住宅小区供配电工程的低压配电装置馈线开关的操作步骤如下：

（1）低压配电装置馈线开关的操作把手位置状态。低压配电装置馈线开关操作把手位置如图 5－20 所示。在图 5－20 中，低压配电装置馈线开关操作把手共有 5 个位置。合闸——分闸——试验——抽出——隔离

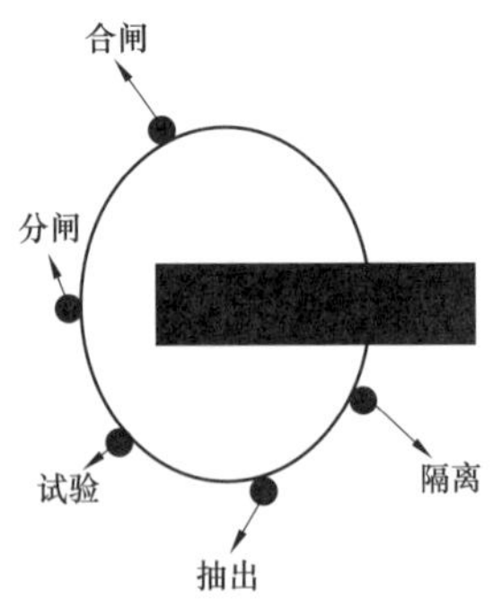

图 5－20　低压配电装置馈线开关操作把手位置示意图

1）合闸：开关处于合闸状态。

2）分闸：开关处于分闸状态。

3）试验：抽屉式模块与开关柜一次部分脱离，二次部分未脱离，可做传动试验。

4）抽出：将抽屉式模块从开关柜内取出。

5）隔离：抽屉式模块与开关柜一、二次部分均脱离，但不能从开关柜内取出。

（2）低压配电装置馈线开关的操作程序。

1）合闸：当馈线开关操作把手处于分闸位置时，向内按压馈线开关操作把手后顺时针旋转至合闸位置。

2）分闸：当馈线开关操作把手处于合闸位置时，向内按压馈线开关操作把手后逆时针旋转至分闸位置。

3）试验、抽出、隔离：当馈线开关操作把手处于分闸位置时，逆时针旋转馈线开关操作把手分别到达试验、抽出、隔离位置。

2. GCS型低压抽出式开关柜低压断路器的操作方法

新建住宅小区供配电系统的低压配电装置GCS型低压抽出式开关柜低压断路器的操作分为电动操作及手动操作（以CW1系列智能型万能式断路器为例）。

（1）低压断路器的电动操作。电动分合低压断路器时，直接通过柜体上分闸按钮、合闸按钮操作，并检查分、合闸指示灯正常及后台显示正确，机构上机械指示正确。

（2）低压断路器的手动操作。当交流电源消失，机构不能正常储能时，应通过机构上手动储能手柄反复向下按压进行储能。储能正常后（储能指示为黄色）即可手动操作开关。手动分合低压断路器时，通过机构上的分闸按钮、合闸按钮操作。

## 第三节　供配电系统插接式母线槽与预制分支电缆

### 一、插接式母线槽

插接式母线槽作为一种新型配电导线应运而生，与传统的电缆相比，在大电流输送时充分体现出它的优越性，尤其适应住宅小区的高楼层建筑物和大规模工厂经济合理配线的需要。

1. 插接式母线槽的结构

母线槽系统是一个高效输送电流的配电装置。母线槽具有系列配套、体积小、容量大、设计施工周期短、装拆方便、不会燃烧、安全可靠、使用寿命长的特点。同时由于采用了新技术、新工艺，大大降低了母线槽两端部连接处及分线口插接处的接触电阻和温升。高质量的绝缘材料在母线槽中的使用，更加提高了母线槽的安全可靠性，使整个系统更加完善。插接式母线槽的外形如图5－21所示。

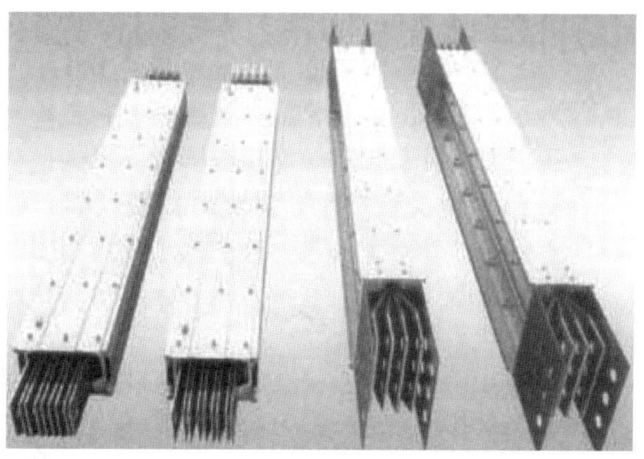

图5－21　插接式母线槽的外形

2. 插接式母线槽的组成

插接式母线槽（简称母线槽）是由金属板（钢板或铝板）为保护外壳、导电排、绝缘材料及有关附件组成的母线系统。它可制成每隔一段距离设有插接分线盒的插接型封闭母线，也可制成中间不带分线盒的馈电型封闭式母线。

在住宅小区高层建筑的供电系统中，动力和照明线路往往分开设置，母线槽作为供电主干线在电气竖井内沿墙垂直安装一趟或多趟。按用途一趟母线槽一般由始端母线槽、直通母线槽（分带插孔和不带插孔两种）、L 形垂直（水平）弯通母线、Z 形垂直（水平）偏置母线、T 形垂直（水平）三通母线、X 形垂直（水平）四通母线、变容母线槽、膨胀母线槽、终端封头、终端接线箱、插接箱、母线槽有关附件及紧固装置等组成。母线槽按绝缘方式可分为空气式插接母线槽、密集绝缘插接母线槽和高强度插接母线槽三种。

母线槽产品适用于交流 50Hz，额定电压 380V，额定电流 250～4000A 的三相四线制供配电系统工程中。

母线槽插接箱的外形如图 5－22 所示；插接箱与母线槽的接插件外形如图 5－23 所示。

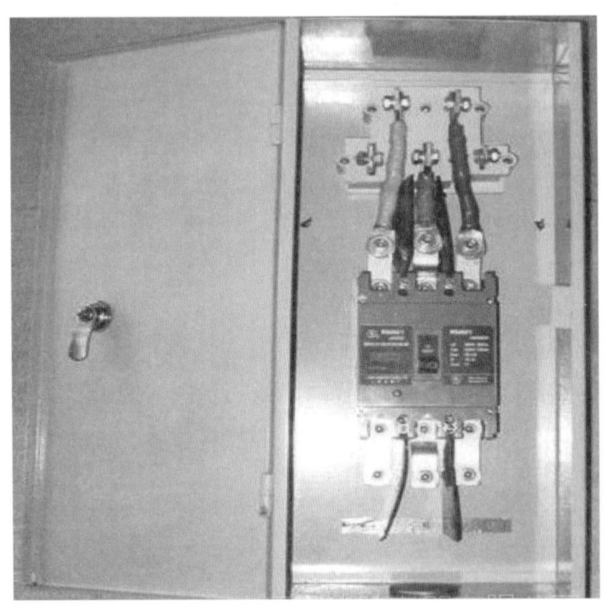

图 5－22　母线槽插接箱的外形

图 5－23　插接箱与母线槽的接插件外形

3. 硬铜排插接式母线槽的参数及技术要求

(1) 硬铜排插接式母线槽的参数及技术要求见表5-6。

**表5-6　　硬铜排插接式母线槽的参数及技术要求**

| 项目 | 序号 | 内容 |
|---|---|---|
| 插接式母线槽性能参数和要求 | 1 | 插接母线执行标准GB7251.2—2006《低压成套开关设备和控制设备　第2部分：对母线干线系统母线槽的特殊要求》 |
| | 2 | 母线结构型式：密集母线、电压等级：380V 、耐压等级：690V |
| | 3 | 母线系统：交流TN-C系统 |
| | 4 | 防护等级：IP55；额定频率：50Hz；额定绝缘电压：AC 660V；绝缘电阻：≥20MΩ |
| | 5 | 母线槽至少采用100%相线容量的N线，PE线要求不少于50%相线容量，允许采用铝导体外壳作为接地，但接地必须是牢固可靠 |
| | 6 | 母线槽必须保证110%额定电流下长期稳定运行 |
| | 7 | 硬铜排截面的选择：电流密度：≤2A/mm²（铜） |
| | 8 | 地线系统采用整体接地地线（地线将相线和中性线全部包裹在内，从而把直接带电部分完全隔离，同时阻断母线周围的磁路，以保证母线槽具有可靠的接地性能，较小的电抗值，较强的抗谐波能力） |
| 导体材料 | 1 | 母线槽A、B、C、N四相导体采用T2电解铜轧制的高导电率TMY电工硬铜排，符合国标。铜排纯度要求：≥99.99%、导电率：≥98.6%、电抗率：≤0.00032Ωmm²/m、硬度：HB≥65 |
| | 2 | 铜排表面全长必须镀锡 |
| | 3 | 中性线的材料、截面及制造工艺与相线相同，中性线等效截面应等于100%的相线等效截面 |
| | 4 | 接地导体等效截面应不小于50%的相线等效截面 |
| 绝缘材料 | 1 | 母线绝缘介质选用阻燃材料，绝缘等级及耐热等级达到A级或A级以上，能耐受150℃高温和-60℃的低温，在火灾时不释放有毒气体 |
| | 2 | 绝缘材料采用整体包覆每相铜排的工艺，绝缘老化寿命达到30年以上 |
| | 3 | 在长期处于-5℃～40℃的环境温度下，能保持其柔韧性和介电强度，不会老化。<br>介电强度：≥80kV/mm，抗拉强度：>12MPa |
| 外壳材料 | 1 | 为保证母线槽的强度和刚度及散热效果，母线槽系统外壳侧板采用带散热装置外壳，必须提供相应报告 |
| | 2 | 采用全封闭形式，结构紧凑，配置灵活，动热稳定性好，具有较强的抗内外力冲击能力 |
| | 3 | 线槽外表面应作阳极氧化处理，以达到良好的防腐蚀效果 |
| 其他性能要求 | 1 | 密集母线与变压器的连接要求采用铜导体软连接、低压盘和母线连接采用硬连接 |
| | 2 | 密集母线接头部分为了保证良好的电气接触性能，应作镀锡或镀银处理。接头导体之间的接触必须是锡接触，以保证低的接触电阻 |
| | 3 | 密集母线要有防止由于电磁感应造成母线涡流及动热稳定问题的解决措施。同时需说明减少涡流或磁滞损耗的措施 |
| | 4 | 插接式母线槽的技术参数由有相应资质的检验、检测机构检测认定，并提供相应检测报告 |

（2）矩形铜排载流量。矩形铜排载流量见表5－7。

表5－7　　矩形铜排载流量表

| 铜母排截面 | 平放（A）25℃ | 竖放（A）25℃ | 平放（A）35℃ | 竖放（A）35℃ |
| --- | --- | --- | --- | --- |
| 15×3 | 176 | 185 | — | — |
| 20×3 | 233 | 245 | — | — |
| 25×3 | 285 | 300 | — | — |
| 30×4 | 394 | 415 | — | — |
| 40×4 | 404 | 425 | 522 | 550 |
| 40×5 | 452 | 475 | 551 | 588 |
| 50×5 | 556 | 585 | 721 | 760 |
| 50×6 | 617 | 650 | 797 | 840 |
| 60×6 | 731 | 770 | 940 | 990 |
| 60×8 | 858 | 900 | 1101 | 1160 |
| 60×10 | 960 | 1010 | 1230 | 1295 |
| 80×6 | 930 | 1010 | 1195 | 1300 |
| 80×8 | 1060 | 1155 | 1361 | 1480 |
| 80×10 | 1190 | 1295 | 1531 | 1665 |
| 100×6 | 1160 | 1260 | 1557 | 1592 |
| 100×8 | 1310 | 1425 | 1674 | 1850 |
| 100×10 | 1470 | 1595 | 1865 | 2025 |
| 120×8 | 1530 | 1675 | 1940 | 2110 |
| 120×10 | 1685 | 1830 | 2152 | 2340 |

4．新建住宅供电供配电系统插接母线的安装

新建住宅供电供配电系统插接母线的安装，应符合以下要求：

（1）检查建筑设计图纸与实际施工的楼层高差及电气竖井的净空尺寸差异，保证密集母线或预分支电缆的空间距离。

（2）检查母线规格尺寸，其参数符合检验、检测报告要求。

（3）外观检查外壳是否完整有无损坏，外壳螺栓是否松动。

（4）500V绝缘电阻表（兆欧表）遥测绝缘电阻，每节不小于10MΩ。

（5）用数字三用表测母线槽对地电阻不大于0.1Ω。

（6）插接母线垂直安装接头距地面不应小于0.7m，接头距楼板底面垂直距离不应小于0.3m。

（7）插接母线槽背面距墙边不应小于0.1m。

（8）插接母线槽单根长度不应大于3.6m。

（9）母线槽连接点不应在穿楼板处进行，以防污水、杂物进入。

（10）母线槽插接馈线电孔应设在安全可靠及安装维修方便位置，插接线安装后箱底高度不低于0.9m。

(11) 母线槽槽中心距离不小于 0.35m。边间距不小于 0.1m。

(12) 用 500V 绝缘电阻表（兆欧表）测量整条母线电阻不小于 1MΩ。

(13) 插接线与软线接地可靠。

(14) 整条母线槽有两点与地相连。

(15) 检查母线终端罩可靠。

## 二、预制分支电缆

预制分支电缆是工厂在生产主干电缆时按用户设计图纸预制分支线的电缆，是近年来的一项新技术产品。预制分支电缆的出现改变了长期在施工现场制作电缆头的历史，是低压配电系统用电线电缆的一大突破。

由于预制分支电缆具有优良的供电可靠性、良好的抗震性、气密性、防水性、施工方便性、对环境要求低、免维护保养等特点。在国内得到了迅速的推广应用。随着我国各种基础建设、房地产开发的速度加快，市场对预制分支电缆的应用种类要求不断增多，性能要求不断提高，比如从最初的普通电缆发展到耐火、无卤、低烟、阻燃等要求，由小截面发展到大截面，由最初的单芯发展到多芯，预制分支电缆的应用前景非常广阔。预制分支电缆接头如图 5－24 所示、预制分支单芯电缆接头顶端处理示意如图 5－25 所示。

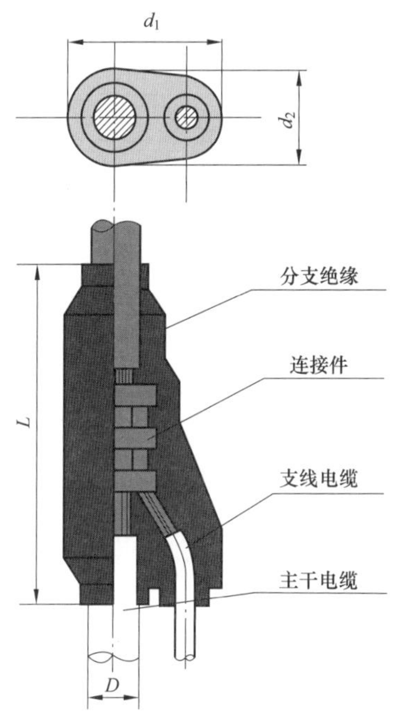

图 5－24　预制分支电缆接头

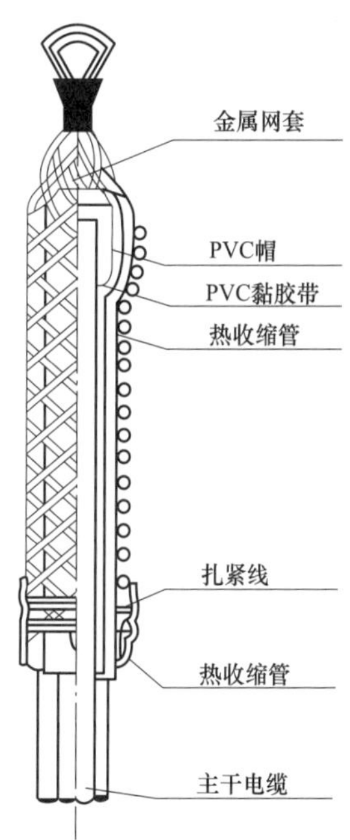


图 5－25　预制分支单芯电缆接头顶端处理示意

1. 预制分支电缆技术优势

预制分支电缆是在专业化工厂的生产流水线上，用专业的生产设备和各种专用模具进行生产和制作。制作完成后的分支接头连接处，和主、分电缆原有的外护套层有效的黏结成一个整体。因此，与传统的施工现场处理电缆分支接头或比较先进的插接母线槽技术相比，具有如下优点：

（1）分支接头的绝缘处理费用大幅度降低。

（2）现场施工费用大幅度降低。

（3）现场施工周期、时间大量缩短。

（4）现场施工人员、设备减少。施工人员技术要求条件下降。

（5）不受施工现场的空间、环境条件的限制。

（6）分支联接体的绝缘性能和电缆主体一致，绝缘性能优越，可靠性高。

（7）具有更高的抗震、防水、耐火性能。

（8）供电安全、可靠、一次有效开通率可达100%。

（9）可以方便地选择各种规格、型号、截面、长度的电缆，作为主、分支电缆任意搭配。

2. 预制分支电缆主要技术性能

预制分支电缆主要技术性能见表5-8。

**表5-8　　预制分支电缆主要技术性能**

| 序号 | 项目 | 性能要求 | | |
|---|---|---|---|---|
| 1 | 绝缘耐压 | 耐受AC3500V、5min不出现击穿 | | |
| 2 | 绝缘电阻 | ≥200MΩ | | |
| 3 | 分支接头电阻比率 | 分支接头电阻比率 $K_j \leqslant 1.2$ | | |
| 4 | 短路试验 | 短路后直流电阻比率的变化率 $y_j \leqslant 0.2$ | | |
| 5 | 热稳定试验 | 第25周期的测定值≤75℃ | | |
| | | 第26～125周期的测定值，小于第25周期的温升测定值+3℃ | | |
| 6 | 阻燃 | 15 s内自动熄灭 | | |
| 7 | 提升工具 | 抗张拉力 | 承受该预制分支电缆自重2倍的重力24h不脱落 | |
| | | 绝缘耐压 | 耐受AC 3500V、5min不出现击穿 | |
| | | 绝缘电阻 | ≥200MΩ | |
| 8 | 模制用塑料 | 常温 | 抗张拉力 | ≥10MPa |
| | | | 伸长率 | ≥120% |
| | | 加热 | 抗张拉力 | 加热前85% |
| | | | 伸长率 | 加热前80% |
| | | 耐油 | 抗张拉力 | 加热前85% |
| | | | 伸长率 | 加热前86% |
| | | 耐寒 | 试验不破碎 | — |
| | | 加热变形 | 厚度减少率 | <50% |
| 9 | 电缆吊头 | 是作为预制分支电缆在垂直安装布置时的起吊挂具，是预制分支电缆的附件，在水平布置时，则无需该附件 | | |

3. 预制分支电缆的选型及使用

（1）预制分支电缆型号、含义及电缆使用场合。预制分支电缆型号、含义及电缆使用

场合见表 5－9。

表 5－9　预制分支电缆型号、含义及电缆使用场合

| 序号 | 电缆型号及含义 | 电缆使用场合 |
|---|---|---|
| 1 | VV：聚氯乙烯绝缘，聚氯乙烯护套电力电缆 | 敷设在室内、隧道、电缆沟、管道、易燃及严重腐蚀的地方，但不能承受机械外力作用 |
| 2 | YJV：交联聚乙烯绝缘，聚氯乙烯护套电力电缆 | 敷设在室内、隧道内及管道中，可经受一定的敷设牵引，但电缆不能承受外力作用，单芯电缆不允许敷设在磁性材料管道中 |
| 3 | ZR－VV：阻燃聚氯乙烯绝缘，聚氯乙烯护套电力电缆 | 敷设在室内、隧道、电缆沟、管道、易燃及严重腐蚀的地方，但不能承受机械外力作用。特点：在明火燃烧的情况下，移动火源，≤12s 自动熄灭 |
| 4 | NH－YJV：耐火交联聚乙烯绝缘，聚氯乙烯护套电力电缆 | 敷设在室内、隧道内及管道中，可经受一定的敷设牵引，但电缆不能承受外力作用，单芯电缆不允许敷设在磁性材料管道中 |
| 5 | NH－VV：耐火聚氯乙烯绝缘，聚氯乙烯护套电力电缆 | 敷设在室内、隧道、电缆沟、管道、易燃及严重腐蚀的地方，但不能承受机械外力作用。适用于特殊要求场合，如大容量电厂、核电站、地下铁道、高层建筑等 |
| 6 | ZR－YJV：阻燃交联聚乙烯绝缘，聚氯乙燃护套电力电缆 | 敷设在室内、隧道内及管道中，可经受一定的敷设牵引，但电缆不能承受外力作用，单芯电缆不允许敷设在磁性材料管道中 |

（2）预制分支电缆的选型。

预制分支电缆的选型规则如下：

1）预制分支电缆的型号表示方法：预制分支电缆标称截面积为 10～1600mm$^2$，同时具有 1 芯单支、1 芯多支、多芯多支及多层次多支。

2）根据预制分支电缆使用场合对阻燃、耐火的要求程度，选择相应的电缆型号。

3）单芯电力电缆与三芯电力电缆相比，单芯电力电缆是相同截面三芯电力电缆载流量的 1.5 倍以上。从经济性或是从便于安装维护的角度出发，都宜选用单芯电力电缆作为预制分支电缆的主体。对于三相三线、三相四线、三相五线，可采用多根单芯电缆平行敷设。

4）根据建筑设计的总容量、采用预制分支电缆的芯数及电缆运行条件因数确定预制分支电缆截面。

5）选择适当的安装施工方式和选用预制分支电缆生产商配套提供的合适规格、型号附件。

6）根据建筑电气总体设计图确定预制分支电缆各种参数、分支接头在电缆上的准确位置尺寸。

7）绘制预制分支电缆整体图纸，在图纸上标明预制分支电缆各种参数、指标，提供预制分支电缆生产厂作为定购和生产的依据。

（3）预制分支电缆附件的规格、型号及选型见表 5－10。

表 5-10　　预制分支电缆附件的规格、型号及选型

| 序号 | 附件 | 内容 | 备注 |
| --- | --- | --- | --- |
| 1 | 吊头 | 吊头是预制分支电缆作垂直安装时，在主电缆顶端作为安装起吊用的附件。其型号表示为：用户在选型确定预制分支电缆主电缆截面后，只需在图纸上注明配备“吊头”，制造商即会按照相应的主电缆截面予以制作 | 主电缆吊挂根数代号：<br>2=2 根主缆；<br>3=3 根主缆；<br>4=4 根主缆；<br>5=5 根主缆 |
| 2 | 吊挂横梁 | 在预制分支电缆垂直安装场合下，预制分支电缆直吊后，通过挂钩和吊头，挂于该横梁上 | |
| 3 | 挂钩 | 垂直安装场合下使用。安装于吊挂横梁上，预制分支电缆起吊后挂在挂钩上 | |
| 4 | 支架 | 在预制分支电缆起吊敷设后，对主电缆进行紧固、夹持的附件 | |
| 5 | 缆夹 | 将主电缆夹持紧固在支架上。其型号表示方法如下：夹持电缆根数代号只有 2、3 两种，在实际使用中四线时是 2+2，五线时是 2+3，任意组合 | |

（4）中、高层建筑中预制分支电缆安装施工方法如下：

1）将吊钩安装在吊挂横梁上。

2）将吊挂横梁安装在预定位置。

3）在电缆井或电缆通道中，按主电缆截面不大于 300mm 的每 2m 间距，不小于 400mm 每 1.5m 间距的要求，将支架固定在建筑物上。

4）当前三项工作完成，经检查无误后开始起吊预制分支电缆。

5）起吊到预定位置后将吊头挂于挂钩之上。

6）按设计图纸上各分支电缆的走向和要求理顺方向，迅速用缆夹将主电缆紧固到支架上。

7）按设计图纸要求，将各分支电缆及主电缆分别接至已就位的各自配电柜上。

（5）预制分支电缆的安装及敷设注意事项如下：

1）预制分支电缆出厂时，分支电缆绑在主干电缆上，待主干电缆安装固定后，再将分支电缆解开。

2）安装前电缆顶端用封头帽做防水处理，再用热缩管压紧加强。

3）安装过程中应注意固定好分支电缆，避免分支电缆晃动，以保证分支接头内部压接部分接触良好。

4）埋地敷设同普通电缆相同，值得注意的是分支接头部位由于不便穿管，故应避免在易受机械外力的环境中敷设。

5）预制分支电缆垂直敷设有别于普通电缆的敷设，需配套安装附件，安装附件包括托挂器（或称为横担）、电缆支架、电缆固定线夹和上端固定用的吊头装置。

6）为防止涡流效应，单芯电缆严禁使用铁质夹具，要用马鞍塑料线夹固定。单芯电缆不能穿一根钢管，穿管时必须 A、B、C、N 四根电缆合穿一根钢管。

7）敷设前检查电缆通道，确认分支电缆是否能安全通过孔洞，制定详细的预防措施，

防止提升过程中分支部分在穿过孔洞时受损伤。

8）提升过程中不要对分支线施加张力，使用电缆重量4倍以上强度的提升绳索，电缆提升完毕后，应立即将电缆顶端的吊头固定在托挂器上，并应立即将主干电缆每隔1.5～2m的间距用固定线夹进行固定，在尽可能短的时间内将预制分支电缆的重量均匀地分布在支架上，以防电缆局部受力以及坠落受损。

9）安装完毕将电缆洞口用防火堵料进行封堵，在预制分支电缆首末端、分支处挂电缆标示牌。

（6）预制分支电缆质量验收注意事项如下：

1）检查合格证及相关技术文件和国家标准生产的产品认证标志。

2）核对主干电缆和分支电缆型号、规格、长度及电压等级是否符合设计要求。

3）电缆外观完好无损，无压扁、扭曲现象，护套无老化及裂纹，电缆封头严密。

4）耐热、阻燃电缆外保护层要有明显标识和制造厂标。

5）对电缆进行绝缘摇测，使用量程为1000V绝缘电阻表，要求电阻值不小于10MΩ。

（7）预制分支电缆分支段的短路和过载保护。预制分支电缆是一种为现代建筑度身定做、量体裁衣的专业产品，具有最佳适用性和技术经济性，但在工程设计中，往往忽略了分支段电缆的保护问题。由于分支段电缆截面一般比主电缆小，因此，当分支段电缆发生过负荷或短路时，主电缆保护系统不会动作保护，从而造成事故扩大，影响系统安全运行。在使用中，预制分支电缆分支段的短路和过负荷保护应注意的安全事项有：

1）当分支段电缆不超过3m时，可以不加保护。

2）当分支段电缆超过3m而不足8m时，未被保护的分支段电缆的电流超过主电缆载流量的35%时，可以不加保护。

3）当未被保护分支段电缆的电流超过主电缆的载流量的55%时，可以不加保护。

4）为防止分支段电缆负载设备故障，分支电缆支线配电箱中必须设置具有过负荷和短路保护功能元件，要求当分支段电缆的载流量大于保护元件的额定值时，支线配电箱中的保护元件与分支连接体间一般不超过3m。

5）当分支段电缆超过3m时，设计时应适当增大分支电缆的截面积，使得该段发生两相和三相短路时，主电缆保护总开关应瞬时或短延时脱扣。为防止联接体至支线配电箱段电缆发生故障，分支段电缆施工时应小心，不要擦伤护套和绝缘，建议敷设在阻燃的管或槽中，分支段电缆引入配电箱接头处用绝缘隔板隔开或用PVC带裹包密封，保证在端子接头处因日久绝缘老化或积尘污垢而引起短路。

## 第四节　小区户表装置

### 一、电能表的型号含义

新建住宅小区户表装置是专门用来计量某一时间段电能累计值的仪表叫作电能表，俗称电度表、火表。

电能表的型号含义见表 5－11。

表 5－11　　电能表的型号含义

| 组成 | 含义 | | 内　容 |
|---|---|---|---|
| 第一部分 | 类别代号 | | D—电能表 |
| 第二部分 | 组别代号 | 按相线 | D—单相；S—三相三线；T—三相四线 |
| | | 按用途 | B—标准；D—多功能；J—直流；X—无功；Z—最大需量；F—复费率；S—全电子式；Y—预付费；H—总耗；L—长寿命；A—安培小时计 |
| 第三部分 | 设计序号 | | 用阿拉伯数字表示，如 862、864 等 |
| 第四部分 | 改进序号 | | 用小写的汉语拼音字母表示 |
| 第五部分 | 派生号 | | T—湿热和干热两用；TH—湿热带用；G—高原用；H—船用；F—化工防腐用；K—开关板式；J—带接收器的脉冲电能表 |

## 二、电能表的分类

电能表的分类见表 5－12。

表 5－12　　电能表的分类

| 分类方法 | 种　类 |
|---|---|
| 按原理分 | 感应式和电子式两大类 |
| 按测量电能的准确度等级分 | 一般有 1 级和 2 级：1 级表示电能表的误差不超过±1%；2 级表示电能表的误差不超过±2% |
| 按附加功能分 | 多费率电能表、预付费电能表、多用户电能表、多功能电能表、载波电能表等 |

## 三、电能表的工作原理

1. 感应式电能表的工作原理

感应式电能表一般由测量机构、辅助部件和补偿调整装置组成。其中测量机构包括驱动元件、转动元件、制动元件、轴承和计度器；辅助部件包括基架、铭牌、外壳和端钮盒；补偿调整装置包括满载调整、轻载调整、相位角调整和防潜装置，有的还装有过载补偿和温度补偿装置。感应式电能表测量机构的驱动元件包括电压元件和电流元件 ，它们的作用是将被测电路的交流电压和电流转换为穿过转盘的移进磁通 ，在转盘中产生感应电流 ，从而产生驱动力矩，驱动转盘转动。感应式电能表采用电磁感应的原理把电压、电流、相位转变为磁力矩，推动铝制圆盘转动，圆盘的轴（蜗杆）带动齿轮驱动计度器的鼓轮转动，转动的过程即是时间量累积的过程。因此感应式电能表的好处就是直观、动态连续、停电不丢数据。

当把电能表接入被测电路时，电流线圈和电压线圈中就有交变电流流过，这两个交变电流分别在它们的铁芯中产生交变的磁通；交变磁通穿过铝盘，在铝盘中感应出涡流；涡流又在磁场中受到力的作用，从而使铝盘得到转矩（主动力矩）而转动。负载消耗的功率越大，通过电流线圈的电流越大，铝盘中感应出的涡流也越大，使铝盘转动的力矩就越

大。即转矩的大小跟负载消耗的功率成正比。功率越大，转矩也越大，铝盘转动也就越快。铝盘转动时，又受到永久磁铁产生的制动力矩的作用，制动力矩与主动力矩方向相反；制动力矩的大小与铝盘的转速成正比，铝盘转动得越快，制动力矩也越大。当主动力矩与制动力矩达到暂时平衡时，铝盘将匀速转动。负载所消耗的电能与铝盘的转数成正比。铝盘转动时，带动计数器，把所消耗的电能指示出来。

2. 电子式电能表的工作原理

电子式电能表运用模拟或数字电路得到电压和电流向量的乘积，然后通过模拟或数字电路实现电能计量功能。由于应用了数字技术，分时计费电能表、预付费电能表、多用户电能表、多功能电能表相继出现，进一步满足了科学用电、合理用电的需求。

电子式电能表采用的计量芯片中含有数据处理器（DSP），在它的控制下，高速模数转换器将来自电压、电流采样电路的模拟信号转换为数字信号，并对其进行数字积分运算和误差补偿，输出与能量相对应的频率信号或将能量转化为数值存在能量寄存器中。并通过一段时间内计数器的计量，显示出相应的电能计量数值。

## 四、有功与无功电能表

1. 有功电能表

电能可以转换成各种能量。如：通过电炉转换成热能，通过电动机转换成机械能，通过电灯转换成光能等。在这些转换中所消耗的电能为有功电能，而记录这种电能的电表为有功电能表。

2. 无功电能表

在具有电感（或电容）的电路里，电感（或电容）在半周期的时间里把电源的能量变成磁场（或电场）的能量储存起来，在另外半周期的时间里又把储存的磁场（或电场）能量送还给电源。把与电源交换能量的振幅值叫作无功功率，而记录这种电能的电表为无功电能表。无功电能表在电器装置本身中是不消耗能量的，但会在电器线路中产生无功电流，该电流在线路中将产生一定的损耗。无功电能表是专门记录这一损耗的，一般只有较大的用电单位才安装这种电表。

## 五、电能表的技术参数

电能表的技术参数见表 5 - 13。

**表 5 - 13　　电能表的技术参数**

| 技术参数 | 内　容 | |
|---|---|---|
| 额定频率 | 50Hz | |
| 额定电压 | 单相电能表 | 标注：220V |
| | 三相电能表 | 直接接入式三相三线：3×380V<br>直接接入式三相四线：3×380/220V |
| 标定电流 | 标明于表上作为计算负载的基数电流值：$I_b$。通常标定电流的 0.005 倍即为电能表的启动电流。一个电能表的标定电流越大，电表计量时的误差越小 | |

续表

| 技术参数 | 内　容 | |
|---|---|---|
| 额定最大电流 | 电能表能长期正常工作，误差和温升完全满足要求的最大电流值：$I_{max}$ | |
| 电能计量单位 | 有功电能表 | kWh，俗称度。表示功率1kW的用电器工作1h所消耗的电能 |
| | 无功电能表 | kvarh |
| 准确度等级 | 相对误差，用置于圆圈内的数字表示 | |
| 电能表常数 | 电能表记录的电能与转盘转数或脉冲数之间关系的比例数：r/kWh imp/kWh | |
| 电能表的计度器窗口 | 字轮计度器窗口（液晶显示窗口）：整数位和小数位不同颜色，中间小数点；各字轮有倍乘系数（无小数点时）；多功能表液晶显示有整数位和小数位两位 | |

## 六、各种电能表的功能及用途

各种电能表的功能及用途见表5-14。

**表5-14　各种电能表的功能及用途**

| 序号 | 电能表名称 | 功能及用途 |
|---|---|---|
| 1 | 多费率电能表 | 又称分时电能表、复费率表，俗称峰谷表，是近年来为适应峰谷分时电价的需要而提供的一种计量手段。它可按预定的峰、谷、平时段的划分，分别计量高峰、低谷、平段的用电量，从而对不同时段的用电量采用不同的电价，发挥电价的调节作用，属电子式或机电式电能表 |
| 2 | 预付费电能表 | 俗称卡表，用IC卡预购电，将IC卡插入表中可控制按费用电，防止拖欠电费，属电子式或机电式电能表 |
| 3 | 多用户电能表 | 一只表可供多个用户使用，对每个用户独立计费，因此可达到节省资源，并便于管理的目的，还利于远程自动集中抄表，属电子式电能表 |
| 4 | 多功能电能表 | 集多项功能于一身，属电子式电能表 |
| 5 | 载波电能表 | 利用电力载波技术，用于远程自动集中抄表，属电子式电能表 |

使用电能表时要注意，在低电压（＜500V）和小电流（几十安）的情况下，电能表可直接接入电路进行测量。在高电压或大电流的情况下，电能表不能直接接入线路，需配合电压互感器或电流互感器使用。对于直接接入线路的电能表，要根据负载电压和电流选择合适的规格，使电能表的额定电压和额定电流，等于或稍大于负载的电压或电流。若选得太小也容易烧坏电能表。

## 七、智能电表

智能电能表是智能电网的智能终端，它已经不是传统意义上的电能表，智能电表除了具备传统电能表基本用电量的计量功能以外，为了适应智能电网和新能源的使用它还具有用电信息存储、双向多种费率计量功能、用户端控制功能、多种数据传输模式的双向数据通信功能、防窃电功能等智能化的功能，智能电能表代表着未来节能型智能电网最终用户智能化终端的发展方向。

### （一）智能电能表功能及购电方式

随着国家提出建设智能电网概念之后，与之直接配套的智能电能表开始成为关注的焦

点。智能电能表是正在快速发展的电表类别，传统的智能电能表用户持IC卡到供电部门交款购电，供电部门售电管理机将购电量写入IC卡中，用户持IC卡在感应区刷非接触式IC卡（简称刷卡，下同），即可合闸供电，供电后将卡拿走。当表内剩余电量等于报警电量时，拉闸断电报警（或蜂鸣器报警），此时用户在感应区刷卡即可恢复供电；当剩余电量为零时，自动拉闸断电，用户必须再次持卡交费购电，才可以恢复用电。而新型的智能电表以实现银行及网络供电，用户可通过电力公司营业窗口，合作银行、第三方代售电机构及网络进行购电，极大地方便了用户。以网银购电为例，其购电程序如图5－26所示。

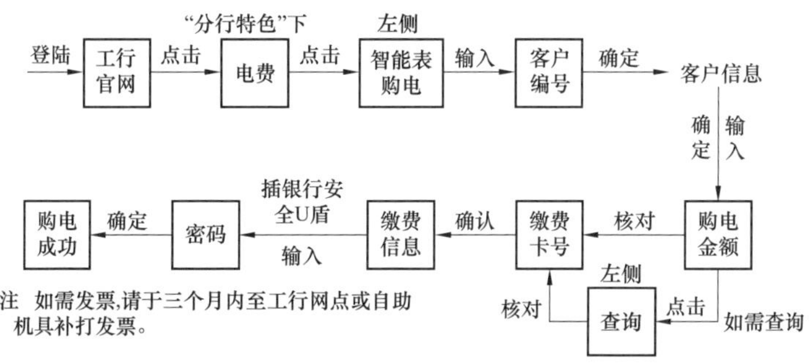


图5－26 网银购电的操作流程

### （二）单相本地费控智能电能表

单相本地费控智能电能表如图5－27所示。

#### 1. 功能与特点

单相本地费控智能电能表功能与特点如下：

（1）具有多种防窃电功能，启动电流小、无潜动、宽负荷、低功耗，误差曲线平直、长期运行时稳定性好。

（2）外形美观、体积小、重量轻、安装方便。

（3）准确度高。全电子式设计，内置进口专用芯片，精度不受频率、温度、电压，高次谐波影响。

（4）长寿命。采用SMT技术，优化的电路设计，整机出厂后无须调整电路。

（5）功耗低。采用低功耗设计，降低电网线损。

（6）预购电量，IC卡传递数据，实现数据回读。包括回读总电量、剩余电量、表内累积购电量、总购电次数等信息。

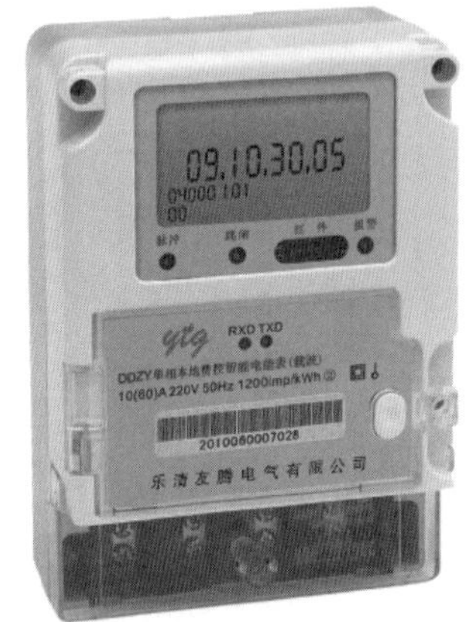


图5－27 单相本地费控智能电能表

（7）储存表常数、初始值、用户住址、姓名等信息。

（8）超负荷报警断电、剩余电量报警，提醒用户及时购电。

（9）技术参数：①采用长寿命基表，延长使用周期；②精度等级为2级；③电流量程；④功耗。

#### 2. 主要技术指标

单相本地费控智能电能表主要技术指标见表5－15。

表 5-15　单相本地费控智能电能表主要技术指标

| 序号 | 主要技术指标 | 内　容 |
|---|---|---|
| 1 | 准确度等级 | 1.0 级，符合 GB/T 17215.701—2011《标准电能表》、IEC 1036—2002 |
| 2 | 电流规格 | 5（20）A，5（30）A，10（40）A，20（80）A |
| 3 | 额定电压 | AC 220V |
| 4 | 额定频率 | 50Hz |
| 5 | 启动电流 | 0.4%$I_b$ |
| 6 | 功耗 | ≤1W |
| 7 | 环境工作条件 | −20℃～+55℃，相对湿度不超过 85%（温度+25℃） |
| 8 | 其他 | 抗电磁干扰能力强，可在恶劣电力环境下运行。采用 AD7755 芯片，稳定准确，性能可靠 |

3. IC 卡智能电能表

IC 卡智能电能表分三相智能电能表和单相智能电能表两种，用于有功电能的计量场合，由用户交费购电输入表中，电能表才能供电。一户一表一卡，卡互不通用，凭卡用电，具有预收电费、自动抄表、防窃电、卡中电量用完后自动拉闸断电等功能。同时，用户的购电信息实行微机管理，方便地进行查询、统计、收费及打印票据等。三相智能 IC 卡电能表如图 5-28 所示、单相智能 IC 卡电能表如图 5-29 所示。

产品采用了最先进的 IC 卡技术和 SMT 工艺以及专用电能计量芯片和单片微型计算机为核心部件的全电子设备，各项技术指标符合 GB/T 18460—2001《IC 卡预付费售电系统》（所有部分）的技术要求。

图 5-28　三相智能 IC 卡电能表

图 5-29　单相智能 IC 卡电能表

（1）主要功能。IC 卡智能电能表主要功能如下：

1）预付费功能。预收电费，剩余电量为零时自动拉闸断电。

2）合闸拉闸方式。内附开关和外附控电开关两种规格。

3）记忆功能。断电情况下表内数据可保存 10 年。

4）显示功能。双显示，计度器显示累计用电量，LED 显示器显示剩余电量及其他

信息。

5）能够检测出普通电能表无法检测的流量（例如插座、接线板等），准确计费。

6）智能调价模式可以针对用电过多的用户进行智能调价，以达到节能减排的作用。

（2）主要特点。IC 卡智能电能表主要特点如下：

1）报警功能。当剩余电量小于报警电量时，电能表常显剩余电量提醒用户购电。

2）数据保护。数据保护采用全固态集成电路技术，断电后数据可保持 10 年以上。

3）电量提示。当表中剩余电量等于报警电量时，跳闸断电一次，用户需插入 IC 卡，可恢复供电，用户此时应及时购电。

4）自动断电。当电能表中剩余电量为零时，电能表自动跳闸，中断供电，用户此时应及时购电。

5）回写功能。电能卡可将用户的累计用电量、剩余电量、过零电量回写到售电系统中便于管理部门的统计管理。

6）用户抽检功能。售电软件可提供数据抽检用电量并根据要求提供优先抽检的用户序列。

7）电量查询。插入 IC 卡依次显示总购电量、购电次数、上次购电量、累计用电量、剩余电量。

8）防窃电功能。一表一卡不可复制，逻辑加密，有效防止技术性窃电。

9）过压保护功能。当实际用电负荷超过设定值时，电表自动断电，插入用户卡，恢复供电。

10）低功耗。采用最新设计和 SMT 先进生产工艺。

（3）主要技术指标。IC 卡智能电能表主要技术指标见表 5－16。

**表 5－16　　IC 卡智能电能表主要技术指标**

| 序号 | 主要技术指标 | 内　容 | |
|---|---|---|---|
| 1 | 准确度等级 | 1.0 级，基本误差、启动电流、潜动符合国标要求 | |
| 2 | 电流规格 | 2.5（10）A、5（20）A、10（40）A、20（80）A、30（120）A | |
| 3 | 电表常数 | 1600imp/kWh、800imp/kWh | |
| 4 | 功耗 | <1.0W | |
| 5 | 其他技术 | 非接触式（射频）IC 卡专利技术 | 采用世界上最先进的射频 IC 卡及基站技术，全密封、非接触，防潮、防水、防攻击、防窃电、抗磁、抗干扰性能好 |
| 6 | | 数据纠错技术 | 表内每个数据存放在五处，若万一数据出错，则另外几处可对其进行纠错，从而做到数据绝对可靠，万无一失 |

（4）IC 卡智能电能表在安装时，安装位置应保持垂直，并按接线图接入。其安装使用方法如下：

1）打开电能表端钮盒盖，然后按接线图连接各端钮接线，接通电源。

2）用户将预购电量 IC 卡按卡上箭头方向（金属触点面向左）插入表内，显示器首先显示 F1 而后显示本次所购电量，再稳定显示 F2 而后显示器显示原剩余电量加上新购电量之和为当前剩余电量，此时可取下 IC 卡，显示熄灭（如表中剩余电量低于显示报警电量时显示器常亮，表中原剩余电量与购电卡中电量之和大于 9999kWh 时，卡内电量不被输入电表，仍保存在卡内）。

3）当用户用电时，示灯会随之闪亮。

4）IC 卡智能电能表在正常使用过程中，自动对所购电量作递减计算。当电能表内剩余电量小于 20kWh 时，显示器显示当前剩余电量提醒用户购电。当剩余电量等于 10kWh 时，停电一次提醒用户购电，此时用户需将 IC 卡插入电能表一次恢复供电。当剩余电量为零时，停止供电。

5）一表一卡，用户每次新购电量后，只能插入自己的电表输入一次有效电量。

6）IC 卡智能电能表显示器通常不亮，如果用户需要检查剩余电量，可以将 IC 卡插入电表，则显示 F1 购买电量显示零、F2 剩余电量，拔卡显示熄灭。

7）用户每次将 IC 卡插入智能电能表，电表都将用户用电情况全部返写在 IC 卡上，用户下次购电时，售电管理系统读取 IC 卡数据汇总并检查用户是否合法用电。用电检查人员也可以使用检查卡，检查用户用电情况。

8）供电管理部门根据实际情况设置用户的最大用电负荷。当实际用电负荷超过设置值时，停止供电，电表显示器显示“E2”，提醒用户减少用电负荷，用户需将 IC 卡插入电表后恢复供电。

## 八、集抄电子表

### 1. 集中抄表系统

（1）集中抄表系统原理和组成。集中抄表系统是专门针对民用电网情况而设计采用先进的数据调制解调技术，在通信性能上有了本质的提高。

集中抄表系统是通过低压电力载波技术或 GPRS/CDMA 通信方式和连接到用户电表的数据采集器（采集模块）或采集终端，利用现有的电力线作为通道服务器来实现广泛区域的自动抄表工作；同时系统具有较强的兼容性和可扩充性。如果用户已有现成的局域自动抄表网络，集中抄表系统的“主站”可作为一个工作站来看待，对于一个较大的电力公司，便可以设置多个“主站”而同时每个主站对于整个系统而言，具有统一性和相对独立性。

集中器是以配电变压器为单位而设置的，这样每个配电台区就是一个子系统，而集中器则是这个子系统的主站端。集中器经低压电力线管理低压侧的所有设备（采集模块和采集终端）。

系统提供灵活的构建方式，对于电表分散安装的场合采用采集模块方式，而电表集中的安装场合（多个电表安装在一个计量箱内）采用采集终端方式，可适当降低成本（采用此方式电表必须有脉冲输出的电表）。系统还可支持两种方式的混装。用户可根据需要来组建自己需要的系统。图 5-30 所示为电表分散安装场合的集中抄表系统构建方式。

（2）集中抄表系统的特点如下：

1）抄表系统无需特定的网络通信电缆，而是直接采用低压电力载波作为前端数据采集的通信方式，不但可以减少铺设网络电缆的工作和费用，同时还能使电力公司的资源得到充分利用。

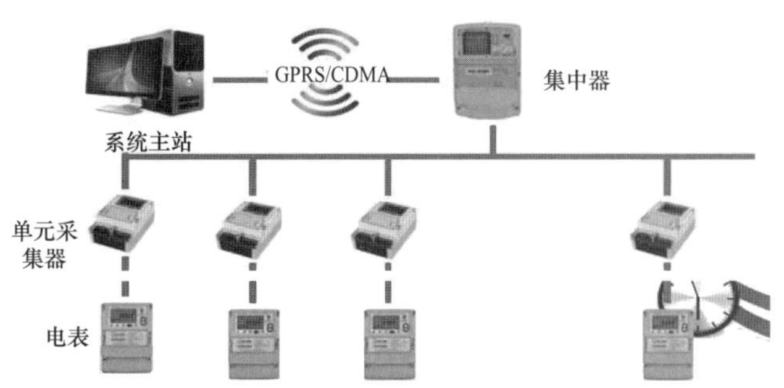

图 5－30 电表分散安装场合的集中抄表系统构建方式

2）无人自动抄表工作，避免人为抄表过程中出现的失误。

3）提高供电部门的服务质量和工作效率。

4）及时为供电部门提供最新数据，为各种决策提供数据依据。

5）系统具有很强的灵活性和可扩充性。

2. 集中器装置

集中器装置是依据国家电网公司建设电力用户用电信息采集系统的要求，结合在电力行业多年设计、开发和现场运行经验，基于嵌入式软硬件平台设计的新一代集中抄表设备。集中器可收集采集器或电能表的数据，并进行处理、储存；同时实现和主站系统及手持掌机设备进行数据交换。集中器装置如图 5－31 所示。

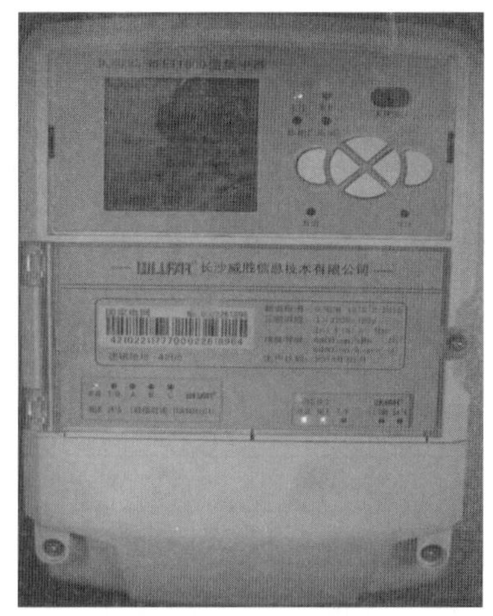
图 5－31 集中器装置

(1) 集中器装置功能特点见表 5－17。

**表 5－17　　集中器装置功能特点**

| 序号 | 装置功能 | 特　点 |
|---|---|---|
| 1 | 上行通道 | 支持 RJ45 以太网接口、RS485 或 GPRS 通信接口（可选）。可直接与主站管理系统进行数据交换 |
| 2 | 下行通道 | 支持 1 路 RS485 通信接口、1 路电力线载波通信接口、1 路直流模拟量接口 |
| 3 | 本地接口 | 支持 1 路 RS232 通信接口、1 路 USB 接口、1 路 RS485 通信接口、1 路红外通信接口 |
| 4 | 负载能力 | RS485 接口最大可负载 32 只电能表数据采集。一路电力线载波通信接口最大可负载 1000 只电能表数据采集，载波通道支持美国 Echelon、青岛东软、青岛鼎信等主流厂家载波芯片 |
| 5 | 交流采样功能 | 有功准确度等级 1 级，无功准确度等级 2 级（仅作为考核参考使用） |
| 6 | 现场维护功能 | 可通过 RS485 通信接口、RS232 通信接口或红外通信接口进行参数设置等维护工作，也可现场抄读电能量数据 |

续表

| 序号 | 装置功能 | 特　　点 |
|---|---|---|
| 7 | 数据采集功能 | 可分类采集电能表的电能量数据，采集的数据类型包括总及各费率电能量数据、电压电流瞬时量数据、最大需量数据等。在规定时间内未采集到的数据，能够自动进行补抄 |
| 8 | 数据管理功能 | 根据主站的设置，可存储每个电能表31个日零点（次日零点）冻结电能数据，12个月末零点（每月1日零点）冻结电能数据，12个抄表日冻结数据、10个重点用户10天的24个整点电能数据，以及256条重要事件、256条一般事件记录 |
| 9 | 监控功能 | 可记录电能表运行状况，当电能表发生参数变更、时钟超差或电能表故障等状况时，生成事件并记录发生时间和异常数据 |
| 10 | 支持远程或本地在线升级功能 | 远程升级支持断点续传方式，若程序升级不成功，则集中器可按原有程序进行运行；也可使用U盘进行本地程序升级、程序备份、参数设置、参数备份。具有停电事件上报功能，集中器掉电后，由集中器内置电池供电，上报停电事件 |

**注**　集中器装置的型号不同，功能特点也不尽相同。以上为DJGZ23－ZTY666集中器装置的功能特点。使用中，以现场设备为准。

（2）集中器装置应用范围。主要适用于低压居民用户自动抄表系统的建设。

（3）集中器装置的技术参数见表5－18。

**表5－18　　集中器装置的技术参数**

| 序号 | 参　数 | 规　格 |
|---|---|---|
| 1 | 准确度等级 | 有功1级、无功2级 |
| 2 | 参比电压$U_n$（V） | 3×220×380 |
| 3 | 参比电流$I_n$（A） | 3×1.5（6） |
| 4 | 参比频率（Hz） | 50 |
| 5 | 有功脉冲常数（imp/kWh） | 6400 |
| 6 | 无功脉冲常数（imp/kvarh） | 6400 |
| 7 | 规定的电压工作范围 | $0.9U_n$～$1.1U_n$ |
| 8 | 扩展的电压工作范围 | $0.8U_n$～$1.2U_n$ |
| 9 | 功耗 | 有功功率：≤10W；视在功率15VA |
| 10 | 时钟电池容量（Ah） | ≥1.2 |
| 11 | 断电数据及时钟保持时间（年） | ≥10 |
| 12 | 支持电能表数量（只） | 2040 |
| 13 | 交流采样模块费率 | 4 |

**注**　集中器装置的型号不同，技术参数也不尽相同。以上DJGZ23－ZTY666集中器装置的技术参数。使用中，以现场设备参数为准。

3. 集抄电子表

（1）集抄电子表主要功能。

1）电能计量功能。集抄电子表的电能计量功能见表5－19。

表 5-19　　集抄电子表的电能计量功能

| 序号 | 电能计量功能 | 特　点 |
|---|---|---|
| 1 | 计量参数 | 具有正、反向组合有功电能的计量功能，组合有功电能可由正反向有功电能进行选择性组合 |
| 2 | 分时功能 | 具有分时计量功能，有功电能量按相应的时段分别累计、存储总、尖、峰、平、谷电能量 |
| 3 | 测量功能 | 能测量电压、电流（包含零线），有功功率以及功率因数等电网参数 |
| 4 | 数据存储 | 能存储上 12 个月的总电能和各费率电能量。数据存储分界时刻为月末 24 时，或在每月 1～28 日内的整点时刻 |
| 5 | 显示功能 | 采用液晶显示电能量 |

2）防窃电功能。集抄电子表的防窃电功能如下。开盖记录功能，记录开表盖总次数，防止非法更改电路；反向电量计入正向电量，用户如将电流线接反，不具有窃电作用，电表照样正向走字；具有记录编程、掉电、校时、跳闸等事件发生的时刻以及事件发生时电能表状态，防止用户更改电表数据；具有冻结和报警功能；如发生以上情况，电表会出现报警标志。

集抄电子表如图 5-32 所示。

图 5-32　集抄电子表

(2) 集抄电子表抄表方式见表 5-20。

表 5-20　　集抄电子表抄表方式

| 序号 | 抄表方式 | 抄 表 内 容 |
|---|---|---|
| 1 | 现场抄表 | 通过电表上的按键，可在液晶屏上查询到电表每月的用电数据。但不可以查询到每日、每小时、每分钟间隔保存的数据 |

续表

| 序号 | 抄表方式 | 抄表内容 |
|---|---|---|
| 2 | 手持红外抄表机抄表 | 通过手持红外抄表机，可读取电表的各项数据，包括每月、每小时、每分钟数据 |
| 3 | 远程抄表 | RS485通信口和载波通信接口抄表，配合抄表系统，可抄读到每月、每小时等数据用电数据，并保存绘制曲线图、柱状图、表格等。可查询到用户的窃电记录，还可估算电表的电流规格或电流互感器的电流规格是否选配合理。这一系统还可实现用户先交电费再用电功能，但需要有跳闸功能的电表配合才能使用这一功能 |

## 九、新建住宅小区户表安装

1. 每套住宅用电负荷设计功率的估算

依据JGJ 242—2011《住宅建筑电气设计规范》，对每套住宅用电负荷设计功率的估算方法如下：

（1）当每套住宅建筑面积大于150m$^2$时，超出面积可按40～50W/m$^2$计算用电负荷。

（2）每套住宅用电负荷不超过12kW时，宜采用单相电源进户，每套住宅应至少配置一块单相电能表。

（3）每套住宅用电负荷超过12kW时，宜采用三相电源进户，电能表应能按相序计量。

（4）当住宅有三相用电设备时，三相用电设备应配置三相电度表计量；套用单相用电设备按相序计量。

2. 家用电能表的选择

每套住宅用电负荷和家用电能表的选择不宜低于表5-21的各项要求。

**表5-21　每套住宅用电负荷和家用电能表的选择**

| 套型 | 建筑面积S（m$^2$） | 用电负荷（kW） | 电能表（单相）（A） |
|---|---|---|---|
| A | $S\leqslant 60$ | >4 | 10（20） |
| B | $60<S\leqslant 90$ | >6 | 10（40） |
| C | $90<S\leqslant 150$ | >8 | 10（60） |

注　1. 三相家用电能表的选择应根据设计及小区供电情况予以采用。
2. 超出的建筑面积可按40～50W/m$^2$计算。

3. 家用电能表的安装位置

家用电能表的安装位置的选择，应符合以下要求：

（1）家用电能表应安装于室外。

（2）对于低层住宅和多层住宅，家用电能表应按住宅单元集中安装。

（3）对于中、高层住宅和高层住宅，家用电能表应按楼层集中安装。

（4）家用电能表安装在公共场所时，暗装箱底距地宜为1.5m，明装箱底距地宜为1.8m；安装在电气竖井内的家用电能表装箱宜明装，箱的上沿距地不宜高于2.0m。

4. 家用电能表的安装与接线

(1) 单相单表位的安装与接线。

1) 单相单表位计箱的内部接线如图 5－33 所示。

2) 单相单表位计箱的接线要求如下：

a. 电能表的出线侧应安装额定电流为 63A/2P 两极具备速断和过流保护的断路器。

b. 电能表箱内的线径要求 $\phi$10mm BV 铜芯聚氯乙烯绝缘导线 300/500V（JB/T 8734.2—2012《额定电压 450/750V 及以下聚氯乙烯绝缘电缆电线和软线第 2 部分：固定布线用电缆电线》）。

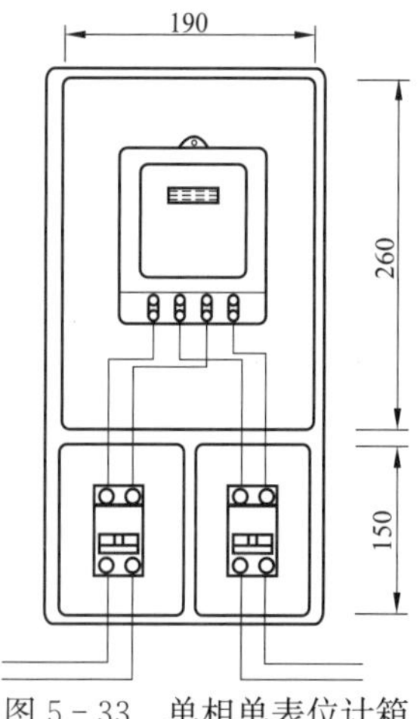

图 5－33　单相单表位计箱的内部接线

(2) 单相 4 表位表计箱的安装与接线。

1) 单相 4 表位表计箱的内部接线如图 5－34 所示。

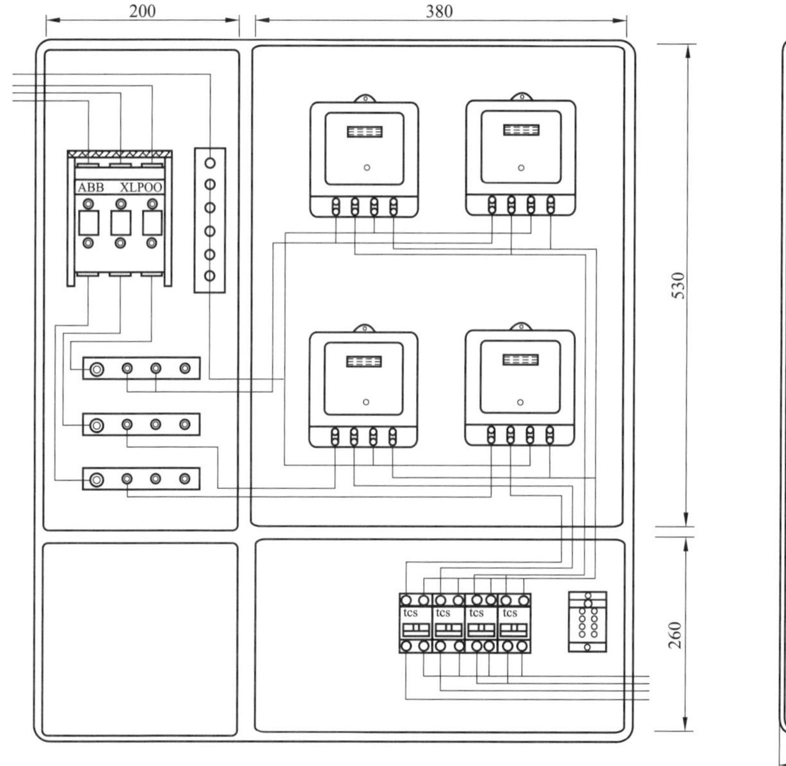

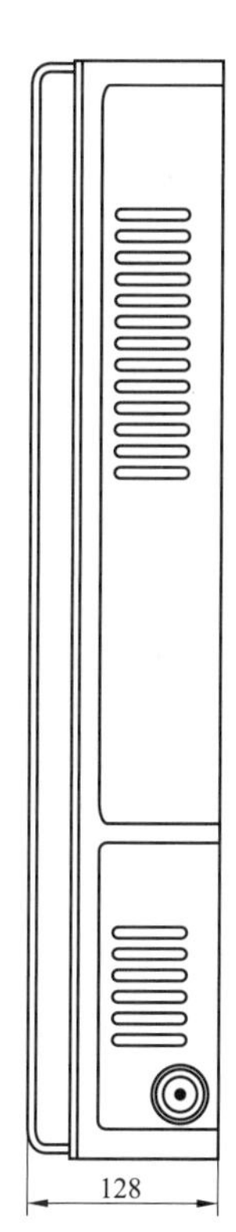

图 5－34　单相 4 表位表计箱的内部接线

2) 单相 4 表位表计箱的接线要求如下：

a. 进线总开关选用 160A/3P 刀熔开关。

b. 总开关后的电缆进行分线时，必须采用 30mm×3mm 铜排接线。

c. 电能表的出线侧应安装额定电流为 63A/2P 两极具备速断和过电流保护的断路器。

d. 分线端子排与电能表、电能表与断路器之间的线径要求 $\phi$10mm BV 铜芯聚氯乙烯绝缘导线 300/500V（JB/T 8734.2—2012）。

(3) 单相 6 表位表计箱的安装与接线。

1) 单相 6 表位表计箱的内部接线如图 5-35 所示。

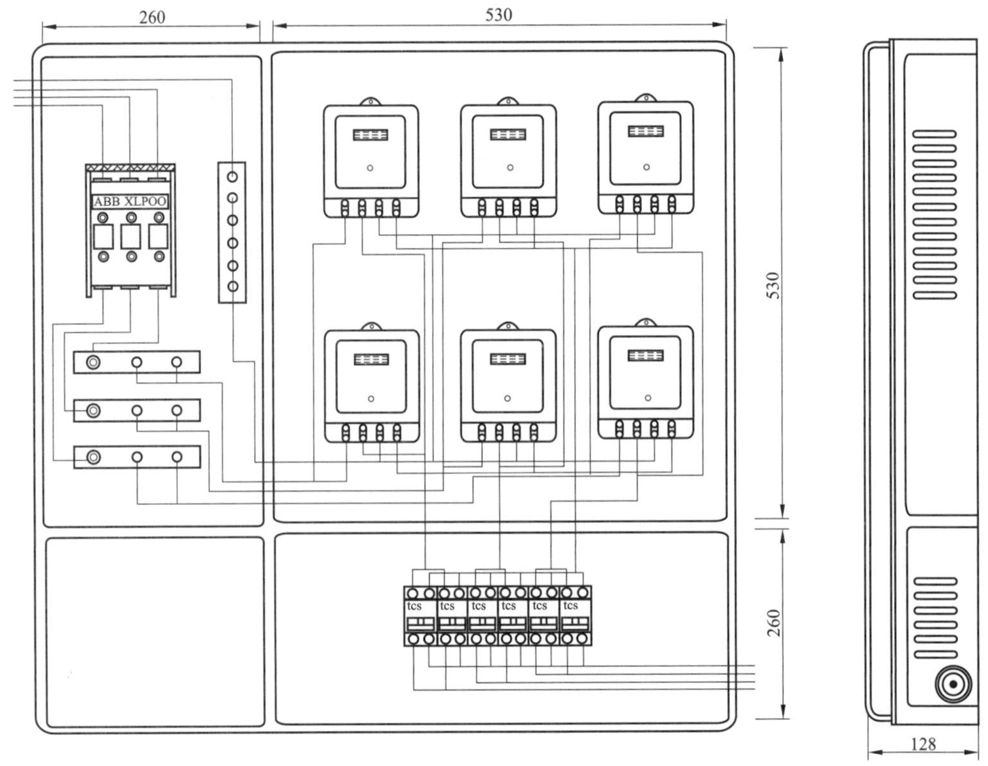


图 5-35 单相 6 表位表计箱的内部接线

2) 单相 6 表位表计箱的接线要求如下:

a. 进线总开关选用 160A/3P 刀熔开关。

b. 总开关后的电缆进行分线时,必须采用 30mm×3mm 铜排接线。

c. 电度表的出线侧应安装额定电流为 63A/2P 两极具备速断和过电流保护的断路器。

d. 分线端子排与电能表、电能表与断路器之间的线径要求 $\phi$10mm BV 铜芯聚氯乙烯绝缘导线 300/500V (JB/T 8734.2—2012)。

(4) 三相单表位计箱的接线。

1) 三相单表位计箱的内部接线如图 5-36 所示。三相单表位计箱的结构如图 5-37 所示。

2) 三相单表位计箱的接线要求如下:

a. 电能表的出线侧应安装额定电流为 63A/3P+N 三极具备速断和过电流保护的断路器。

b. 电能表与断路器之间的线径要求 $\phi$10mm BV 铜芯聚氯乙烯绝缘导线 300/500V (JB/T 8734.2—2012)。

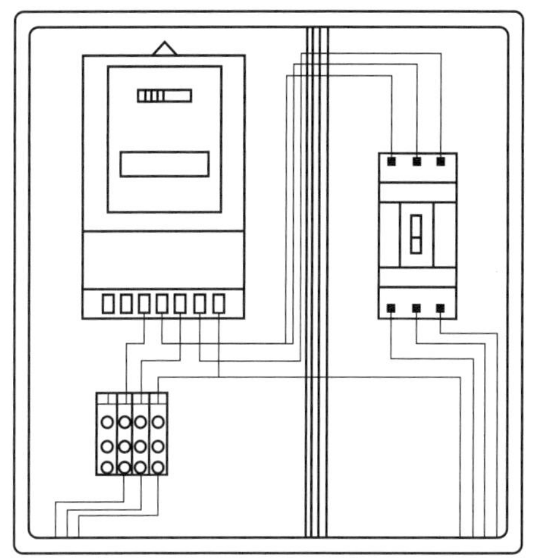

图 5-36　三相单表位计箱的内部接线

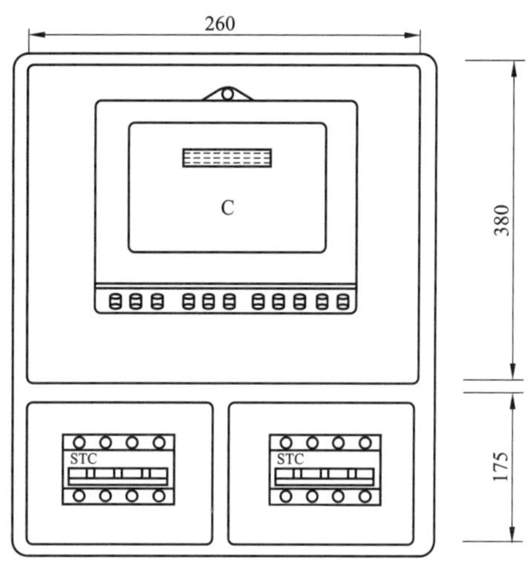


图 5-37　三相单表位计箱的结构

# 第六章

# 新建住宅小区家庭住宅电气安装工程

## 第一节　家庭住宅配电系统的配置原则

### 一、住宅建筑电气线路的设计

1. 电气线路容量的设计

电气线路容量（配电回路数、导线截面、插座数量、开关容量等）的设计，应留有裕量，一般新建住宅的设计寿命为 50 年，因此电气设计至少要考虑到未来二三十年负荷增长的需要。住宅楼电气线路设计绝大多数采取暗管，如果考虑到造价，电源线的线径不增加裕量，那么敷设的暗管至少要加大 1～2 挡管径。

2. 配电回路数量的设计

配电回路不能过少，如果配电回路少，每个回路的负荷电流增加，会导致线路发热加剧，电压质量变差，影响家用电器的性能和寿命。导线的使用寿命与工作温度成一定的反比关系，允许工作温度为 70℃的塑料导线，其工作温度每超过 8℃，绝缘使用寿命将减少一半左右，而绝缘老化将导致导线寿命缩短、短路和火灾增多。

### 二、住宅建筑电源布线的实施原则

1. 住宅建筑电源布线系统的一般要求

住宅建筑电源布线系统的一般要求如下：

(1) 电源布线系统宜考虑电磁兼容性和对其他弱电系统的影响。

(2) 住宅建筑配电线路的直敷布线、金属线槽布线、矿物绝缘电缆布线、电缆桥架布线、封闭式母线布线的设计应符合现行行业标准 JGJ 242—2011《住宅建筑电气设计规范》规定。

(3) 住宅建筑应采用高效率、低能耗、性能先进、耐用可靠的电气装置，并应优先选择采用绿色环保材料制造的电气装置。

(4) 住宅套内同一面墙上的暗装电源插座和各类信息插座宜统一安装高度。

(5) 住宅建筑常用设备电气装置的设计应符合现行行业标准 JGJ 242—2011《住宅建筑电气设计规范》有关规定。

2. 住宅建筑电源布线系统的导管布线实施原则

住宅建筑电源布线系统的导管布线实施原则如下：

(1) 住宅建筑套内配电线路布线可采用金属导管或塑料导管。暗敷的金属导管管壁厚

度不应小于 1.5mm，暗敷的塑料导管管壁厚度不应小于 2.0mm。

(2) 潮湿地区的住宅建筑及住宅建筑内的潮湿场所，配电线路布线宜采用管壁厚度不小于 2.0mm 的塑料导管或金属导管。明敷的金属导管应做防腐、防潮处理。

(3) 敷设在钢筋混凝土现浇楼板内的线缆保护导管最大外径不应大于楼板厚度的 1/3，敷设在垫层的线缆保护导管最大外径不应大于垫层厚度的 1/2。线缆保护导管暗敷时，外护层厚度不应小于 15mm。消防设备线缆保护导管暗敷时，外护层厚度不应小于 30mm。

(4) 当电源线缆导管与采暖热水管同层敷设时，电源线缆导管宜敷设在采暖热水管的下面，并不应与采暖热水管平行敷设。电源线缆与采暖热水管相交处不应有接头。

(5) 与卫生间无关的线缆导管不得进入和穿过卫生间。卫生间的线缆导管不应敷设在 0、1 区内，并不宜敷设在 2 区内。

(6) 净高小于 2.5m 且经常有人停留的地下室，应采用导管或线槽布线。

## 三、住宅配电箱的配置原则

1. 住宅配电箱的设置

住宅配电箱的设置原则见表 6-1。

**表 6-1　住宅配电箱的设置原则**

| 序号 | 设置原则 | 内容 | 备注 |
|---|---|---|---|
| 1 | 住宅配电箱的设置数量及安装位置 | 每套住宅应设置不少于一个家居配电箱，家居配电箱宜暗装在套内走廊、门厅或起居室等便于维修维护处 | 住宅配电箱应装设同时断开相线和中性线的电源进线开关电器，供电回路应装设短路和过负荷保护电器。连接手持式及移动式家用电器的电源插座回路应装设剩余电流动作保护器 |
| 2 | 住宅配电箱的设置高度 | 配电箱的箱底距地高度不应低于 1.6m | |
| 3 | 新建住宅小区的家居配电箱的建议高度 | 在新建住宅小区的住宅配电箱中，因为出线回路多又增加了自恢复式过、欠电压保护电器，单排箱体可能满足不了使用要求。而将改单排箱体成双排箱体，箱体相应增大。如果改成双排，住宅配电箱底距地 1.8m，位置偏高不好操作。单排住宅配电箱暗装时箱底距地宜为 1.8m，双排住宅配电箱暗装时箱底距地宜为 1.6m；住宅配电箱明装时箱底距地应为 1.8m | 柜式空调及分体式空调的电源插座回路宜装设剩余电流动作保护器 |

2. 住宅配电箱的配置

住宅配电箱的供电回路最基本的配置原则如下：

(1) 每套住宅应设置不少于一个照明回路。

(2) 装有空调的住宅应设置不少于一个空调插座回路。

(3) 厨房应设置不少于一个电源插座回路。

(4) 装有电热水器等设备的卫生间，应设置不少于一个电源插座回路。

(5) 除厨房、卫生间外，其他功能房应设置至少一个电源插座回路，每一回路插座数量不宜超过 10 个（组）。

## 四、住宅电源插座的配置

1. 住宅电源插座的配置原则

住宅电源插座的配置原则如下：

(1) 空调插座的设置应按工程需求预留；如果住宅建筑采用集中空调系统，空调的插座回路应改为风机盘管的回路。

(2) 三居室及以下的住宅宜设置一个照明回路，三居室以上的住宅且光源安装容量超过 2kW 时，宜设置两个照明回路。

(3) 起居室等房间，使用面积 $S \geqslant 30m^2$ 时，宜预留柜式空调插座回路。

(4) 起居室、卧室、书房且使用面积 $S < 30m^2$ 时宜预留分体空调插座。使用面积 $S < 20m^2$时，每一回路分体空调插座数量不宜超过 1 个。使用面积 $S > 20m^2$ 时，每一回路分体空调插座数量不宜超过 2 个。

(5) 如双卫生间均装设热水器等大功率用电设备，每个卫生间应设置不少于一个电源插座回路，卫生间的照明宜与卫生间的电源插座同回路。

(6) 如果住宅套内厨房、卫生间均无大功率用电设备，厨房和卫生间的电源插座及卫生间的照明可采用一个带剩余电流动作保护器的电源回路供电。

2. 住宅电源插座的配置

(1) 每套住宅电源插座的数量设置。每套住宅电源插座的数量应根据套内面积和家用电器设置，且应符合表 6－2 的规定。

**表 6－2　　电源插座的设置要求及数量**

| 序号 | 名称 | 设置要求 | 数量 |
|---|---|---|---|
| 1 | 起居室（厅）、兼起居的卧室 | 单相两孔、三孔电源插座 | ≥3 |
| 2 | 卧室、书房 | 单相两孔、三孔电源插座 | ≥2 |
| 3 | 厨房 | IP54 型单相两孔、三孔电源插座 | ≥2 |
| 4 | 卫生间 | IP54 型单相两孔、三孔电源插座 | ≥1 |
| 5 | 空调器、电热水器、排风机 | 单相三孔电源插座 | ≥1 |
| 6 | 冰箱、排油烟机、 | 单相三孔电源插座 | ≥1 |
| 7 | 洗衣机、微波炉 | IP54 型单相三孔电源插座 | ≥1 |

(2) 每套住宅电源插座的容量选择原则如下：

1) 起居室（厅）、兼起居的卧室、卧室、书房、厨房和卫生间的单相两孔、三孔电源插座宜选用 10A 的电源插座。

2) 洗衣机、冰箱、排油烟机、排风机、空调器、电热水器等单台单相家用电器，应根据其额定功率选用单相三孔 10A 或 16A 的电源插座。

3) 单台单相家用电器额定功率为 2～3kW 时，电源插座宜选用单相三孔 16A 电源插座；单台单相家用电器额定功率小于 2kW 时，电源插座宜选用单相三孔 10A 电源插座。

4) 家用电器因其负载性质不同、功率因数不同，所以计算电流也不同，同样是 2kW，电热水器的计算电流约为 9A，空调器的计算电流约为 11 A。容量选择时应根据家用电器

的额定功率和特性选择10A、16A或其他规格的电源插座。

3. 住宅电源插座的防护等级及安装技术要求

住宅电源插座的防护等级及安装技术要求如下：

(1) 洗衣机、分体式空调、电热水器及厨房的电源插座宜选用带开关控制的电源插座。

(2) 未封闭阳台及洗衣机应选用防护等级为IP54型电源插座。

(3) 新建住宅建筑的套内电源插座应暗装，起居室（厅）、卧室、书房的电源插座宜分别设置在不同的墙面上。

(4) 分体式空调、排油烟机、排风机、电热水器电源插座底边距地不宜低于1.8m。厨房电炊具、洗衣机电源插座底边距地宜为1.0～1.3m。柜式空调、冰箱及一般电源插座底边距地宜为0.3～0.5m。

(5) 考虑到厨房吊柜及操作柜的安装，厨房的电炊插座安装在1.1m左右比较方便，考虑到厨房、卫生间瓷砖、腰线等安装高度，将厨房电炊插座、洗衣机插座、剃须插座底边距地定为1.0～1.3m。

(6) 住宅建筑所有电源插座底边距地1.8m及以下时，应选用带安全门的产品。

(7) 对于装有淋浴或浴盆的卫生间，电热水器电源插座底边距地不宜低于2.3m，排风机及其他电源插座宜安装在3区。

## 五、住宅电源的防短路、过负荷及防触电保护措施

为了家庭用电设备及人身安全，国家制定的相关规范中，对住宅电源的防短路、过负荷及防触电保护措施提出了要求，具体措施如下：

(1) 住宅配电箱应装设同时断开相线和中性线的电源进线开关电器，供电回路应装设短路和过负荷保护电器，连接手持式及移动式家用电器的电源插座回路应装设剩余电流动作保护器。

(2) 每套住宅可在电表箱或住宅配电箱处设电源进线短路和过负荷保护，一般情况下一处设过流、过载保护，一处设隔离器，但住宅配电箱里的电源进线开关电器必须能同时断开相线和中性线，单相电源进户时应选用双极开关电器，三相电源进户时应选用四极开关电器。

(3) 根据JGJ 242—2011《住宅建筑电气设计规范》第8.5.3条规定“家居配电箱应装设可同时断开相线和中性线的开关电器”。

(4) 住宅配电箱内应配置有过电流、过负荷保护的照明供电回路、电源插座回路、空调插座回路、电炊具及电热水器等专用电源插座回路。除壁挂分体式空调器的电源插座回路外，其他电源插座回路均应设置剩余电流动作保护器，剩余动作电流不应大于30mA。

(5) 柜式空调的电源插座回路应装设剩余电流动作保护器（漏电保护器），分体式空调的电源插座回路宜装设剩余电流动作保护器。

(6) 新建住宅楼的住宅用电容量要和用电负荷能力相符，不要盲目装接大功率电气设备。以避免因超过该户的用电负荷能力，而造成线路的老化及过负荷造成火灾事故。

(7) 为了确保用电安全，对小孩能触及的插座，应选择带保护板的插座，避免小孩把

金属物体塞进插座内造成电击。

(8) 住宅用电设备，尤其是插座、电加热器淋浴等不要选用“三无”产品，避免造成人身伤害事故。

## 六、住宅配电接线的基本原则

1. 住宅配电接线的基本原则

根据 JGJ 242—2011《住宅建筑电气设计规范》的规定，住宅配电接线的基本原则见表 6 - 3。

表 6 - 3　住宅配电接线的基本原则

| 序号 | 项目 | 接线要求 |
|---|---|---|
| 1 | 照明回路的接线 | 照明应分成几个回路，这样一旦某一回路的照明灯出现短路故障，也不会影响到其他回路的照明 |
| 2 | 照明、插座回路的接线 | 住宅配电接线时将照明、插座回路分开。把照明与插座回路分开的好处是：如果插座回路的电气设备发生故障，仅此回路的电源中断，不会影响照明回路的工作，从而便于对故障回路进行检修；反之，若照明回路出现短路故障，不会影响插座回路的电源 |
| 3 | 浴室灯具及插座回路的接线 | 插座及浴室灯具回路必须采取接地保护措施，浴室插座除采用隔离变压器供电可以不要接地外，其他插座则必须用三极插座。浴室灯具的金属外壳必须接地 |
| 4 | 空调、电热水器等大容量电器设备的接线 | 对空调、电热水器等大容量电器设备，宜一个设备设置一个回路，如果合用一个回路，当它们同时使用时，导线易发热，即使不超过导线允许的工作温度，也会降低导线绝缘的寿命。此外，加大导线的截面可大大降低电能在导线上的损耗 |

2. 住宅配电接线的接地措施

住宅配电接线的接地措施如下：

(1) 新建住宅楼的住宅配电接线的接地线应接入建筑的接地线上，而不能用自来水管作为接地线。以避免因触及带电的自来水龙头而造成人身伤害。

(2) 新建住宅楼的住宅浴室配电接线应采用等电位联结。浴室是潮湿环境，人体即使触及 50V 以下的安全电压，也有遭电击的可能。所谓等电位联结，就是把浴室内所有金属物体（包括金属毛巾架、铸铁浴缸、自来水管等）用接地线连成一体，且可靠接地。

(3) 接地制式应和电源系统相符。电气设计前，必须先了解用户电源来自何处，以及该电源的接地制式。接地保护措施应与电源系统一致。

(4) 为了保证接地措施的可靠性，住宅配电的每个回路应设置单独的接地线。

(5) 有了漏电保护，也应有接地保护。当剩余电流动作保护器出现故障时，接地保护仍能起到保护作用。但剩余电流动作保护器的输出中性线不准碰地，否则，剩余电流动作保护器无法合闸。

(6) 有了良好的接地装置，每户仍应配置漏电开关。当发生电气设备外壳带电时，接地装置的接地电阻再小，在故障未解除前，设备外壳对地电位是存在的，有电击可能。若

采用剩余电流动作保护器，只要漏电电流大于30mA，在0.1s时间内就可使电源断开。

3. 住宅室内强电系统基本回路分配原则

住宅室内强电系统基本回路分配原则见表6-4。

**表6-4　住宅室内强电系统基本回路分配原则**

| 序号 | 户型 | 设置要求 | 数量 |
| --- | --- | --- | --- |
| 1 | 一室一厅 | 空调回路2个、厨房2个（冰箱单独一组）、卫生间1个、插座1个、照明1个 | 7 |
| 2 | 两室一厅 | 空调回路3个、厨房2个（冰箱单独一组）、卫生间1个、卧室插座1个、客厅插座1个、照明1个 | 9 |
| 3 | 三室两厅 | 空调回路4个、厨房2个（冰箱单独一组）、卫生间2个、卧室插座1个、客厅插座1个、照明客厅1个、卧室1个 | 12 |
| 4 | 四室两厅 | 空调回路5个、厨房2个（冰箱单独一组）、卫生间2个、卧室插座1个、空调插座1个、照明客厅1个、卧室1个 | 13 |

4. 住宅室内弱电系统支路分配原则

住宅室内弱电系统支路分配原则见表6-5。

**表6-5　住宅室内弱电系统支路分配原则**

| 序号 | 户型 | 设置要求 | 数量 |
| --- | --- | --- | --- |
| 1 | 一室一厅 | 网线2路、电话2路、闭路2路 | 6 |
| 2 | 两室一厅 | 网线3路、电话3路、闭路3路 | 9 |
| 3 | 三室两厅 | 网线4路、电话4路、闭路4路 | 12 |
| 4 | 四室两厅 | 网线5路、电话5路、闭路5路 | 15 |

## 七、住宅强电、弱电接线的参考方案

卧室强电、弱电接线支路设置参考数量包括电源线、照明线、空调线、电视馈线、电话线、电脑线、报警线。

1. 卧室强电、弱电接线支路设置参考位置

卧室强电、弱电接线支路设置参考位置见表6-6。

**表6-6　卧室强电、弱电接线的参考方案**

| 序号 | 名称 | 设置要求 |
| --- | --- | --- |
| 1 | 床头柜 | 床头柜的上方应留电源插座线口，可采用5孔带开关插线板，这样设置可以减少床头灯没开关的麻烦。如果双床头柜，应在两个床头柜上方分别设置电源插座线口。另外，还应考虑设置电话线插口 |
| 2 | 梳妆台 | 梳妆台上方应留电源插座接线口，另外考虑梳妆镜上方应有反射灯光，在电线盒旁另加装一个开关 |
| 3 | 写字台或电脑台 | 写字台或电脑台上方应安装电源线、电视馈线、电脑线、电话线接口 |

续表

| 序号 | 名称 | 设置要求 |
| --- | --- | --- |
| 4 | 照明 | 照明灯光采用单头灯或吸顶灯，多头灯应加装分控器，并建议采用双控开关，一个安装在卧室门外侧，另一个开关安装在床头柜上侧或床边较易操作部位 |
| 5 | 空调 | 空调线电源插座接线口，需由空调安装专业人员设定位置 |
| 6 | 报警 | 报警接线口设置在顶部位置 |
| 7 | 远红外取暖 | 如果卧室采用地板下远红外取暖，电源线与开关调节器必须采用适合 $6mm^2$ 铜线与所供功率相匹配的开关。该电路必须由住宅配电箱单独铺设 |

2. 走廊、过厅强电、弱电接线的参考方案

走廊、过厅强电、弱电接线支路设置参考方案如下：

(1) 强电为 2 支路线：包括电源线、照明线。

(2) 电源插座接线口 1～2 个。

(3) 灯光应根据走廊长度、面积而定，如果较宽可安装顶灯、壁灯；如果狭窄，只能安装顶灯或透光玻璃顶灯，在户外内侧安装开关。

3. 厨房强电、弱电接线的参考方案

厨房强电、弱电接线支路设置参考方案如下：

(1) 强电为 2 支路线：包括电源线、照明线。

(2) 选用 $4mm^2$ 电源线，厨房使用的如微波炉、消毒柜、食品加工机、电烤箱、电冰箱等设备增多，所以应根据要求在不同部位留电源插座接线口，并稍有富余，以备日后所增添的厨房设备使用。

(3) 电源插座接线口距地不得低于 50cm，避免因潮湿造成短路。

(4) 照明灯光的开关，最好安装在厨房门的外侧。

4. 客厅强电、弱电接线的参考方案

客厅强电、弱电接线支路设置参考方案见表 6-7。

**表 6-7　　客厅强电、弱电接线支路设置参考方案**

| 序号 | 名称 | 设置要求 |
| --- | --- | --- |
| 1 | 客厅布线 | 一般应为 8 支路线：包括电源线（$2.5mm^2$ 铜线）、照明线（$2.5mm^2$ 铜线）、空调线（$4mm^2$ 铜线）、电视线（馈线）、电话线（4 芯护套线）、电脑线（5 类双脚线）、对讲器或门铃线（可选用 4 芯护套线，备用 2 芯）、报警线（指烟感，红外报警线，选用 8 芯护套线） |
| 2 | 客厅各线终端 | 在电视柜上方设置电源（5 孔面板）、电视、电脑线终端。空调线电源插座接线口应按照空调专业安装人员测定的部位留空调线（16A 面板）、照明线开关 |
| 3 | 吸顶灯 | 吸顶灯可采用单联开关。多头吊灯，可在吊灯上安装灯光分控器，根据需要调节亮度 |
| 4 | 弱电插座 | 在沙发的边沿处留电话线插座接口。在户门内侧留对讲器或门铃插座接口。在顶部留报警线插座接口 |
| 5 | 强电插座 | 客厅如果需要摆放冰箱、饮水机、加湿器等设备，根据摆放位置欲留电源插座接线口，一般情况客厅至少应留 5 个电源插座接线口 |

5. 餐厅强电、弱电接线的参考方案

餐厅强电、弱电接线支路设置参考方案如下：

(1) 强电为 3 支路线：包括电源线、照明线、空调线。

(2) 电源插座接线口 2～3 个。

(3) 灯光照明最好选用暖色光源，开关选在门内侧。

6. 书房强电、弱电接线的参考方案

书房强电、弱电接线支路设置参考方案如下：

(1) 书房布线一般应为 8 支路线：电源线、照明线、电视线、电话线、电脑线、空调线、报警线。

(2) 书房内的写字台或电脑台，在台面上方应装电源线、电脑线、电话线、电视线终端接口，从安全角度应在写字台或电脑下方装电源插座接线口 1～2 个，以备电脑配套设备电源用。

(3) 照明灯光若为多头灯应增加分控器，开关可安装在书房门内侧。

(4) 空调电源插座接线口，应按专业安装人员要求预留。

(5) 报警线应在顶部留接线口。

7. 卫生间强电、弱电接线的参考方案

卫生间强电、弱电接线支路设置参考方案如下：

(1) 强电、弱电接线为 3 支路线：包括电源线、照明线、电话线。

(2) 考虑电热水器 、电加热器等大电流设备，电源线以选用 $4mm^2$ 线为宜。

(3) 电源插座接线口最好安装在不易受到水浸泡的部位，如在电热水器上侧，或在吊顶上侧。

(4) 浴霸开关应放在室内。而照明灯光或镜灯开关 ，应放在门外侧。

(5) 在相对干燥的地方留一个电话插座接口，最好选在坐便器左右为宜，电话插座接口应注意要选用防水型的。

8. 阳台强电、弱电接线的参考方案

阳台强电、弱电接线支路设置参考方案如下：

(1) 阳台布线一般应为 2 支路线：电源线、照明线。

(2) 电源插座接线口留 1～2 个。

(3) 照明灯光应设在不影响晾衣物的墙壁上或暗装在挡板下方，开关应装在与阳台门相连的室内，不应安装在阳台内。

## 第二节 家庭住宅电气安装工程的材料选用

### 一、住宅电气安装工程主要材料质量要求

住宅电气安装工程主要材料质量要求如下：

(1) 电器、电料的规格、型号应符合设计要求及国家现行电器产品标准的有关规定。

(2) 电器、电料的包装应完好，材料外观不应有破损，附件、备件应齐全。

(3) 塑料电线保护管及接线盒必须是阻燃型产品，外观不应有破损及变形。

(4) 金属电线保护管及接线盒外观不应有折扁和裂缝，管内应无毛刺，管口应平整。

(5) 通信系统使用的终端盒、接线盒与配电系统的开关、插座，宜选用同一系列产品。

## 二、家用空气开关的选用

1. 空气开关的作用

家庭使用的配电箱，属非熟练人员使用的组合电器。空气开关也称自动空气开关、低压断路器。原理是：当工作电流超过额定电流、短路、失压等情况下，自动切断电路。可用来接通和分断负载电路，也可用来控制不频繁启动的电动机。它功能相当于闸刀开关、过电流继电器、失电压继电器、热继电器及剩余电流动作保护器（漏电保护器）等电器部分或全部的功能总和，是低压配电网中一种重要的保护电器。目前，家庭常见总开关有：闸刀开关、配瓷插保险（已被淘汰）或空气开关（带漏电保护的小型断路器）。

2. 空气开关的规格/型号

空气开关型号字母含义：D代表动力，C代表照明。

目前家庭使用DZ系列的空气开关，常见的有以下空气开关规格型号：C16、C25、C32、C40、C60、C80、C100、C120等规格，其中C表示脱扣电流，即起跳电流，例如：C32表示起跳电流为32A。

3. 住宅配电箱空气开关的选用

住宅配电箱空气开关的选用要求如下：

(1) 住宅配电箱空气开关在结构上，一般采用双极或1P＋N（相线＋中性线）断路器，当线路出现短路或漏电故障时，立即切断电源的相（入）线和中性（零）线，确保人身安全及用电设备安全。

(2) 住宅配电箱空气开关按照明回路、电源插座回路、空调回路分开布线。当其中一个回路（如插座回路）出现故障时，其他回路仍可正常供电。插座回路须安装漏电保护装置，防止家用电器因漏电造成人身电击事故。

(3) 住宅配电箱空气开关的选用及功率配置，应根据各回路负荷的大小来决定，具体为：总开关选择40～60A小型断路器或隔离开关；照明回路一般选择10～16A小型断路器；插座回路一般选择16A/30mA的漏电保护断路器；空调回路一般选择16～25A小型断路器。

## 三、家用漏电断路器的选用

1. 家用漏电断路器的作用

漏电断路器，又称剩余电流动作保护器，主要用于变压器中性点接地的低压配电系统。其特点是当人身触电时，由零序电流互感器检测出一个漏电电流，使继电器动作，电源开关断开，以保护人身安全。

2. 家用漏电断路器选用时的注意事项

家用漏电断路器选用时的注意事项见表6-8。

**表6-8　　家用漏电断路器选用时的注意事项**

| 序号 | 项目 | 选用要求 |
| --- | --- | --- |
| 1 | 注意家用漏电断路器额定电压、频率、极数的选择 | 漏电断路器的额定电压有交流220V和380V两种。漏电断路器的极数有2极、3极、4极三种。家用漏电断路器的采用，应根据入户电源而定。若家庭入户电源是单相交流电源，则应选用额定电压为交流220V/50Hz、2极的漏电断路器产品。若家庭入户电源是三相交流电源，则应选用额定电压为交流380V/50Hz、4极的漏电断路器产品 |
| 2 | 注意合理选择漏电动作电流的选择 | 额定漏电动作电流是指在制造厂规定的条件下，保证漏电断路器必须动作的漏电电流值。漏电断路器的额定漏电动作电流主要有5、10、20、30、50、75、100、300mA等几种，家用漏电断路器漏电动作电流一般选用30mA及以下额定动作电流。特别潮湿区域，如浴室、卫生间等最好选用额定动作电流为10mA的漏电断路器 |
| 3 | 注意合理选择漏电动作时间的选择 | 额定漏电动作时间是指在制造厂规定的条件下，对应于额定漏电动作电流的最大漏电分断时间。单相漏电断路器的额定漏电动作时间主要有≤0.1s、<0.15s、<0.2s等几种。家庭用单相漏电断路器应选用≤0.1s的快速型漏电断路器 |
| 4 | 注意选择家用漏电断路器合适的额定电流 | 适合家庭生活用电的单相漏电断路器，从保护功能来说，大致有漏电保护专用、漏电保护和过电流保护兼用及漏电、过电流、短路保护兼用三种产品。漏电断路器的额定电流主要有6、10、16、20、40、63、100、160、200A等多种规格。对带过电流保护的漏电断路器，同一等级额定电流下会有几种过电流脱扣器额定电流值。如DZL18-20/2型漏电断路器，它具有漏电保护与过电流保护功能，其额定电流为20A，但其过电流脱扣器额定电流有10、16、20A三种，因此过电流脱扣器额定电流的选择，应尽量接近家庭用电的实际电流 |

## 四、家用灯具的选用

家庭居室常用的灯具，按其功能可分为吊灯、台灯、吸顶灯，下照灯、射灯等几种类型。在家用的灯具的型式的选择上，要注意与居所的风格一致。灯具的色彩、造型、式样，必须与室内装修和家具的风格相称，彼此呼应。在灯具色彩的选择上，除了与室内色彩基调相配合之外，也可根据个人的喜爱选购。灯具的尺寸、类型和多少要与居室空间大小、总的面积、室内高度等条件相协调。

1. 客厅灯具的选用

客厅是待人接客的场所，要求营造一种温暖热烈的氛围，因此客厅以选用庄重、明亮的吊灯或吸顶灯。如果房间较高，宜用白炽吊灯或一个较大的圆形吊灯，这样可使客厅显得通透。灯具的造型与色彩应与客厅的家具摆设相协调。客厅沙发上阅读照明，常采用落地灯照明。

2. 餐厅的灯具的选用

餐厅的餐桌需要的是温暖明亮的效果，故宜选用向下直接照射的灯具，灯具的位置一般在餐桌的正上方。在餐桌附近墙上还可适当配置暖色壁灯，这样会使宴请客人时气氛更热烈。

3. 卧室的灯具的选用

卧室主要是睡眠、休息的场所，有时受居住条件的限制，也用以工作或亲友密谈。卧室照明主要由一般照明与局部照明组成。

(1) 卧室的一般照明。卧室的一般照明气氛应该是宁静、温馨、怡人、柔和、舒适的。那些闪耀的、五彩缤纷的灯具一般不宜安装在卧室内。由于主人的年龄、文化、爱好的不同，对舒适与温馨的看法与标准也会有差异，对卧室光照风格的要求也不同。目前，卧室照明流行的风格见表 6-9。

**表 6-9　　住宅卧室照明流行的风格**

| 序号 | 类型 | 照明流行的风格 |
| --- | --- | --- |
| 1 | 现代前卫型 | 追求自由随意，以几何图形、线条混合而成都市新颖灯具，突破传统观念，体现超前意识。墙上的壁灯可以是三角形、菱形或不规则形的；桌上的台灯可以是半圆形的、直线图形的；射灯有棱有角黑白二色；坐地灯伸出双臂像飞鸟，一切都显得简洁别致，给人以惊喜与出乎意外，再配以线条简单的卧室家具，显示出现代人别出心裁的趣味追求 |
| 2 | 豪华气派型 | 以金色蜡烛灯饰配巴洛克风格家具，能显出法国宫廷气象，金碧辉煌，光彩夺人。若采用做工细致、用料讲究、造型精美的高级红木灯具，配上古朴的红木家具，则气度非凡，显出主人浓浓的民族情与经济实力 |
| 3 | 宁静舒适型 | 可以选择造型简洁的吸顶灯，其发出的乳白色光，与卧室淡色墙壁相映，一片清纯；可以运用光檐照明，使光经过顶棚或墙壁反射出来，十分柔和怡人；也可以安装嵌入式顶灯，配以壁灯，使“满天星”的直射光与“朦胧”的辅助光相辅相成，更加典雅温馨 |

(2) 卧室的局部照明。卧室的局部照明要考虑选用台灯或壁灯照明。台灯的特点是可移动，灵活性强，且台灯本身就是艺术品，能给人以美的享受，灯光透过灯罩能在墙上划出优美的动感线条。壁灯的优点是通过墙壁的反射光，能使光线柔和。

(3) 儿童卧室的照明。儿童卧室一般兼有学习、游戏、休息、储物的功能，是儿童的天地，因此儿童卧室内的灯具选择要注意运用造型丰富的灯具为儿童卧室增添童趣。儿童卧室的照明灯具在选购及安装时应注意以下几点：

1) 灯具安装必须有一定高度、插座应有封盖。由于灯饰中电光源是炽热的，带电的，从安全出发，安装在儿童卧室的灯具必须有一定高度，使孩子无法直接触及光源。

在电源插座的选择上要注意儿童卧室的电源插座是否具有安全性。一般的电源插座是没有封盖的，儿童卧室的电源插座，应选择带有保险盖的，或拔下插头电源孔就能够自动闭合的插座。

2) 学习用灯应护眼、安全、环保。对于正值学龄期的孩子来说，学习是这一阶段的首要任务，因此，为孩子挑选一盏具有明亮且高显色性的写字台灯尤为重要。

新一代的三基色荧光灯就是不错的选择，它的发光效率是普通荧光灯的 1.4 倍，显色性是普通荧光灯的 1.2 倍，其光源更明亮、真实，而且能自然地展现色彩，比普通光源更有利于儿童的学习之需，并且能保护视力。

3）壁灯导线须入墙。儿童房间里若安装有壁灯，注意不要让电源线外露，以免不懂事的儿童拿电线当玩具来摆弄，从而造成触电的危险。在儿童卧室还可以加装墙式调光开关，方便孩子在夜里开关灯。

4. 书房的灯具的选用

书房照明应以明亮、柔和为原则，选用白炽灯泡的台灯较为合适。写字台的台灯应适应工作性质和学习需要，宜选用带反射罩、下部开口的直射台灯，光源常用白炽灯、荧光灯。

5. 厨房、卫生间和过道的灯具的选用

厨房、卫生间和过道里一般使用吸顶灯，因为这些地方需要照明的亮度不大，且水汽大、灰尘多，用吸顶灯便于清洁，而且利于保护灯泡。厨房中灯具要便于擦洗、耐腐蚀。卫生间则应采用具有防潮和不易生锈的功能的灯具。

6. 家用的灯具选购时应注意的安全、质量事项

在家用的灯具的选择除了要注意与居所的风格一致、与室内装修和家具的风格相称，彼此呼应外，在选购时还要注意以下安全、质量事项：

（1）在选择灯具时先看质量，检查质保书、合格证是否齐全。

（2）注意防触电保护。灯具导致触电一般是采用了不符合要求的灯座或灯具带电部件未加罩盖等防触电保护措施所致。正常的是使用时灯泡旋入，灯具通电后，人要触摸不到带电部件。

（3）注意灯具中用的导线截面积。购买时可以看一下灯具上的导线外的绝缘层印有的标记，规定灯具上使用的导线最小截面积为 $0.5mm^2$，有的厂家为了降低成本，在产品上用的导线截面积只有 $0.2mm^2$，在异常状态下，会使电线烧焦，绝缘层烧坏后发生短路，产生危险。

（4）注意灯具的附件。如灯具中用的是电子镇流器，应选购装有反常保护电子镇流器的灯具。如灯具中用的是电感镇流器，尽量选用 $T_w$ 值较高的一种（如 $T_w$130），$T_w$ 是镇流器线圈的额定最高工作温度，在该温度下，镇流器有连续工作 10 年的寿命。

## 五、家用照明开关的选用

家用照明开关的种类很多，表 6－10 为家用照明开关的种类、功能和作用。选择时应从实用、质量、美观、价格等几个方面加以考虑。

**表 6－10　　家用照明开关的种类、功能和作用**

| 序号 | 种类 | 功能和作用 |
|---|---|---|
| 1 | 拉线开关 | 有暗式和明式两种，暗式用于暗配管，明式用于明配管或护套线敷设的场所。家用照明中，拉线开关局限于卫生间和厨房中使用，其目的是确保湿手操作开关时的安全性。拉线开关的拉线，在开关内直接与相线接触，因此拉线的抗潮性和绝缘要好 |
| 2 | 扳动开关 | 有明装和暗装两种，扳动开关的特点是分、合位置明显，人若无意触碰开关也不会产生误动作。由于扳动开关体积大，外形不美观，在家用照明中很少采用 |

续表

| 序号 | 种类 | 功能和作用 |
|---|---|---|
| 3 | 跷板开关 | 其体积比扳动开关小，操作亦比扳动开关轻巧，家用照明中用得很普遍。不同厂家的产品价格相差很大，质量也有很大的差别。质量的好坏可从开关活动是否轻巧、接触是否可靠、面板是否光洁等来衡量。跷板开关的接线端子，有螺钉外露和不外露两种，家用照明应选购螺钉不外露的跷板开关更安全 |
| 4 | 钮子开关 | 钮子开关的特点是在各种照明开关中体积最小，可把多至五只开关组合在一块面板上，操作十分方便，家用照明中必须选择质量可靠的钮子开关。高档的钮子开关，采用纯银触点、银铜复合跷板，可避免因电弧产生氧化而造成接触不良，因此性能可靠 |
| 5 | 防雨开关 | 防雨开关主要用于浴室、厨房中。家庭用的防雨开关，其结构是在钮子开关外加一个防水软塑料罩。目前市场上还有一种结构新颖的防雨开关，其触点全部密封在硬塑料罩内，在塑料罩外面利用活动的两块磁铁来吸合罩内的磁铁，以带动触点的分、合，操作十分灵活 |

**注** 选用开关时，每户应选用同一系列的产品。

## 六、家用电源插座的选用

家用电器电源插座质量是影响家具用电安全的重要因素，其质量好坏直接关系到各种电器设备的用电安全，与人们生活和生命财产息息相关。因为这些连接着所有电器的设备，如果设计不合理、用材不把关、生产粗制滥造，容易引发电器火灾。所以，怎么挑选家用电器电源插座就成了住宅装修的重要事项之一。选购家用电源插座应注意的安全、质量事项如下：

(1) 电源插座是中国质量认证中心规定的强制性认证产品，选购家用电器电源插座要看产品上有没有“3C”标志和贴有“抽检合格”标志的插头插座。一般应采用具有阻燃材料的中高档产品。

(2) 住宅内用电电源插座应采用安全型插座，卫生间等潮湿场所应采用防溅型插座。

(3) 电源插座的额定电流应大于已知使用设备额定电流的 1.25 倍。一般单相电源插座额定电流为 10A，专用电源插座为 16A，特殊大功率家用电器其配电回路及连接电源方式应按实际容量选择。

(4) 为了插接方便，一个 86mm×86mm 单元面板，其组合插座个数最好为两个，最多（包括开关）不超过三个，否则采用 146 面板多孔插座。

(5) 对于插接电源有触电危险的家用电器（如洗衣机）应采用带开关断开电源的插座。

(6) 选择信誉度好的品牌和知名度高、服务质量好的销售商，以保证产品质量和良好的服务，并防止假货。

(7) 为避免小孩意外事故的发生，应选择保险性能好的电源插座。现在优质的插座都是带保护门的，在单孔插入时保护门具备锁定功能这样的插座大大提高安全性。

(8) 初验插座的质量：

1) 看外观。插座整体是否完整，有没有变形，出现这样的情况的插座不能选购。

2) 插头插入插座后应接触良好，没有松动的感觉，并且不太费力就能拔出，过紧过松都不是理想的选择。

## 七、家用绝缘导线的选用

1. 绝缘导线的型号及规格

绝缘导线标准产品型号及规格表示方法如图 6-1、图 6-2 所示。

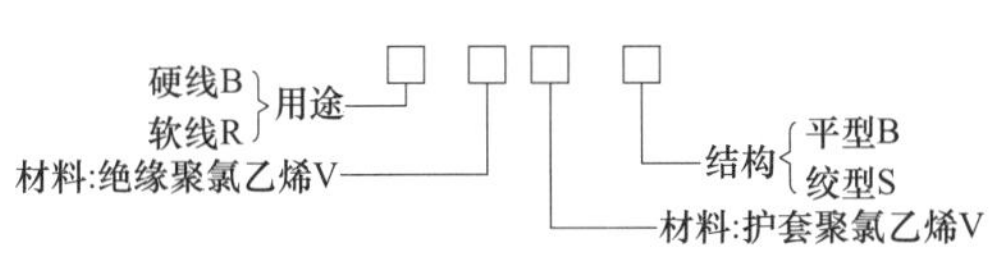


图 6-1 绝缘导线标准产品型号表示方法

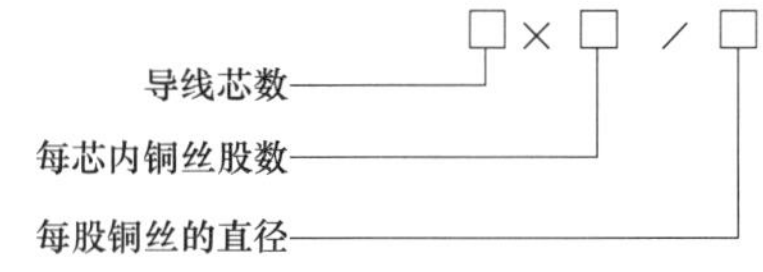


图 6-2 绝缘导线标准产品规格表示方法

2. 影响家用绝缘导线安全载流量的因素及线径大小的选用原则

影响家用绝缘导线安全载流量的因素及线径大小的选用原则如下：

(1) 工作电流相同，布线形式不同，应选择不同粗细的芯线。

(2) 标称截面积相同，布线形式不同，安全载流量不同。

(3) 安全载流量与导线的标称截面积不成正比。实际应用中，第二种情况占多数。

3. 家用绝缘导线截面积选用的注意事项

家用绝缘导线截面积选用的注意事项如下：

(1) 作好家庭用电总电功率的近似计算，如空调 1～3kW，电冰箱 150W 左右，洗衣机 350W 左右，日光灯功率因数 0.5 等。

(2) 根据计算的家庭用电近似电功率选用应购导线截面积的大小。一般按照 JGJ 242—2011《住宅建筑电气设计规范》的有关规定：电表前铜线截面积应选择 $10mm^2$，住宅内的一般照明及插座铜线截面使用 $2.5mm^2$，而空调等大功率家用电器的铜导线截面至少应选择 $4mm^2$。

(3) 北方家庭要用电分户取暖的进线一般选择 $16mm^2$ 截面的 BVR（多股铜芯线）电源线，采取其他方式取暖的家庭进线多为 $6mm^2$ 的 BV（单股铜芯线）或者 BVR 线。

(4) 厨房的电源线选择 $4mm^2$ 或者 $6mm^2$ 的电源线。卫生间的选择 $4mm^2$ 的电源线，因为要考虑热水器和浴霸。其他地方的插座最低的也要 $2.5mm^2$ 的。以上都为国标铜线电源线，非标的严禁使用。

(5) 应选用有一定品牌的制造厂生产的导线，且合格证齐全。每卷 100m 的导线其长度允许误差为 2m。绝缘层厚薄不均匀和表面有气孔、疙瘩的导线不能采用。

(6) 家庭用电绝大多数为单相进户，进每个家庭的线为三根：相线、工作零线和接地线。导线颜色：相线为黄（或红、绿），工作零线为淡蓝、接地线为绿/黄双色线。

(7) 住户配电箱的出线颜色在住宅装修中应根据标准选用。由住户配电箱引出的接地线，必须采用绿/黄双色线。工作零线的颜色必须采用淡蓝色，相线和进线颜色可一致，也可选用几种色线，以区别不同的输出回路，以便在检查线路时，可迅速查出故障线路。

## 八、电线保护管的选用

按照 JGJ 242—2011《住宅建筑电气设计规范》7.2.1 的规定，住宅建筑套内配电线路布线可采用金属导管或塑料导管。暗敷的金属导管管壁厚度不应小于1.5mm，暗敷的塑料导管管壁厚度不应小于2.0mm。在住宅电气安装工程的电线敷设工作中，电线不能直接敷设在墙内，必须用电线保护管加以保护。电源、电话、电视线路应采用阻燃型塑料管暗敷。因此，电线保护管的正确选用，是住宅电气安装工程的一项重要工作。

1. 阻燃塑料导管的选用

阻燃塑料管由于价格比金属管便宜、施工方便、不会生锈等优点，故在住宅电气安装工程中采用塑料管暗敷受到用户的欢迎。

目前国内生产塑料管的厂家很多，绝大多数厂的产品质量是好的，但也有一些厂生产的塑料管质量极差。这种保护管一弯就瘪，一冲击就产生裂纹。为了保证产品的质量。在选购时，应按以下方法，对电线保护管作有效检查：

(1) 检查塑料管外壁是否有生产厂标记和阻燃标记，无上述两种标记的保护管不能采用。

(2) 用火使塑料管燃烧，塑料管撤离火源后在30s内自熄的为阻燃测试合格。

(3) 弯曲时，管内应穿入专用弹簧。试验时，把管子弯成90°，弯曲半径为3倍管径，弯曲后外观应光滑。

(4) 用奶子榔头敲击至保护管变形，无裂缝的为冲击测试合格。

2. 金属电线保护管的选用

住宅电气安装工程中除了采用阻燃型塑料管暗敷保护电线外，也可用金属电线保护管。如同一住宅楼内，电源线可采用阻燃塑料管保护，而电话、有线电视则可采用镀锌金属薄壁管。在电话、有线电视线采用镀锌金属薄壁管敷设时，因其丝口连接或套筒连接的镀锌管已能达到屏蔽要求。即使不设置跨接线，电话、有线电视也能达到好的使用效果。

在选购时，检查钢管不应有折扁和裂缝、管内应无毛刺、钢管外径及壁厚应符合相关的国家标准。若钢管绞丝时出现烂牙或钢管出现脆断现象时，表明钢管质量不符合要求。

3. 其他保护管的选用

吊顶内接线盒至灯具的导线应用软管保护，软管有塑料软管、金属软管、包塑金属软管和普利卡软管。住宅电气安装工程中一般采用塑料软管或包塑金属软管。若采用不包塑金属软管，则软管要接地。普利卡管既具有金属管的强度，又具有软管的可挠性，因此在高级住宅中得到采用，但价格较高。

## 第三节　家庭住宅电气安装工程

### 一、住宅电气安装工程施工的技术要求

住宅电气安装工程施工的技术要求如下：

(1) 应根据设计图纸中用电设备的位置，确定管线走向、标高及开关、插座的位置。

(2) 强电电源线配线时，所用导线截面积应满足用电设备的最大输出功率。

(3) 暗线敷设必须配管。当管线长度超过 15m 或有两个直角弯时，应增设接线盒。

(4) 电源线与通信线不得穿在同一根线管内。强弱线路不得相互借道通过底盒。

(5) 电源线及插座与弱电线及插座的水平间距不应小于 500mm。

(6) 同一回路电线应穿入同一根管内，但管内总根数不应超过 8 根，电线总截面积（包括绝缘外皮）不应超过管内截面积的 40%。

(7) 电源线与暖气，热水，燃气管之间的平行距离不应小于 300mm，交叉距离不应小于 100mm。

(8) 穿入配管导线的接头应设在接线盒内，接头搭接应牢固，绝缘带包缠应均匀紧密。

(9) 安装电源插座时，面向插座的左侧应接零线（N），右侧应接相线（L），中间上方应接保护地线（PE）。

(10) 所有回路零线、接地线禁止相互并联。

(11) 厨房、卫生间应安装防溅插座，开关宜安装在门外开启侧的墙上。

(12) 厨房、卫生间、插座回路必须安装漏电保护断路器，不容许在总开关的前面安装一个总的漏电保护器。

(13) 同一室内的电源、电视、电话等插座面板应在同一水平标高上，高度差应小于 5mm。

(14) 卫生间的电热水器电源必须单独放一组线。

(15) 连接开关、螺口灯具导线时，相线应先接开关，开关引出的相线应接在在灯中心的端子上，零线应接在螺纹的端于上。

(16) 顶棚射灯、筒灯的出管分线必须经圆三通接波纹管。禁止裸线明放。

(17) 当吊灯自重在 3kg 及以上时，应先在顶板上安装预埋件，然后将灯具固定在预埋件上。严禁安装在木楔、木砖上。

(18) 导线间和导线对地间电阻必须大于 0.5MΩ（500V 绝缘电阻表测试）。

## 二、住宅电气箱的安装

### 1. 住户配电箱的设置

住户配电箱的设置的注意事项如下：

(1) 每套住宅进户处必须设嵌墙式住户配电箱。住户配电箱设置电源总开关，该开关能同时切断相线和中性线，且有断开标志。

(2) 每套住宅应设电能表，电能表箱应分层集中嵌墙暗装设在公共部位。

(3) 为了便于管理，电能表箱通常分层集中安装在公共通道上。嵌墙安装是为了不占据公共通道。

### 2. 室内电气箱体安装前的检查及技术要求

室内电气箱体共有：户内照明配电箱、室内弱电分线箱、室内安防主机箱、卫生间局部电位箱 4 种，均为嵌入墙体暗装结构形式。室内电气箱体安装前的检查及技术要求如下：

(1) 预埋电箱箱体底盒前，应按配管需要打掉箱体敲落孔的冲压片。当箱体敲落孔数量不足或孔径与配管管径不相吻合时，应使用专用开孔机开孔。严禁用电、气焊开孔或扩孔，也不允许用其他机械在箱体上切割长孔及在箱体侧面及背面开孔。箱体开孔部位需及时补刷防腐涂料。

（2）箱体出线配管应先与箱体连接好再进行墙面定位。

（3）室内暗装电箱箱体预埋应按图纸给定的大致位置和标高定位。放置箱体时要注意箱体不应倒置，箱体安装时出现变形现象的，应及时修正到位，并在其内腔加临时支撑物以防再次变形。要根据箱体的安装结构形式和墙面装饰厚度来确定箱口突出毛墙墙面的尺寸。

（4）电箱箱体周围抹灰处应阳角方正、边缘整齐、光滑，墙面粉刷工程在箱口处应交接紧密、无缝隙、不糊盖箱口。室内电箱箱体底盒安装应横平竖直，其平整度、水平度允许偏差应在 3mm 以内。

（5）箱体配管完成后应及时穿引线铁丝，其向下方向的线管管口在铁丝穿完后应用堵帽（或用纸、塑料膜）堵口，以防异物堵管。并在箱体洞口表面用硬纸板封闭。

（6）各电箱面盖安装在室内墙顶面涂料工程完工后进行，并防止异物损伤面盖表面。面盖固定后其垂直偏差不应大于 1.5mm。室内电箱面盖安装后四周边缘应紧贴墙面。

3. 室内照明配电箱的安装

室内照明配电箱安装的技术要求如下：

（1）室内照明配电箱由箱体、箱盖、台架、绝缘铜零线排、接地铜地线排、连接绝缘铜导线、空气断路器（微型断路器）组成。

（2）成套组合空气断路器在箱体内安装前，应按已确认的户型室内配电系统图进行检查，核对各开关型号及接线规格、组合方式是否正确。要确认厅房内的普通插座、卫生间电源、厨房插座、电热水器插座均已受到箱内总漏电保护空气断路器控制。

（3）室内照明配电箱安装前必须清除箱内杂物，检查箱内各安装配件是否齐全、牢固，零线、接地保护线汇流排是否缺失、损坏。

（4）空气断路器功能是用来保护电线及防止火灾。根据电线线径的大小选配空气断路器，一般 1.5$mm^2$ 电线配 C10 的断路器、2.5$mm^2$ 电线配 C16 或 C20 的断路器、4$mm^2$ 电线配 C25 的断路器、6$mm^2$ 电线配 C32 的断路器。如果电线太小，应给大功率的电器配专用线。

（5）室内照明配电箱内漏电断路器的检查：①漏电断路器铭牌上的数据与使用要求是否一致；②漏电断路器动作电流大于 15mA 时，其所保护的设备外壳要可靠接地；③操作试验按钮，检查漏电断路器是否试验三次以上都能可靠动作。

（6）照明配电箱内进出线的接线，应在成套组合空气断路器安装后进行。各 L、N、PE 线不能接错。受漏电总开关控制的空气断路器电源回路的零线，应集中压接在漏电总开关下端零线端子孔或专用的漏保回路零线汇留排上，不得铰接。

（7）照明配电箱内进出线接线完成后，应再次清理箱内杂物，然后再固定面盖，在面盖上对应各控制回路粘贴文字标识纸牌，标明所控制的回路名称编号。

4. 室内弱电箱的安装

室内弱电箱分室内弱电分线箱、室内安防主机箱两种；主要区别在面盖喷涂的字样上。室内弱电箱安装的技术要求如下：

(1) 箱体安装定位时，应保证各设备点至箱体的管道关系正确。除安防系统报警电话引入线外，不允许有线电视、电话、宽带线从室内安防主机箱内过线。也不允许安防设备线缆及设备电源线从室内弱电分线箱内过线。

(2) 室内弱电箱进出线穿线完成后，应清理箱内杂物，然后再固定面盖。应确认面盖的字样与箱体功能一致。

5. 卫生间、室内淋浴区局部等电位盒的安装

室内淋浴区局部等电位盒安装在公卫（干湿分区）湿区及主卫内，选用标准的 TD28 等电位盒，盒盖表面有标识。

(1) 卫生间局部等电位联结的安装。卫生间局部等电位联结安装的技术要求如下：

1) 在卫生间内将各种金属管道、结构件（包括混凝土楼板中的钢筋），用截面积不小于 $4mm^2$ 的铜芯线，通过等电位联结端子箱互相连通。

2) 等电位联结导线在地板或墙内暗敷时要穿塑料管保护，其目的是更换导线方便。

3) 等电位联结范围内的金属管道等金属体与等电位联结箱内的端子排之间的电阻不应大于 5Ω。

4) 卫生间内的金属管道的连接处一般不需加跨接线，若发现导通不良时，应作跨接。

5) 当卫生间内的水管是塑料管或包塑金属管时，等电位跨接线可接在自来水龙头上。

6) 采用金属水管时，跨接线直接接在水管上。卫生间内的污水管因与进水管之间是不通的，因此污水管也要作等电位联结，可接在地漏的管子上。

(2) 室内淋浴区局部等电位盒的安装。室内淋浴区局部等电位盒安装的技术要求如下：

1) 设计需要设置淋浴区局部等电位盒的区域在混凝土底板施工时，结构钢筋绑扎时要按规范图集焊接连通及设置均压环，与设计的柱或剪力墙内的避雷接地引上钢筋焊接连通，并用 25mm×4mm 镀锌扁钢（或 $\phi$12mm 镀锌圆钢）焊接（焊接点表面清理后防腐处理）连通引至局部等电位盒定位 LEB 端子板处，二者使用镀锌螺栓连接牢固。

2) 精装修卫生间等电位盒底盒盒口预埋定位应平墙面粉刷糙面，即瓷片或饰面砖铺贴时贴合面盖住等电位盒底盒盒口，同时也可以避免盒盖安装后出现瓷片破口的缺陷。

3) 安装金属浴盆的部位使用 VV-$4mm^2$ 导线一端与 LEB 端子板螺栓压接；另一端线芯与金属浴缸拉接钢片相联接（缠绕绞接），确认接触良好后用防水胶布包扎，浴缸下部应保证有 20 cm 的余线。

4) 卫生间的金属铝窗也应与 LEB 端子桩连接，连接部位为金属铝窗与洞口墙体的固定的安装钢片。

5) 线管、电线及联结工艺同金属浴盆的等电位连接做法。

6) LEB 端子盒安装定位应按照卫生间照明电气定位图施工，一般位于卫生间门后、台盆下方，高度面板下方距地砖完成面 30cm。

## 三、住宅电气安装工程的穿管配线施工

1. 电线保护管的施工

电线保护管的施工的基本要求如下：

（1）住宅电气安装工程中，导线可明敷也可暗敷，从美观角度考虑，绝大多数家庭采取暗敷。用阻燃型塑料管作为电线保护管是家庭装修中推荐的方法。阻燃型塑料管可暗敷，也可在吊顶内明敷。

（2）电线保护管如在吊顶内敷设，则施工十分方便，因此应该尽量在吊顶内敷设。家庭装修中，通常只有卫生间和厨房有吊顶，此时应充分利用吊顶配管。对与卫生间或厨房间相邻的房间也可利用它们的吊顶，让电线保护管穿越吊顶进入房间，再从墙内引下。

（3）电线保护管通常暗敷在砖墙内或地板下。剪力墙、承重梁和混凝土柱头只能在土建施工时预埋保护管，不可在剪力墙、承重梁或混凝土柱头土建完成后剔槽暗敷，更不允许割断剪力墙、承重梁或混凝土柱头内的钢筋。暗管遇到剪力墙或混凝土柱头应改道避开。

2. 电线保护管的施工工艺流程

电线保护管的施工工艺流程为：弹线定位、预埋盒箱、暗敷电线保护管的开槽施工、敷设管路。

（1）电线保护管弹线定位。按照设计要求，在墙面确定开关盒、插座盒以及配电箱的位置并定位弹线，标出尺寸。线路应尽量减少弯曲，美观整齐。

（2）墙体内预埋盒、箱。对照设计图纸检查线盒、配电箱的准确位置，用水泥砂浆将盒、箱预埋端正，等水泥砂浆凝固达到一定的强度后，再将电线保护管接入盒、箱。

（3）敷电线保护管的开槽施工。暗敷电线保护管开槽施工的技术要求如下。

1）GB50303—2002《建筑电气施工质量验收规范》规定：埋入建筑物、构筑物内的电线保护管，与建筑物、构筑物表面的距离不应小于 15mm。砖墙上的粉层土建规定不小于 15mm，因此保护管只要与砖面齐平即可。

2）当将 PVC 管埋入在砖墙上剔开的槽内后，应用强度不小于 M10 的水泥砂浆抹面保护，其目的是防止在墙面上钉入铁钉等物件时，损坏墙内的电线保护管。

3）在砖墙内敷设管子时注意不要过分损伤墙的强度。

4）电气设计的配管图仅是示意图，一般是不标明具体走向的，仅说明是明管还是暗管。例如墙上的插座配管，可从住户配电箱配出后，沿墙到地板下，再从墙内到插座；也可从住户配电箱配出后，沿墙到插座。暗管敷设时，宜沿最近的路线敷设，并应尽量减少弯曲。

（4）敷设管路。敷设管路的工艺流程如下：

1）采用管钳或钢锯断管时，管口断面应与中心线垂直，管路连接应该使用直接头。

2）采用专用弯管弹簧进行冷弯，管路垂直或水平敷设时，每隔 1m 左右设置一个固定点。

3）弯曲部位应在圆弧两端 300～500mm 处各设置一个固定点。

4）管子进入盒、箱，要一管一孔，管、孔用配套的管端接头以及内锁母连接。管与管水平间距保留 10mm。

3. 钢管暗敷的工艺流程

钢管暗敷的工艺流程见表 6－11。

表 6-11　　钢管暗敷的工艺流程

| 序号 | 流程 | 内容 | 工艺要求 |
| --- | --- | --- | --- |
| 1 | 弹线定位 | 在所需要的施工部位按照要求进行弹线定位 | 要求挂线找平、线坠找正，并且标出盒箱实际尺寸位置 |
| 2 | 预制加工 | (1) 管径在 20mm 以下时，使用专用手扳煨管器煨弯，管径为 25mm 以上时，使用液压煨弯器煨弯。<br>(2) 弯曲处不应有折皱，凹穴和开裂，弯扁程度不应大于管外径的 10%。<br>(3) 线路暗配时，弯曲半径不应小于管外径的 6 倍，埋设于地下和混凝土时，其弯曲半径不应小于管外径的 10 倍。<br>(3) 其埋深不得小于 15mm，管道埋于二层钢筋之间，且应尽量避免重叠 | (1) 将需用钢管量好尺寸，利用钢锯、割管器、砂轮锯等工具进行切管，切割断口处应平齐不歪斜，管口刮锉光滑、无毛刺，管内铁屑除净。<br>(2) 镀锌钢管连接时必须使用通丝管箍连接，套丝采用套丝板，应根据管外径选择相应板牙，套丝过程中，要均匀用力。<br>(3) 钢管套丝不得有乱扣现象，管箍必须采用通丝管箍，外露 2～3 扣。<br>(4) 埋地的电线管路严禁穿过设备基础，在穿过建筑基础时，必须加保护管 |
| 3 | 随墙（砌体）配管 | (1) 配合土建工程砌墙立管时，管子外保护层不小于 15mm，管口向上者应封好，以防水泥砂浆或其他杂物堵塞管子。<br>(2) 往上引管有吊顶时，管上端应煨成 90°弯进入吊顶内，由顶板向下引管不宜过长，以达到开关盒上口为准，等砌好隔墙，先固定盒后接短管 | 穿越外墙的钢管必须焊止水片，埋入土层的钢管应做沥青防腐处理 |
| 4 | 现浇混凝土楼板配管 | 先确定箱盒位置，根据墙体的厚度，弹出十字线，将箱盒固定牢后敷管。有 2 个以上盒子时，要拉直线。管进入盒子的长度要适宜，管路每隔 1m 左右用铁丝绑扎固定 | 暗配的电线管路沿最近的路线敷设，并应减少弯曲 |
| 5 | 接线盒的加装 | 无弯时不小于 30m、有 1 个弯时不大于 20m、有 2 个弯时不大于 15m、有 3 个弯时不大于 8m 必须加装接线盒；无法加装接线盒时，可加大一号管径。埋入墙或混凝土内的管子，离建筑物、构筑物表面的净距必须超过 15mm | (1) 进入配电箱、接线箱盒的电线管路，应排列整齐，一管一孔，箱盒严禁开长孔，铁制盒、箱严禁用电焊、气焊开孔。<br>(2) 钢管进入盒、箱，管口应用螺母锁紧，露出锁紧螺母的丝扣 2～3 扣，2 根以上管进入盒、箱要长短一致，间距均匀、排列整齐。<br>(3) 电气专业人员随工程进度密切配合土建作好预埋工作，加强检查，杜绝遗漏，浇筑混凝土时应派专人看护 |

4. PVC 塑料管的施工工艺流程

(1) 切割 PVC 塑料管的施工工艺。PVC 塑料管的切割宜用专用剪刀，也可用钢锯锯断。PVC 管厂提供的剪刀，可以切割 16～40mm 的圆管。用剪刀切割管子时，先打开手柄，把管子放入刀口内，握紧手柄，棘轮锁住刀口；松开手柄后再握紧，直到管子被切断。用专用剪刀切割管子，管口光滑。若用钢锯切割，管口处应加以光洁处理后再进行下一道工序。

(2) PVC 塑料管弯曲的工艺流程。PVC 塑料管弯曲的工艺流程如下：

1) PVC 塑料管的弯曲采取冷弯法进行加工。

2）根据PVC塑料管的规格，穿入相应的弯管弹簧（弯管弹簧通常有四种规格：16、20、25、32mm，分别适用于相应的塑料管弯管用）。

3）弯管弹簧内穿入一根绳子，绳子与弹簧两端的圆环打结连接后留有一定的长度，用绳子牵动弹簧，使其在塑料管内移动到需要弯曲的位置。

4）弯曲时用膝盖顶住塑料管需弯曲处，用双手握住塑料管的两端，慢慢使其弯曲。弯曲后，一边拉住露在管子外的弹簧绳子，一边按逆时针方向转动塑料管，将弹簧拉出。

5）管子的弯曲角度一般不宜小于90°，弯曲半径不应小于管子外径的6倍。

6）埋入地下或混凝土楼板内，不应小于管子外径的10倍。对于已弯曲的电线管，电线管弯曲处不应有折皱，凹陷和裂纹，且弯扁度不应大于0.1$D$。

（3）连接PVC塑料管的工艺流程如下：

1）连接塑料管采用成品管接头套接插入法连接，接合面应涂专用胶合剂。

2）涂抹黏接剂时，接合面应保持干燥，套管的内表面和管子的外表面都应涂抹黏接剂。涂抹后立即扭动插入，至少放置15s后方能继续施工。

3）管子与盒箱的连接，应采用成品管盒连接件，连接时，管子插入深度宜为管外径的1.1～1.8倍。

（4）PVC明配管固定的工艺流程如下：

1）吊顶内的明配管可用鞍形管夹或管码固定在支架上，也可直接固定在建筑物墙壁或梁柱上。

2）相同规格的PVC管应配同规格的圆管鞍形管夹固定在线槽内。这种管夹的开口处是具有弹性的，管子放在开口处，用力一压，管子就被固定在管夹内，要把管子从管夹内取出，可用手拉出。

5. 固定接线盒的工艺流程

固定接线盒的工艺流程如下：

（1）为使接线盒的位置正确，应该先固定接线盒，然后再配管。

（2）施工时根据设计图固定接线盒（开关盒或插座盒）。埋于墙内的接线盒口应与墙面齐平。

（3）墙上凿的槽，应大于接线盒的外形尺寸。将进出管子与接线盒对接，放入槽内，调整位置后，在接线盒的周围填上混凝土，待混凝土完全干固后，方可继续配管。

（4）装在护墙板内的接线盒，盒口应靠近护墙板，便于面板的固定。管子必须和接线盒垂直，用带丝口的护圈使两者连成一体。

（5）开关和插座需要暗装在线槽上时，开关板或插座板不能直接固定在线槽的盖上，应该在线槽内设置一只接线盒后，再把开关面板或插座面板与接线盒连接。

（6）PVC暗装接线盒的外形尺寸为长77mm、宽77mm、高38mm，为了能把接线盒暗装在线槽内，应选用100mm×40mm规格的线槽。

（7）如果开关或插座装在线槽的上方或下方，则线槽的规格不受限制。

（8）预埋后的箱盒歪斜，或者里进外出严重的应根据具体情况进行调整，但不应按地面为标准调整盒子的对地标高（应在预埋时按建筑标高线进行控制）。以免对管子敷设的质量造成更大的影响。

6. 管路穿线的施工

(1) 穿线施工前对管路需要检查的项目及要求如下：

1) 开关盒、插座接线盒的位置是否符合装修设计的要求，配管是否畅通。

2) 管内导线的规格和绝缘是否符合要求。

3) 穿线前应将管内的垃圾清理干净，方法是：穿入引线钢丝，引线钢丝穿通管子后，应带好适当截面及长度的两根绝缘导线，将其导线由中间折回，进行扫管检查。在扫管过程中当发现管路堵塞应即时纠正处理。

4) 检查各暗敷钢管管口的锁扣是否齐全，如有破损或遗漏，均应更换或补齐。

(2) 管路穿线施工的技术要求如下：

1) 穿线前应根据施工图，对导线的规格、型号进行核对，发现线径小、绝缘层质量不好的 BV 导线应及时退换。

2) 管路穿线施工可根据导线截面积的大小、颜色的不同、插座及照明、强电和弱电、或不同房间分别穿线的方法进行施工。具体采用何种方法，则要因时因地而定。

3) 室内电线的颜色应统一：工作零线（N 线）为淡蓝色，保护地线（PE 线）黄绿相间色，插座相线（L 线）为红色；照明开关进相线（L 线）为红色，双联、三联灯、双控开关的出相线颜色应使用白色、黄色等不同绿色予以区分。

4) 穿线时为使导线不扭结，不出背扣，最好使用放线架。无放线架时，应把线盘平放在地上，把内圈线头抽出，进行展放。

5) 管路穿线原则是先穿距离较长的线，再穿距离较短的线，以节省导线。强电和弱电导线不能同管展放以防相互干扰。

6) 不同用途的导线展放后要做好标记，以防接线错误。管路穿线用力要适度，以防绝缘破坏，造成接地和短路。

7) 当管路较短弯头较少时，为提高效率可不先穿钢丝而把绝缘导线直接穿入管内。

8) 线管中间绝对禁止电线接头和扭接，接头应在盒、箱内，所有盒、箱必须有盖板。同类照明的几个回路，可穿入同一根管内，但管内导线总数不应多于 8 根。

9) 施工中应注意：开关盒内不宜通过电源零线，防止漏电及短路的危险存在。禁止室内电源线占用弱电线路预留管道。禁止管路不通时不穿管、直接埋线的现象。室内接地保护线、工作零线不得在室内有任何电气连接。

10) 管路较长、弯曲较多的线路可吹入适量的滑石粉以便于穿线。带线与导线绑扎好后，由两人在线路两端拉送导线，并保持相互联系，这样可使一拉一送时配合协调。

11) 导线穿后，应按要求适当留出余量便于以后接线。接线盒、灯位盒、开关盒内留线长度不应小于 0.15m；配电箱内留线长度不应少于箱的半周长；出户线处导线预留长度为 1.5m。但对一些公用导线和通过盒内的照明灯开关线在盒内以及在分支处可不剪断直接通过，只需在接线盒内留出一定裕量，这样可省去后来接线中不必要的接头。

12) 灯头、开关、插座等内部接线必须压接牢固，如果无接线端子，必须用压线帽压接可靠。截面积为 $10mm^2$ 及以下的单股铜芯线可直接与设备、器具的端子相连接。

13) 管路穿线施工的依据是设计和规范，施工中不要随意更改设计要求。

(3) 管路穿线施工后线路的绝缘测试。线路绝缘测量是确保线路正常和安全的关键工作。线路绝缘若出现不良情况，轻则电气设备不能正常工作，重则短路跳闸，甚至引起电气火灾。

管路穿线施工后线路的绝缘测试要分两步进行：第一步是在导线敷设后（如管内穿线完成后）进行；第二步是在灯具、开关及插座接线完成而灯泡尚未装入时进行。

1）导线敷设后的绝缘测试见表 6 - 12。

**表 6 - 12　导线敷设后的绝缘测试**

| 序号 | 项目 | 内　容 |
|---|---|---|
| 1 | 绝缘测量仪器选择 | 500V 绝缘电阻表，精确度应选用 0.1 级 |
| 2 | 绝缘测量仪器的检测 | 绝缘测量前，对所用的绝缘电阻表应进行开路及短路试验；以判别该仪表工作是否正常。开路试验时，测试端子不接导线，摇动手柄至规定速度，测值应为无穷大；短路试验时，两个测试端子用导线短接，慢慢摇动手柄，测值应为“0” |
| 3 | 线路的绝缘测试方法 | 对穿管敷设及线槽敷设等线路，因为导线并在一起，故必须逐根测试，不能遗漏。导线在金属管内或金属线槽内敷设时，除了要测量线与线之间的绝缘外，还必须测量线与金属管或金属线槽间的绝缘。导线在塑料管或塑料线槽内敷设时，只需测量线间的绝缘 |
| 4 | 线路的绝缘标准要求 | 线间绝缘或线与地之间的绝缘必须在 0.5MΩ 以上 |

2）灯具、开关及插座接线完成而灯泡尚未装入时的绝缘测试见表 6 - 13。

**表 6 - 13　灯具、开关及插座接线完成而灯泡尚未装入时的绝缘测试**

| 序号 | 项目 | 内　容 |
|---|---|---|
| 1 | 绝缘测量仪器选择 | 500V 绝缘电阻表，精确度应选用 0.1 级 |
| 2 | 绝缘测量仪器的检测 | 绝缘测量前，对所用的绝缘电阻表应进行开路及短路试验；以判别该仪表工作是否正常。开路试验时，测试端子不接导线，摇动手柄至规定速度，测值应为无穷大；短路试验时，两个测试端子用导线短接，慢慢摇动手柄，测值应为“0” |
| 3 | 接线后的绝缘测试 | 接线后的绝缘测试的总开关箱或分开关箱内进行，检查照明线路时，应切断电源，解开进照明开关箱的 N 线，用绝缘电阻表进行测量 |
| 4 | L 线与 PE 线间的绝缘电阻 | GB 50150—2006《电气装置安装工程电气设备交接试验标准》规定：1kV 及以下馈电线路的绝缘电阻值不应小于 0.5MΩ。这是指单根导线。当同一相的相线多路输出时，如果绝缘电阻小于 0.5MΩ，就无法判别是哪一路导线对地绝缘不良，此时应把相线逐根解开，单独进行测量 |
| 5 | N 线对 PE 线之间的绝缘电阻 | 测量前必须解开来自电源的总 N 线，然后测量负载端的 N 线与 PE 线之间的绝缘电阻，其值应 0.5MΩ 以上。如果测量结果小于 0.5MΩ 时，首先应把 N 线逐根从 N 排上解下，然后再单独测量每根 N 线与 PE 线之间的绝缘电阻 |

## 四、住宅室内照明灯具的安装

1. 室内照明灯具安装前的检查及技术要求

室内照明灯具安装前的检查及技术要求如下：

(1) 安装前应对灯具本体及其配件进行全面检查，灯具及其配件应齐全，并应无机械损伤、变形、油漆脱落和灯罩破损等缺陷，存在以上缺陷的灯具不能用于安装。为避免返工提高工效，对于比较复杂的灯具或安装比较困难的灯具需要在地面上先将灯具试亮后再进行安装。

(2) 在安装现场应预先对灯具的配线施工进行检查，确认无错误遗漏才能开始安装。

(3) 如灯具安装位置的墙面、天棚有涂料或瓷片工程时必须等施工一遍涂料以后或瓷片工程完工后才能进行灯具的安装，墙面、天棚涂料未完工的不得进行灯具安装。

(4) 在室内涂料已完工的墙面、天棚安装灯具前应将使用的工具擦拭干净，安装人员应带软布手套在现场进行操作，以免污染墙面。

(5) 灯具底盘安装底孔使用 $\phi6$ 的冲击钻头钻孔，钻孔深度应控制在 30～35mm 间，确认孔壁有强度且满足要求后，填充 $\phi6$ 的膨胀管（胶塞），膨胀管（胶塞）应与墙顶面平，使用 M4×30mm 的自攻螺钉固定灯具底盘安装。

(6) 自行加工的电线出线孔需要将孔口用锉刀倒钝，安装时要在进线孔处套上软塑料管或石棉管保护导线，将电源线引入灯具底盘内。

(7) 灯位盒内有多路灯具线路并联连接时，应按 L、N、PE 线分别使用压线帽压接引出。

2. 室内白炽灯平灯座、灯泡的安装

室内白炽灯平灯座、灯泡安装的技术要求如下：

(1) 白炽灯平灯座是简单的灯具，一般安装在毛坯房各房间供通电验收照明或装修房内厅房及走道临时照明。配套的螺口白炽灯泡一般选用 40～60W。

(2) 平灯座应在灯位盒上安装，安装前应在地面上将平灯座与绝缘台预先组装在一起，然后再拿到现场去接线安装。

(3) 现场安装时，应把灯位盒管内导线区别开，把相线（L 线；即来自开关控制的电源线）通过绝缘台的穿线孔由平灯座的穿线孔穿出，接到与平灯座中心触相连接的接线桩上。按同样方法把零线（N 线）接在灯座螺口触相连接的接线桩上。在接线时应注意，防止螺口及中心触点固定螺丝或铆钉松动，以免发生短路故障。

(4) 灯座接线完成后应将盒内余线（包括预留的供成品灯具安装使用的双色接地线）盘圆放入盒内，把绝缘台固定在灯位盒的缩口盖上。

(5) 安装螺口灯泡时应防止灯头螺纹过度旋入螺口内，应在旋入较紧时后退 0.25～0.5 圈。防止热变形导致拆卸困难。

3. 厨卫间扣板吊顶嵌入式装饰灯具的安装

厨卫间扣板吊顶嵌入式装饰灯具安装的技术要求如下：

(1) 灯具应固定在相应照明区域中部的一块金属天花扣板上。安装前在地面上将灯具安装孔在扣板上开出。灯具安装孔中心应与该块扣板中心重合，孔的规格应按灯具安装说明书的要求加工。开孔时应采取措施防止扣板变形、表面油漆划伤。

(2) 灯具的固定弹簧卡应齐全，且弹簧的张紧力度应合适，并能够将灯具的边框应紧贴在扣板表面上。

(3) 嵌入式装饰灯具的灯具灯头线配管使用 $\phi16$ 的阻燃塑料波纹管，从结构楼板中预留的灯位盒中引出，使用管盒连接件固定灯头线塑料波纹管。灯具安装后导线不应贴近灯具外壳，灯头线塑料波纹管（含管内电线）长度应留有余量保证灯具维修时拆卸扣板方便。

(4) 嵌有灯具的扣板安装在扣板框架上应与其他扣板平整一致。扣板与框架的连接强度应能承受灯具及扣板自身的重量，否则需采取措施加强固定。

4. 卫生间条形成品装饰镜前灯具的安装

卫生间条形成品装饰镜前灯具安装的技术要求如下：

(1) 由于卫生间条形成品装饰镜前灯一般截面高度较小，所以在墙面瓷片施工时不预埋灯位盒，而是直接将电源线管引出瓷片墙面，该管头的高度应与设计要求相符。如镜前灯灯位电源线管预埋定位高度有少许偏差时，可在灯具底盘安装时予以调整。

(2) 应使用不少于 2 个的膨胀螺钉、膨胀管固定灯具底盘，固定螺钉距离应合适。灯具底盘应将灯位电源线管孔完全遮住，条形镜前灯安装时要保证灯具底盘横向中心线水平，灯具底盘纵向中心线应同洗脸盆龙头、镜子纵向中心线重合。

(3) 在灯具底盘内盘好电线余量，剪断并剥出线芯按灯具底盘内接线端子板的标识要求将 L、N、PE 线分别压入端子板。

(4) 通电亮灯后将灯罩安装到位，要调整灯具底盘保证灯罩四周与瓷片墙面接触紧密缝隙均匀。

5. 室内及阳台天棚吸顶灯具的安装

室内及阳台天棚吸顶灯具的技术要求如下：

(1) 对于灯位盒预埋定位尺寸有一些偏差的，可在灯具底盘安装时予以调整。

(2) 在灯位盒处安装吸顶灯，应考虑灯具电源线方便由灯位盒通过灯具底盘上的出线孔引出，应使用 3 个膨胀螺钉、膨胀管通过灯具底盘的安装孔固定灯具底盘，3 个固定螺钉应均匀分布，灯具底盘应将灯位盒完全遮住，且灯具底盘四周要与天棚表面接触紧密无缝隙。

(3) 在灯具底盘内盘好电线裕量，剪断并剥出线芯，按灯具底盘内接线端子板的标识要求将 L、N、PE 线分别压入端子板。

(4) 通电亮灯后将灯罩安装到位。对装有白炽灯泡的吸顶灯具，吸顶灯在试灯后安装灯罩时，要十分注意白炽灯泡不能紧贴在灯罩上。

6. 室外阳露台墙壁灯的安装

室外阳露台墙壁灯安装的技术要求如下：

(1) 由于室外阳露台墙壁灯均有防水要求，所以在墙面灯位盒电源线管要求从上端进线以防止倒灌水。灯位盒的高度应与设计要求相符。

(2) 灯具安装前应仔细检查防水装置，确认完好无失效，否则不能用于安装。

(3) 应按照灯具底盘预留安装孔的数量使用膨胀螺钉、膨胀管固定灯具底盘，灯具底盘应将灯位盒完全遮住，且灯具底盘四周要与墙面接触紧密，要保证灯具底盘横向中心线水平。

(4) 在灯具底盘内盘好电线裕量，剪断并剥出线芯按灯具底盘内接线端子板的标识要求将 L、N、PE 线分别压入端子板。

(5) 通电亮灯后将外壳灯罩安装到位，通过适当调整保证灯具外壳灯罩横向中心线水平。

## 五、住宅开关、插座的安装

1. 开关、插座安装前的检查及技术要求

开关、插座安装前的检查及技术要求如下：

(1) 室内墙面涂料瓷片工程必须完工后才能进行开关、插座的安装。开关、插座底盒周围抹灰处应尺寸正确、阳角方正、边缘整齐、光滑，墙面粉刷工程在底盒处应交接紧密、无缝隙、不糊盖盒口。墙面砖铺贴工程在底盒处应用整砖切割吻合，不允许用非整砖拼凑镶贴。

(2) 所有的开关、插座必须有预埋的专用底盒。开关、插座接线时，应仔细检查底盒安装螺栓脚孔是否齐全完好，应仔细辨认识别好底盒内导线，导线分色应正确，否则应处理完毕再进行安装。

(3) 应检查底盒内是否清洁无杂物，否则应清理盒内杂物、尘土，可用软塑料管吹除或用抹布将盒内擦干净。

(4) 安装前应对开关、插座的外观进行检查，塑料零件表面应无气泡、裂纹、麻面、肿胀、明显的擦伤和毛刺等缺陷，并应有良好的光泽。存在以上缺陷的开关插座不能用于安装。

(5) 在室内安装开关、插座前应将使用的工具擦拭干净，安装人员应带棉布手套在现场进行操作，以免污染墙面。

(6) 开关、插座接线时，应将盒内导线依次理顺好，接线后将盒内导线盘理放置于盒内。且不使盒内导线接头相碰。插座面板应在绝缘测试和确认导线连接正确，盒内无潮气后才能固定。在安装固定面板时，找平找正后再与底盒安装脚孔拧固，应用手将面板与墙面顶严，并防止拧螺钉损坏导线及面板安装孔。

(7) 安装好的开关、插座面板不应倾斜，面板四周应紧贴墙面无缝隙、孔洞。同一室内安装的开关插座高度差不宜大于 5mm，并列安装的相同型号的开关插座高度差不应大于 1mm。

2. 插座的安装

插座安装的技术要求如下：

(1) 所有室内插座配电系统采用 TN－C－S 系统，插座接线时插座的接地端子不应与工作零线直接连接。

(2) 面对单相两孔插座右孔或上孔与相线相接，左孔或下孔与零线相接；面对单相三孔插座，右孔与相线相接，左孔与零线相接，上孔与地线相接。

(3) 带开关插座接线时，电源相线应与开关的接线桩连接，电源工作零线应与插座的接线桩相连接。

(4) 插座底盒内有多路插座电源线路并联连接时，应按 L、N、PE 线分别使用并线帽压接引出。

3. 其他插座或面板的安装

其他插座或面板安装的技术要求如下：

(1) 卫生间电热水器插座底盒可以明装，但底盒必须固定牢固。

(2) 室内其他弱电类插座（包括有线电视信号插座、电话信号插座、宽带信号插座）以及安防紧急按钮的安装按前述有关内容进行。

(3) 对预留的浴霸开关位、过线底盒应用空白面板进行封盖。

4. 跷板（琴键）开关的安装

跷板（琴键）开关安装的技术要求如下：

(1) 跷板开关按跷板数量分有单联、双联、三联、四联四种，按控制方式分有单控与双控两种。

(2) 普通单控开关的通断位置应一致，即保持所有单控开关跷板上部顶端压制的条纹或红色标记朝上安装，当跷板下部按下时，开关应处在开启的状态；当跷板上部按下时，开关应处在断开状态，即从侧面看跷板上部突出时灯亮，跷板下部突出时灯熄。

(3) 跷板开关安装时应严格做到使开关控制（即分断或接通）电源相线，开关断开后灯具上应不带电。两联以上跷板开关接线时，电源相线应接好并接头分别接到与动触点相联通的接线桩上，把开关线（通往灯具的导线）接在开关静触点接线桩上。

(4) 由两个开关在不同地点控制同一盏灯时，应使用双控开关。此开关应具有三个接线桩，其中两个分别与两个静触点连通，另一个与动触点连通（共用桩）。使用时一个开关的共用桩与电源的L线连接，另一个开关的共用桩与灯座的一个电源相线接线桩连接，两个开关的静触点接线桩，用两根导线分别进行连接，灯座的另一个接线桩与电源零线连接。

# 第七章

# 住宅小区防雷接地与安全用电

## 第一节　建筑物防雷保护

住宅小区建筑物的防雷系统由避雷针、避雷带、避雷网或混合组成的接闪器，构成了整个建筑物的法拉第笼，将雷电电流引入大地，从而避免雷电对住宅小区建筑物侵害。

### 一、雷电的形成

1. 云形成的方式

通常把发生闪电的云称为雷雨云。云的形成过程是空气中的水汽经由各种原因达到饱和或过饱和状态而发生凝结的过程。使空气中水汽达到饱和是形成云的一个必要条件，云形成的主要方式有：

(1) 水汽含量不变，空气降温冷却。

(2) 温度不变，增加水汽含量。

(3) 既增加水汽含量，又降低温度。

2. 雷电形成的过程

对云的形成来说，降温冷却过程是最主要的过程。而降温冷却过程中又以上升运动而引起的降温冷却作用最为普遍。积雨云就是一种在强烈垂直对流过程中形成的云。

夏日白天地面温度升高，近地面的大气的温度由于热传导和热辐射也跟着升高，气体温度升高必然膨胀，密度减小，压强也随着降低，根据力学原理，气体上升，上方的空气层密度相对较大，就要下沉。热气流在上升过程中膨胀降压，同时与高空低温空气进行热交换，于是上升气团中的水汽凝结而出现雾滴，就形成了云。在强对流过程中，云中的雾滴进一步降温，变成过冷水滴、冰晶或雪花，并随高度逐渐增多。在冻结高度（−10℃），由于过冷水大量冻结而释放潜热，使云顶突然向上发展，达到对流层顶附近后向水平方向铺展，形成云砧，这是积雨云的显著特征。积雨云形成过程中，在大气电场以及温差形成电效应，在电效应的作用下，正负电荷分别在云的不同部位积聚。当电荷积聚到一定程度，就会在云与云之间或云与地之间发生放电，也就是人们平常所说的闪电。

### 二、雷电的种类及危害

雷击有极大的破坏力，其破坏作用是综合的，包括电性质、热性质和机械性质的破坏。根据雷电产生和危害特点的不同，雷电可分为以下四种：

1. 直击雷

直击雷是云层与地面凸出物之间放电形成的。直击雷可在瞬间击伤击毙人畜。巨大的雷电流流入地下，令在雷击点及其连接的金属部分产生极高的对地电压，可能直接导致接触电压或跨步电压的触电事故。

2. 球形雷

球形雷是一种球形，发红光或极亮白光的火球。球形雷能从门、窗、烟囱等通道侵入室内，极其危险。

3. 雷电感应

雷电感应分为静电感应和电磁感应两种。静电感应是由于雷云接近地面，在地面凸出物顶部感应出大量异性电荷所致。在雷云与其他部位放电后，凸出物顶部的电荷失去束缚，以雷电波形式，沿突出物极快地传播。电磁感应是由于雷击后，巨大雷电流在周围空间产生迅速变化的强大磁场所致。这种磁场能在附近的金属导体上感应出很高的电压，造成对人体的二次放电，从而损坏电气设备和对人身造成伤害。

4. 雷电侵入波

雷电冲击波是由于雷击而在架空线路上或空中金属管道上产生的冲击电压沿线或管道迅速传播的雷电波。雷电侵入波可毁坏电气设备的绝缘，使高压窜入低压，造成严重的触电事故。

## 三、住宅小区的防雷装置与防雷措施

1. 常用防雷装置的种类

常规防雷电可分为防直击雷电、防感应雷电和综合性防雷电。避雷装置的种类基本上分四大类型：一是接闪器，如避雷针、避雷线、避雷带、避雷网等。二是电源避雷器。三是信号型避雷器，多数用于计算机网络、通信系统上。四是天馈线避雷器，它适用于有发射机天线系统和接收无线电信号设备系统。

2. 住宅小区的防雷装置

避雷针、避雷线、避雷带、避雷网及避雷器等都是一些常用的避雷装置。防雷装置包括接闪器（针、线、网、带）、引下线和接地装置。避雷针主要保护露天变配电设备、建筑物和构筑物等。避雷线主要用来保护电力线路。避雷器主要用来保护电力设备。

3. 住宅小区的避雷针

(1) 避雷针作为接闪器的防雷电原理。避雷针并不是阻挡雷电，而是沿着安全的路径使云层里的电荷和地面的电荷中和，从而保护建筑物免受雷电的袭击。云层的底部带负电荷，因此感生的正电荷便会在云层下的地面及建筑物聚集。根据静电学的原理，带电导体表面上较尖的地方，电苛密度会较其他地方高，所以避雷针的尖端会比其他地方集合了更多的正电荷。当云层上电荷超过一定范围时，带电云层与避雷针形成通路，避雷针就可以通过接地装置把云层上的电荷导入大地，以保证高层建筑的安全。

(2) 避雷针的结构。住宅小区防直击雷电的避雷装置一般由由接闪器（避雷针的针尖）、支承物、接地引下线和防雷接地装置等部分组成；接闪器又分为避雷针、接地引下线、避雷带、避雷网。住宅小区屋面独立避雷针的结构如图 7-1 所示。

1）住宅小区的避雷针接闪器。接闪器位于防雷装置的顶部，其作用是利用其高出被保护物的突出部位把雷电引向自身，承接直击雷放电。

2）住宅小区的避雷针支承物。避雷针的支承物位于防雷装置的中部，其作用是按照设计要求利用支承物调整、控制接闪器的高度，使接闪器高出被保护物的突出部位，达到防雷的作用。

3）住宅小区的避雷针接地引下线。避雷针之外还有接地引下线，避雷针顶端向天，接地引下线一端与避雷针连接，另一端与埋地避雷网连接。雷雨季节，雷电从天空、避雷针进入接地引下线直至埋地的避雷网，是消除雷击保护建筑物或仪器的设施。

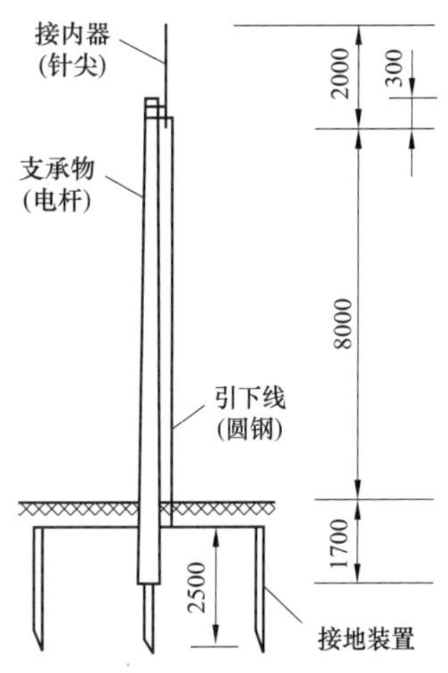


图 7-1 住宅小区屋面独立避雷针的结构

4）住宅小区的避雷带。建筑物的避雷带就是在屋顶四周的女儿墙或屋脊、屋檐上安装金属带做接闪器来防雷电。避雷带的防护原理与避雷线一样，由于它的接闪面积大，接闪设备附近空间电场强度相对比较强，更容易吸引雷电先导，使附近尤其比它低的物体受雷击的几率大大减少。

5）住宅小区的避雷网。建筑物的避雷网分明网和暗网。明网是在避雷带的中间加敷金属线制成的网，然后通过截面积足够大的金属物与大地连接的防雷电网，用以保护建筑物的中间部位。暗网则是利用建筑物钢筋混凝土结构中的钢筋网进行雷电防护，只要每层楼的楼板内的钢筋与梁、柱、墙内的钢筋有可靠的电气连接，并与层台和地桩有良好的电气连接，形成可靠的暗网，这种方法要比其他防护设施更为有效。

4. 避雷针保护范围的确定

避雷针有一定的保护范围，其保护范围以它对直击雷保护的空间来表示。

（1）单支避雷针的保护范围。单支避雷针的保护范围可以用一个以避雷针为轴的圆锥形来表示。其保护范围如图 7-2 所示。从避雷针的顶点向下作 45°的斜线在 $1/2h$ 处转折，与地面上距避雷针底线上取距避雷针 $1.5h$ 处相连接，则其转折点以下的斜线即构成了保护空间的下半部。若用公式表示，则避雷针在地面上的保护半径 $r_0$ 为

$$r_0=1.5h \tag{7-1}$$

式中 $h$——避雷针的高度，m。

避雷针在被保护物高度为 $h_x$，水平面上的保护半径 $r_x$ 时，有

当 $h_x \geqslant 0.5h$ 时 $$h_x=k(h-h_x)=kh_x \tag{7-2}$$

当 $h_x \leqslant 0.5h$ 时 $$r_x=k(1.5h-2h_x) \tag{7-3}$$

式中 $k$——高度影响系数，$h \leqslant 30$m，$k=1$；30m$<h \leqslant 120$m 时，$k=5.5/\sqrt{h}$。

（2）两支等高避雷针的保护范围。如图 7-3 所示，两支等高避雷针外侧保护范围保护半径 $r_0$，可分别按单支避雷针来确定。两支等高避雷针之间的保护范围，按通过两针顶点及保护范围上部边缘最低点 $O$ 的圆弧确定。圆弧的半径为 $r_0$，$O$ 的高度为 $h_0$，则 $h_0$ 为

$$h_0=h-D/7k \tag{7-4}$$

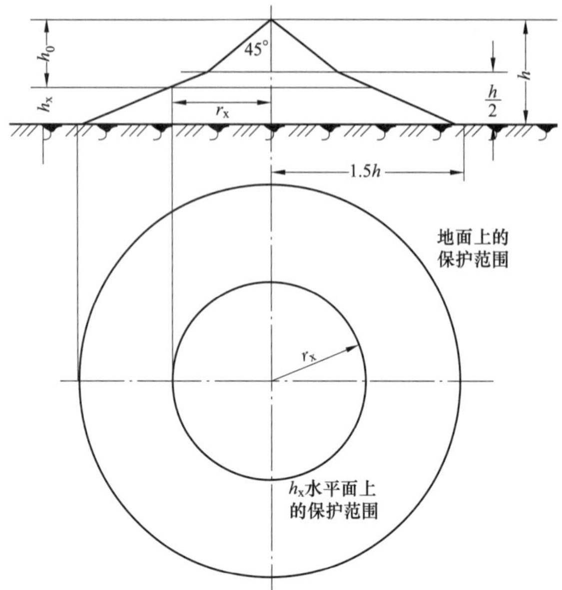


图 7-2　单支避雷针的保护范围

式中　$D$——两针之间的距离，m。

两针之间的高度 $h_x$ 水平面上保护范围的一侧最小宽度 $b_x$ 为

$$b_x=1.6\ (h_0-h_x) \qquad (7-5)$$

显然，当两针之间的距离增大至 $D=7h_0k$ 时，$b_x=0$，即两针间不能构成联合的保护范围。另外，设计安装时还应注意 $b_x$ 不得大于 $r_0$。

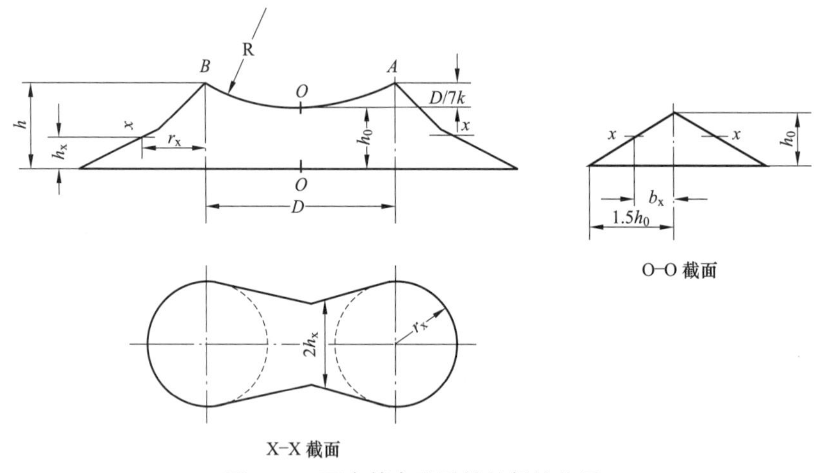


图 7-3　两支等高避雷针的保护范围

5. 住宅小区屋面建筑物作为接闪器的技术要求

(1) 金属屋面的建筑物作为接闪器的技术要求。除 30m 以上第一类防雷建筑物外，金属屋面的建筑物在利用其屋面作为接闪器时，其技术要求如下：

1) 金属板之间采用搭接时，其搭接长度不应小于 100mm。

2) 金属板下面无易燃物品时，其厚度不应小于 0.5mm。

3）金属板下面有易燃物品时，其厚度：铁板不应小于 4mm，铜板不应小于 5mm，铝板不应小于 7mm。

4）金属板无绝缘覆盖层。

注薄的油漆保护层、0.5mm 厚沥青层或 1mm 厚聚氯乙烯层均不属于绝缘覆盖层。

（2）屋顶上永久性金属物作为接闪器的技术要求。除 30m 以上第一类防雷建筑物外，屋顶上永久性金属物宜作为接闪器，但其各部件之间均应连成电气通路，其技术要求如下：

1）旗杆、栏杆、装饰物等，其尺寸应符合接闪器时的技术要求。

2）钢管、钢罐的壁厚不小于 2.5mm，但钢管、钢罐一旦被雷击穿，其介质对周围环境造成危险时，其壁厚不得小于 4mm。

3）利用屋顶建筑构件内钢筋作接闪器时，其尺寸应符合技术要求。

4）除利用混凝土构件内钢筋作接闪器外，接闪器应热镀锌或涂漆。在腐蚀性较强的场所，尚应采取加大其截面或其他防腐措施。

5）不得利用安装在接收无线电视广播的共用天线的杆顶上的接闪器保护建筑物。

6. 住宅小区避雷针的安装

（1）避雷针制作的技术要求。避雷针宜采用镀锌圆钢或镀锌钢管制成，其制作避雷针的技术要求见表 7－1。

**表 7－1　　避雷针制作的技术要求**

<table>
<tr><th>序号</th><th>项目</th><th colspan="3">技术要求</th><th>备注</th></tr>
<tr><td>1</td><td>针尖</td><td colspan="3">管壁厚度：≥3mm；针尖刷锡长度：≥70mm</td><td rowspan="10">（1）采用镀锌圆钢或钢管制作针尖。<br>（2）制作避雷针的所有金属部件必须镀锌，操作时注意保护镀锌层</td></tr>
<tr><td rowspan="2">2</td><td rowspan="4">避雷针针长</td><td rowspan="2">≤1m</td><td rowspan="4">避雷针直径</td><td>圆钢：≥12mm</td></tr>
<tr><td>钢管：≥20mm</td></tr>
<tr><td rowspan="2">3</td><td rowspan="2">1～2m</td><td>圆钢：≥16mm</td></tr>
<tr><td>钢管：≥25mm</td></tr>
<tr><td>4</td><td>独立避雷针</td><td colspan="3">一般采用 $\phi$19mm 镀锌圆钢</td></tr>
<tr><td>5</td><td>屋面上的避雷针</td><td colspan="3">采用 $\phi$25mm 镀锌钢管</td></tr>
<tr><td>6</td><td>水塔顶部避雷针</td><td colspan="3">采用 $\phi$25mm 或 $\phi$40mm 的镀锌钢管</td></tr>
<tr><td>7</td><td>烟囱顶上避雷针</td><td colspan="3">采用 $\phi$20mm 镀锌圆钢或 $\phi$40mm 镀锌钢管</td></tr>
<tr><td>8</td><td>避雷环</td><td colspan="3">采用 $\phi$12mm 镀锌圆钢或截面积为 100mm$^2$ 镀锌扁钢，其厚度应为 4mm</td></tr>
</table>

（2）住宅小区接闪器引下线的技术要求。住宅小区接闪器引下线的安装材料通常采用镀锌圆钢或镀锌扁钢。其安装的技术要求如下：

1）接闪器引下线采用镀锌圆钢进行安装时，其直径：$\geqslant\phi 8$ mm。

2）接闪器引下线采用镀锌扁钢进行安装时，截面积 $S\geqslant 48$mm$^2$，厚度 $d\geqslant 4$mm。

3）装在烟囱顶上避雷针的引下线，圆钢直径 $D\geqslant\phi 12$ mm；扁钢截面积 $S\geqslant 100$mm$^2$，厚度 $d\geqslant 4$ mm。

4）引下线的焊接处应涂防锈漆，在腐蚀性较强的场所，还应加大截面积或采用其他防腐措施，保证引下线能可靠泄漏雷电流。

5）引下线应沿建筑物外墙展放，并经最短的路径接地。建筑艺术要求较高的建筑也可暗敷，但截面积应加大一倍。

6）建筑物的金属构件、金属烟囱、烟囱的金属爬梯等作为引下线，但其所有部件之间均应构成电气通路。

7）采用多根专用引下线时，为了便于测量接地电阻及接地体的连接情况，还应在距地面 1.8m 处设置断接卡。

8）在易受机械损坏的地方［0.3m（地下）～1.7m（地面）］应加保护措施。

9）避雷网和避雷带宜采用圆钢或扁钢。圆钢直径不应小于 8mm。扁钢截面积不应小于 48mm$^2$，其厚度不应小于 4mm。

（3）住宅小区接闪器接地的技术要求如下

1）接闪器的接地应符合设计及相关技术规范的要求，并经检验合格。

2）避雷针（带）与引下线之间的连接应采用焊接。

3）装有避雷针的金属筒体（如烟囱）其厚度大于 4mm 时，可作避雷针引下线，但筒体底部应有对称两处与接地体相连。

4）独立避雷针及其接地装置与道路或建筑物的入口等的距离应大于 3m。

5）独立避雷针（线）应设独立的接地装置，在土壤电阻率不大于 100Ω·m 的地区，其接地电阻不宜大于 10Ω。

6）其他接地体与独立避雷针接地体之间的距离不应小于 3m。

7）不得在避雷针构架或电杆上架设低压电力线或通信线。

（4）住宅小区避雷针制作与安装注意的质量问题有：

1）焊接应采用搭接焊，其搭接长度必须符合下列规定：①扁钢为其宽度的 2 倍（且至少 3 个棱边焊接）；②圆钢为其直径的 6 倍；③圆钢与扁钢连接时，其长度为圆钢直径的 6 倍。

2）焊接处不饱满，焊药处理不干净，漏刷防锈漆。应及时予以补焊，将药皮敲掉，刷上防锈漆。

3）避雷针应垂直安装牢固。垂直度允许偏差为 3/1000。当针体弯曲，安装的垂直度超出允许偏差时，应将针体重新调直，符合要求后再安装。

4）独立避雷针及其接地装置与道路或建筑物的出入口保护距离应大于 3m。当小于 3m 时，应采取均压措施或铺设卵石或沥青地。

## 四、住宅小区新建建筑物楼顶防雷装置的验收

住宅小区新建建筑物楼顶防雷装置主要包括楼顶的接闪杆、接闪带、太阳能热水器、楼顶航空障碍灯、节日彩灯、楼顶的金属水箱、卫星天线、广告牌等金属构件项目。住宅小区新建建筑物楼顶防雷装置验收的技术要求见表 7－2。

表 7－2　　住宅小区新建建筑物楼顶防雷装置验收的技术要求

<table>
<tr><th>序号</th><th>防雷装置</th><th colspan="2">验收技术要求</th></tr>
<tr><td rowspan="3">1</td><td rowspan="3">楼顶接闪杆</td><td rowspan="2">检查接闪杆的用料是否符合规范要求</td><td>1m 长接闪杆：$\phi \geqslant 12$mm 圆钢或 $\phi 20$mm 钢管</td></tr>
<tr><td>2m 长接闪杆：$\phi \geqslant 16$mm 圆钢或 $\phi 25$mm 钢管</td></tr>
<tr><td colspan="2">检查楼顶接闪杆与接闪带搭接长度是否符合要求</td></tr>
<tr><td>2</td><td>楼顶接闪带</td><td colspan="2">（1）检查接闪带是否平正顺直，固定点支持件是否间距均匀，固定可靠，支持件间距是否符合水平直线距离为 0.5～1.0m 的要求。<br>（2）测量接闪带的接地电阻是否合格。以检查接闪带、引下线、接地装置这条雷电泄流通道是否畅通。<br>（3）检查接闪带的焊接长度、引下线与接闪带的搭接长度是否符合规范要求。<br>（4）检查接闪带的安装位置是否沿女儿墙外沿敷设。<br>（5）检查接闪带焊接点的防腐措施是否符合规范要求。<br>（6）检查采用金属扶手代替接闪带，是否符合规范要求。对部分楼的金属扶手中间不能够形成电气连通，造成楼顶的接闪带不能构成环形电气通路。应采用截面积 $S \geqslant 48\text{mm}^2$ 的金属导体进行跨接</td></tr>
<tr><td>3</td><td>楼顶的太阳能热水器</td><td colspan="2">检查楼顶的太阳能热水器是否有防雷措施：<br>（1）检查楼顶的太阳能热水器是否在接闪杆的防雷保护范围内。<br>（2）将太阳能热水器的金属支架与楼顶的接闪带可靠连接，连接导体截面不应小于 $48\text{mm}^2$</td></tr>
<tr><td>4</td><td>楼顶航空障碍灯</td><td colspan="2">航空障碍灯为飞机在夜间飞行辨别航向使用，设计在建筑的最高处。防雷要求如下：<br>（1）航空障碍灯的外壳为金属时，外壳必须与防雷装置连接，其连接导体截面积 $S \geqslant 48\text{mm}^2$。<br>（2）航空障碍灯的外壳为非金属时，应安装在防雷装置的保护范围内。<br>（3）对放置于建筑顶层的航空障碍灯的分配盘，应在分配盘处安装通流量不小于 80kA 的电源 SPD，以降低雷电产生的过电压、过电流对配电系统造成的危害</td></tr>
<tr><td>5</td><td>楼顶的节日彩灯</td><td colspan="2">（1）节日彩灯应在接闪器的保护范围以内。<br>（2）其电源线路应与接闪器和引下线保持一定的安全距离。<br>（3）节日彩灯的用电线路应在入户端安装通流量不小于 80kA 的电源 SPD 保护</td></tr>
<tr><td>6</td><td>楼顶金属水箱、卫星天线、广告牌等金属构件</td><td colspan="2">检查楼顶的金属水箱、卫星天线、广告牌等金属构件应与防雷装置进行连接，连接导体截面积 $S \geqslant 48\text{mm}^2$，连接点不宜少于 2 处。</td></tr>
</table>

## 五、住宅小区新建建筑物防侧击雷装置的验收

当住宅小区新建建筑物的高度超过滚球半径以上的室外较大的金属构件，应具有防侧击雷措施。住宅小区新建建筑物防侧击雷装置验收的技术要求见表 7－3。

表 7－3　　住宅小区新建建筑物防侧击雷装置验收的技术要求

| 序号 | 击雷装置 | 验收技术要求 |
|---|---|---|
| 1 | 室外金属构件的防雷验收 | 检查第一类建筑 30 m 以上、第二类建筑 45 m 以上、第三类建筑 60 m 以上的室外较大的金属门窗、金属栏杆、空调外挂机等金属构件，应与预留的接地端子实施等电位连接。常见问题：<br>（1）没有预留接地端子，使室外的金属构件不能够实施等电位连接。<br>（2）金属窗户的安装部分属于拼装型，整个窗户中间有多处不能形成电气连通，而一个窗户一般只留有一处接地点，造成整个金属窗户的部分金属构件不能够与接地端子形成等电位连接，要求在电气连通的断裂处进行跨接 |

续表

| 序号 | 击雷装置 | 验收技术要求 |
|---|---|---|
| 2 | 测量防侧击雷的金属构件的接地电阻 | 测量防侧击雷的金属构件的接地电阻不应大于10Ω |
| 3 | 玻璃幕墙的防雷验收 | 玻璃幕墙防雷要求在建筑施工中预留接地端子，安装玻璃幕墙时，将其金属龙骨架多处与预留的接地端子可靠连接。常见问题：施工中没有预留防雷接地端子，使玻璃幕墙的金属龙骨架不能够接地 |

## 第二节　配电装置防雷保护

避雷器是新建住宅小区配电装置免遭雷电冲击波袭击的设备。当沿线路传入住宅小区配电装置的雷电冲击波超过避雷器保护水平时，避雷器首先放电，并将雷电流经过良导体安全的引入大地，利用接地装置使雷电压幅值限制在被保护设备雷电冲击水平以下，使电气设备受到保护。

### 一、避雷器的分类

避雷器按其发展的先后可分为表7-4的五种类型。

**表7-4　避雷器的类型和作用**

| 序号 | 类型 | 作　用 |
|---|---|---|
| 1 | 保护间隙 | 最简单形式的避雷器，利用保护间隙放电，限制雷电过电压 |
| 2 | 管型避雷器 | 也是一个保护间隙，但它能在放电后自行灭弧 |
| 3 | 阀型避雷器 | 将单个放电间隙分成许多短的串联间隙，同时增加了非线性电阻，提高了保护性能 |
| 4 | 磁吹避雷器 | 利用磁吹式火花间隙，提高灭弧能力，同时还具有限制内部过电压能力 |
| 5 | 氧化锌避雷器 | 利用氧化锌阀片理想的伏安特性（非线性极高，即在大电流时呈低电阻特性，限制了避雷器上的电压，在正常工频电压下呈高电阻特性），具有无间隙、无续流、残压低等优点，也能限制内部过电压，被广泛使用 |

本节重点介绍在新建住宅小区配电装置中常用的阀型避雷器和氧化锌避雷器。

### 二、阀型避雷器

1. 阀型避雷器的工作原理

阀型避雷器由火花间隙和阀片电阻组成，装在密封瓷套管内。当系统正常时，火花间隙将阀片电阻和工作母线隔离，以免由工作电压在阀片电阻中产生的电流使阀片电阻烧坏。一旦工作母线上的电压超过其击穿电压值时，火花间隙将被击穿并引导雷电流通过阀片电阻泄入大地，此时阀片电阻的阻值将自动变小，以降低在其两端形成的残压。雷电流

消逝后，作用在阀片电阻上的电压即为工频电压，此时阀片电阻的阻值将自动变大，限制了工频续流以促使电弧快速可靠熄灭。

2. 阀型避雷器的结构

阀型避雷器由多个火花间隙和阀片电阻串联构成。火花间隙极间距离小，电场近似于均匀电场，伏秒特性比较平坦，易于实现绝缘配合。且多个间隙使工频续流时电弧分段，短弧相对长弧而言，更易于切断，提高了间隙绝缘强度的恢复能力。阀片电阻的存在避免出现对绝缘不利的截波。它的非线性使通过雷电流时呈现低电阻，以限制避雷器的残压，提高了保护性能；通过工频续流时呈现高电阻，以限制工频续流，提高了灭弧性能。阀型避雷器的结构与电气接线如图 7－4 所示。

3. 阀型避雷器的型号含义

阀型避雷器的型号含义如图 7－5 所示。

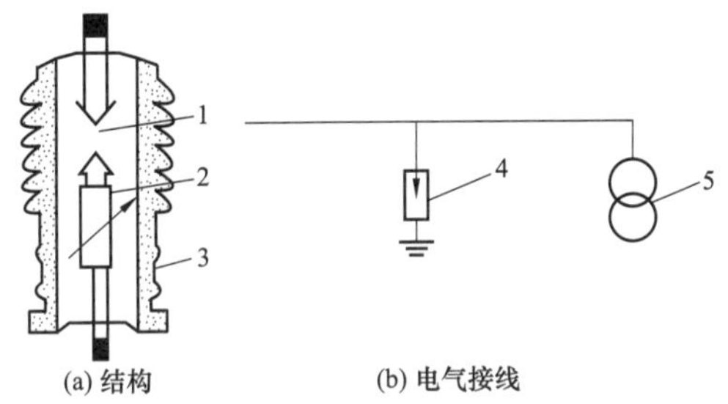


图 7－4　阀型避雷器的结构与电气接线

1—间隙火花；2—阀片电阻；3—瓷套管；
4—避雷器；5—变压器

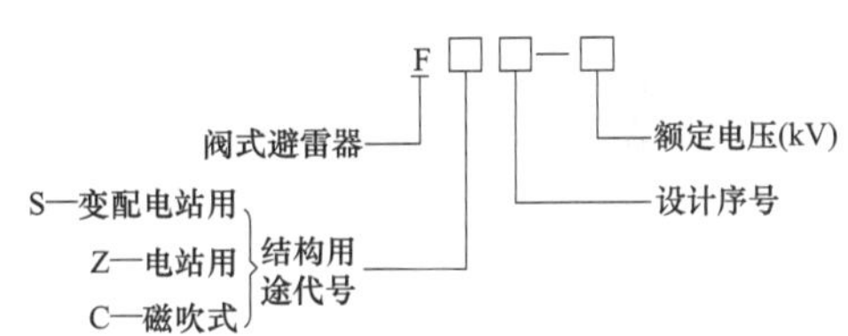


图 7－5　阀型避雷器型号含义

## 三、氧化锌避雷器

1. 氧化锌避雷器的工作原理

氧化锌避雷器主要由氧化锌压敏电阻构成。每一块压敏电阻从制成时就有它的一定开关电压（叫压敏电压），在正常的工作电压下（即小于压敏电压）压敏电阻值很大，相当于绝缘状态，流过避雷器的电流极小（微安或毫安级）。但在冲击电压作用下（大于压敏电压），压敏电阻呈低值被击穿，相当于短路状态。当高于压敏电压的电压撤销后，它又恢复了高电阻状态。因此，如在电力线上安装氧化锌避雷器后，当雷击时，雷电波的高电压使压敏电阻击穿，雷电流通过压敏电阻流入大地，可以将电源线上的电压控制在安全范围内，从而保护了电气设备的安全。氧化锌避雷器如图 7－6 所示。

2. 氧化锌避雷器的型号含义

氧化锌避雷器的型号含义如图 7－7 所示。

## 四、新建住宅小区配电设备保护避雷器的选型

1. 新建住宅小区 10kV 配电设备避雷器的选型

新建住宅小区 10kV 配电设备避雷器的选型要求如下：

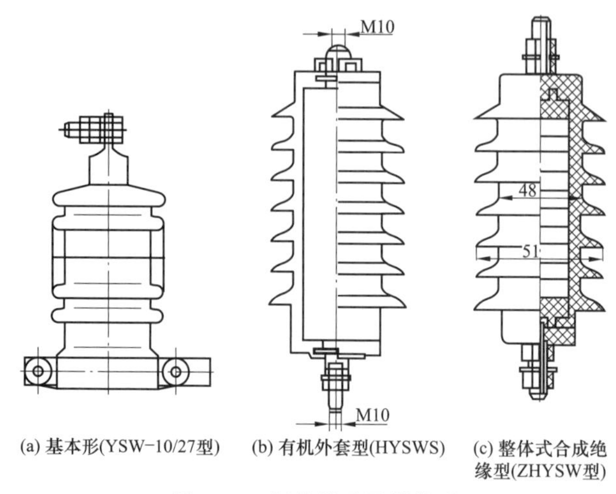


(a) 基本形(YSW-10/27型)　(b) 有机外套型(HYSWS)　(c) 整体式合成绝缘型(ZHYSW型)

图 7-6　氧化锌避雷器外形

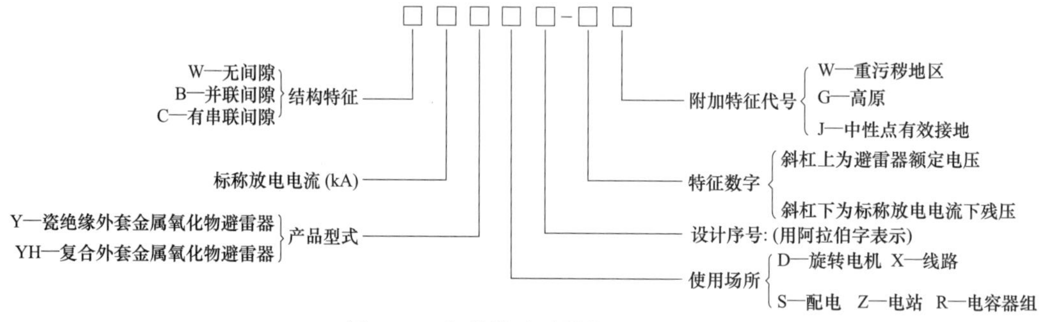


图 7-7　氧化锌避雷器的型号含义

(1) 选用配电网避雷器防范雷电过电压，应根据地区规划、经济发展、运行环境、线路负荷性质及产品技术性能等要求，因地制宜、适度超前、差异化选配。

(2) 站室设备（含环网单元及开闭所设备）和架空线路设备的保护一般选用复合外套无间隙金属氧化物避雷器（简称无间隙避雷器）保护，架空线路导线保护一般选用复合外套串联外间隙金属氧化避雷器（简称外间隙避雷器）。

(3) 复合外套避雷器结构一般采用“缠绕型”设计或“笼型”设计。

(4) 一般地区避雷器本体爬电距离不小于 372mm，沿海、严重污秽区域及高海拔地区避雷器可加大外绝缘爬电距离。

(5) 避雷器或避雷器本体复合外套进行雷电和工频绝缘耐受试验；无间隙避雷器复合外套的绝缘耐受电压值符合 GB 311.1—2012《高压输变电设备的绝缘配合》中高压电器外绝缘耐受电压的规定。带间隙避雷器本体复合外套的绝缘耐受电压值；雷电冲击电压取避雷器本体残压值的 1.3 倍；工频电压取避雷器额定电压值的 1.5 倍。

(6) 多雷的山区、河流湖泊区域等故障不易查找、处理的架空线路避雷器的标称放电电流可选 10kA。

(7) 避雷器电阻片棒芯金属端头宜采用铝合金材料，接线端子及外间隙电极应采用不低于 A2-70 类的不锈钢材料。

(8) 架空线路无间隙避雷器与线路连接，一般配置预制绝缘引线或配置绝缘罩防护。预制的绝缘引线或绝缘罩内不应积水，应避免积水对引线及接线端子的腐蚀。

(9) 避雷器复合外套硅橡胶材质应符合国家、行业有关标准。复合外套外观：表面单个缺陷面积（如缺胶、杂质、凸起等）不应大于 $10mm^2$，深度不大于 1mm，凸起表面与合缝应清洁平整，凸起高度不得大于 0.8mm，黏结缝凸起高度不得大于 1.2mm，总缺陷面积不应超过复合外套总表面 0.2%。

(10) 鸟害区域，复合外套避雷器硅橡胶材料应采用防鸟啄食的配方。

2. 开闭所及配电室保护避雷器选型一般原则

开闭所及配电室保护避雷器选型一般原则有：

(1) 开闭所及配电室内避雷器应选用电站型避雷器。

(2) 环网单元及开闭所设备可选用分离性或外壳不带电型避雷器。

(3) 站室保护避雷器一般选用额定电压 17kV，避雷器持续运行电压 13.6kV，标称放电电流 5kA，雷电冲击电流残压不大于 45kV，操作冲击电流残压不大于 38.3kV，陡波冲击电流残压不大于 51.8kV。

(4) 用于户外环网单元或箱式变电站的外壳不带电型避雷器的正常运行条件，应适应邻近处环境温度在－40℃～＋65℃内，最高温度不超过＋85℃。

3. 新建住宅小区配电装置低压避雷器选型

(1) 新建住宅小区配电装置低压避雷器选型一般原则有：

1) 复合外套爬电距离不小于 63mm。

2) 复合外套外观：表面单个缺陷面积（如缺胶、杂质、凸起等）不应超过 $10mm^2$，深度不大于 1mm，凸起表面与合缝应清理平整，凸起高度不得超过 0.8mm，黏结缝凸起高度不得超过 1.2mm，总缺陷面积不应超过复合外套总面积 0.2%。

3) 伞裙至少 1 片。

4) 接地端子螺母采用不低于 S404 类的不锈钢材质。

(2) 新建住宅小区配电装置变压器低压侧避雷器选型一般原则有：

1) 与低压架空配电线路连接的柱上变压器、配电室变压器（含箱式变电站）的低压侧采用低压无间隙氧化锌避雷器保护。

2) 柱上变压器选用户外型，配电室变压器（含箱式变电站）选用户内型。

3) 一般变压器低压侧避雷器额定电压选用 0.5kV，避雷器持续运行电压 0.42kV，标称放电电流 5kA，雷电冲击电流残压不大于 2.6kV，操作冲击电流残压不大于 2.2kV，陡波冲击电流残压不大于 2.98kV。

(3) 新建住宅小区配电装置低压配电箱避雷器选型一般原则有：

1) 低压配电箱或低压无功补偿箱选用户内低压无间隙氧化锌避雷器保护。

2) 避雷器额定电压一般选用 0.3kV，避雷器持续运行电压 0.28kV，标称放电电流的选取视使用地点避雷器密度及线路遮蔽情况可选 1.5kA 或 5kA，雷电冲击电流残压不大于 1.3kV。

## 五、避雷器的安装

1. 阀型避雷器的安装

(1) 阀型避雷器安装前质量检查的一般要求如下：

1）阀型避雷器的瓷套应无裂纹，密封良好，经预防性试验合格。

2）10kV 避雷器相线绝缘引线完好，安装配置不锈钢双螺母。

3）10kV 避雷器瓷套表面标有生产厂家名或商标。

4）检查避雷器电压等级是否与被保护设备相符。

5）10kV 避雷器采用工频交流耐压试验和直流泄漏电流试验，10kV 避雷器采用 2500V 绝缘电阻表，测量绝缘电阻应不低于 2000MΩ。

6）使用说明书、出厂报告、试验报告等出厂文件齐全。

（2）阀型避雷器安装的技术要求如下：

1）阀型避雷器的安装，应便于巡视检查，应垂直安装不得倾斜，引线要连接牢固，避雷器上接线端子不得受力。

2）安装时的相间安全距离：3kV 时 46cm、6kV 时 69cm、10kV 时 80cm。水平距离均在 40cm 以上。

3）阀型避雷器安装位置距被保护设备的间隔应尽量靠近。避雷器与 3～10kV 变压器的最大电气间隔，雷雨季经常运行的单路进线不大于 15m，双路进线不大于 23m，三路进线不大于 27m，若大于上述间隔时应在母线上增设阀型避雷器。

4）阀型避雷器为防止其正常运行或雷击后发生故障，影响电力系统正常运行，其安装位置可以处于跌开式熔断器保护范围之内。

5）阀型避雷器的引线截面积：铜线不应小于 $16mm^2$；铝线不应小于 $25mm^2$。

6）阀型避雷器接地引下线与被保护设备的金属外壳应可靠地与接地网连接。线路上单组阀型避雷器，其接地装置的接地电阻不大于 5Ω。

2. 氧化锌避雷器的安装

（1）氧化锌避雷器安装前质量检查的一般要求如下：

1）氧化锌避雷器的硅橡胶表面应无裂纹，密封良好，经预防性试验合格。

2）10kV 避雷器相线绝缘引线完好，安装配置不锈钢双螺母。

3）10kV 避雷器硅橡胶表面压铸生产厂家名或商标。

4）检查避雷器电压等级是否与被保护设备相符。

5）检验高低压氧化锌避雷器一般测量直流 1mA 下电压。10kV 氧化锌避雷器采用 2500V 绝缘电阻表测量绝缘电阻应不低于 2500MΩ。低压氧化锌避雷器一般不采用绝缘电阻表遥测方式。

6）使用说明书、出厂报告、试验报告等出厂文件齐全。

（2）氧化锌避雷器安装的技术要求如下：

1）不能将避雷器作为承力支持绝缘子使用，应尽量靠近被保护设备安装，以减小距离对保护效果的影响。

2）避雷器固定在支架上，其上端子与高压线相连接，下端子要可靠接地。

3）安装时的相间安全距离：3 kV 时 46cm、6kV 时 69cm、10kV 时 80cm。水平距离均在 40 cm 以上。

4）氧化锌避雷器安装位置距被保护设备的间隔应尽量靠近。避雷器与 3～10kV 变压器的最大电气间隔，雷雨季经常运行的单路进线不大于 15m，双路进线不大于 23m，三路

进线不大于 27m，若大于上述间隔时应在母线上增设氧化锌避雷器。

5）金属氧化锌避雷器采用黄铜双层底盖密封，投入运行后，每隔 5 年应进行预防性试验，测量泄漏电流时，在避雷器两侧应施加 10kV 直流电压（交流脉动不大于±1.5%），要求泄漏电流符合其产品规定值。

6）金属氧化锌避雷器的引线截面积：铜线不应小于 $16mm^2$；铝线不应小于 $25mm^2$。

7）金属氧化锌避雷器接地引下线与被保护设备的金属外壳应可靠地与接地网连接。线路上单组金属氧化锌避雷器，其接地装置的接地电阻不大于 5Ω。

8）终端避雷器宜安装在跌落式熔断器之后，以利于开断时对它也起保护作用，变压器低压侧应装低压避雷器，以防止正反变换引起的过电压损坏变压器。

## 第三节 安全用电与防护

### 一、安全用电的基础知识

1. 人体触电的形式

当人体触及带电体，或者带电体与人体之间闪击放电，或者电弧灼伤及人体时，电流通过人体进入大地或其他导体，形成导电回路，这种情况，就叫触电。

触电分为电伤和电击两种伤害形式。电伤是指电流对人体表面的伤害，它往往不致危及生命安全；而电击是指电流通过人体内部直接造成对内部组织的伤害，它是危险的伤害，往往导致严重的后果，电击又可分为直接接触电击和间接接触电击。

（1）直接接触触电。直接接触触电是指电流通过人体而引起的病理、生理效应。直接接触电击是指人身直接接触电气设备或电气线路的带电部分而遭受的电击。它的特征是人体触及带电体所形成接地故障电流就是人体的触电电流。直接接触电击带来的危害是最严重的，所形成的人体触电电流总是远大于可能引起心室颤动的极限电流。

（2）间接接触触电。间接接触电击是指电气设备或是电气线路绝缘损坏发生单相接地故障时，其外露部分存在对地故障电压，人体接触此外露部分而遭受的电击。它主要是由于接触电压而导致的人身伤亡。

2. 触电电流对人体的伤害

电击是指电流流经人体内部，引起疼痛发麻，肌肉抽搐，严重的会引起强烈痉挛。心室颤动或呼吸停止，甚至由于因人体心脏、呼吸系统以及神经系统的致命伤害，造成死亡。绝大部分触电死亡事故是电击造成的。

电伤是指触电时，人体与带电体接触发生的电弧灼伤，或者是人体与带电体接触的电烙印。这些伤害会给人体留下伤痕，严重时也可能致人于死亡。电伤通常是由电流的热效应，化学效应或机械效应造成的。

3. 人体电阻

当人体接触带电体时，就被当作一电路元件接入回路。人体阻抗通常包括外部阻抗（与触电当时所穿衣服、鞋袜以及身体的潮湿情况有关）和内部阻抗（与触电者的皮肤阻抗和体内阻抗有关）。人体阻抗不是纯电阻，主要由人体电阻决定。人体电阻也不是一个固定的数值。

一般认为干燥的皮肤在低电压下具有高电阻，约 $10\times10^4\Omega$。当电压在 500～1000V 时，这一电阻便下降为 1000Ω。人体表皮具有高电阻是因为表皮没有毛细血管。手指某部位的皮肤还有角质层，角质层的电阻值更高，而不经常摩擦部位的皮肤的电阻值是最小的。皮肤电阻还同人体与导体的接触面积及压力有关。当表皮受损暴露出真皮时，人体内因布满了输送盐溶液的血管而有很低的电阻。一般认为，接触到真皮里，一只手臂或一条腿的电阻大约为 500Ω。因此，由一只手臂到另一只手臂或由一条腿到另一条腿的通路相当于一只 1000Ω 的电阻。一般情况下，人体电阻可按 1000～2000Ω 考虑。

4. 安全电压和安全电流

一般情况下，人体能够承受的安全电压为 36V，安全电流为 10mA。当人体电阻一定时，人体接触的电压越高，通过人体的电流就越大，对人体的损害也就越严重。安全电流又称安全流量或允许持续电流，人体安全电流即通过人体电流的最低值。一般人体通过 8～10mA 电流，手指关节有剧痛感，手摆脱电极已感到困难；20～25mA 电流，手迅速麻痹，不能自动摆脱电极，呼吸困难；50～80mA 电流呼吸困难，心房开始震颤；90～100mA 电流，呼吸麻痹，3s 后心脏开始麻痹，停止跳动。

实验资料表明，对不同的人引起感觉的最小电流是不一样的，成年男性平均约为 1.01mA，成年女性约为 0.7mA，这一数值称为感知电流。这时人体由于神经受刺激而感觉轻微刺痛。同样，不同的人在触电后能自主摆脱电源的最大电流也不一样，成年男性平均为 16mA，成年女性为 10.5mA，这个数值称为摆脱电流。一般情况下，8～10mA 以下的工频电流，50mA 以下的直流电流可以作人体允许的安全电流，但这些电流长时间通过人体也是有危险的。在装有防止触电的保护装置的场合，人体允许的工频电流约 30mA，在高空作业等可能因造成严重二次事故的场合，人体允许的工频电流应按不引起强烈痉挛的 5mA 考虑。

5. 安全电压标准

安全电压是为了防止触电事故而采用的特定电源的电压系列。其供电电源要求实行输出与输入电路的隔离，与其他电气系统的隔离。这个电压系列的上限值，在正常和故障情况下，任何两导体间、任一导体与地之间的电压，均不得超过交流（50～500Hz）有效值 50V。我国安全电压标准规定的交流电安全电压等级分类见表 7-5。

**表 7-5　我国安全电压标准规定的交流电安全电压等级分类**

| 序号 | 交流电安全电压等级 | 内　容 |
|---|---|---|
| 1 | 42V（空载上限≤50V） | 可供有触电危险的场所使用的手持式电动工具等场合下使用 |
| 2 | 36 V（空载上限≤43 V） | 可在矿井、多导电粉尘等场所使用的行灯等场合下使用 |
| 3 | 24V（空载上限：≤29V） | （1）可供某些人体可能偶然触及的带电体的设备选用。<br>（2）在金属容器内工作，为了确保人身安全一定要使用 12V 或 6V 低压行灯。<br>（3）当电气设备采用 24V 以上安全电压时，必须采取防止直接接触带电体的措施。其电路必须与大地绝缘 |
| | 12V（空载上限：≤15V） | |
| | 6V（空载上限：≤8V） | |

6. 决定触电者所受伤害程度的因素

人体触电所受伤害程度取决的主要因素见表 7－6。

**表 7－6　　人体触电所受伤害程度取决的主要因素**

| 序号 | 人体触电的因素 | 人体触电受伤害程度 |
|---|---|---|
| 1 | 人体触电的电压高低和电源种类 | 人体触电的电压越高，人体通过的电流越大，对人体的伤害越重。在同样电压下，交流比直流更为危险，25～300Hz 的交流电比高频电流、冲击电流和静电电荷更为危险 |
| 2 | 人体触电时的身体差异 | 包括触电者的性别、年龄、体形、健康状况等。一般女性和小孩触电时比成年男子危险。凡患有心脏病、神经系统疾病及结核病的病人触电时受伤害程度比健康人要严重 |
| 3 | 电流流经身体的途径 | 心脏、肺脏、中枢神经和脊髓等都是容易伤害的人体器官，因此，电流流经身体的途径，以胸部至手、手至脚最为危险，臀部或背部至手、手至手也很危险，脚至脚的危险性较小。此外，电流经过大脑也是相当危险的，会使人立即昏迷 |
| 4 | 电流通过人体的持续时间 | 人体通电时间越长（以 ms 计量），人体电阻因出汗等原因而下降，导致电流增大，后果严重。另一方面，人的一个心脏搏动周期（约为 750ms）中，有一个 100ms 的易损伤期，这段时间若和电伤期相重合而造成很大的危险 |

## 二、发生触电的形式

1. 单相触电

单相触电是指单相 220V 交流电（民用电）引起的触电。据统计，大部分触电事故是因单相触电而造成的事故。

当人体接触带电设备或线路中的某一相导体时，一相电流通过人体经大地回到中性点，这种触电形式称为单相触电，如图 7－8 所示。这是一种危险的触电形式，在生活中较常见。单相触电是个通俗的说法。

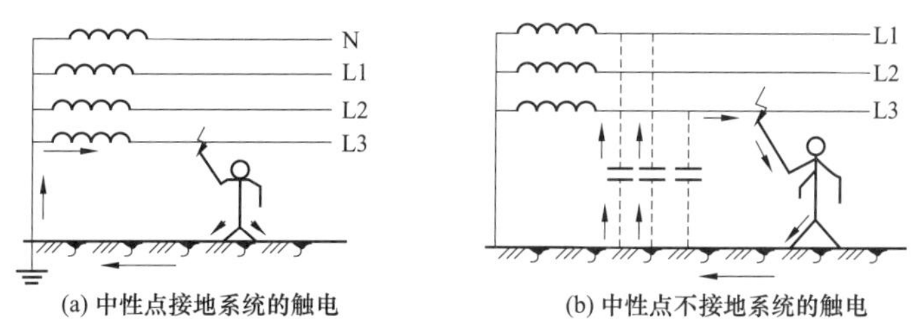


图 7－8　人体单相触电示意图

2. 两相触电

两相触电是指人体同时接触带电设备或线路中的两相导体，或在高压系统中，人体同时接近不同相的两相带电导体，而发生电弧放电，电流从一相导体通过人体流入另一相导体，构成一个闭合回路，这种触电方式称为两相触电。发生两相触电时，作用于人体上的电压等于线电压，这种触电是最危险的。人体两相触电示意图，如图 7－9 所示。

3. 跨步电压触电

当架空线路的一根带电导线断落在地上时，落地点与带电导线的电势相同，电流就会从导线的落地点向大地流散，于是地面上以导线落地点为中心，形成了一个电势分布区域。离落地点越远，电流越分散，地面电势也越低。如果人或牲畜站在距离电线落地点 8～10m 以内，其两脚之间的电位差，就是跨步电压。由跨步电压引起的人体触电，称为跨步电压触电。跨步电压触电示意图，如图 7-10 所示。

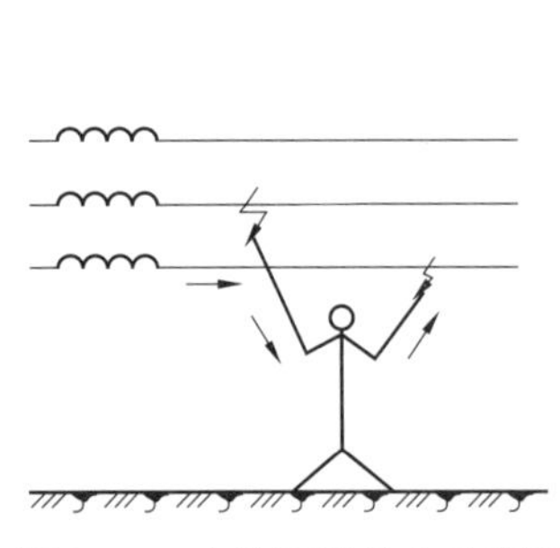

图 7-9 人体两相触电示意图

图 7-10 人体跨步电压触电示意图

人受到跨步电压时，电流是沿着人的下身，从脚经腿、胯部又到脚与大地形成通路，没有经过人体的重要器官。但人受到较高的跨步电压作用时，双脚会抽筋，使身体倒在地上。这不仅使作用于身体上的电流增加，而且使电流经过人体的路径改变，完全可能流经人体重要器官，如从头到手或脚。经验证明，人倒地后电流在体内持续作用 2s，这种触电就会致命。

4. 接触电压触电

当运行中的电气设备绝缘损坏或由于其他原因而造成接地短路故障时，接地电流通过接地点向大地流散，在以接地点为圆心的一定范围内形成分布电位。当人触及漏电设备外壳时，电流通过人体和大地形成回路，由此造成的触电称为接触电压触电。

5. 感应电压触电

当人触及带有感应电压的设备和线路时，造成的触电事故称为感应电压触电。例如，一些不带电的线路由于大气变化（如雷电活动），会产生感应电荷。此外，停电后一些可能感应电压的设备和线路如果未接临时地线，则这些设备和线路对地均存在感应电压。

6. 剩余电荷触电

当人体触及带有剩余电荷的设备时，带有电荷的设备对人体放电所造成的触电事故称为剩余电荷触电。例如，在检修中用绝缘电阻表测量停电后的并联电容器、电力电缆、电力变压器及大容量电动机等设备时，因检修前没有对其充分放电，造成剩余电荷触电。又如，并联电容器因其电路发生故障而不能及时放电，退出运行后又未进行人工放电，从而使电容器储存着大量的剩余电荷。当人员接触电容或电路时，就会造成剩余电荷触电。

## 三、发生触电后的急救措施

触电急救应分秒必争，一经明确心跳、呼吸停止的，立即就地迅速用心肺复苏法进行

抢救，并坚持不断地进行，同时及早与医疗急救中心（医疗部门）联系，争取医务人员接替救治。在医务人员未接替救治前，不应放弃现场抢救，更不能只根据没有呼吸或脉搏的表现，擅自判定伤员死亡，放弃抢救。只有医生有权做出伤员死亡的诊断。与医务人员接替时，应提醒医务人员在触电者转移到医院的过程中不得间断抢救。触电急救应按如下步骤进行：

（一）脱离电源

触电急救，首先要使触电者迅速脱离电源，越快越好。因为电流作用的时间越长，伤害越重。脱离电源，就是要把触电者接触的那一部分带电设备的所有断路器（开关）、隔离开关（刀闸）或其他断路设备断开；或设法将触电者与带电设备脱离开。在脱离电源过程中，救护人员也要注意保护自身的安全。如触电者处于高处，应采取相应措施，防止该伤员脱离电源后自高处坠落形成复合伤。

1. 脱离低压电源

如果触电者是触及低压带电设备，则救护人员迅速设法切断低压电源，其方法如下：

(1) 如果触电地点附近有电源开关或电源插座，可立即拉开开关或拔出插头，断开电源。但应注意到拉线开关或墙壁开关等只控制一根线的开关，有可能因安装问题只能切断零线而没有断开电源的相线。

(2) 如果触电地点附近没有电源开关或电源插座（头），可用有绝缘柄的电工钳或有干燥木柄的斧头切断电线，断开电源。

(3) 当电线搭落在触电者身上或压在身下时，可用干燥的衣服、手套、绳索、皮带、木板、木棒等绝缘物作为工具，拉开触电者或挑开电线，使触电者脱离电源。

(4) 如果触电者的衣服是干燥的，又没有紧缠在身上，可以用一只手抓触电者的衣服，拉离电源。但因触电者的身体是带电的，鞋的绝缘也可能遭到破坏，救护人不得接触触电者的皮肤、鞋。

(5) 若触电发生在低压带电的架空线路上或配电台架、进户线上，对可立即切断电源的，则应迅速断开电源，救护者迅速登杆或登至可靠地方，并做好自身防触电、防坠落安全措施，用带有绝缘胶柄的钢丝钳、绝缘物体或干燥不导电物体等工具将触电者脱离电源。

2. 脱离高压电源

如果触电者是触及高压带电设备，则救护人员迅速设法切断高压电源，其方法如下：

(1) 立即通知有关供电单位或用户停电。

(2) 戴上绝缘手套，穿上绝缘靴，用相应电压等级的绝缘工具按顺序拉开电源开关或熔断器。

(3) 抛掷裸金属线使线路短路接地，迫使保护装置动作，断开电源。注意抛掷金属线之前，应先将金属线的一端固定可靠接地，然后另一端系上重物抛掷，注意抛掷的一端不可触及触电者和其他人。另外，抛掷者抛出线后，要迅速离开接地的金属线 8m 以外或双腿并拢站立，防止跨步电压伤人。在抛掷短路线时，应注意防止电弧伤人或断线危及人员安全。

3. 脱离电源后救护者应注意的事项

当触电者成功脱离电源后，救护者应注意的事项如下：

(1) 救护人不可直接用手、其他金属及潮湿的物体作为救护工具，而应使用适当的绝缘工具。救护人最好用一只手操作，以防自己触电。

(2) 防止触电者脱离电源后可能的摔伤，特别是当触电者在高处的情况下，应考虑防止坠落的措施。即使触电者在平地，也要注意触电者倒下的方向，注意防摔。救护者也应注意救护中自身的防坠落、摔伤措施。

(3) 救护者在救护过程中特别是在杆上或高处抢救伤者时，要注意自身和被救者与附近带电体之间的安全距离，防止再次触及带电设备。电气设备、线路即使电源已断开，对未做安全措施挂上接地线的设备也应视作有电设备。救护人员登高时应随身携带必要的绝缘工具和牢固的绳索等。

(4) 如事故发生在夜间，应设置临时照明灯，以便于抢救，避免意外事故，但不能因此延误切除电源和进行急救的时间。

### (二) 现场就地急救

触电者脱离电源以后，现场救护人员应迅速对触电者的伤情进行判断，对症抢救。同时设法联系医疗急救中心（医疗部门）的医生到现场接替救治。要根据触电伤员的不同情况，采用不同现场就地急救方法，见表 7-7。

**表 7-7　　人体触电现场就地急救方法**

| 序号 | 人体触电现象 | 急救方法 |
|---|---|---|
| 1 | 触电者神志清醒、有意识，心脏跳动，但呼吸急促、面色苍白，或曾一度电休克、但未失去知觉 | 不能用心肺复苏法抢救，应将触电者抬到空气新鲜、通风良好的地方躺下，安静休息 1～2h，让他慢慢恢复正常。天凉时要注意保暖，并随时观察呼吸、脉搏变化。条件允许，送医院进一步检查 |
| 2 | 触电者神志不清，无判断意识，有心跳，但呼吸停止或极微弱 | 应立即用仰头抬颏法。使气道开放，并进行口对口人工呼吸。此时切记不能对触电者施行心脏按压。若不及时用人工呼吸法抢救，触电者将会极有可能因缺氧过久而引起心跳停止 |
| 3 | 触电者神志丧失，无判定意识，心跳停止，但有极微弱的呼吸 | 应立即施行心肺复苏法抢救。不能错误地认为尚有微弱呼吸，只需做胸外按压即可，因为这种微弱呼吸已起不到人体需要的氧交换作用，若不及时人工呼吸即会发生死亡，若能立即施行口对口人工呼吸法和胸外按压，就能抢救成功 |
| 4 | 触电者心跳、呼吸停止 | 应立即进行心肺复苏法抢救，不得延误或中断 |
| 5 | 触电者和雷击伤者心跳、呼吸停止，并伴有其他外伤 | 应先迅速进行心肺复苏急救，然后再处理外伤 |

### (三) 心肺复苏

触电伤员的呼吸和心跳均停止时，应立即按心肺复苏法支持生命的三项基本措施：①通畅气道；②口对口（鼻）人工呼吸；③胸外按压（人工循环），正确进行就地抢救。

#### 1. 通畅气道

(1) 放置体位。触电伤员的放置体位如图 7-11 所示。正确的抢救体位是仰卧位。患者头、颈、躯干平卧无扭曲，双手放于两侧躯干旁。如伤员摔倒时面部向下，应在呼救同时小心地将其转动，使伤员全身各部成一个整体。尤其要注意保护颈部，可以一手托住颈部，另一手扶着肩部，以脊柱为轴心，使伤员头、颈、躯干平稳地直线转至仰卧，在坚实的平面上，四肢平放。

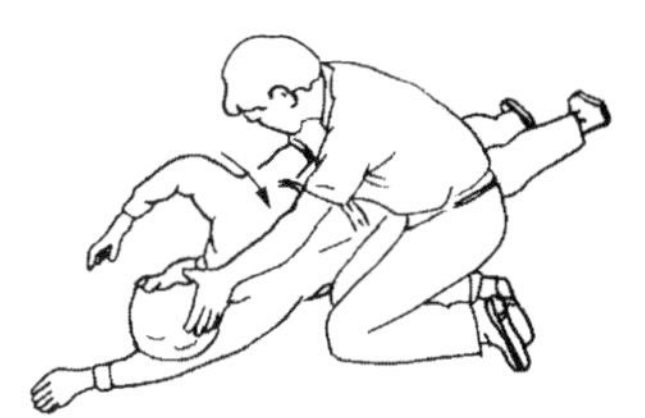
图 7-11 触电伤员放置体位示意图

抢救时，抢救者应跪于伤员肩颈侧旁，将其手臂举过头，拉直双腿，注意保护颈部。并解开伤员上衣，暴露胸部（或仅留内衣），若在寒冷天气，则要注意使其保暖。

（2）通畅气道、判断呼吸与人工呼吸。

1）触电者呼吸微弱或停止时的抢救措施。当发现触电者呼吸微弱或停止时，应立即通畅触电者的气道以促进触电者呼吸或便于抢救。通畅气道主要采用仰头举颏法。即一手置于前额使头部后仰，另一手的食指与中指置于下颌骨近下颏角处，抬起下颏。抢救方法如图 7-12 和图 7-13 所示。

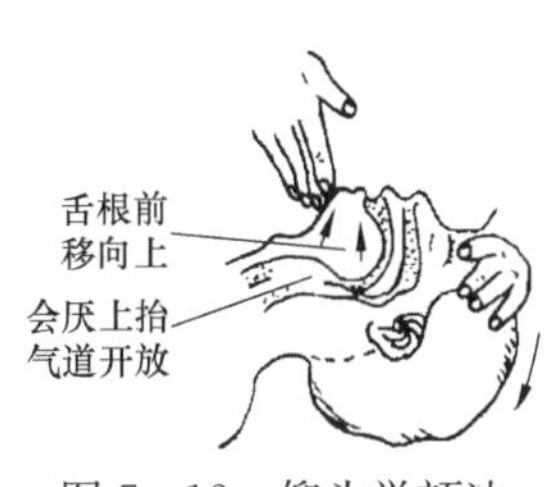

图 7-12 仰头举颏法

图 7-13 抬起下颏法

抢救时，严禁用枕头等物垫在伤员头下；手指不要压迫伤员颈前部、颏下软组织，以防压迫气道，颈部上抬时不要过度伸展，有假牙托者应取出。儿童颈部易弯曲，过度抬颈反而使气道闭塞，因此不要抬颈牵拉过甚。成人头部后仰程度应为 90°，儿童头部后仰程度应为 60°，婴儿头部后仰程度应为 30°，颈椎有损伤的伤员应采用双下颌上提法。检查伤员口、鼻腔，如有异物立即用手指清除。

2）判断呼吸。触电伤员如意识丧失，应在开放气道后 10s 内用看、听、试的方法判定伤员有无呼吸，如图 7-14 所示。

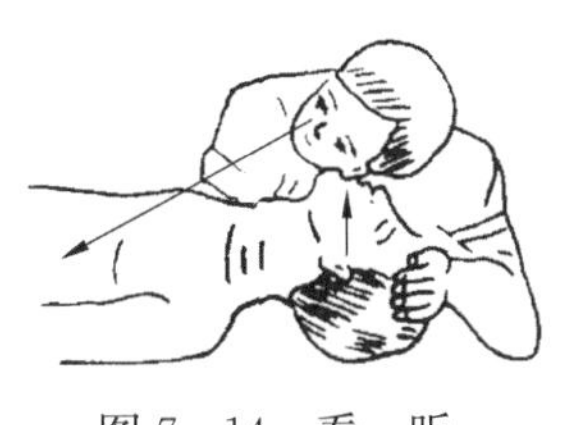
图 7-14 看、听、试伤员呼吸

看：看伤员的胸、腹壁有无呼吸起伏动作；

听：用耳贴近伤员的口鼻处，听有无呼气声音；

试：用颜面部的感觉测试口鼻部有无呼气气流。

若无上述体征可确定无呼吸。一旦确定无呼吸后，立即进行人工呼吸。

2. 口对口（鼻）人工呼吸

当判断伤员确实不存在呼吸时，应即进行口对口（鼻）的人工呼吸，其具体方法是：

（1）在保持呼吸通畅的位置下进行。用按于前额一手的拇指与食指，捏住伤员鼻孔（或鼻翼）下端，以防气体从口腔内经鼻孔逸出，施救者深吸一口气屏住并用自己的嘴唇包住（套住）伤员微张的嘴。

（2）每次向伤员口中吹（呵）气持续 1～1.5s，同时仔细地观察伤员胸部有无起伏，如无起伏，说明气未吹进，如图 7-15 所示。

（3）一次吹气完毕后，应即与伤员口部脱离，轻轻抬起头部，面向伤员胸部，吸入新鲜空气，以便做下一次人工呼吸。同时使伤员的口张开，捏鼻的手也可放松，以便伤员从鼻孔通气，观察伤员胸部向下恢复时，则有气流从伤员口腔排出，如图 7-16 所示。

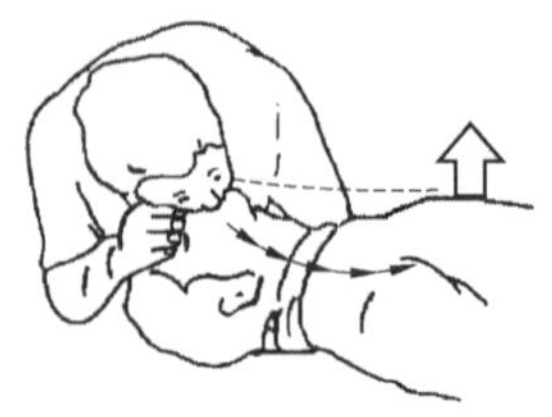
图 7-15　口对口吹气

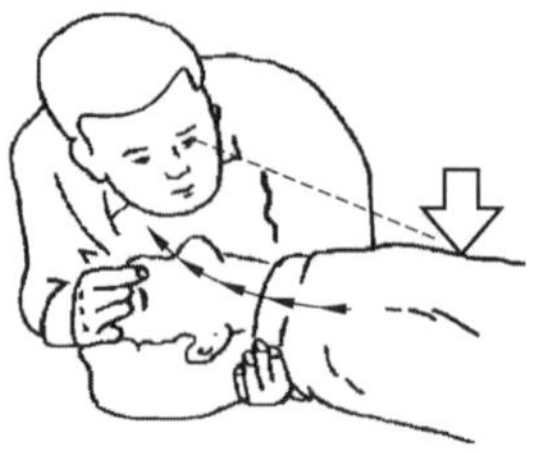
图 7-16　口对口吸气

抢救一开始，应即向伤员先吹气两口，吹气时胸廓隆起者，人工呼吸有效；吹气无起伏者，则气道通畅不够，或鼻孔处漏气，或吹气不足，或气道有梗阻，应及时纠正。

口对口（鼻）人工呼吸注意事项如下：

(1) 每次吹气量不要过大，约 600mL（6～7mL/kg），大于 1200mL 会造成胃扩张。

(2) 吹气时不要按压胸部。

(3) 儿童伤员需视年龄不同而异，其吹气量约为 500mL，以胸廓能上抬时为宜。

(4) 抢救一开始的首次吹气两次，每次时间 1～1.5s。

(5) 有脉搏无呼吸的伤员，则每 5s 吹一口气，每分钟吹气 12 次。

(6) 口对鼻的人工呼吸，适用于有严重的下颌及嘴唇外伤，牙关紧闭，下颌骨骨折等情况，难以采用口对口吹气法的伤员。

(7) 婴幼儿急救操作时要注意，因婴幼儿韧带、肌肉松弛，故头不可过度后仰，以免气管受压，影响气道通畅，可用一手托颈，以保持气道平直；另外，婴幼儿口鼻开口均较小，位置又很靠近，抢救者可用口贴住婴幼儿口与鼻的开口处，施行口对口鼻呼吸。

3. 胸外按压（人工循环）

(1) 脉搏判断。在检查伤员的意识、呼吸、气道之后，应对伤员的脉搏进行检查，以判断伤员的心脏跳动情况（非专业救护人员可不进行脉搏检查，对无呼吸、无反应、无意识的伤员立即实施心肺复苏）。其方法为：

1) 在开放气道的位置下进行（首次人工呼吸后）。

2) 一手置于伤员前额，使头部保持后仰，另一手在靠近抢救者一侧触摸颈动脉。触摸颈动脉搏方法如图 7-17 所示。

3) 可用食指及中指指尖先触及气管正中部位，男性可先触及喉结，然后向两侧滑移 2～3cm，在气管旁软组织处轻轻触摸颈动脉搏动，触摸男性颈动脉搏方法如图 7-18 所示。

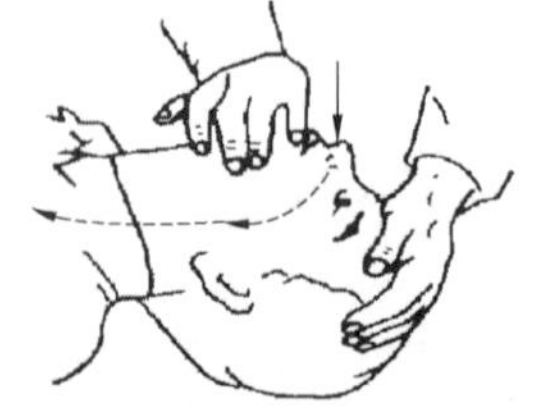
图 7-17　触摸颈动脉搏方法

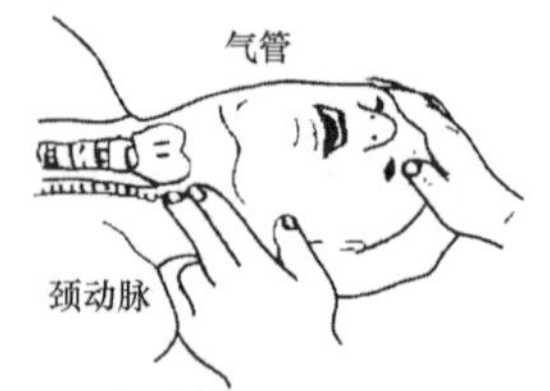

图 7-18　触摸男性颈动脉搏方法

脉搏判断注意事项：

1）触摸颈动脉不能用力过大，以免推移颈动脉，妨碍触及。

2）不要同时触摸两侧颈动脉，造成头部供血中断。

3）不要压迫气管，造成呼吸道阻塞。

4）检查时间不要超过 10s。

5）未触及搏动：心跳已停止，或触摸位置有错误；触及搏动：有脉搏、心跳，或触摸感觉错误（可能将自己手指的搏动感觉为伤员脉搏）。

6）判断应综合审定：如无意识，无呼吸，瞳孔散大，面色紫绀或苍白，再加上触不到脉搏，可以判定心跳已经停止。

7）婴幼儿因颈部肥胖，颈动脉不易触及，可检查肱动脉。肱动脉位于上臂内侧腋窝和肘关节之间的中点，用食指和中指轻压在内侧，即可感觉到脉搏。

（2）胸外心脏按压。在对心跳停止者未进行按压前，先手握空心拳，快速垂直击打伤员胸前区胸骨中下段 1～2 次，每次 1～2s，力量中等，若无效，则立即胸外心脏按压，不能耽误时间。

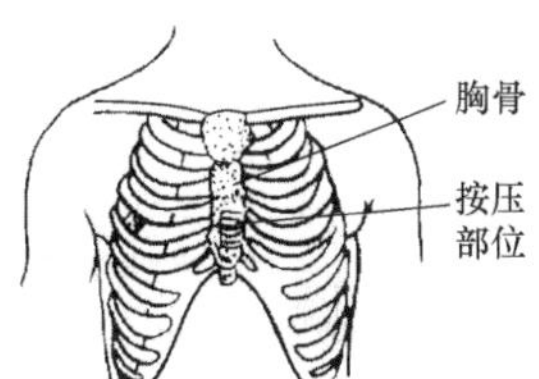

图 7－19　胸外按压位置

1）按压部位。胸骨中 1/3 与下 1/3 交界处，如图 7－19 所示。

2）伤员体位。伤员应仰卧于硬板床或地上。若为弹簧床，则应在伤员背部垫一硬板。硬板长度及宽度应足够大，以保证按压胸骨时，伤员身体不会移动。但不可因找寻垫板而延误开始按压的时间。

3）快速测定按压部位的方法。如图 7－20 所示，快速测定按压部位可分 5 个步骤：

a. 首先触及伤员上腹部，以食指及中指沿伤员肋弓处向中间滑移，如图 7－20（a）所示。

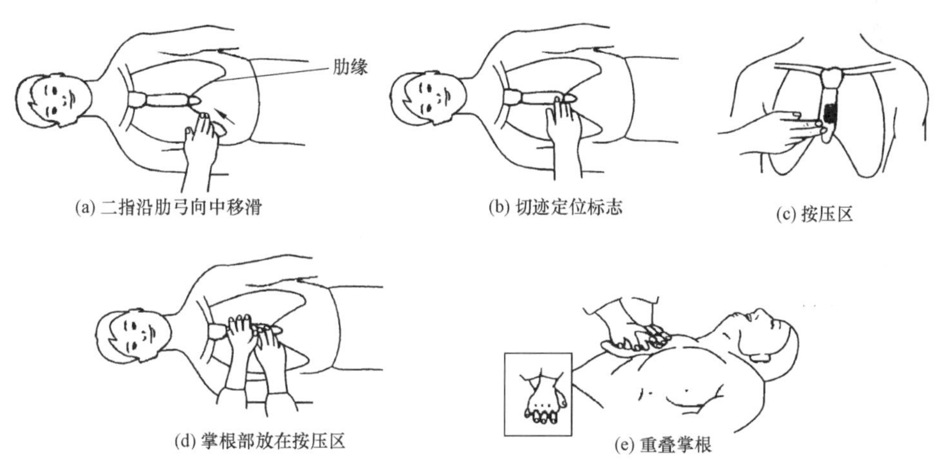

图 7－20　快速测定按压部位

b. 在两侧肋弓交点处寻找胸骨下切迹。以切迹作为定位标志。不要以剑突下定位如图 7－20（b）所示。

c. 然后将食指及中指两横指放在胸骨下切迹上方，食指上方的胸骨正中部即为按压区，如图 7－20（c）所示。

d. 以另一手的掌根部紧贴食指上方，放在按压区，如图 7－20（d）所示。

e. 再将定位之手取下，重叠将掌根放于另一手背上，两手手指交叉抬起，使手指脱离胸壁，如图 7－20（e）所示。

4）按压姿势。正确的按压姿势，如图 7－21 所示。抢救者双臂绷直，双肩在伤员胸骨上方正中，靠自身重量垂直向下按压。

5）按压用力方式如图 7－22 所示，注意事项有：

a. 按压应平稳，有节律地进行，不能间断。

b. 不能冲击式的猛压。

c. 下压及向上放松的时间应相等。压按至最低点处，应有一明显的停顿。

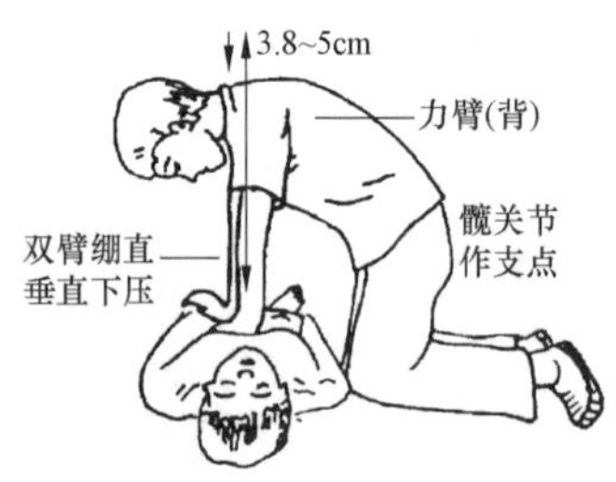


图 7－21　按压正确姿势

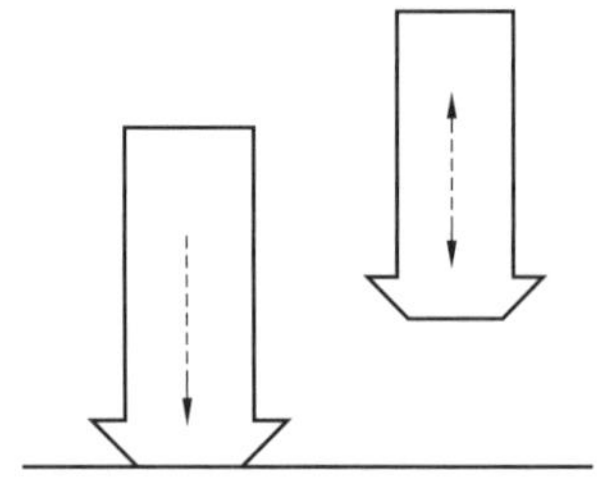

图 7－22　按压用力方式

d. 垂直用力向下，不要左右摆动。

e. 放松时定位的手掌根部不要离开胸骨定位点，但应尽量放松，务使胸骨不受任何压力。

6）按压频率。按压频率应保持在 100 次/min。

7）按压与人工呼吸比例。按压与人工呼吸的比例关系通常是，成人为 30∶2，婴儿、儿童为 15∶2。

8）按压深度。通常，成人伤员为 4～5cm，5～13 岁伤员为 3cm，婴幼儿伤员为 2cm。

4. 心肺复苏操作的时间要求

人体触电心肺复苏操作时间尽可能在 50s 以内完成，最长不宜超过 1min。其时间要求见表 7－8。

**表 7－8　人体触电心肺复苏操作的时间要求**

| 序号 | 心肺复苏操作 | 时间要求 |
| --- | --- | --- |
| 1 | 判断意识 | 0～5s |
| 2 | 呼救并放好伤员体位 | 5～10s |
| 3 | 开放气道，并观察呼吸是否存在 | 10～15s |
| 4 | 口对口呼吸 2 次 | 15～20s |
| 5 | 判断脉搏 | 20～30s |
| 6 | 进行胸外心脏按压 30 次，并再人工呼吸 2 次，以后连续反复进行 | 30～50s |

### （四）心肺复苏的有效指标、转移和终止

1. 心肺复苏的有效指标

心肺复苏术操作是否正确，主要靠平时严格训练，掌握正确的方法。而在急救中判断

复苏是否有效，可以根据表 7－9 的内容综合判断。

**表 7－9　　心肺复苏术操作是否有效的判断方法**

| 序号 | 判断部位 | 判　断　方　法 |
| --- | --- | --- |
| 1 | 瞳孔 | 复苏有效时，可见伤员瞳孔由大变小。如瞳孔由小变大、固定、角膜混浊，则说明复苏无效 |
| 2 | 面色（口唇） | 复苏有效，可见伤员面色由紫绀转为红润，如若变为灰白，则说明复苏无效 |
| 3 | 颈动脉搏动 | 按压有效时，每一次按压可以摸到一次搏动，如若停止按压，搏动亦消失，应继续进行心脏按压。如若停止按压后，脉搏仍然跳动，则说明伤员心跳已恢复 |
| 4 | 神志 | 复苏有效，可见伤员有眼球活动，睫毛反射与对光反射出现，甚至手脚开始抽动，肌张力增加 |
| 5 | 呼吸 | 伤员自主呼吸出现，并不意味可以停止人工呼吸。如果自主呼吸微弱，仍应坚持口对口呼吸 |

**注**　紫绀是指皮肤、黏膜出现青紫的颜色。

2．转移和终止

（1）转移。在现场抢救时，应力争抢救时间，切勿为了方便或让伤员舒服去移动伤员，从而延误现场抢救的时间。

现场心肺复苏应坚持不断地进行，抢救者不应频繁更换，即使送往医院途中也应继续进行。鼻导管给氧绝不能代替心肺复苏术。如需将伤员由现场移往室内，中断操作时间不得超过 7s；通道狭窄、上下楼层、送上救护车等的操作中断不得超过 30s。

将心跳、呼吸恢复的伤员用救护车送医院时，应在伤员背部放一块长宽适当的硬板，以备随时进行心肺复苏。将伤员送到医院而专业人员尚未接手前，仍应继续进行心肺复苏。

（2）终止。何时终止心肺复苏是一个涉及医疗、社会、道德等方面的问题。不论在什么情况下，终止心肺复苏，决定于医生，或医生组成的抢救组的首席医生。否则不得放弃抢救。高压或超高压电击的伤员心跳、呼吸停止，更不应随意放弃抢救。

## 第四节　接 地 和 接 零

### 一、接地和接零的定义

接地是保证人身安全和设备安全而采取的技术措施。“地”是指零电位，所谓接地就是与零电位的大地相连接。TN—S 或 TN—C—S 系统接地，俗称接零。“零”是指多相系统的中性点，所谓接零就是与中性点相连接，故接零又可称为接中性点。

### 二、接地和接零的分类和作用

1．接地和接零的分类

（1）工作接地。低压配电系统目前多采用三相四线制 380V/220V 中性点直接接地电网。这种为满足电力系统和电气装置工作特性的需要而设置的接地，称为工作接地。

(2) 保护接地。是为防止电气装置的金属外壳、配电装置的构架和线路杆塔等带电危及人身和设备安全而进行的接地。所谓保护接地就是将正常情况下不带电，而在绝缘材料损坏后或其他情况下可能带电的电器金属部分（即与带电部分相绝缘的金属结构部分）用导线与接地体可靠连接起来的一种保护接线方式。

(3) 重复接地。重复接地就是在中性点直接接地的系统中，在零干线的一处或多处用金属导线连接接地装置。在低压三相四线制中性点直接接地线路中，施工单位在安装时，应将配电线路的零干线和分支线的终端接地，零干线上每隔 1km 做一次接地。对于距接地点超过 50m 的配电线路，接入用户处的零线仍应重复接地，重复接地电阻应不大于 10Ω。

(4) 保护接零 。“保护接零”就是在正常情况下把电气设备中与带电部分绝缘的金属结构部件用导线与配电系统的零线直接连接起来的接线方式。

保护接零一般与熔断器、保护装置等配合用于变压器中性点直接接地的系统中。日常生活中常用的是三相四线制中性点直接接地的供电方式。电器设备采用“保护接零”后，当电气设备绝缘损坏或发生相线碰壳时，因为电气设备的金属外壳已直接接到低压电网中的零线上，所以故障电流经过接零导线与配电变压器零线构成闭合回路，碰壳故障变成了单相短路，因金属导线阻抗小，这一短路电流在瞬间增大，足以使保护装置迅速动作或熔断器熔断而切断漏电设备电源。因此，即使人体触及了电器设备的外壳（构架）也不会触电。

2. 接地和接零的作用

接地和接零的作用见表 7-10。

**表 7-10　　接地和接零的作用**

| 项目 | 内　　容 |
|---|---|
| 工作接地的作用 | (1) 变压器和发电机的中性点直接接地，能维持相线对地电压不变（故障相除外）。<br>(2) 降低人体的接触电压。<br>(3) 变压器或发电机的中性点经消弧线圈接地，能在单相接地时消除接地点的电弧。<br>(4) 防雷设备的接地，是为了防止大气过电压危害设备 |
| 保护接地的作用 | 防止人身接触带电设备的外壳而触电，确保人身安全 |
| 重复接地的作用 | (1) 为了防止工作零线断线而引起的电位漂移。在零线断线时，不同相的用电设备可以互相构成回路，变成了串联电路。功率小的设备因为电阻大，分得的电压高而烧坏，功率大的设备因为电阻小分得的电压低而无法工作。<br>(2) 在保护接零系统中，如果零线断线会使所有接零设备外壳带电。重复接地可以降低发生触电的概率 |
| 保护接零的作用 | 保护接零适合中性点直接接地的三相四线制系统，是将电气设备平时不带电的外露可导电部分与电源中性线 N（N 线直接与大地有良好的电气连接）连接起来，并且保护接零要有至少两处的重复接地。保护接零的有效性关键在于线路的短路保护装置能否在“碰壳”故障发生后灵敏的动作，迅速切断电源 |

## 三、接地和接零的要求

1. 工作接地的要求

工作接地的要求如下：

(1) 为保证人身和设备安全，各种电气设备均应根据 GB 14050—2008《系统接地的型式及安全技术要求》进行保护接地。

(2) 保护接地线除用以实现规定的工作接地或保护接地的要求外，不应用作其他用途。

(3) 不同用途和不同电压的电气设备，除有特殊要求外，一般应使用一个总的接地体，按等电位连接要求，应将设备中的金属构件、金属管道与总接地体相连接。

(4) 有特殊要求的接地，如弱电系统、计算机系统，为中性点直接接地或经低电阻接地时，应按有关专项规定执行。

(5) 接地装置运行中，接地线和接地体会因外力破坏或腐蚀而损伤或断裂，接地电阻也会随周围环境变化而发生变化，因此，必须对接地装置定期进行检查和试验。

(6) 设备属于低压配电系统的 TN－C 系统，为防止因中性线故障而失去接地保护作用，造成电击危险和损坏设备，对中性线进行重复接地。接地干线与接地体的连接点不得少于 2 个。

(7) 安全保护接地就是将电气设备不带电的金属部分与接地体之间作良好的金属连接。可将设备以及设备附近的一些金属构件，与 PE 线连接起来，但严禁将 PE 线与 N 线连接。

(8) 接地参考标准是：①独立的防雷保护接地电阻应不大于 10Ω；②独立的安全保护接地电阻应不大于 4Ω；③独立的交流工作接地电阻应不大于 4Ω；④独立的直流工作接地电阻应不大于 4Ω；⑤防静电接地电阻一般要求不大于 100Ω。

2. 保护接地的要求

保护接地的要求如下：

(1) 通过对新建或改造的建筑物的室内配电部分，实施以局部三相五线制或单相三线制，取代 TT 或 TN－C 系统中的三相四线制或单相二线制配电模式。局部三相五线制或单相三线制就是在低压线路接入后，在原来的三相四线制和单相二线制配线的基础上，分别各增加一条保护线接入到每一个需要实施接地保护电器插座的接地线端子上。为了便于维护和管理，这条保护线的室内引出和室外引入端的交汇处应装设在电源引入的配电盘上，然后再根据所在的配电系统，分别设置保护线的接入方法。

(2) TT 系统接地保护线（PE）的设置要求。在配电系统是 TT 系统时，由于 TT 系统要求用户端必须采取接地保护方式。为了达到接地保护的接地电阻值的要求，在室外埋设人工接地装置，其接地电阻应满足设计要求。

(3) TN－C 系统接零保护线（PE）的设置要求。由于 TN－C 系统要求必须采取接零保护方式，因此需要在原三相四线制或单相两线制的基础上，另增加一条专用保护线（PE），该条保护线是由受电端配电盘的保护中性线（PEN）上引出，与原来的三相四线制或单相二线制一同进行配线连接。为了保证整个系统工作的安全可靠，在使用中应特别注意，保护线（PE）自从保护中性线（PEN）上引出后，在使用中不能将两线再进行合并为（PEN）线。为了确保保护中性线（PEN）的重复接地的可靠性，TN－C 系统主干线的首、末端，所有分支 T 接线杆、分支末端杆等处均应装设重复接地线，同时三相四线制用户也应在接户线的入户支架处，PEN 线在分为中性线（N）和保护线（PE）处，进行重复接地。无论是保护中性线（PEN）、中性线（N）还是保护线（PE）的导线截面一律按照相线的导线型号和截面标准来选择。

(4) TT系统和TN-C系统是两个具有各自独立特性的系统，虽然两个系统都可以为用户提供220V/380V的单、三相混合电源，但它们之间不仅不能相互替代，同时对保护措施的要求又是截然不同的。这是因为，同一配电系统里，如果两种保护方式同时存在的话，采取接地保护的设备一旦发生相线碰壳故障，零线的对地电压将会升高到相电压的一半或更高，这时保护接零（因设备的金属外壳与零线直接连接）的所有设备上便会带上同样高的电位，使设备外壳等金属部分呈现较高的对地电压，从而危及使用人员的安全。因此，同一配电系统只能采用同一种保护方式，两种保护方式不得混用。

(5) 正确区分保护接地与接零的不同点。保护接地是指家用电器、电力设备等由于绝缘的损坏可能使得其金属外壳带电，为了防止这种电压危及人身安全而设置的接地称为保护接地。将金属外壳用保护接地线（PE）与接地极直接连接的叫接地保护；当将金属外壳用保护线（PE）与保护中性线（PEN）相连接的则称之为接零保护。

3. 重复接地的要求

重复接地的要求如下：

(1) 在电气设备采用接零保护的系统中，零线应进行重复接地的部位：①电源处、架空线路干线和分支线的终端，架空线路干线和分支线端连弓子线的负荷端；②架空线路和电缆线路引起的终端，架空线路干线和分支线断连弓子线的负荷端；③采用金属管配线时，应将金属管和保护零线连接在一起并重复接地。

(2) 架空线路的重复接地宜采用集中埋设的接地体。建筑物内部宜采用环形或网络形重复接地。除电源进线一点连接外，保护零线与重复接地装置至少应有两点连接。当建筑物周围边长超过400m时，其对角处最远点及每200m均应有一点连接。

(3) 重复接地的接地电阻值不得超过10Ω，在配电变压器容量为100kVA以下，在变压器低压侧中性点工作接地电阻，允许不超过10Ω的场合，每一重复接地电阻允许不超过30Ω，但不应少于三处。

(4) 在变压器容量小，供电距离长，不能可靠实现自动切断供电时，在某些条件较差的环境（如潮湿、导电的环境），为减小预期接触电压值，在采用重复接地的同时，应主要采取总体等电位措施（即将建筑物内的主金属水管、主金属构架、基础钢筋等与主接地体及主干零线全部用金属导体连接在一起）。

4. 保护接零的要求

保护接零的要求如下：

(1) 在同一接零系统中，一般不允许部分或个别设备只接地、不接零的做法。如确有困难，个别设备无法接零而只能接地时，则该设备必须安装漏电保护装置。

(2) 电缆或架空线路引入车间或大型建筑物处、配电线路的最远端及每1km处、高低压线路同杆架设时共同敷设的两端应作重复接地。

(3) 每一重复接地的接地电阻不得超过10Ω。在低压工作接地的接地电阻允许不超过10Ω的场合，每一重复接地的接地电阻允许不超过30Ω，但不得少于3处。

(4) 发生对 PE 线的单相短路时能迅速切断电源。对于相线对地电压 220V 的 TN 系统，手持式电气设备和移动式电气设备末端线路或插座回路的短路保护元件应保证故障持续时间不超过 0.4s；配电线路或固定式电气设备的末端线路应保证故障持续时间不超过 5s。

(5) 工作接地的接地电阻一般不应超过 4Ω，在高土壤电阻率地区允许放宽至不超过 10Ω。

(6) PE 和 PEN 线上不得安装单极开关和熔断器。PE 线和 PEN 线应有防机械损伤和化学腐蚀的措施。PE 线支线不得串联连接，即不得用设备的外露导电部分作为保护导体。

(7) 当 PE 线与相线材料相同时，有机械防护的 PE 线截面积不得小于 2.5mm$^2$，没有机械防护的不得小于 4mm$^2$。铜质 PEN 线截面积不得小于 10mm$^2$，铝质的不得小于 16mm$^2$，若是电缆芯线，则不得小于 4mm$^2$。

(8) 有条件的场所应采用等电位联结，以提高 TN 系统的可靠性。

## 四、低压配电系统的接地型式和基本要求

1. 低压配电系统接地型式的文字符号的代表意义

低压配电系统的接地制式，按配电系统和电气设备不同的接地组合来分类。按照 IEC（国际电工技术委员会）规定，接地制式一般由两个字母组成，必要时加后续字母，因为 IEC 以法文作为正式文件，因此所用的字母为相应法文文字的首字母。

低压配电系统接地分为 TN、TT、IT 三种型式，其文字符号的代表意义见表 7-11。

表 7-11　　低压配电系统接地型式文字符号的代表意义

| 字母位置 | 字母 | 字母含义 | 文字符号的代表意义 |
|---|---|---|---|
| 第一个字母 | T | 电源端直接接地 | 第一个字母表示配电系统的对地关系 |
| | I | 电源端所有带电部分与地绝缘，或通过阻抗接地 | |
| 第二个字母 | T | 外露导电部分与对地直接电气连接，与配电系统的任何接地点无关 | 第二个字母表示电器设备外露导电部分与地的关系 |
| | N | 外露导电部分与配电系统的接地点或与该接地点的引出的导线直接电气连接（在交流配电系统中，接地点通常就是中性点） | |
| 后续字母 | C | 表示中性线 N 与保护线 PE 合并为 PEN 线 | 后续字母表示中性线与保护线之间的关系 |
| | S | 中性线与保护线分开 | |
| | C-S | 表示在电源侧为 PEN 线，从某一点分开为 N 及 PE 线 | |

2. 低压供电系统中的 TN 接地型式

在 TN 系统中，受电设备的外露可导电部分通过保护线与配电系统的接地点连接。电源端有一点直接接地。根据 TN 接地型式的中性 N 线与保护 PE 线组合情况，又可分为三种型式，见表 7-12。

**表 7-12　　低压供电系统中的 TN 接地型式**

| 接地型式 | 特　　点 |
| --- | --- |
| TN-S系统 | 在全系统内中性线（N）与保护线（PE）是分开的 |
| TN-C系统 | 整个系统的中性线（N）与保护线（PE）是合为一根的 |
| TN-C—S系统 | 在整个系统内有一部分的中性线（N）与保护线（PE）是合为一根的 |

(1) TN-S系统。在正常工作时，保护线上不呈现电源，因此设备的外露可导电部分也不呈现对地电压，比较安全。TN-S系统在中性线断开不会使保护接零设备的外壳出现相电压，所以适用于数据处理、精密检测等装置的供电系统，也可用于爆炸危险的环境中。在民用建筑内部，家用电器大都有单独接触点的插头，采用 TN-S，既方便又安全。TN-S系统的工作原理如图 7-23 所示。

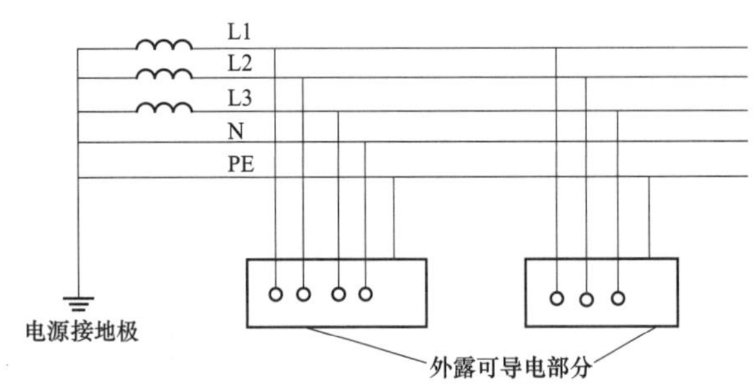


图 7-23　TN-S系统的工作原理

(2) TN-C系统。具有节省材料，简单经济的特点。如选用适当的开关保护装置和足够的导电截面，也能达到安全要求。当三相负荷不平衡或只有单相负荷以及有谐波电流的负荷时，PEN线上有电流，所产生的压降呈现在电气设备的金属外壳和线路金属套管上，会对敏感性的电子设备不利。另外，PEN线上的微弱电流在具有爆炸危险的环境也可能引起爆炸。因此，在具有爆炸危险的环境中不能采用 TN-C系统。TN-C系统的工作原理如图 7-24 所示。

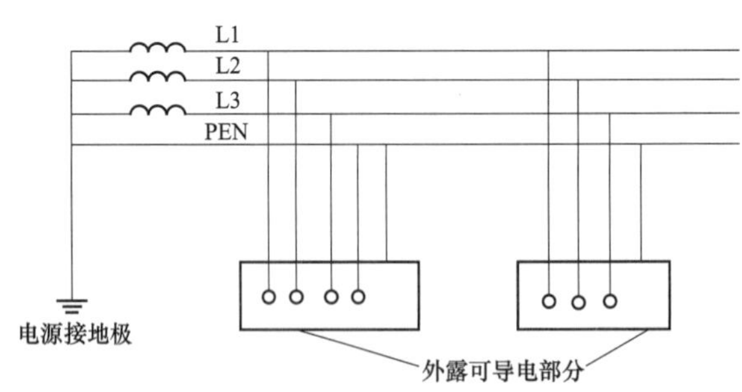


图 7-24　TN-C系统的工作原理

(3) TN-C-S系统。系统兼有 TN-C系统的价格较便宜和 TN-S系统的比较安全且电磁适应性比较强的特点，常用于线路末端环境较差的场所或有数据处理等设备的供电系统。TN-C-S系统的工作原理如图 7-25 所示。

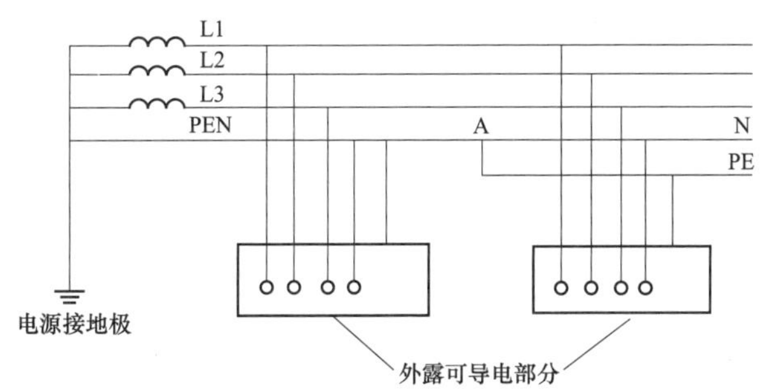


图 7-25　TN-C-S系统的工作原理

(4) 低压供电系统中的 TN 接地型式的特点和应用如下：

1) 在 TN 系统中，所有受电设备的外露可导电部分必须用保护线（PE）或共用中性线即 PEN 线与电力系统接地点相连。一般情况下，接地点就是中性点。

2) 保护线应在靠近向装置供电的电力变压器及建筑入口处接地。为了保证发生事故时保护线的电位尽可能靠近地电位，需要均匀地分配接地点。

3) 采用 TN-C-S 系统时，当保护线与中性线从某点（一般为进户处）分开后就不能再合并，且中性线绝缘水平应与相线相同。

4) 保护线上不应设置保护电器及隔离电器，但允许设置供测试用的只有用工具才能断开的接点。

5) 在 TN 系统中，保护装置特性除必须满足规范及设计要求外，还应满足，当相线与大地间发生直接短路故障时，保护线和与它相连接的外露可导电部分对地电压不超过约定接触电压极限值 50V。

3. 低压供电系统中的 TT 接地型式

(1) 低压供电系统 TT 接地型式的工作原理。在 TT 系统中，电源端有一点直接接地。受电设备的外露可导电部分通过保护线与配电系统的接地点连接。其工作原理如图 7-26 所示。

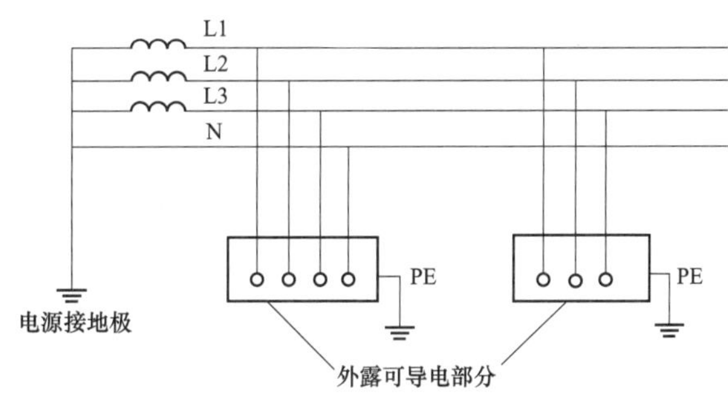


图 7-26　TT 系统的工作原理

(2) 低压供电系统中的 TT 接地型式的特点和应用如下：

1) 在 TT 系统中，电气装置的金属外壳单独接至在电气上与电力系统的接地点无关的接地极。由于各自的 PE 线互不相关，因此电磁适应性比较好，所以其适应于对电位敏感的数据处理设备和精密电子设备的供电。

2）在TT系统中，短路电流由于受到电源侧接地电阻和电气设备侧接地电阻的限制，短路电流不大，故可降低接地短路事故时产生危险性。但故障电流值很小，不足以使数千瓦的用电设备的保护装置断开电源。在居民小区，为保护人身安全必须采用残余电流开关作为线路及用电设备的保护装置，否则只适用于供给小负荷系统。

3）在TT系统中，共用同一接地保护装置的所有外露可导电部分，必须用保护线与这些部分共用的接地极连在一起（或与保护接地母线、总接地端子相连）。因此，接地装置的接地电阻要满足单相接地故障时，在规定时间内切断供电的要求，或使接触电压限制在50V以下。

4. 低压供电系统中的IT接地型式

（1）低压供电系统IT接地型式的工作原理。在IT系统中，电源端的带电部分与大地间无直接连接或有一点经足够大的阻抗接地，受电设备的外露可导电部分通过保护线接至接地极。其工作原理如图7-27所示。

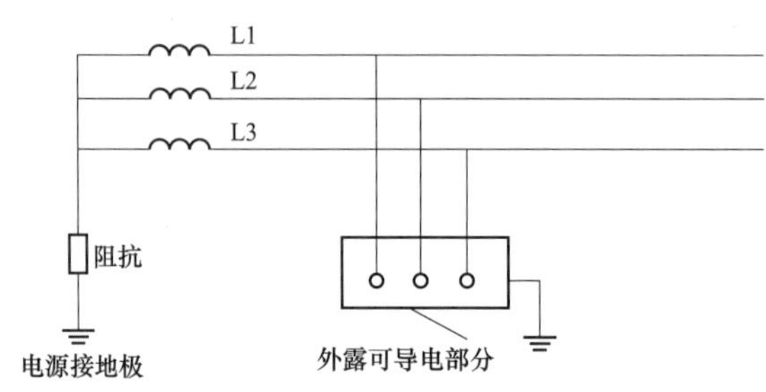


图7-27　IT系统的工作原理

（2）低压供电系统IT接地型式的特点和应用如下：

1）在IT系统中的任何带电部分（包括中性线）严禁直接接地。IT系统中的电源系统对地应保持良好的绝缘状态。在发生系统与外露可导电部分或对地的单一故障时，故障电流很小，可不切断电源。

2）所有设备的外露可导电部分均应通过保护线与接地极（或保护接地母线、总接地端子）连接。

3）IT系统必须装设绝缘监视及接地故障报警或显示装置。

4）在无特殊要求的情况下，IT系统不宜引出中性线。

5. 低压供电系统中接地型式的选择与应用

低压供电系统中接地型式的选择与应用原则如下：

（1）在选择系统接地型式时，应根据系统安全保护所具备的条件，并结合工程实际情况，确定其中的一种。

（2）由同一台发电机、配电变压器或同一段母线供电的低压电力网，不宜同时采用两种系统接地型式。

（3）在同一低压配电系统中，当全部采用TN系统确有困难时，也可部分采用TT系统接地型式。但采用TT系统供电部分均应装设能自动切除接地故障的装置（包括剩余电流动作保护装置）或经由隔离变压器供电。自动切除故障的时间，必须符合接地故障保护

的有关规定。

## 五、配电系统的接地要求和接地电阻

1. 交流电力装置的接地要求

交流电力装置的接地要求如下：

(1) 配电变压器高压侧工作于小电阻接地系统，一般情况下，保护接地装置的接地电阻应符合

$$R \leqslant 2000/I$$

式中 $R$——考虑到季节变化的最大接地电阻，Ω；

$I$——计算用的流经接地装置的入地短路电流，A。

(2) 配电变压器高压侧工作于不接地系统，接地电阻不宜超过 4Ω。

(3) 仅用于高压电力装置的接地装置，接地电阻不宜超过 10Ω。

(4) 在中性点经消弧线圈接地的电力网中，对装有消弧线圈的变电站或电力装置的接地装置，计算电流等于接在同一接地装置中同一电力网各消弧线圈额定电流总和的 1.25 倍。

(5) 在高土壤电阻率地区，当使接地装置的接地电阻达到上述规定值而在技术经济很不合理时，电力设备的接地电阻可提高到 30Ω，变电站接地装置的接地电阻可提高到 15Ω。但应满足变电站的接地要求。

2. 低压电力网的接地电阻要求

低压电力网的接地电阻要求如下：

(1) 低压电力网中，电源中性点的接地电阻不宜超过 4Ω。

(2) 由单台容量不超过 100kVA 或使用同一接地装置并联运行且总容量不超过 100kVA 的变压器或发电机供电的低压电力网中，电力装置的接地电阻不宜大于 10Ω。

(3) 高土壤电阻率地区，当达到上述接地电阻值有困难时，可采用具有均压等电位作用的网式接地装置，以满足变电站的接地要求。

## 六、接地装置

1. 接地体的应用原则

接地体的应用原则如下：

(1) 交流电力装置的接地体，在满足热稳定条件下，应充分利用自然接地体。在利用自然接地体时，应注意接地装置的可靠性，禁止利用可燃液体或气体管道、供暖管道及自来水管道作保护接地体。

(2) 人工接地体可采用水平敷设的圆钢、扁钢、垂直敷设的角钢、钢管、圆钢，也可采用金属接地板，一般宜优先采用水平敷设方式的接地体。

2. 接地体的选择

垂直埋设的接地体，宜采用圆钢、钢管、角钢等，水平埋设的接地体，宜采用扁钢、圆钢等。人工接地体的尺寸不应小于表 7-13 所列的数值要求。

表 7 - 13　　人工接地体的最小尺寸　　单位：mm

| 类别 | 最小尺寸 | 类别 | 最小尺寸 |
| --- | --- | --- | --- |
| 圆钢 | 直径 $\phi$=12mm | 钢管 | 壁厚 $d$=3.5mm |
| 角钢∟ | 50mm×5mm | 扁钢— | —50mm×5mm |

3. 垂直接地体的长度和埋设深度

垂直接地体的长度一般为 2.5m。接地体埋设深度应大于 0.6m。

4. 接地体的防腐

接地体的防腐蚀要求应符合以下各项规定：

(1) 计及腐蚀影响后，接地装置的设计使用年限，应与地面工程的设计使用年限相当。

(2) 接地装置的防腐蚀设计，宜按当地的腐蚀数据进行。

(3) 在腐蚀严重地区，敷设在电缆沟的接地线和敷设在屋面或地面上的接地线，宜采用热镀锌，对埋入地下的接地极宜采取适合当地条件的防腐蚀措施。接地线与接地极或接地极之间的焊接点，应涂防腐材料。在腐蚀性较强的场所，应适当加大截面。

5. 室内环网敷设要求

接地线室内环网敷设时，其位置为夹层内距顶板 300mm 处，地线网的引出线不允许从夹层内地板引出。

6. 接地装置的焊接要求

接地装置的焊接应采用搭接焊，搭接长度应符合以下各项要求：

(1) 扁钢与扁钢搭接为扁钢宽度的 2 倍，不少于三面施焊。

(2) 圆钢与圆钢搭接为圆钢直径的 6 倍，双面施焊。

(3) 圆钢与扁钢搭接为圆钢直径的 6 倍，双面施焊。

(4) 扁钢与钢管，扁钢与角钢焊接，紧贴角钢外侧两面，或紧贴 3/4 钢管表面，上下两侧施焊。

7. 开闭所、配电室的接地装置人工接地网的要求

开闭所、配电室的接地装置，除利用自然接地极外，应敷设以水平接地极为主的人工接地网，人工接地网应符合以下要求：

(1) 确定开闭所、配电室接地装置的形式和布置时，应尽量降低接触电势和跨步电势。在条件特别恶劣的场所，最大接触电势和最大跨步电势值宜适当降低。

(2) 当接地装置的最大接触电势和最大跨步电势较大时，可考虑敷设高电阻率路面结构层或深埋接地装置，以降低人体接触电势和跨步电势。

(3) 开闭所、配电室的接地装置，除利用自然接地体外，还应敷设人工接地体。

(4) 人工接地网外缘宜闭合，外缘各角应做成弧形。对经常有人出入的走道处，应采用高电阻率路面或均压措施。

(5) 人工接地网的外缘圆弧的半径不宜小于均压带间距的一半。接地网内应敷设水平均压带。接地网的埋设深度不宜小于 0.6m。接地网均压带采用等间距或不等间距布置。

(6) 开闭所、配电室当采用建筑物的基础作接地且接地电阻又满足规定时，可不另设人工接地。

（7）开闭所、配电室禁止用裸铝线作接地体或接地线。

## 七、固定式电力装置的接地线与保护线

1. 交流接地装置接地线与保护线截面积的选择

交流接地装置接地线与保护线的截面积，应符合热稳定要求。但当保护线按表 7－14 固定式电力装置接地线与保护线的截面积选择时，可不对其进行热稳定校核。埋入土内的接地线在任何情况下，均不得小于表 7－14 所列的规格。

**表 7－14　固定式电力装置接地线与保护线的最小截面积**　单位：$mm^2$

| 序号 | 电力装置的相线截面积 $S$ | 电力装置接地线与保护线的最小截面积 |
| --- | --- | --- |
| 1 | $S \leqslant 16$ | $S$ |
| 2 | $16 < S \leqslant 35$ | 16 |
| 3 | $S > 35$ | $S/2$ |

**注**　表中数值只在接地线与保护线的材料与相线相同时才有效。

2. 保护线的选择

（1）当保护线采用一般绝缘导线，有机械保护时其截面积不应小于 2.5$mm^2$；无机械保护时其截面积不应小于 4$mm^2$。

（2）保护线宜采用与相线相同材料的导线，但也不排除使用其他金属导线（包括裸导线与绝缘线），也可由电缆金属外皮、配线用的钢管及金属线槽（尺寸与接地体同）等材料组成。

当采用电缆金属外皮、配线用的钢管及金属线槽作保护线时，电气特性应保证不受机械的、化学的或电化学的损蚀。其导电性能必须不低于固定式电力装置接地线与保护线的最小截面积导电结果，否则禁止用作保护线。

3. 接地线的选择

（1）埋入土中的接地线的截面积应不小于表 7－15 所列的规格。

**表 7－15　埋入土中接地线的最小截面积**

| 有无保护 | 有防机械损伤保护 | 无防机械损伤保护 |
| --- | --- | --- |
| 有防腐蚀保护 | 按热稳定条件确定 | 铜 16$mm^2$、铁 25$mm^2$ |
| 无防腐蚀保护 | 铜 25$mm^2$、铁 50$mm^2$ | |

（2）接地线也可由金属管道（输送易燃、易爆物的管道除外）、建筑设备的金属架构（如电梯轨道等）、建筑物的金属构架等材料构成。当采用金属管道、建筑物设备的金属外壳和建筑物金属构架等作接地线时，必须满足下列要求：

1）不论从结构和保证完整的电气通路上，它们均能保证不受机械的、化学的或电化学的损蚀。

2）材料的导电性能必须与埋入土中的接地线的最小截面积导电结果相当。

3）属于固定式（非移动型）的装置外可导电部分。

(3) 对接地线及保护线应验算单相短路的阻抗，以保证单相接地短路时保护装置动作的灵敏度。

(4) 装置外可导电部分严禁用作 PEN 线（包括配线用的钢管及金属线槽）。PEN 线必须与相线具有相同的绝缘水平，但成套开关设备和控制设备内部的 PEN 线可除外。

(5) 不得使用蛇皮管、保温管的金属网或外皮以及低压照明网络的铅皮作接地线和保护线。在电力装置需要接地的房间内，这些金属外皮也应通过保护线进行接地，并应保证全长为完好的电气通路，上述金属外皮与保护线连接时，应采用低温焊接或螺栓连接。

4. 保护线及接地线的连接与敷设

保护线及接地线的连接与敷设应符合以下各项要求：

(1) 凡需进行保护接地的用电设备，必须用单独的保护线与保护干线相连或用单独的接地线与接地体相连。不应把几个应予保护接地的部分互相串联后，再用一根接地线与接地体相连。

(2) 保护线及接地线与设备、接地总母线或总接地端子间的连接，应保证有可靠的电气接触。当采用螺栓连接时，应设防松螺帽或防松垫圈，且接地线间的接触面、螺栓、螺母和垫圈均应镀锌。保护线不应接在电机、台扇的风叶壳上。

(3) 保护接地的干线应采用不少于两根导体在不同点与接地体相连。

(4) 当利用电梯轨道作接地干线时，应将其连成封闭的回路。

(5) Yyn0 等接线形式的变压器容量为 400～1000kVA 时，接地线封闭回路导线一般采用 40mm×4mm 扁钢。当变压器容量为 315kVA 及以下时，其封闭回路导线采用 25mm×4mm 扁钢。

(6) 接地线与接地线，以及接地线与接地体的连接宜采用焊接，如采用搭接时，其搭接长度不应小于扁钢宽度的 2 倍或圆钢直径的 6 倍。接地线与管道等伸长接地体的连接应采用焊接，如焊接有困难，可采用卡箍，但应保证电气接触良好。

(7) 直接接地或经过消弧线圈接地的变压器、旋转电机的中性点与接地体或接地干线连接时，应采用单独接地线。

## 第五节　通用电力设备及电气设施接地

### 一、手握式电气设备的接地要求

手握式电气设备的接地要求见表 7-16。

**表 7-16　　手握式电气设备的接地要求**

| 序号 | 项目 | 接地要求 |
|---|---|---|
| 1 | 手握式电气设备应采用专用保护接地芯线 | 此芯线严禁用来通过工作电流。当发生单相接地时，自动断开电源的时间不应超过 0.4s 或接触电压不应超过 50V |
| 2 | 手握式电气设备的保护线 | 应采用多股软铜线，其截面应符合规定要求 |

续表

| 序号 | 项目 | 接地要求 |
| --- | --- | --- |
| 3 | 手握式电气设备的插座 | 应备有专用的接地插孔，而且所用插头的结构应能避免将导电触头误作接地触头使用。插座和插头的接地触头应在导电触头接通之前连通并在导电触头脱离后才断开 |
| 4 | 金属外壳的插座 | 其接地触头和金属外壳应有可靠的电气连接 |

## 二、移动式用电设备的接地要求

移动式用电设备的接地要求如下：

(1) 由固定式电源或由移动式发电机供电的移动式用电设备的外露可导电部分，应与电源的接地系统有可靠的金属连接。在中性点不接地的电力网中，可在移动式用电设备附近设接地装置，以代替上述金属连接线，如附近有自然接地体则应充分利用，其接地电阻应符合规定。

(2) 如根据移动式用电设备的特殊情况按上述要求接地实际上不可能或不合理时，可采用自动切断电源装置（包括采用剩余电流动作保护装置）代替接地。

(3) 移动式用电设备的自用发电设备直接放在机械的同一金属支架上，且不供其他设备用电时，可不接地（爆炸危险场所的电力设备除外）。

(4) 不超过两台用电设备由专用的移动发电机供电，用电设备距移动式发电机不超过50m，且发电机和用电设备的外露可导电部分之间有可靠的金属连接时，可不接地（爆炸危险场所的电力设备除外）。

(5) 移动式用电设备接地线、保护线的截面，应符合相关规定的要求。

## 三、电子设备的接地

### 1. 电子设备的接地型式

电子设备的接地型式见表 7-17。

**表 7-17　　电子设备的接地型式**

| 序号 | 接地形式 | 接地目的 |
| --- | --- | --- |
| 1 | 信号接地 | 为保证信号具有稳定的基准电位而设置的接地 |
| 2 | 功率接地 | 除电子设备系统以外的其他交、直流电路的工作接地 |
| 3 | 保护接地 | 为保证人身及设备安全的接地 |

### 2. 电子设备的接地要求

电子设备接地系统的型式一般可根据接地引线长度和电子设备的工作频率来确定。电子设备的接地要求见表 7-18。

**表 7-18　　电子设备的接地要求**

| 序号 | 项目 | 接地要求 |
| --- | --- | --- |
| 1 | 接地引线长度和电子设备的工作频率：≤1MHz | 一般采用辐射式接地系统。辐射式接地系统，即把电子设备中的信号接地、功率接地和保护接地分开敷设的接地引下线，接至电源室的接地总端子板，在端子板上信号接地、功率接地和保护接地接在一起，再引至接地体 |

续表

| 序号 | 项目 | 接地要求 |
| --- | --- | --- |
| 2 | 接地引线长度和电子设备的工作频率：≥10MHz | 一般采用环（网）状接地系统。环（网）状接地系统，即将信号接地、功率接地和保护接地都接在一个公用的环状接地母线上。环状接地母线设置的地点视具体情况而定，一般可设在电源处 |
| 3 | 接地引线长度和电子设备的工作频率：1～10MHz | 采用混合式接地系统。混合式接地系统，即为辐射式接地与环状接地相结合的系统 |
| 4 | 电子设备接地电阻值 | 除另有规定外，一般不宜大于4Ω，并采用一点接地方式。电子设备接地宜与防雷接地系统共用接地体。但此时接地电阻不应大于1Ω。若与防雷接地系统分开，两接地系统的距离不宜小于10m。电子设备应根据需要决定是否采用屏蔽措施 |

## 四、大、中型电子计算机接地

1. 电子计算机的接地型式

电子计算机的接地型式有直流地（包括逻辑及其他模拟量信号系统的接地）、交流工作地、安全保护地。这三种接地的接地电阻值一般要求均不大于4Ω。在通常情况下，电子计算机的信号系统，不宜采用悬浮接地。电子计算机的三种接地装置可分开设置。如采用共用接地方式，其接地系统的接地电阻应以三种接地装置中最小一种接地电阻值为依据。若与防雷接地系统共用，则接地电阻值应不大于1Ω。电子计算机房可根据需要采取防静电措施。

2. 接地线处理要求

为了防止干扰，使计算机系统稳定可靠地工作，对于接地线的处理应满足下列要求：

（1）无论计算机直流地采用何种方式，在机房不允许与交流工作地接地线相短接或混接。

（2）交流线路配线不允许与直流地地线紧贴或近距离地平行敷设。

## 五、医疗电气设备接地

医疗电气设备接地应符合以下要求：

（1）医疗及诊断电气设备，应根据使用功能要求采用保护接地、功能性接地、等电位接地或不接地等型式。

（2）使用插入体内接近心脏或直接插入心脏内的医疗电气设备的器械，应采取防止微电击保护措施；防微电击措施宜采用等电位接地方式，使用Ⅱ类电气设备及应采用电力系统不接地（IT系统）的供电方式。防微电击等电位连接，应包括室内给水管、金属窗框、病床的金属框架及患者有可能在2.5m范围以内直接或间接触及的各部分金属部件。用于上述部件进行等电位联结的保护线（或接地线）的电阻值，应使上述金属导体相互间的电位差限制在10mV以下。

（3）在电源突然中断后，有招致重大医疗危险的场所，应采用电力系统不接地（IT系统）的供电方式。

(4) 凡需设置保护接地的医疗设备，如低压系统已是TN型式，则应采用TN-S系统供电，并装设剩余电流动作保护装置。

(5) 医疗电气设备功能性接地电阻值应按设备技术要求决定。在一般情况下，宜采用共用接地方式；向医疗电气设备供电的电源插座结构，应符合用电设备的安全、技术要求；医疗电气设备的保护线及接地线应采用铜芯绝缘导线，其截面积应符合要求；手术室及抢救室应根据需要采取防静电措施。

## 六、居民住宅电气装置的接地保护方式

1. 单相三孔插座的接地和接零

单相三孔插座有品字形排列的扁形结构和等边排列的圆孔结构。它是供家用电器的电源出线口。在选用时，应选用品字形排列的扁形结构的单相三孔插座，而不应选用等边排列的圆孔结构单相三孔插座。因后者容易三孔互换发生用电事故。

三孔插座接线排列顺序如图7-28所示。三孔插座上孔（孔径大于其他两个插孔）为保护零线（PE），左孔为零（N）线，右孔为相（L）线。在中性点不接地的供电系统中，必须进行保护接地，而在中性点接地运行的系统中，可采用设备外壳接零保护。但这两种保护方式是不允许同时共用在一个低压电网中的。

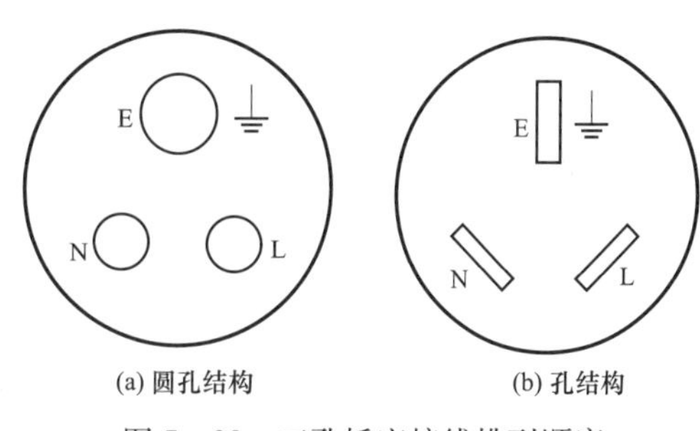


图7-28 三孔插座接线排列顺序

采用保护接零有如下特点：

(1) 采用保护接零的电气设备，如因绝缘损坏，所产生的“相”对“零”的短路电流要比采用保护接地方式大得多，因而能在较短的时间内促使熔断器或自动空气断路器发生动作，迅速切断电源。

(2) 在TN-C系统中，由于零线和相线一般都是并行敷设的，所以采用保护接零时安全方便。

单相三孔插座接线的正确接线方式如图7-29所示。在图7-29（a）为TN-C系统中单相三孔插座的接线。保护线（PE）与中性线（N）合并为保护中性线（PE N）。具有简单经济的特点。当发生接地短路故障时，故障电流大，可采用一般电流保护装置切断电源保证安全。图7-29（b）、图7-29（c）为TN-S、TN-C-S系统中单相三孔插座的接线。图中，保护线（PE）与中性线（N）是分开的，专用的保护线（PE）正常时不通过负荷电流，与PE线相连的电气设备金属外壳在正常运行时不带电位，所以适用于数据处理和精密电子设备的供电。图7-29（d）为TT系统中单相三孔插座的接线示意图。在三相四线系统中，在单相三孔插座的接线时，只要注意相线与零线不要接反即可。但在单相三孔插座的电源侧，最好加装剩余电流动作保护器（漏电保护器）。

2. 闭路电视及监控系统的接地

住宅小区的闭路电视及监控系统都采用视频信号、低电频输入。若接地不规范，容易受到电磁干扰，影响闭路电视及监控系统的使用效果。

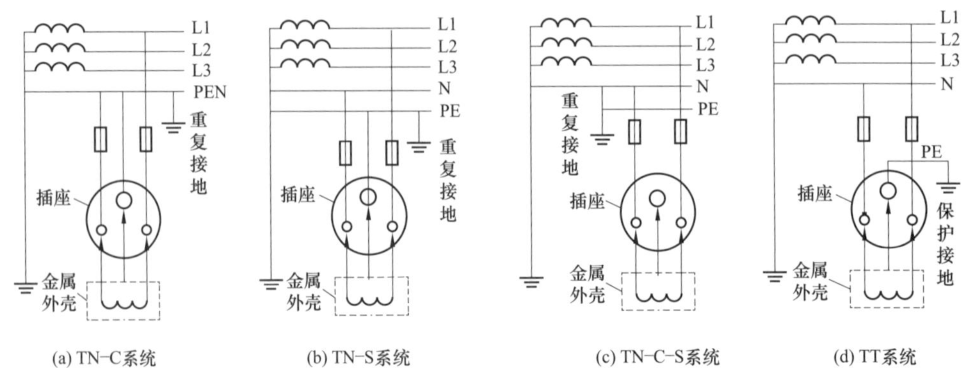


图 7-29　单相三孔插座接线的正确接线方式

住宅小区的闭路电视及监控系统接地要求如下：

(1) 必须采用一点接地，使所有设备处于零电位，避免由于接地电位差造成交流杂散波的干扰。

(2) 采用一点接地方式时，为防止接地干线断裂，可采用双接地干线引出，其接地电阻不大于 4Ω。

(3) 在光缆传输系统中，各监控点的光端机外露部分、光缆加强芯、光缆架空连接金属护套等都应可靠的与接地装置相连。

(4) 传输电缆穿金属管敷设时，金属管必须接地，以防止电磁干扰和达到电气安全的要求。

(5) 进入监控室的架空电缆入室端，和安装在高于附近其他建筑物处的摄像机的电缆端，均要装设避雷器保护，并进行接地。

3. 彩色电视的接地保护方式

目前彩色电视的电源系统基本上都是采用开关电源供电系统电路，它将交流市电通过整流滤波电路和开关稳压等电路稳压调控后，输出满足彩色电视电路需要的工作电压。彩色电视开关电源供电系统具有省电、自重轻和电路简单容易维护的特点。

在彩色电视开关电源供电系统中，彩色电视机芯电路都是悬浮接地的，即交流输入端没有经隔离变压器，220V 交流市电直接送入机内的开关电源整流电路，经整流滤波后而供电的。由于机内的地线悬浮于大地，所以彩色电视不用装设接地线。

彩色电视若装设有接地线会造成：①在使用中，假若 220V 单相插头上的地线与相线接反，地线就会带电，人体触及时，会造成触电事故；②地线与相线接反，机内会产生感应高压电而烧坏集成电路和其他原件，造成电路故障。

同时，彩色电视的各种功能开关、旋钮、人体所能触及的螺丝钉等导电体与电源部分均有可靠的绝缘措施，不装接地线完全能保证人身和设备的使用安全。

## 七、特殊装置或场所的安全保护

1. 装有浴盆和淋浴盆场所的安全保护

在干燥的条件下人体阻抗较大，50V 以上的接触电压才可能导致电击事故。人在洗澡时皮肤湿透，人体阻抗仅为干燥时的几分之一，仅有几百欧。这时超过 12V 的接触电压就有可能导致电击事故的发生。所以装有浴盆和淋浴盆的场所被 IEC 列为电气条件严酷、电气安全要求高的特殊装置或特殊场所。

如图 7－30 所示是装有浴盆和淋浴盆场所可能导致人身电击事故发生的示意。在图 7－31 中，给浴室供水的金属水管在另一室被用作电气设备的接地线。当此时设备损坏时，泄漏电流增大，使水管带一定电压。由于洗澡时人体阻抗低，此时如触及水管可能导致电击事故，其电流途径如图 7－30 中箭头所示。既使设备不损坏，而由于其他原因致使管道带电压也同样能引起电击事故。在这种情况下，往往不能依靠切断电源的方法来消除电击事故，而应采用局部等电位连接的接触保护措施。局部等电位连接的接触保护措施示意如图 7－31 所示。将浴室内各种金属管道、结构件（包括地下钢筋）以及进入浴室的 PE 线用 20mm×3mm 的扁钢或 6mm$^2$ 的铜芯线进行局部等电位联结，以保证浴室内各金属部分的电位基本相同。人若触及金属导体，由于其间电位差很小，不致导致人身电击事故的发生。

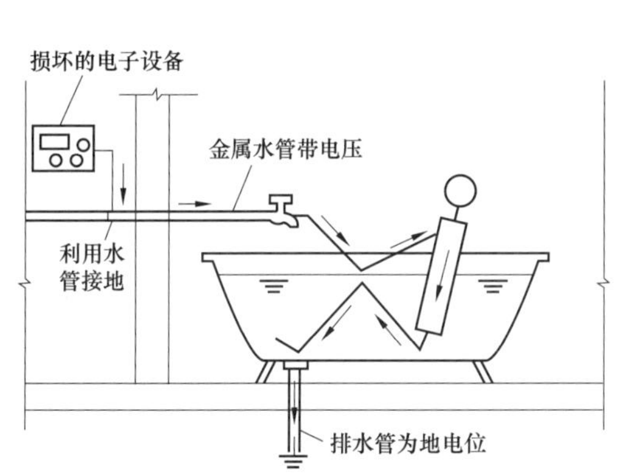


图 7－30 人在浴盆内可能发生人身电击事故的示意

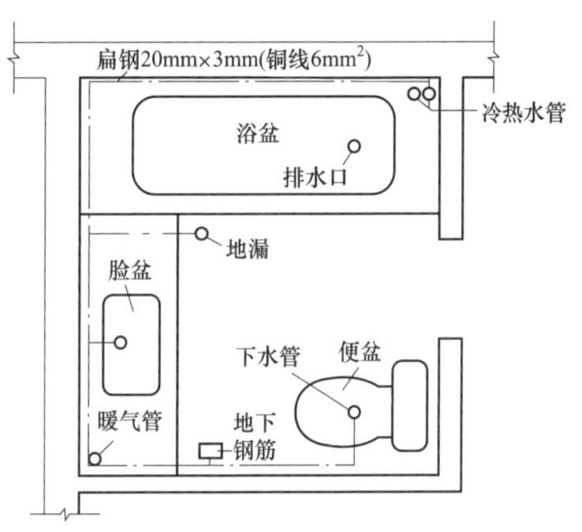


图 7－31 浴室内局部等电位联结的接触保护措施示意

2. 游泳池的安全保护

(1) 游泳池防护区域划分及防护等级见表 7－19。

**表 7－19 游泳池防护区域划分及防护等级**

| 安全防护区域 | 区域限界 | 防护等级 | 备注 |
|---|---|---|---|
| 0 区 | 水池的内部 | IP×8 | (1) 在 0 区内，应用标称电压不超过 12V 的安全特低电压供电，其安全电源应设在 2 区以外的地方。<br>(2) 在 0、1 区及 2 区内宜选用加强绝缘的铜芯电线或电缆。<br>(3) 在 0 区及 1 区内，非本区的配电线路不得通过；也不得在该区内装设接线盒 |
| 1 区 | 距离水池边缘 2m 的垂直平面，地面或预计有人占用的表面和地面或表面之上 2.5m 的水平面。在游泳池设有跳台、跳板、起跳台或滑槽的地方，1 区包括由位于跳台、跳板及起跳台周围 1.5m 的垂直平面和预计有人占用的最高表面之上 2.5m 的水平面所限制的区域 | IP×4 | |
| 2 区 | 1 区外界的垂直平面和距离该垂直平面 1.5m 的平行平面，地面或预计有人占用的表面和地面或表面之上 2.5m 的水平面所限制的区域 | IP×2<br>室内游泳池时 IP×4<br>室外游泳池时 IP×5 | |

在使用安全特低电压的地方，不论其标称电压如何，均应采取下列措施实现直接接触防护：

1）应采用防护等级至少是 IP2X 的遮栏或外护物。

2）应能耐受 500V 试验电压历时 1min 的耐电压试验。

（2）游泳池安全防护的等电位联结。游泳池除应采取总等电位联结外，还应进行辅助等电位联结。辅助等电位联结，是将 0、1 区及 2 区内所有外界可导电部分及外露可导电部分，用保护导体连接起来，并经过总接地端子与接地网相连。不得采取阻挡物及置于伸臂范围以外的直接接触防护措施；也不得采用非导电场所和不接地的局部等电位联结的间接接触防护措施。辅助等电位联结部件包括：

1）水池构筑物的水池外框，石砌挡墙和跳水台中的钢筋等所有金属部件。

2）所有成型外框。

3）固定在水池构筑物上或水池内的所有金属配件。

4）与池水循环系统有关电气设备的金属配件，包括水泵电动机。

5）水下照明灯具的电源及灯盒、爬梯、扶手、给水口、排水口及变压器外壳等。

6）采用永久性间隔将其与水池区域隔离的所有固定金属部件、金属管道和金属管道系统等。

（3）开关、控制设备及其他电气器具的装设，应符合以下各项要求：

1）在 0、1 区内，不应装设开关设备或辅助设备。

2）在 0 区内，只有采用标称电压不超过 12V 的安全超低压供电时，才可能装设用电器具及照明器（如水下照明器、泵等）。

3）在 1 区内，用电器具必须由安全特低电压供电或采用Ⅱ级结构的用电器具。

4）在 2 区内，用电器具应符合下列要求：

a. 宜采用Ⅱ类用电器具。

b. 当采用Ⅰ类用电器具时，应采取剩余电流动作保护措施，其额定动作电流值不应超过 30mA。

c. 应采用隔离变压器供电。

d. 可由安全特低电压供电。

5）游泳池照明灯具的安装要求：

a. 水下照明灯具的安装位置，应保证从灯具的上部边缘至正常水面不低于 0.5m。面朝上的玻璃应有足够的防护，以防人体接触。

b. 对于浸在水中才能安全工作的灯具，应采取低水位断电措施。

6）埋在地面内场所加热的加热器件，可以装设在 1、2 区内，但它们必须要用金属网栅（与等电位接地相连的），或接地的金属罩罩住。

7）漏电电流保护装置的动作电流宜按下列数值选择：环境恶劣或潮湿场所的用电设备（如高空作业、水下作业等处）为 6～10mA。

3. 喷水池的安全保护

（1）安全防护区域的划分。喷水池没有 2 区，只有 0 和 1 区，见表 7-20。

表 7-20 喷水池安全保护区域划分及防护等级

| 安全防护区域 | 区域限界 | 防护等级 | 备注 |
|---|---|---|---|
| 0 区 | 水池的内部 | IP×8 | 安全保护要求和所采取的措施，应根据所在不同区域而定；在采用安全特低电压的地方，必须用以下方式提供直接接触保护：<br>(1) 保护等级至少是 IP2X 的遮挡或外护物。<br>(2) 能耐受 500V 试验电压、历时 1min 的绝缘 |
| 1 区 | 距离水池边缘 2m 的垂直平面，其高度止于距地面或人能达到的水平面的 2.5m 处 | IP×4 | |

喷水池的 0、1 区的供电回路的保护，可采用以下任一种方式：

1）安全特低电压供电（交流电压不超过 12V、直流电压不超过 30V）。

2）隔离变压器供电。

3）允许自动切断电源作为保护，剩余电流动作电流不大于 30mA。

（2）喷水池安全保护的等电位联结。室内喷水池与建筑总体形成总等电位联结外，还应进行辅助等电位联结。室外喷水池在 0、1 区域范围内均应进行等电位联结。辅助等电位联结必须将保护区内所有装置外可导电部分与位于这些区域内的外露可导电部分的保护线连接起来，并经过总接地端子与接地装置相连。辅助等电位联结部件包括：

1）喷水池构筑物的所有外露金属部件及墙体内的钢筋。

2）所有成型金属外框架。

3）固定在池上或池内的所有金属构件。

4）与喷水池有关的电气设备的金属配件，包括水泵、电动机等。

5）水下照明灯的电源及灯盒、爬梯、扶手、给水口、排水口、变压器外壳、金属穿线管。

6）永久性的金属隔离栅栏、金属网罩等。

# 第八章

## 新建住宅小区供电配套工程施工案例

新建住宅小区供电配套工程，根据住宅小区规模及周边电源情况，将采用不同的方案供电。本章讲述新建小型住宅小区，有重要负荷的小型新建住宅小区，大、中型新建住宅小区供电系统的典型施工案例。

## 第一节　新建小型住宅小区供电系统施工案例

### 一、工程概况

“经晨时代”住宅小区本期住宅用电主要为住宅居民用电属三级负荷。配电室低压进线柜安装考核总计量装置和三合一配电监控终端。小区概况见表 8－1。

**表 8－1　“经晨时代”住宅小区概况**

<table>
<tr><th colspan="2">项目</th><th colspan="3">参数</th><th>备注</th></tr>
<tr><td rowspan="3">新建小区概况</td><td>住宅建筑面积（$m^2$）</td><td>≤60</td><td>60～120</td><td>120～150</td><td rowspan="3">“经晨时代”住宅小区本期共建 19 栋住宅楼，均为多层住宅楼。共计 658 户新建住宅总建筑面积 2599.24 $m^2$</td></tr>
<tr><td>住宅数（套）</td><td rowspan="2">56</td><td rowspan="2">498</td><td rowspan="2">104</td></tr>
<tr><td>居民数（户）</td></tr>
<tr><td colspan="2">住宅用电负荷容量（kW/户）</td><td>4</td><td>8</td><td>12</td><td>依据用户提供的资料，核算后本期小区居民照明负荷为 2728kVA。根据供电方案要求，其用电电源由 110kV 富康变电站新建 10kV 富 50 园区南线线路提供</td></tr>
<tr><td rowspan="2">电能计量</td><td>计量设备</td><td colspan="2">采用单相集抄电子表（60A）</td><td>采用三相集抄电子表（40A）</td><td rowspan="2">居民用电采用一表一户，电能表安装一楼位置，便于集中管理。考核计量用电流互感器准确等级为 0.2 级。所有计量装置必须具备防窃电功能</td></tr>
<tr><td>设备数目（台）</td><td colspan="2">554</td><td>104</td></tr>
</table>

本工程低压接地型式采用 TN－C－S 系统，电源电缆 PE 线在进建筑物处做重复接地，并与接地点（MEB）作等电位连接，通过预埋连接板与建筑物基础钢筋相连。中性线 N 线与保护线 PE 分开后严禁混接。用电设备的正常的非带电金属外壳，包括穿线钢管、三级插座接地桩均应与 PE 线可靠连接，三相表进户线采用三相五线进户，单相表进户线采用三线进户。

## 二、10kV 电源供电部分

“经晨时代”住宅小区 10kV 接线系统如图 8－1 所示。

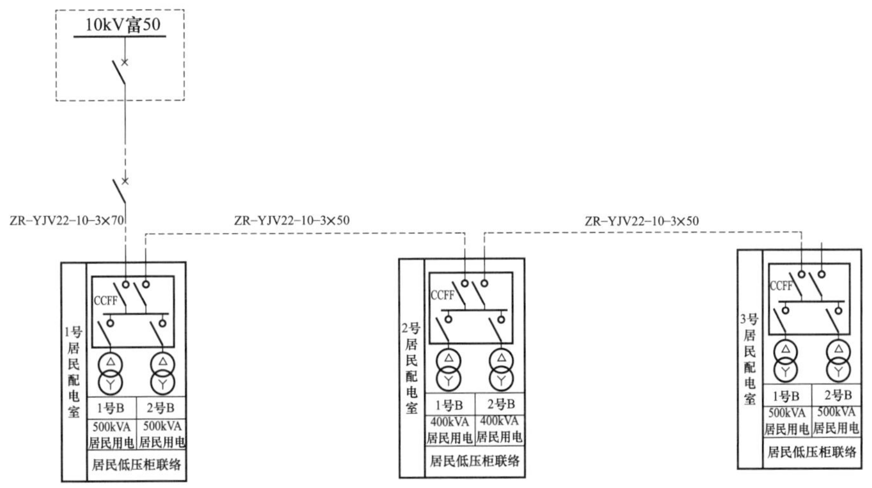


图 8－1　10kV 接线系统

10kV 电源：由 10kV 富 50 园区南线 17 号杆新建 10kV 武汉路分支线路一回，线路型号为 ZR－YJV22－10－3×400/0.15km，JKLYJ－240/0.22km。线路沿武汉路西侧至新建户外永磁真空断路器，再由永磁真空断路器引电缆沿小区道路至 1～3 号配电室。10kV 线路下火如图 8－2 所示。

本工程 10kV 不设开闭所。

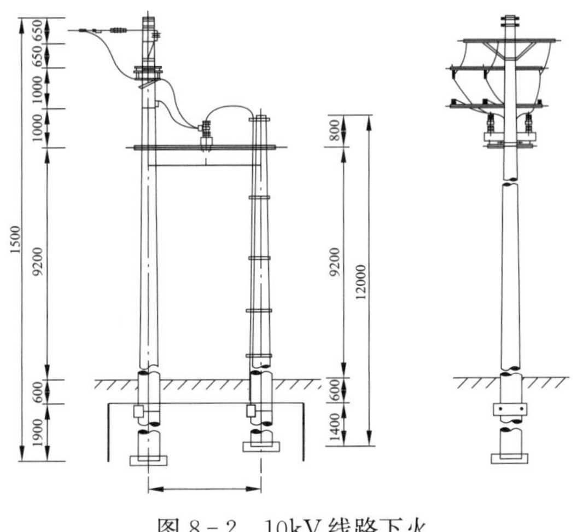


图 8－2　10kV 线路下火

## 三、高低压配电室

根据小区内实际情况，在小区内拟新建配电室 3 座。

1. 1 号配电室

在 1 号配电室内安装 CCFF 户内环网柜 1 台、SCB10－500kVA 干式电力变压器 2 台、GDF 型固定分隔式低压开关柜 7 面、智能电容器组 150kvar 一套。各低压开关柜与各个干式电力变压器低压桩头之间采用铜排进行连接。1 号配电室 CCFF 户内环网柜主接线如图 8－3 所示。1 号配电室 1 号 B 低压系统如图 8－4 所示。1 号配电室 2 号 B 低压系统如图 8－5 所示。

| 高压开关柜型号 | 全密封共箱式$SF_6$气体全绝缘负荷开关柜(CCFF) | | | |
|---|---|---|---|---|
| 一次接线方案<br>电压等级：10kV<br>主母线：TMY-3-60×6 | | | | |
| 间隔编号 | 01 | 02 | 03 | 04 |
| 回路名称 | 10kV电源进线 | 10kV电源进线 | 馈线 | 馈线 |
| 三工位负荷开关 | 12kV/630A,20kA | 12kV/630A,20kA | 12kV/630A,20kA | 12kV/630A,20kA |
| 高压熔断器SFLDJ-12/[ ]A | | | 3[50A] | 3[50A] |
| 电流互感器LZZBJ9-10 0.5级 | 400/5A | 300/5A | 50/5A | 50/5A |
| 避雷器 YH5WS-17/45 | | | | |
| 带电显示器 DXN8B-T | 1 | 1 | 1 | 1 |
| 10kV进出线电缆YJV22-10-3× | 3×70/[370]m | 3×50/[265]m | 3×35/[10]m | 3×35/[15]m |
| 柜体外形尺寸(宽×深×高) | | | | |
| 变压器<br>SCB10-500kVA<br>10/0.4/0.23kV<br>DYn11 | 户外永磁开关 | 至2号配电室 | 500kVA | 500kVA |

图 8－3　1 号配电室 CCFF 户内环网柜主接线

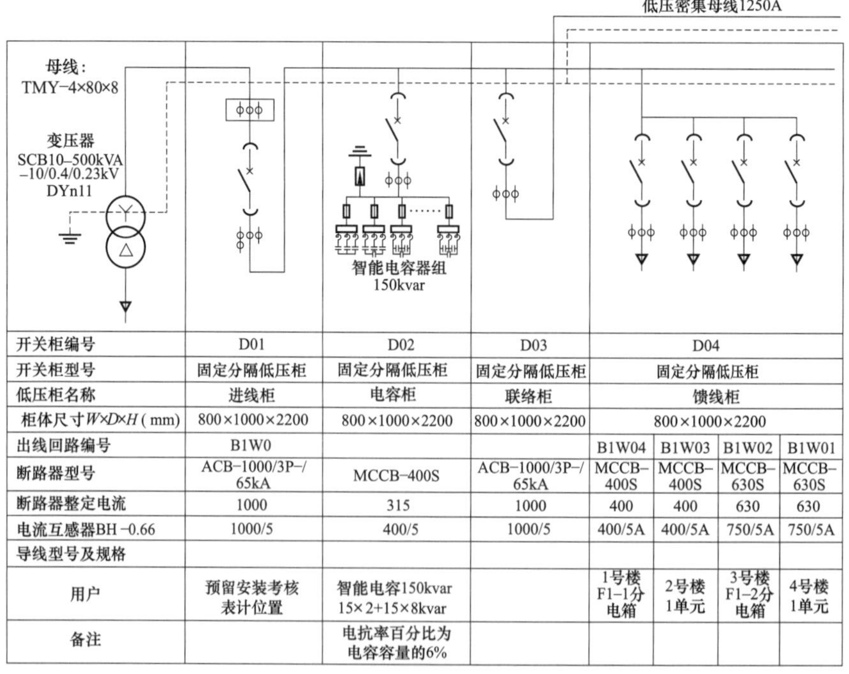


| 开关柜编号 | D01 | D02 | D03 | D04 | | | |
|---|---|---|---|---|---|---|---|
| 开关柜型号 | 固定分隔低压柜 | 固定分隔低压柜 | 固定分隔低压柜 | 固定分隔低压柜 | | | |
| 低压柜名称 | 进线柜 | 电容柜 | 联络柜 | 馈线柜 | | | |
| 柜体尺寸$W \times D \times H$(mm) | 800×1000×2200 | 800×1000×2200 | 800×1000×2200 | 800×1000×2200 | | | |
| 出线回路编号 | B1W0 | | | B1W04 | B1W03 | B1W02 | B1W01 |
| 断路器型号 | ACB-1000/3P-/65kA | MCCB-400S | ACB-1000/3P-/65kA | MCCB-400S | MCCB-400S | MCCB-630S | MCCB-630S |
| 断路器整定电流 | 1000 | 315 | 1000 | 400 | 400 | 630 | 630 |
| 电流互感器BH-0.66 | 1000/5 | 400/5 | 1000/5 | 400/5A | 400/5A | 750/5A | 750/5A |
| 导线型号及规格 | | | | | | | |
| 用户 | 预留安装考核表计位置 | 智能电容150kvar 15×2+15×8kvar | | 1号楼F1-1分电箱 | 2号楼1单元 | 3号楼F1-2分电箱 | 4号楼1单元 |
| 备注 | | 电抗率百分比为电容容量的6% | | | | | |

图 8－4　1 号配电室 1 号 B 低压系统

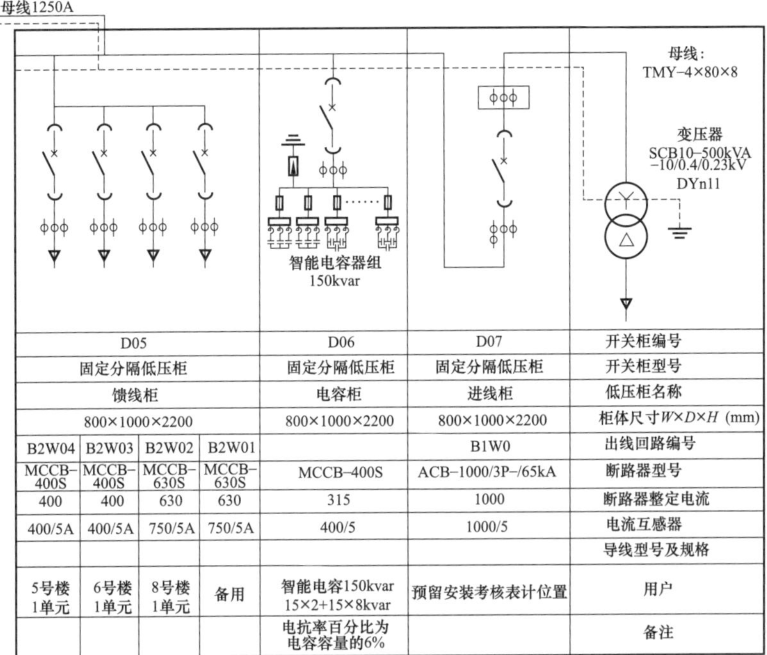


| 开关柜编号 | D05 | | | | D06 | D07 |
|---|---|---|---|---|---|---|
| 开关柜型号 | 固定分隔低压柜 | | | | 固定分隔低压柜 | 固定分隔低压柜 |
| 低压柜名称 | 馈线柜 | | | | 电容柜 | 进线柜 |
| 柜体尺寸 $W\times D\times H$ (mm) | 800×1000×2200 | | | | 800×1000×2200 | 800×1000×2200 |
| 出线回路编号 | B2W04 | B2W03 | B2W02 | B2W01 | | B1W0 |
| 断路器型号 | MCCB-400S | MCCB-400S | MCCB-630S | MCCB-630S | MCCB-400S | ACB-1000/3P-/65kA |
| 断路器整定电流 | 400 | 400 | 630 | 630 | 315 | 1000 |
| 电流互感器 | 400/5A | 400/5A | 750/5A | 750/5A | 400/5 | 1000/5 |
| 导线型号及规格 | | | | | | |
| 用户 | 5号楼1单元 | 6号楼1单元 | 8号楼1单元 | 备用 | 智能电容150kvar 15×2+15×8kvar | 预留安装考核表计位置 |
| 备注 | | | | | 电抗率百分比为电容容量的6% | |

图 8-5　1号配电室2号B低压系统

2. 2号配电室

在2号配电室内安装CCFF户内环网柜1台、SCB10-400kVA干式电力变压器2台、GDF型固定分隔式低压开关柜7面、智能电容器组120kvar一套。各低压开关柜与各个干式电力变压器低压桩头之间采用铜排进行连接。2号配电室CCFF户内环网柜主接线如图8-6所示。2号配电室1号B低压系统如图8-7所示。2号配电室2号B低压系统如图8-8所示。

| 高压开关柜型号 | 全密封共箱式$SF_6$气体全绝缘负荷开关柜(CCFF) | | | |
|---|---|---|---|---|
| 一次接线方案（电压等级：10kV；主母线：TMY-3-60×6） | | | | |
| 间隔编号 | 01 | 02 | 03 | 04 |
| 回路名称 | 10kV电源进线 | 10kV电源进线 | 馈线 | 馈线 |
| 三工位负荷开关 | 12kV/630A,20kA | 12kV/630A,20kA | 12kV/630A,20kA | 12kV/630A,20kA |
| 高压熔断器SFLDJ-12/[ ]A | | | 3[40A] | 3[40A] |
| 电流互感器LZZBJ9-10 0.5级 | 200/5A | 200/5A | 30/5A | 30/5A |
| 避雷器 YH5WS-17/45 | | | | |
| 带电显示器 DXN8B-T | 1 | 1 | 1 | 1 |
| 10kV进出线电缆YJV22-10-3× | 3×50/[265]m | 3×50/[221]m | 3×35/[10]m | 3×35/[15]m |
| 柜体外形尺寸(宽×深×高) | | | | |
| 变压器 SCB10-400kVA 10/0.4/0.23kV DYn11 | 至1号配电室 | 至3号配电室 | 400kVA | 400kVA |

图 8-6　2号配电室CCFF户内环网柜主接线

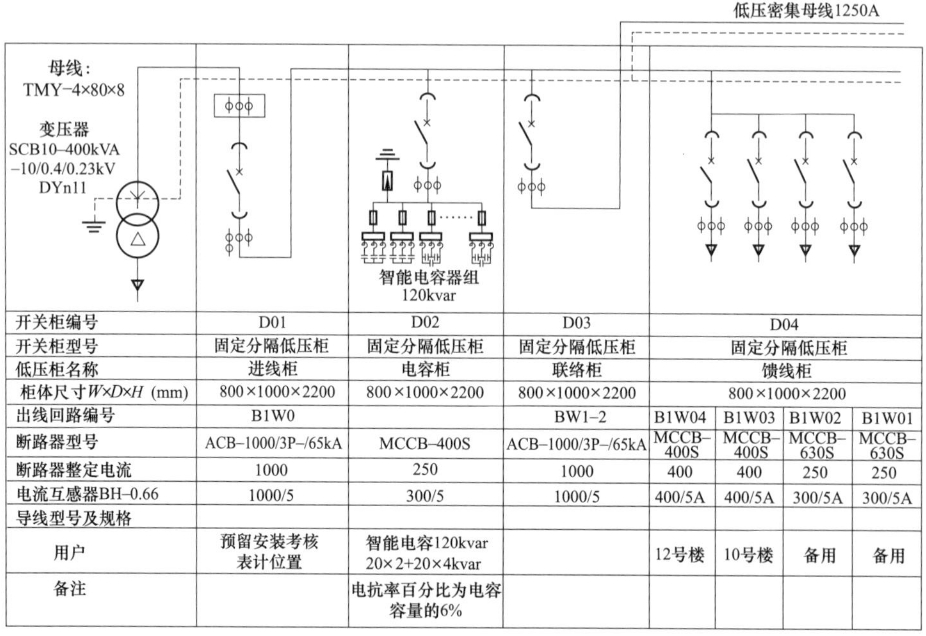


| 开关柜编号 | D01 | D02 | D03 | D04 | | | |
|---|---|---|---|---|---|---|---|
| 开关柜型号 | 固定分隔低压柜 | 固定分隔低压柜 | 固定分隔低压柜 | 固定分隔低压柜 | | | |
| 低压柜名称 | 进线柜 | 电容柜 | 联络柜 | 馈线柜 | | | |
| 柜体尺寸$W×D×H$ (mm) | 800×1000×2200 | 800×1000×2200 | 800×1000×2200 | 800×1000×2200 | | | |
| 出线回路编号 | B1W0 | | BW1-2 | B1W04 | B1W03 | B1W02 | B1W01 |
| 断路器型号 | ACB-1000/3P-/65kA | MCCB-400S | ACB-1000/3P-/65kA | MCCB-400S | MCCB-400S | MCCB-630S | MCCB-630S |
| 断路器整定电流 | 1000 | 250 | 1000 | 400 | 400 | 250 | 250 |
| 电流互感器BH-0.66 | 1000/5 | 300/5 | 1000/5 | 400/5A | 400/5A | 300/5A | 300/5A |
| 导线型号及规格 | | | | | | | |
| 用户 | 预留安装考核表计位置 | 智能电容120kvar 20×2+20×4kvar | | 12号楼 | 10号楼 | 备用 | 备用 |
| 备注 | | 电抗率百分比为电容容量的6% | | | | | |

图 8-7　2 号配电室 1 号 B 低压系统

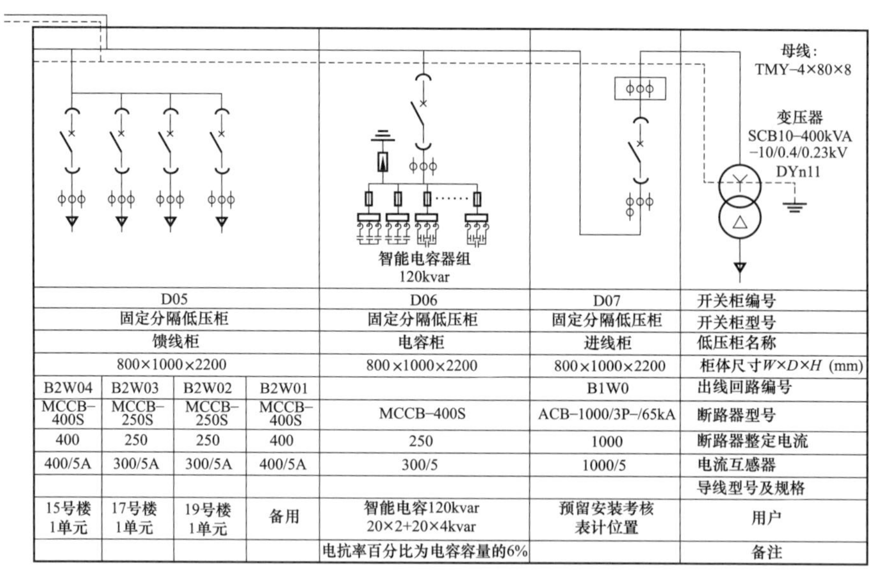


| D05 | | | | D06 | D07 | 开关柜编号 |
|---|---|---|---|---|---|---|
| 固定分隔低压柜 | | | | 固定分隔低压柜 | 固定分隔低压柜 | 开关柜型号 |
| 馈线柜 | | | | 电容柜 | 进线柜 | 低压柜名称 |
| 800×1000×2200 | | | | 800×1000×2200 | 800×1000×2200 | 柜体尺寸$W×D×H$ (mm) |
| B2W04 | B2W03 | B2W02 | B2W01 | | B1W0 | 出线回路编号 |
| MCCB-400S | MCCB-250S | MCCB-250S | MCCB-400S | MCCB-400S | ACB-1000/3P-/65kA | 断路器型号 |
| 400 | 250 | 250 | 400 | 250 | 1000 | 断路器整定电流 |
| 400/5A | 300/5A | 300/5A | 400/5A | 300/5 | 1000/5 | 电流互感器 |
| | | | | | | 导线型号及规格 |
| 15号楼1单元 | 17号楼1单元 | 19号楼1单元 | 备用 | 智能电容120kvar 20×2+20×4kvar | 预留安装考核表计位置 | 用户 |
| | | | | 电抗率百分比为电容容量的6% | | 备注 |

图 8-8　2 号配电室 2 号 B 低压系统

3．3 号配电室

在 3 号配电室内安装 CCFF 户内环网柜 1 台、SCB10-500kVA 干式电力变压器 2 台、GDF 型固定分隔式低压开关柜 7 面、智能电容器组 150kvar 两套。各低压开关柜与各个干式电力变压器低压桩头之间采用铜排进行连接。3 号配电室 CCFF 户内环网柜主接线如图 8-9 所示。3 号配电室 1 号 B 低压系统如图 8-10 所示。3 号配电室 2 号 B 低压系统如图 8-11 所示。

| 高压开关柜型号 | 全密封共箱式$SF_6$气体全绝缘负荷开关柜(CCFF) | | | |
|---|---|---|---|---|
| 一次接线方案 | 电压等级：10kV<br>主母线：TMY-3-60×6 | | | |
| 间隔编号 | 01 | 02 | 03 | 04 |
| 回路名称 | 10kV电源进线 | 10kV电源进线 | 馈线 | 馈线 |
| 三工位负荷开关 | 12kV/630A,20kA | 12kV/630A,20kA | 12kV/630A,20kA | 12kV/630A,20kA |
| 高压熔断器SFLDJ-12/[ ]A | | | 3[50A] | 3[50A] |
| 电流互感器LZZBJ9-10 0.5级 | 200/5A | 200/5A | 50/5A | 50/5A |
| 避雷器 YH5WS-17/45 | | | | |
| 带电显示器 DXN8B-T | 1 | 1 | 1 | 1 |
| 10kV进出线电缆YJV22-10-3× | 3×50[221]m | | 3×35/[10]m | 3×35/[15]m |
| 柜体外形尺寸(宽×深×高) | | | | |
| 变压器<br>SCB10-500kVA<br>10/0.4/0.23kV<br>DYn11 | 至2号配电室 | | 500kVA | 500kVA |

图 8-9 3 号配电室 CCFF 户内环网柜主接线

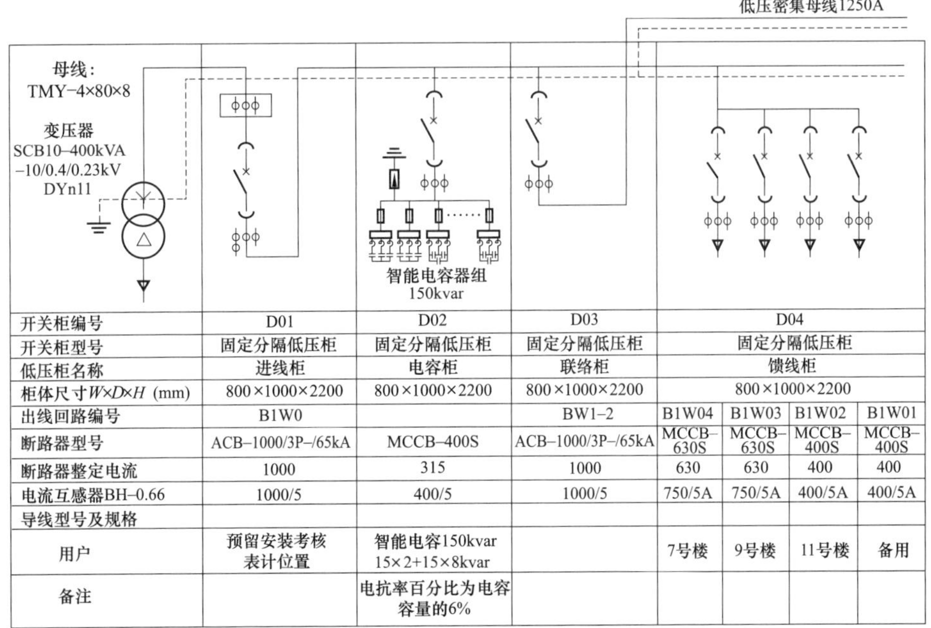


| 开关柜编号 | D01 | D02 | D03 | D04 | | | |
|---|---|---|---|---|---|---|---|
| 开关柜型号 | 固定分隔低压柜 | 固定分隔低压柜 | 固定分隔低压柜 | 固定分隔低压柜 | | | |
| 低压柜名称 | 进线柜 | 电容柜 | 联络柜 | 馈线柜 | | | |
| 柜体尺寸 $W×D×H$ (mm) | 800×1000×2200 | 800×1000×2200 | 800×1000×2200 | 800×1000×2200 | | | |
| 出线回路编号 | B1W0 | | BW1-2 | B1W04 | B1W03 | B1W02 | B1W01 |
| 断路器型号 | ACB-1000/3P-/65kA | MCCB-400S | ACB-1000/3P-/65kA | MCCB-630S | MCCB-630S | MCCB-400S | MCCB-400S |
| 断路器整定电流 | 1000 | 315 | 1000 | 630 | 630 | 400 | 400 |
| 电流互感器BH-0.66 | 1000/5 | 400/5 | 1000/5 | 750/5A | 750/5A | 400/5A | 400/5A |
| 导线型号及规格 | | | | | | | |
| 用户 | 预留安装考核表计位置 | 智能电容150kvar<br>15×2+15×8kvar | | 7号楼 | 9号楼 | 11号楼 | 备用 |
| 备注 | | 电抗率百分比为电容容量的6% | | | | | |

图 8-10 3 号配电室 1 号 B 低压系统

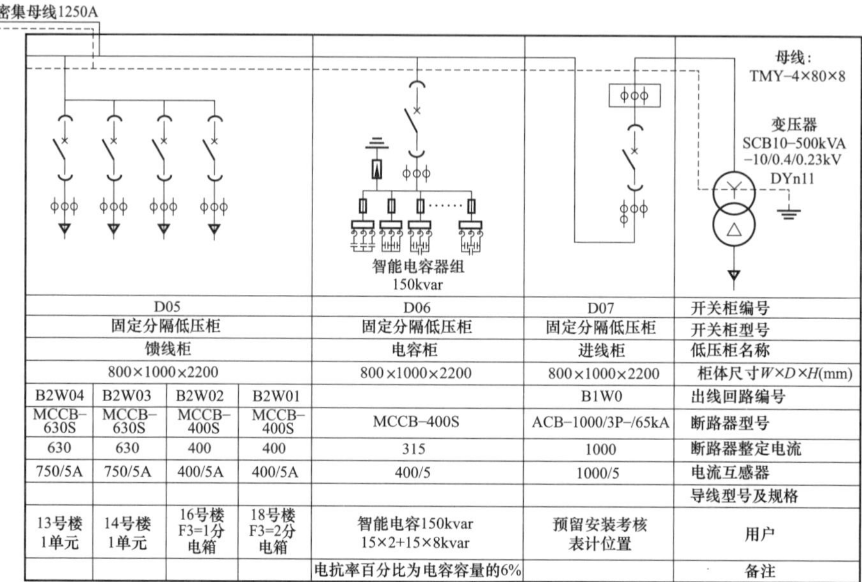


| D05 | | | | D06 | D07 | 开关柜编号 |
|---|---|---|---|---|---|---|
| 固定分隔低压柜 | | | | 固定分隔低压柜 | 固定分隔低压柜 | 开关柜型号 |
| 馈线柜 | | | | 电容柜 | 进线柜 | 低压柜名称 |
| 800×1000×2200 | | | | 800×1000×2200 | 800×1000×2200 | 柜体尺寸 $W$×$D$×$H$(mm) |
| B2W04 | B2W03 | B2W02 | B2W01 | | B1W0 | 出线回路编号 |
| MCCB-630S | MCCB-630S | MCCB-400S | MCCB-400S | MCCB-400S | ACB-1000/3P-/65kA | 断路器型号 |
| 630 | 630 | 400 | 400 | 315 | 1000 | 断路器整定电流 |
| 750/5A | 750/5A | 400/5A | 400/5A | 400/5 | 1000/5 | 电流互感器 |
| | | | | | | 导线型号及规格 |
| 13号楼 1单元 | 14号楼 1单元 | 16号楼 F3=1分电箱 | 18号楼 F3=2分电箱 | 智能电容150kvar 15×2+15×8kvar | 预留安装考核表计位置 | 用户 |
| | | | | 电抗率百分比为电容容量的6% | | 备注 |

图 8-11　3 号配电室 2 号 B 低压系统

4. 高低压配电室拟用设备

高低压配电室拟用 CCFF 户内环网柜 3 台、SCB10-500kVA 干式电力变压器 4 台、SCB10-400kVA 干式电力变压器 2 台、GDF 型固定分隔式低压开关柜 21 面、智能电容器组 150kvar 一套及智能电容器组 120kvar 两套。

## 四、低压干线部分

由配电室内的低压馈线柜分别引向小区干线电缆分支箱，再由干线电缆分支箱引电缆至终端分支箱，采用电缆沟至楼房上墙敷设。低压电缆在室外采用电缆沟、地下室电缆架桥敷设方式，部分段采用排管敷设方式，电缆沟过路需要采用加强型承重盖板，电缆盖板和电缆桥架要有明显的电力符号和电缆走向标示。

低压端子箱、表箱进出线电缆需要穿 PVC 管。

## 五、户表及集抄部分

根据每户面积分别配置电能表：安装单相智能集抄电子表 554 台。三相智能集抄电子表 104 台。6 台变压器均安装集中器一台及考核表计一套。新敷设 1×10mm$^2$BV 线 3.26km。

# 第二节　有重要负荷的小型新建住宅小区供电系统施工案例

## 一、工程概况

“广景乐居”商居楼本期住宅用电主要为住宅居民用电属三级负荷。配电室低压进线

柜安装考核总计量装置和三合一配电监控终端。小区概况见表 8-2。

**表 8-2　“广景乐居”商居楼概况**

<table>
<tr><th colspan="2">项目</th><th colspan="2">参数</th><th>备 注</th></tr>
<tr><td rowspan="3">商居楼概况</td><td>住宅建筑面积（$m^2$）</td><td>60～120</td><td>120～150</td><td rowspan="3">“广景乐居”商居楼，本期共建 2 栋高层住宅楼，共计 867 户，新建住宅总建筑面积 98 040$m^2$</td></tr>
<tr><td>住宅数（套）</td><td rowspan="2">437</td><td rowspan="2">430</td></tr>
<tr><td>居民数（户）</td></tr>
<tr><td colspan="2">住宅用电负荷容量（kW/户）</td><td>8</td><td>12</td><td>依据用户提供的资料，核算后本期小区居民照明负荷为 3200kVA。根据供电方案要求，其主供电源由 10kV 园 49 广 76 线引入，备供电源由 10kV 樊广一回广 62-61 税务局分支线引入</td></tr>
<tr><td rowspan="2">电能计量</td><td>计量设备</td><td colspan="2">单相集抄电子表（60A）</td><td rowspan="2">居民用电采用一表一户，电表每两层集中安装于楼道公共位置，便于集中管理。考核计量用电流互感器准确等级为 0.2 级。所有计量装置必须具备防窃电功能</td></tr>
<tr><td>设备数目（台）</td><td colspan="2">867</td></tr>
</table>

本工程低压接地型式采用 TN-C-S 系统，电源电缆 PE 线在进建筑物处做重复接地，并与接地点（MEB）作等电位联结，通过预埋连接板与建筑物基础钢筋相连。中性线 N 线与保护线 PE 分开后严禁混接。用电设备的正常的非带电金属外壳，包括穿线钢管、三级插座接地桩均应与 PE 线可靠连接，三相表进户线采用三相五线进户，单相表进户线采用三线进户。

## 二、10kV 电源供电部分

“广景乐居”商居楼 10kV 接线系统图如图 8-12 所示。

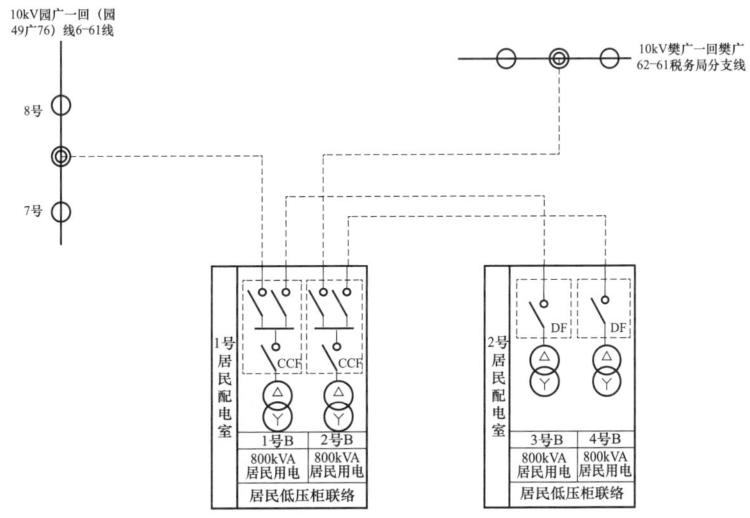


图 8-12　10kV 接线系统

(1) 10kV 主供电源：由 10kV 园 49 广 76 线引入，在其线路 7～8 号杆之间新立 15m

承力杆 1 基，安装上框架一副、柱上永磁真空断路器一台、隔离开关、避雷器各一组。由新立承力杆引电缆型号为 ZC－YJV22－10×120 至小区 1 号配电室，再由 1 号配电室引电缆至 2 号配电室，内部形成环网进线；

（2）10kV 备供电源：由 10kV 樊广一回广 62－61 税务局分支线引入，在其线路 25～26 号杆之间新立 15m 承力杆 1 基，安装上框架一副、柱上永磁真空断路器一台、隔离开关、避雷器各一组。由新立承力杆引电缆型号为 ZC－YJV22－10×120 至小区 2 号配电室。

（3）10kV 电缆采用排管敷设方式，管材采用直径 200mm、壁厚为 8mm 的 PE 管，每回路分别排管二回至小区新建配电室，在地下室采用电缆桥架敷设方式。

（4）本工程 10kV 不设开闭所。

## 三、高低压配电室

根据小区内实际情况，在小区内拟新建配电室 2 座。

1. 1 号配电室

在 1 号配电室内安装 CCF 户内环网柜 2 台、SCB10－800kVA 干式电力变压器 2 台、GDF 型固定分隔式低压开关柜 7 面、智能电容器组 240kvar 两套、安装接地装置 2 套。各低压开关柜与各个干式电力变压器低压桩头之间采用铜排进行连接。1 号配电室 CCF 户内环网柜主接线如图 8－13 所示。1 号配电室接线系统如图 8－14 所示。

| 高压开关柜型号 | 全密封共箱式$SF_6$气体全绝缘负荷开关柜(CCF) | | |
| --- | --- | --- | --- |
| 一次接线方案 电压等级：10kV 主母线：TMY-3-60×6 | 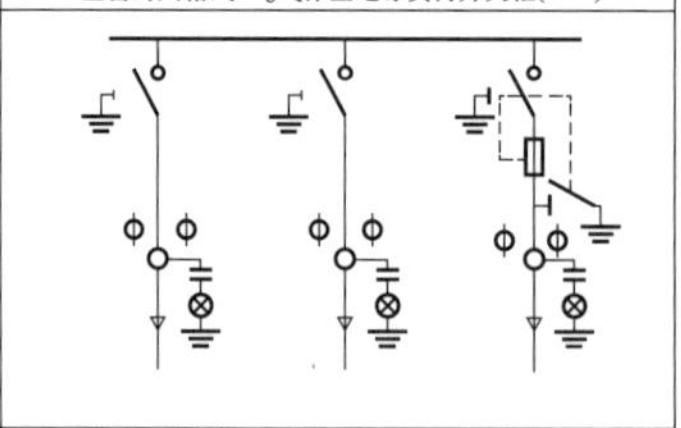 | | |
| 间隔编号 | 01 | 02 | 03 |
| 回路名称 | 10kV电源进线 | 10kV电源进线 | 馈线 |
| 三工位负荷开关 | 12kV/630A,20kA | 12kV/630A,20kA | 12kV/630A,20kA |
| 高压熔断器SFLDJ-12/[ ]A | | | 见配置表 |
| 电流互感器LZZBJ9-10 0.5级 | 300/5A | 300/5A | 见配置表 |
| 避雷器 YH5WS-17/45 | | | |
| 带电显示器 DXN8B-T | 1 | 1 | 1 |
| 10kV进出线电缆 ZR-YJV22-10-3×[ ] | 3×120/[ ]m | 3×120/[ ]m | 3×35/[ ]m |
| 柜体外形尺寸(宽×深×高) | | | |
| 变压器 SCB10-800kVA 10/0.4/0.23kV DYn11 | | | |

图 8－13　1 号配电室 CCF 户内环网柜主接线

2. 2 号配电室

在 2 号配电室内安装 DF 户内环网柜 2 台、SCB10－800kVA 干式电力变压器 2 台、GDF 型固定分隔式低压开关柜 7 面、智能电容器组 240kvar 两套、安装接地装置 2 套。各低压开关柜与各个干式电力变压器低压桩头之间采用铜排进行连接。2 号配电室 DF 户内环网柜主接线如图 8－15 所示。2 号配电室接线系统如图 8－16 所示。

母线：TMY-4×100×10

变压器 SCB10-800kVA -10/0.4/0.23KV DYn11

集中器

智能电容器组 240kvar

集中器

智能电容器组 240kvar

母线：TMY-4×100×10

变压器 SCB10-800kVA -10/0.4/0.23KV DYn11

| 开关柜编号 | ID01 | ID02 | ID03 | | ID04 | ID05 | | ID06 | ID07 | 开关柜编号 |
|---|---|---|---|---|---|---|---|---|---|---|
| 开关柜型号 | 固定分隔低压柜 | 固定分隔低压柜 | 固定分隔低压柜 | | 固定分隔低压柜 | 固定分隔低压柜 | | 固定分隔低压柜 | 固定分隔低压柜 | 开关柜型号 |
| 低压柜名称 | 进线柜 | 电容柜 | 馈线柜 | | 联络柜 | 馈线柜 | | 电容柜 | 进线柜 | 低压柜名称 |
| 柜体尺寸$W\times D\times H$(mm) | 800×1000×2200 | 1000×1000×2200 | 800×1000×2200 | | 800×1000×2200 | 800×1000×2200 | | 1000×1000×2200 | 800×1000×2200 | 柜体尺寸$W\times D\times H$(mm) |
| 出线回路编号 | B1W0 | | B1W05 | B1W06 | BW1-2 | B1W05 | B1W06 | | B2W0 | 出线回路编号 |
| 断路器型号 | ACB-2000/3P/65kA | MCCB-630S | ACB-1000 | ACB-1000 | ACB-2000/3P/65kA | ACB-1000 | ACB-1000 | MCCB-630S | ACB-2000/3P/65kA | 断路器型号 |
| 断路器整定电流 | 1200 | 630 | 1000 | 1000 | 1200 | 1000 | 1000 | 630 | 1200 | 断路器整定电流 |
| 电流互感器BH-0.66 | 1500/5 | 750/5 | 1000/5A | 1000/5A | 1500/5 | 1000/5A | 1000/5A | 750/5 | 1500/5 | 电流互感器 |
| 导线型号及规格 | | | | | | | | | | 导线型号及规格 |
| 用户 | | 智能电容240kvar 20×2+25×8kvar | 2号楼1单元(4F~17F) | 2号楼1单元(18F~31F) | | 2号楼2单元(4F~17F) | 2号楼2单元(18F~31F) | 智能电容240kvar 20×2+25×8kvar | | 用户 |
| 备注 | 预留安装计量TA位置 | | | | | | | | 预留安装计量TA位置 | 备注 |

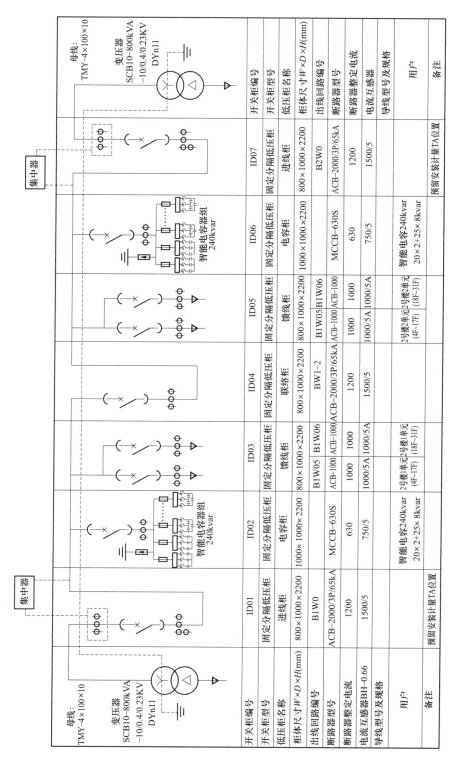

图 8-14　1号配电室接线系统

| 高压开关柜型号 | 全密封共箱式$SF_6$气体全绝缘负荷开关柜(DF) | |
| --- | --- | --- |
| 一次接线方案 电压等级：10kV 主母线：TMY-3-60×6 | 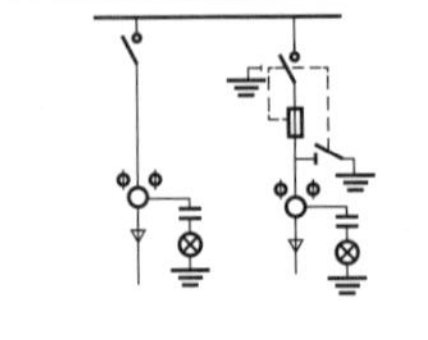 | |
| 间隔编号 | 01 | 02 |
| 回路名称 | 10kV电源进线 | 馈线 |
| 三工位负荷开关 | 12kV/630A,20kA | 12kV/630A,20kA |
| 高压熔断器SFLDJ-12/[ ]A | | 见配置表 |
| 电流互感器LZZBJ9-10 0.5级 | 300/5A | 见配置表 |
| 避雷器 YH5WS-17/45 | | |
| 带电显示器 DXN8B-T | 1 | 1 |
| 10kV进出线电缆 ZR-YJV22-10-3×[ ] | 3×70/[ ]m | 3×35/[ ]m |
| 柜体外形尺寸(宽×深×高) | | |
| 变压器 SCB10-800kVA 10/0.4/0.23kV DYn11 | | |

图 8－15　2 号配电室 DF 户内环网柜主接线

3．高低压配电室拟用设备

高低压配电室拟用 CCF 户内环网柜 2 台、DF 户内环网柜 2 台、SCB10－800kVA 干式电力变压器 4 台、GDF 型固定分隔式低压开关柜 14 面、智能电容器组 240kvar 四套。

## 四、低压干线部分

由配电室内的低压馈线柜分别向 1～2 号楼进行供电，低压电缆在地下室外采用电缆沟敷设方式，在地下室采用电缆架桥敷设方式，电缆沟过路需要采用加强型承重盖板，电缆盖板和电缆桥架要有明显的电缆符合和电缆走向标示。

小区 1～2 栋楼全部为一类高层住宅，每个单元强电井内采用低压密集母线供电，由配电室新出低压电缆敷设至楼道强电井内与低压密集母线始端箱连接，强电井内密集母线外壳需要与大楼接地装置连接。

根据供电需要在强电井内密集母线上分别安装 250A 母线插接箱，再由母线插接箱引低压电缆至表计箱。

## 五、户表及集抄部分

根据每户面积分别配置电表：安装单相智能集抄电子表 767 台。新敷设 $1\times10mm^2$ BV 线 4.18km。4 台变压器均安装集中器一台及考核表计一套。

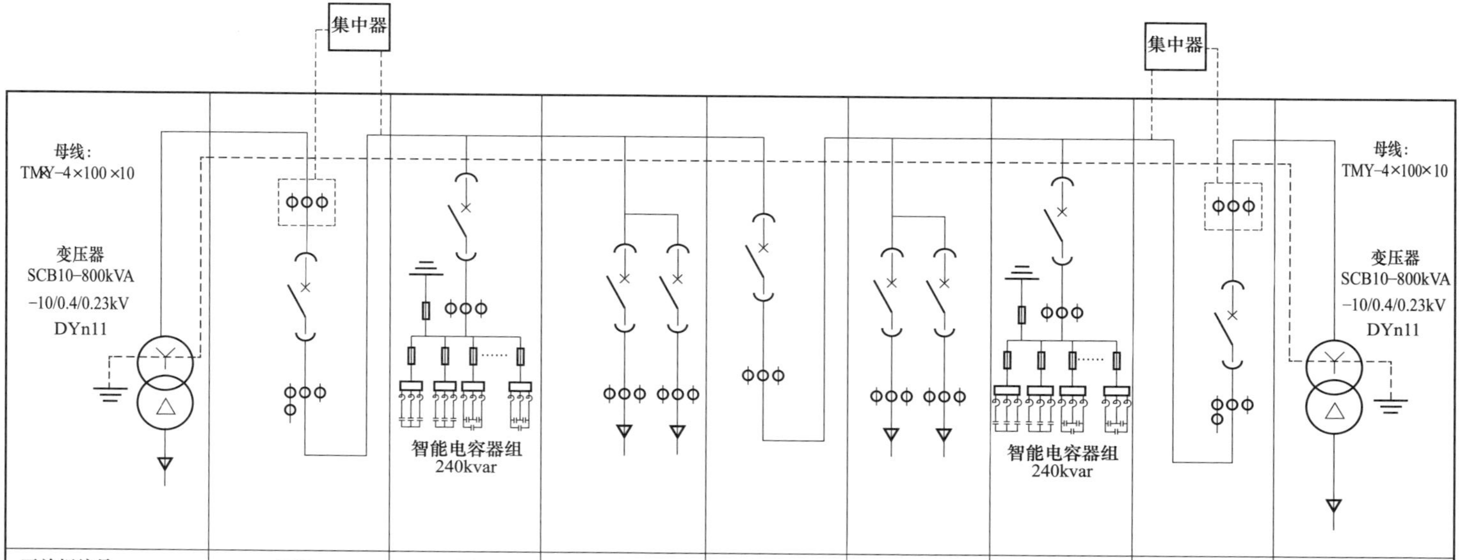

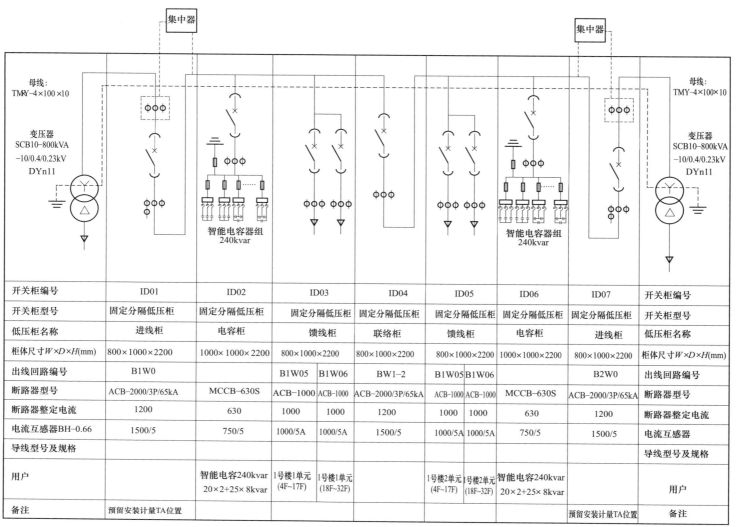

集中器

集中器

母线：
TMY-4×100×10

变压器
SCB10-800kVA
-10/0.4/0.23kV
DYn11

智能电容器组
240kvar

智能电容器组
240kvar

母线：
TMY-4×100×10

变压器
SCB10-800kVA
-10/0.4/0.23kV
DYn11

| 开关柜编号 | ID01 | ID02 | ID03 | | ID04 | ID05 | | ID06 | ID07 | 开关柜编号 |
|---|---|---|---|---|---|---|---|---|---|---|
| 开关柜型号 | 固定分隔低压柜 | 固定分隔低压柜 | 固定分隔低压柜 | | 固定分隔低压柜 | 固定分隔低压柜 | | 固定分隔低压柜 | 固定分隔低压柜 | 开关柜型号 |
| 低压柜名称 | 进线柜 | 电容柜 | 馈线柜 | | 联络柜 | 馈线柜 | | 电容柜 | 进线柜 | 低压柜名称 |
| 柜体尺寸$W\times D\times H$(mm) | 800×1000×2200 | 1000×1000×2200 | 800×1000×2200 | | 800×1000×2200 | 800×1000×2200 | | 1000×1000×2200 | 800×1000×2200 | 柜体尺寸$W\times D\times H$(mm) |
| 出线回路编号 | B1W0 | | B1W05 | B1W06 | BW1-2 | B1W05 | B1W06 | | B2W0 | 出线回路编号 |
| 断路器型号 | ACB-2000/3P/65kA | MCCB-630S | ACB-1000 | ACB-1000 | ACB-2000/3P/65kA | ACB-1000 | ACB-1000 | MCCB-630S | ACB-2000/3P/65kA | 断路器型号 |
| 断路器整定电流 | 1200 | 630 | 1000 | 1000 | 1200 | 1000 | 1000 | 630 | 1200 | 断路器整定电流 |
| 电流互感器BH-0.66 | 1500/5 | 750/5 | 1000/5A | 1000/5A | 1500/5 | 1000/5A | 1000/5A | 750/5 | 1500/5 | 电流互感器 |
| 导线型号及规格 | | | | | | | | | | 导线型号及规格 |
| 用户 | | 智能电容240kvar 20×2+25×8kvar | 1号楼1单元(4F~17F) | 1号楼1单元(18F~32F) | | 1号楼2单元(4F~17F) | 1号楼2单元(18F~32F) | 智能电容240kvar 20×2+25×8kvar | | 用户 |
| 备注 | 预留安装计量TA位置 | | | | | | | | 预留安装计量TA位置 | 备注 |

图 8-16 2号配电室接线系统

# 第三节　大、中型新建住宅小区供电系统施工案例

## 一、工程概况

民发世界城二期 BC 地块住宅小区本期住宅用电主要为住宅居民用电属三级负荷。配电室低压进线柜安装考核总计量装置和三合一配电监控终端。考核计量用电流互感器准确等级为 0．2 级。变比分别为 1000/5A、1200/5A、1500/5A。小区概况见表 8－3。

**表 8－3　　民发世界城二期 BC 地块住宅小区**

<table>
<tr><th colspan="2">项目</th><th colspan="3">参数</th><th>备注</th></tr>
<tr><td rowspan="3">新建小区概况</td><td>住宅总建筑面积（$m^2$）</td><td>60～120</td><td>120～150</td><td>≥150</td><td rowspan="3">民发世界城二期 BC 地块住宅小区，本期共建 16 栋高层住宅楼，共计 2313 户，新建住宅总建筑面积 273 566$m^2$</td></tr>
<tr><td>住宅数（套）</td><td rowspan="2">091</td><td rowspan="2">1196</td><td rowspan="2">26</td></tr>
<tr><td>居民数（套）</td></tr>
<tr><td colspan="2">住宅用电负荷容量（kW/户）</td><td>8</td><td>12</td><td>16</td><td>依据用户提供的资料，核算后民发世界城二期 BC 地块居民照明负荷为 11 660kVA。根据供电方案要求，其主供电源由 110kV 清河变电站新建 10kV 电缆线路引入 B 地块 1 号开闭所，备供电源由 110kV 油坊变电站新建 10kV 电缆线路引入 D 地块 2 号开闭所（先期已建），D 地块 2 号开闭所与 1 号开闭所经电缆连接形成环网供电</td></tr>
<tr><td rowspan="2">电能计量</td><td>计量设备</td><td>单相集抄电子表（52A）</td><td colspan="2">三相集抄电子表（52A）</td><td rowspan="2">居民用电采用一表一户，电表集中安装于楼道公共位置，便于集中管理，所有计量装置必须具备防窃电功能</td></tr>
<tr><td>设备数目（台）</td><td>1091</td><td colspan="2">1222</td></tr>
</table>

本工程低压接地型式采用 TN－C－S 系统，电源电缆 PE 线在进建筑物处做重复接地，并与等电位连接点（MEB）作等电位连接，通过预埋连接板与建筑物基础钢筋相连。中性线 N 线与保护线 PE 分开后严禁混接。用电设备的正常的非带电金属外壳，包括穿线钢管、三级插座接地桩均应与 PE 线作可靠连接，三相表进户线采用三相五线进户，单相表进户线采用三线进户。

## 二、10kV 电源供电部分

1．主供电源

110kV 清河变电站新建 10kV 电缆线路一回，电缆型号为 ZR－YJV22－10－3×400/0．95km，电缆沿红光路、大庆东路、跨越小清河，沿航空路至小区门口新建户外环网柜，再由户外环网柜引电缆至小区 B 地块新建 1 号开闭所；B 地块 10kV 接线系统如图 8－17 所示，C 地块 10kV 接线系统如图 8－18 所示。

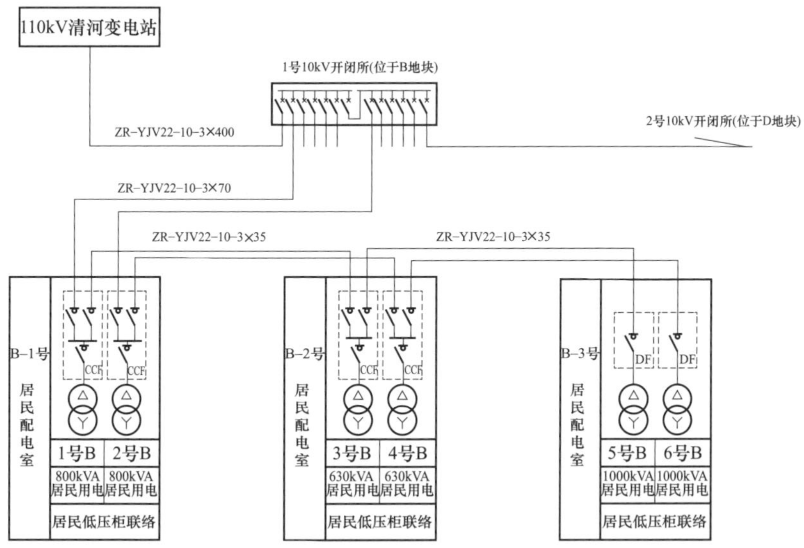


图 8-17　B 地块 10kV 接线系统

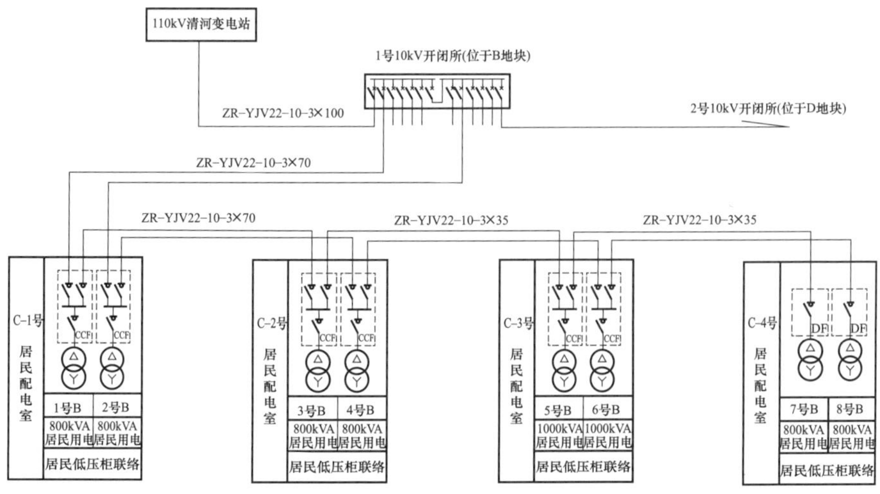


图 8-18　C 地块 10kV 接线系统

2. 备供电源

110kV 油坊变电站经 10kV 电缆线路引入 D 地块 2 号开闭所，D 地块 2 号开闭所与 B 地块 1 号开闭所经小区道路敷设型号为 ZR-YJV22-10-3×400/0.95km 的电缆形成环网供电；BC 地块 10kV 接线系统如图 8-19 所示、民发世界城二期 10kV 接线系统如图 8-20 所示。

3. 供电网络

1 号开闭所分别引电缆沿小区道路引至小区 A、B、C 地块配电室分别供电；每个地块内配电室内部形成环网供电模式，提高供电可靠性。如图 8-20 所示。新敷设 ZR-YJV22-8.7/15kV-3×400 电缆 3 根 4.05km；新建户外环网柜 1 台。

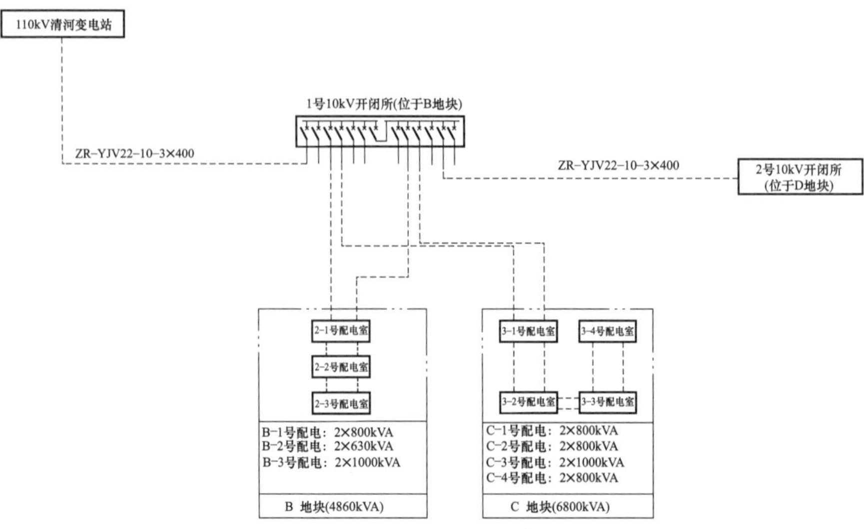


图 8-19 BC 地块 10kV 接线系统

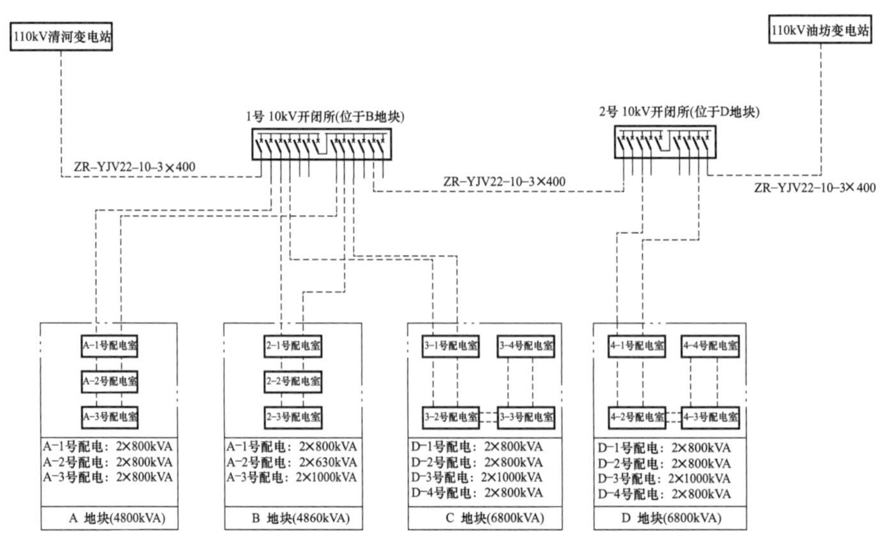


图 8-20 民发世界城二期 10kV 接线系统

4. 10kV 开闭所

在小区 B 地块新建地面 1 号开闭所，与小区 D 地块已建的地面 2 号开闭所之间采用 10kV 电缆线路连接，B 地块 1 号开闭所为 A、B、C 地块配电室供电，D 地块 2 号开闭所为 D 地块配电室供电。

B 地块 10kV 1 号开闭所选用 10kV 铠装移开式高压开关柜，高压断路器采用真空断路器，选用弹簧储能操动机构，操作电源采用交流 220V，TV 柜内安装 2 台单相电压互感器作为交流操作、保护及信号电源；10kV 配电室采用微机保护装置就地安装方式，不设微机监控系统，10kV 母线 TV 采用三台 5kVA 单相电源 TV 组成三相 380V 电源供电；10kV 开闭所照明分为一般普通照明和应急照明，照明电源由 10kV 母线 TV 提供。B 地块 10kV 1 号开闭所电气主接线如图 8-21、图 8-22 所示。

| | | | | | | | | | |
|---|---|---|---|---|---|---|---|---|---|
| 一次接线方案 | 电压等级：10kV<br>主母线：TMY-3-60×8 | | | | | | | | |
| 高压开关柜序号 | | AH01 | AH02 | AH03 | AH04 | AH05 | AH06 | AH07 | AH08 |
| 高压开关柜型号 | | KYN28A-12 | KYN28A-12 | KYN28A-12 | KYN28A-12 | KYN28A-12 | KYN28A-12 | KYN28A-12 | KYN28A-12 |
| 开关柜用途 | | 进线柜 | TV柜 | 馈线柜 | 馈线柜 | 馈线柜 | 馈线柜 | 馈线柜 | 馈线柜 |
| 柜内主要电器元件 | 真空断路器 1250A/25kA | 1 | | 1 | 1 | 1 | 1 | 1 | 1 |
| | 接地开关 JN15-12/31.5kA | | | 1 | 1 | 1 | 1 | 1 | 1 |
| | 高压熔断器 XRNP1-10 0.5A | | 3 | | | | | | |
| | 电流互感器 LZZBJ9-10 0.5/10P | 3(600/5A) | | 3(400/5A) | 3(400/5A) | 3(600/5A) | 3(400/5A) | 3(400/5A) | 3(400/5A) |
| | 电压互感器 DC-5/10$\frac{10}{\sqrt{3}}/\frac{0.1}{\sqrt{3}}$/0.22kV 0.5/3级-220V-5000VA | | 3台单相变压器组成9kVA | | | | | | |
| | 避雨器 YH5WZ-17/45 | | 3 | | | | | | |
| | 避雨器 YH5WS-17/45 | 3 | | 3 | 3 | 3 | 3 | 3 | 3 |
| | 浪涌保护器 VAL-MS320/VAL-MS230VF | 3只/3只 | | 3只/3只 | 3只/3只 | 3只/3只 | 3只/3只 | 3只/3只 | 3只/3只 |
| | 带电显示器 DXN8B-T | 1 | 1 | 1 | 1 | 1 | 1 | 1 | 1 |
| | 微机保护 | 速断、过电流、失电压 | TV并列 | 速断、时限过电流 | 速断、时限过电流 | 速断、时限过电流 | 速断、时限过电流 | 速断、时限过电流 | 速断、时限过电流 |
| 10kV进出线电缆 YJY22-10-3×[ ] | | | | | | | | | |
| 柜体外形尺寸(宽×深×高[2200mm]) | | 800×1500 | 800×1500 | 800×1500 | 800×1500 | 800×1500 | 800×1500 | 800×1500 | 800×1500 |
| 变压器<br>SCB10-580kVA<br>10/0.4/0.23kV<br>DYn11 | | | | 世界城二期A地块 | 世界城二期B地块 | 世界城二期C地块 | 百洋欧典1号2520kVA | 百洋欧典2号3600kVA | 备用 |

图 8-21　B地块 10kV 1号开闭所电气主接线（一）

至AH08柜

| | | | | | | | | | | | | |
|---|---|---|---|---|---|---|---|---|---|---|---|---|
| 一次接线方案 | 电压等级：10kV<br>主母线：TMY-3-60×8 | | | | | | | | | | | |
| 高压开关柜序号 | | AH09 | AH10 | AH11 | AH12 | AH13 | AH14 | AH15 | AH16 | AH17 | AH18 | AH19 |
| 高压开关柜型号 | | KYN28A-12 | KYN28A-12 | KYN28A-12 | KYN28A-12 | KYN28A-12 | KYN28A-12 | KYN28A-12 | KYN28A-12 | KYN28A-12 | KYN28A-12 | KYN28A-12 |
| 开关柜用途 | | 联络柜 | 隔离柜 | 进线柜 | 馈线柜 | 馈线柜 | 馈线柜 | 馈线柜 | 馈线柜 | 馈线柜 | TV柜 | 进线柜 |
| 柜内主要电器元件 | 真空断路器 1250A/25kA | 1 | | 1 | 1 | 1 | 1 | 1 | 1 | 1 | | 1 |
| | 接地开关 JN15-12/31.5kA | | | | 1 | 1 | 1 | 1 | 1 | 1 | | 1 |
| | 高压熔断器 XRNP1-10 0.5A | | | | | | | | | | 3 | |
| | 电流互感器 LZZBJ9-10 0.5/10P | 3(600/5A) | | 3(600/5A) | 3(400/5A) | 3(400/5A) | 3(600/5A) | 3(400/5A) | 3(400/5A) | 3(400/5A) | | 3(600/5A) |
| | 电压互感器 DC-5/10$\frac{10}{\sqrt{3}}/\frac{0.1}{\sqrt{3}}$/0.22kV 0.5/3级-220V-5000VA | | | | | | | | | | 3台单相变压器组成9kVA | |
| | 避雨器 YH5WZ-17/45 | | | | | | | | | | 3 | |
| | 避雨器 YH5WS-17/45 | | | 3 | 3 | 3 | 3 | 3 | 3 | 3 | | 3 |
| | 浪涌保护器 VAL-MS320/VAL-MS230VF | 3只/3只 | | 3只/3只 | 3只/3只 | 3只/3只 | 3只/3只 | 3只/3只 | 3只/3只 | 3只/3只 | | 3只/3只 |
| | 带电显示器 DXN8B-T | 1 | | 1 | 1 | 1 | 1 | 1 | 1 | 1 | 1 | 1 |
| | 微机保护 | 分段保护 | | 速断、过电流、失电压 | 速断、时限过电流 | 速断、时限过电流 | 速断、时限过电流 | 速断、时限过电流 | 速断、时限过电流 | 速断、时限过电流 | TV并列 | 速断、时限过电流 |
| 10kV进出线电缆 YJY22-10-3×[ ] | | | | | | | | | | | | |
| 柜体外形尺寸(宽×深×高[2200mm]) | | 800×1500 | 800×1500 | 800×1500 | 800×1500 | 800×1500 | 800×1500 | 800×1500 | 800×1500 | 800×1500 | 800×1500 | 800×1500 |
| 变压器<br>SCB10-580kVA<br>10/0.4/0.23kV<br>DYn11 | | | | 至2号开闭所 | 世界城二期A地块 | 世界城二期B地块 | 世界城二期C地块 | 备用 | 百洋欧典1号2520kVA | 百洋欧典2号3600kVA | | 预留电源进线 |

图 8-22　B地块 10kV 1号开闭所电气主接线（二）

## 三、高低压配电室

根据用户小区居民供电负荷计算情况，在小区内 B、C 地块拟新建配电室 7 座，在 B

地块新建配电室 3 座，C 地块新建配电室 4 座，每个地块配电室采用双电源放射供电模式，电源由 1 号开闭所供电；新建配电室内分别安装 CCF 高压户内环网柜 2 台或 DF 高压户内环网柜 2 台、安装干式变压器 2 台、GDF 型固定分隔式低压开关柜 7 面；安装接地装置 7 套，各低压进线柜与干式变压器高压桩头之间均采用铜排进行连接。

拟建 CCF 高压户内环网柜 10 台、DF 高压户内环网柜 4 台；

拟建 SCB10－1000kVA 干式变压器 4 台、SCB10－800kVA 干式变压器 8 台、SCB10－630kVA 干式变压器 2 台；

拟建 GDF 固定分隔式低压开关柜 53 面；

2500A 变压器桩头、开关柜连接母排 14 套；

新敷设 YJV22－8.7/15kV－3×35 电缆 4 根 0.175km。

1. B－1 号配电室

在 B－1 号配电室内安装 CCF 高压户内环网柜 2 台、GDF 型固定分隔式低压开关柜 7 面、智能电容器组 240kvar 两套、安装 SCB10－1000kVA 干式变压器 2 台、安装接地装置七套，各低压进线柜与干式变压器高压桩头之间均采用铜排进行连接。B－1 号配电室 CCF 户内环网柜主接线如图 8－23 所示。B－1 号配电室接线系统如图 8－24 所示。

| 高压开关柜型号 | 全密封共箱式 $SF_6$ 气体全绝缘负荷开关柜(CCF) | | |
|---|---|---|---|
| 一次接线方案<br>电压等级：10kV<br>主母线：TMY-3-60×6 | | | |
| 间隔编号 | 01 | 02 | 03 |
| 回路名称 | 10kV电源进线 | 10kV电源进线 | 馈线 |
| 三工位负荷开关 | 12kV/630A,20kA | 12kV/630A,20kA | 12kV/630A,20kA |
| 高压熔断器SFLDJ-12/[ ]A | | | 见配置表 |
| 电流互感器LZZBJ9-10 0.5级 | 300/5A | 300/5A | 100/5A |
| 避雷器 YH5WS-17/45 | | | |
| 带电显示器 DXN8B-T | 1 | 1 | 1 |
| 10kV进出线电缆 ZR-YJV22-10-3×[ ] | 3×70/[ ]m | 3×70/[ ]m | 3×35/[ ]m |
| 柜体外形尺寸(宽×深×高) | | | |
| 变压器 SCB10-1000kVA 10/0.4/0.23kV DYn11 | | | |

图 8－23　B－1 号配电室 CCF 户内环网柜主接线

2. B－2 号配电室

在 B－1 号配电室内安装 CCF 高压户内环网柜 2 台、GDF 型固定分隔式低压开关柜 7 面、智能电容器组 200kvar 两套、安装 SCB10－630kVA 干式变压器 2 台、安装接地装置 7 套，各低压进线柜与干式变压器高压桩头之间均采用铜排进行连接。B－2 号配电室 CCF 户内环网柜主接线如图 8－23 所示。B－2 号配电室接线系统如图 8－25 所示。

3. B－3 号配电室

在 B－3 号配电室内安装 DF 高压户内环网柜 2 台、GDF 型固定分隔式低压开关柜 7 面、智能电容器组 300kvar 两套、安装 SCB10－1000kVA 干式变压器 2 台、安装接地装置

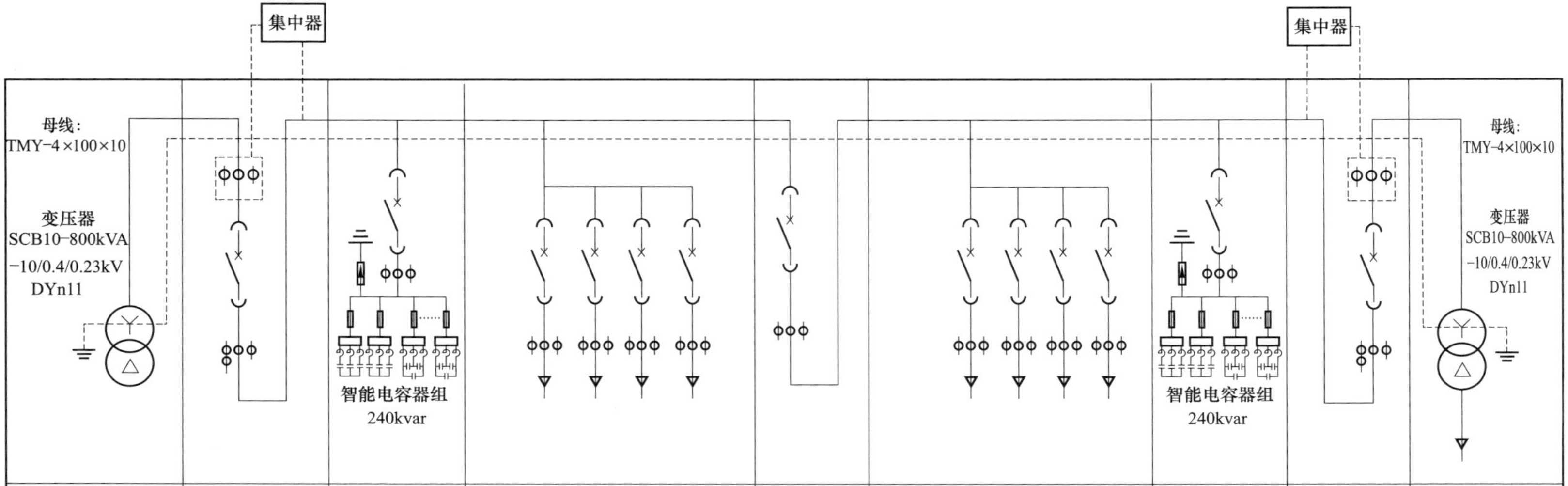

集中器

集中器

母线：TMY-4×100×10

变压器 SCB10-800kVA -10/0.4/0.23kV DYn11

智能电容器组 240kvar

智能电容器组 240kvar

母线：TMY-4×100×10

变压器 SCB10-800kVA -10/0.4/0.23kV DYn11

| 开关柜编号 | D01 | D02 | D03 | | | | D04 | D05 | | | | D06 | D07 | 开关柜编号 |
|---|---|---|---|---|---|---|---|---|---|---|---|---|---|---|
| 开关柜型号 | 固定分隔低压柜 | 固定分隔低压柜 | 固定分隔低压柜 | | | | 固定分隔低压柜 | 固定分隔低压柜 | | | | 固定分隔低压柜 | 固定分隔低压柜 | 开关柜型号 |
| 低压柜名称 | 进线柜 | 电容柜 | 馈线柜 | | | | 联络柜 | 馈线柜 | | | | 电容柜 | 进线柜 | 低压柜名称 |
| 柜体尺寸$W\times D\times H$(mm) | 800×1000×2200 | 1000×1000×2200 | 800×1000×2200 | | | | 800×1000×2200 | 800×1000×2200 | | | | 1000×1000×2200 | 800×1000×2200 | 柜体尺寸$W\times D\times H$(mm) |
| 出线回路编号 | B1W0 | | B1W01 | B1W02 | B1W03 | B1W04 | BW1-2 | B2W01 | B2W02 | B2W03 | B2W04 | | B2W0 | 出线回路编号 |
| 断路器型号 | ACB-1600/3P/65kA | MCCB-630S | MCCB-630 | MCCB-630 | MCCB-630 | MCCB-630 | ACB-1600/3P/65kA | MCCB-630 | MCCB-630 | MCCB-400 | MCCB-400 | MCC-630S | ACB-1600/3P/65kA | 断路器型号 |
| 断路器整定电流 | 1200 | 500 | 600 | 600 | 400 | 400 | 1200 | 600 | 600 | 400 | 400 | 500 | 1200 | 断路器整定电流 |
| 电流互感器BH-0.65 | 1500/5 | 500/5 | 600/5A | 600/5A | 400/5A | 400/5A | 1500/5 | 600/5A | 600/5A | 400/5A | 400/5A | 500/5 | 1500/5 | 电流互感器 |
| 导线型号及规格 | | | | | | | | | | | | | | 导线型号及规格 |
| 用户 | | 智能电容240kvar 24×2+24×8kvar | 3号楼 (1F~14F) | 3号楼 (15F~28F) | 5号楼1单元 (1F~14F) | | 备用 | 5号楼1单元 (15F~2F) | 5号楼2单元 (1F~14F) | 5号楼2单元 (15F~28F) | 备用 | 智能电容240kvar 24×2+24×8kvar | | 用户 |
| 备注 | 预留安装计量TA位置 | | | | | | | | | | | | 预留安装计量TA位置 | 备注 |

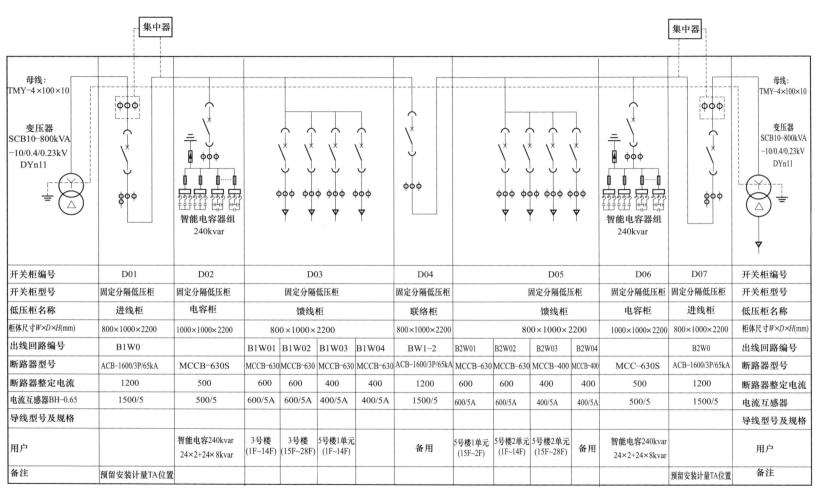

图 8-24　B-1号配电室接线系统

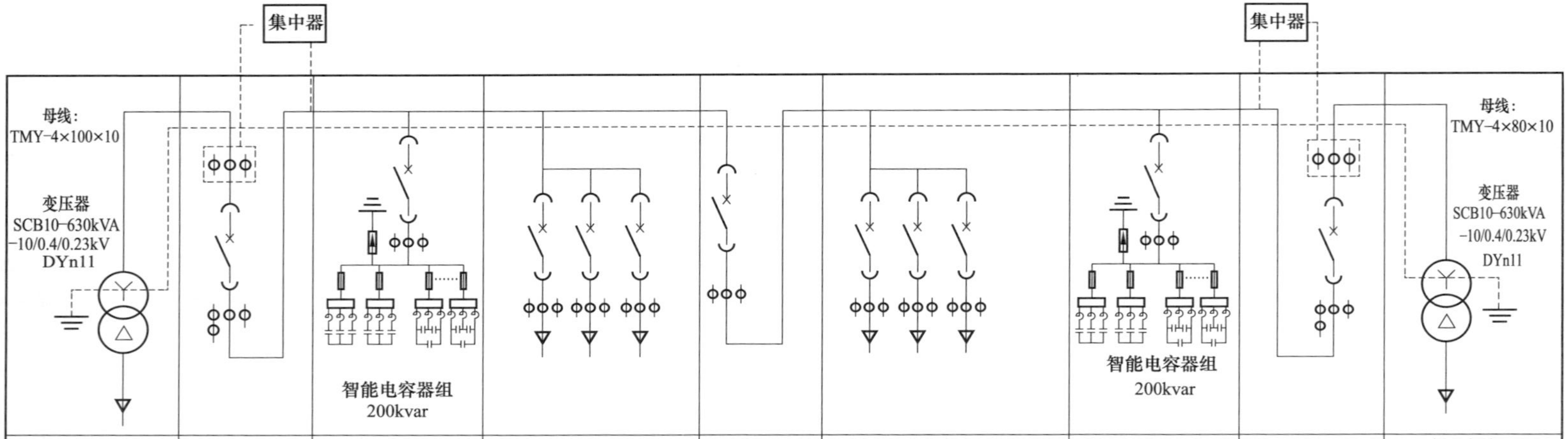

集中器

集中器

母线:
TMY-4×100×10

变压器
SCB10-630kVA
-10/0.4/0.23kV
DYn11

智能电容器组
200kvar

智能电容器组
200kvar

母线:
TMY-4×80×10

变压器
SCB10-630kVA
-10/0.4/0.23kV
DYn11

| 开关柜编号 | D01 | D02 | D03 | | | D04 | D05 | | | D06 | D07 | 开关柜编号 |
|---|---|---|---|---|---|---|---|---|---|---|---|---|
| 开关柜型号 | 固定分隔低压柜 | 固定分隔低压柜 | 固定分隔低压柜 | | | 固定分隔低压柜 | 固定分隔低压柜 | | | 固定分隔低压柜 | 固定分隔低压柜 | 开关柜型号 |
| 低压柜名称 | 进线柜 | 电容柜 | 馈线柜 | | | 联络柜 | 馈线柜 | | | 电容柜 | 进线柜 | 低压柜名称 |
| 柜体尺寸$W\times D\times H$(mm) | 800×1000×2200 | 1000×1000×2200 | 800×1000×2200 | | | 800×1000×2200 | 800×1000×2200 | | | 1000×1000× 2200 | 800×1000×2200 | 柜体尺寸$W\times D\times H$(mm) |
| 出线回路编号 | B1W0 | | B1W01 | B1W02 | B1W03 | BW1-2 | B2W01 | B2W02 | B2W03 | | B2W0 | 出线回路编号 |
| 断路器型号 | ACB-1600/3P/65kA | MCCB-630S | ACB-1000 | MCCB-630 | MCCB-400 | ACB-1600/3P/65kA | ACB-1000 | MCCB-630 | MCCB-400 | MCCB-630S | ACB-1600/3P/65kA | 断路器型号 |
| 断路器整定电流 | 1000 | 500 | 800 | 600 | 400 | 1000 | 800 | 600 | 400 | 500 | 1000 | 断路器整定电流 |
| 电流互感器BH-0.66 | 1200/5 | 500/5 | 1000/5 | 600/5A | 400/5A | 1200/5 | 1000/5 | 600/5A | 400/5A | 500/5 | 1200/5 | 电流互感器 |
| 导线型号及规格 | | | | | | | | | | | | 导线型号及规格 |
| 用户 | | 智能电容200kvar 20×2+20×8kvar | 8号楼 (1F~15F) | 6号楼 (1F~14F) | 备用 | | 8号楼 (16F~29F) | 6号楼 (15F~28F) | 备用 | 智能电容200kvar 20×2+20×8kvar | | 用户 |
| 备注 | 预留安装计量TA位置 | | | | | | | | | | 预留安装计量TA位置 | 备注 |

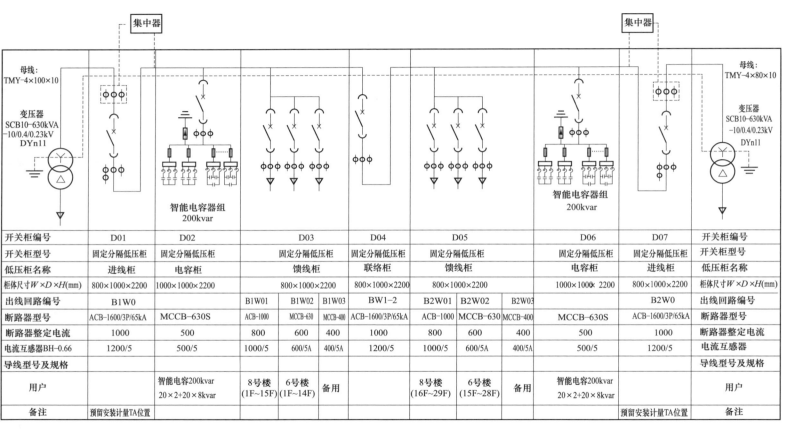

图 8-25　B-2 号配电室接线系统

7套，各低压进线柜与干式变压器高压桩头之间均采用铜排进行连接。B-3号配电室DF户内环网柜主接线图如图8-26所示。B-3号配电室接线系统图如图8-27所示。

| 高压开关柜型号 | 全密封共箱式$SF_6$气体全绝缘负荷开关柜(DF) | |
|---|---|---|
| 一次接线方案<br>电压等级：10kV<br>主母线：TMY-3-60×6 | | |
| 间隔编号 | 01 | 02 |
| 回路名称 | 进线 | 馈线 |
| 三工位负荷开关 | 12kV/630A,20kA | 12kV/630A,20kA |
| 高压熔断器SFLDJ-12/[ ]A | | 见配置表 |
| 电流互感器LZZBJ9-10 0.5级 | 100/5A | 100/5A |
| 避雷器 YH5WS-17/45 | | |
| 带电显示器 DXN8B-T | 1 | 1 |
| 短路故障指示器 | 面板式 | |
| 10kV进出线电缆ZR-YJV22-10-3×[ ] | 3×120/[ ]m | 3×35/[ ]m |
| 柜体外形尺寸(宽×深×高) | | |
| 变压器<br>SCB10-1000kVA<br>10/0.4/0.23kV<br>DYn11 | | |

图8-26　B-3号配电室DF户内环网柜主接线

4. C-1号配电室

在C-1号配电室内安装CCF高压户内环网柜2台、GDF型固定分隔式低压开关柜7面、智能电容器组240kvar两套、安装SCB10-800kVA干式变压器2台、安装接地装置7套，各低压进线柜与干式变压器高压桩头之间均采用铜排进行连接。C-1号配电室接线系统如图8-28所示。

5. C-2号配电室

在C-2号配电室内安装CCF高压户内环网柜2台、GDF型固定分隔式低压开关柜7面、智能电容器组240kvar两套、安装SCB10-800kVA干式变压器2台、安装接地装置7套，各低压进线柜与干式变压器高压桩头之间均采用铜排进行连接。C-2号配电室接线系统如图8-29所示。

6. C-3号配电室

在C-3号配电室内安装CCF高压户内环网柜2台、GDF型固定分隔式低压开关柜7面、智能电容器组300kvar两套、安装SCB10-1000kVA干式变压器2台、安装接地装置7套，各低压进线柜与干式变压器高压桩头之间均采用铜排进行连接。C-3号配电室接线系统如图8-30所示。

7. C-4号配电室

在C-4号配电室内安装DF高压户内环网柜2台、GDF型固定分隔式低压开关柜7面、智能电容器组240kvar两套、安装SCB10-800kVA干式变压器2台、安装接地装置7套，各低压进线柜与干式变压器高压桩头之间均采用铜排进行连接。C-4号配电室DF户内环网柜主接线如图8-26所示。C-4号配电室接线系统如图8-31所示。

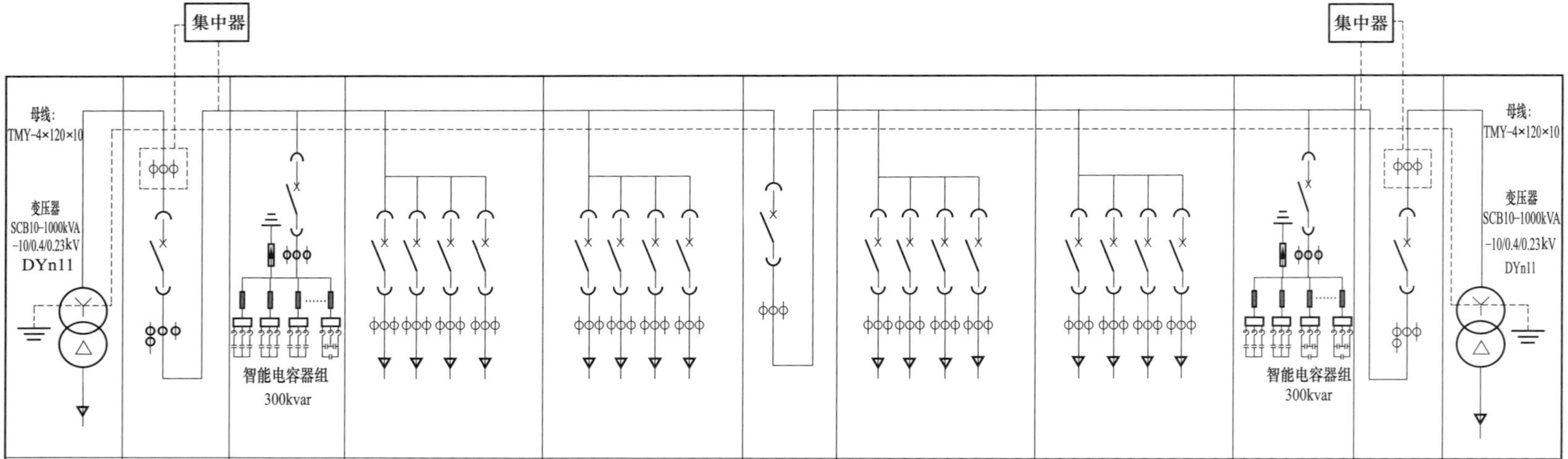

集中器
集中器
母线：TMY-4×120×10
变压器 SCB10-1000kVA -10/0.4/0.23kV DYn11
智能电容器组 300kvar
智能电容器组 300kvar
母线：TMY-4×120×10
变压器 SCB10-1000kVA -10/0.4/0.23kV DYn11

| 开关柜编号 | D01 | D02 | D03 | | | | D04 | | | | D05 | D06 | | | | D07 | | | | D08 | D09 | 开关柜编号 |
|---|---|---|---|---|---|---|---|---|---|---|---|---|---|---|---|---|---|---|---|---|---|---|
| 开关柜型号 | 固定分隔低压柜 | 固定分隔低压柜 | 固定分隔低压柜 | | | | 固定分隔低压柜 | | | | 固定分隔低压柜 | 固定分隔低压柜 | | | | 固定分隔低压柜 | | | | 固定分隔低压柜 | 固定分隔低压柜 | 开关柜型号 |
| 低压柜名称 | 进线柜 | 电容柜 | 馈线柜 | | | | 馈线柜 | | | | 联络柜 | 馈线柜 | | | | 馈线柜 | | | | 电容柜 | 进线柜 | 低压柜名称 |
| 柜体尺寸W×D×H(mm) | 800×1000×2200 | 1000×1000×2200 | 800×1000×2200 | | | | 800×1000×2200 | | | | 800×1000×2200 | 800×1000×2200 | | | | 800×1000×2200 | | | | 1000×1000×2200 | 800×1000×2200 | 柜体尺寸W×D×H(mm) |
| 出线回路编号 | B1W0 | | B1W01 | B1W02 | B1W03 | B1W04 | B1W05 | B1W06 | B1W07 | B1W08 | BW1-2 | B1W08 | B1W07 | B1W06 | B1W05 | B1W04 | B1W03 | B1W02 | B1W01 | | B2W0 | 出线回路编号 |
| 断路器型号 | ACB-2000/3P/65kA | MCCB-630S | MCCB-630 | MCCB-630 | MCCB-630 | MCCB-250 | MCCB-630 | MCCB-630 | MCCB-630 | MCCB-250 | ACB-2000/3P/65kA | MCCB-630 | MCCB-630 | MCCB-630 | MCCB-250 | MCCB-630 | MCCB-630 | MCCB-630 | MCCB-250 | MCCB-630 | ACB-2000/3P/65kA | 断路器型号 |
| 断路器整定电流 | 1500 | 500 | 600 | 600 | 600 | 250 | 600 | 600 | 600 | 250 | 1500 | 600 | 600 | 600 | 250 | 600 | 600 | 600 | 250 | 500 | 1600 | 断路器整定电流 |
| 电流互感器BH-0.66 | 2000/5 | 500/5 | 500/5A | 600/5A | 600/5A | 250/5A | 600/5A | 600/5A | 600/5A | 250/5A | 2000/5 | 600/5A | 600/5A | 600/5A | 250/5A | 600/5A | 600/5A | 600/5A | 250/5A | 500/5 | 2000/5A | 电流互感器 |
| 导线型号及规格 | | | | | | | | | | | | | | | | | | | | | | 导线型号及规格 |
| 用户 | | 智能电容300kvar 25×2+25×10kvar | 1号楼 (1F~15F) | 1号楼 (16F~28F) | 备用 | 备用 | 2号楼 (1F~15F) | 2号楼 (16F~28F) | 备用 | 备用 | | 7号楼1单元 (1F~15F) | 7号楼1单元 (16F~28F) | 备用 | 备用 | 7号楼2单元 (1F~15F) | 7号楼2单元 (16F~28F) | 备用 | 备用 | 智能电容240kvar 25×2+25×10kvar | | 用户 |
| 备注 | 预留安装计量TA位置 | | | | | | | | | | | | | | | | | | | | 预留安装计量TA位置 | 备注 |

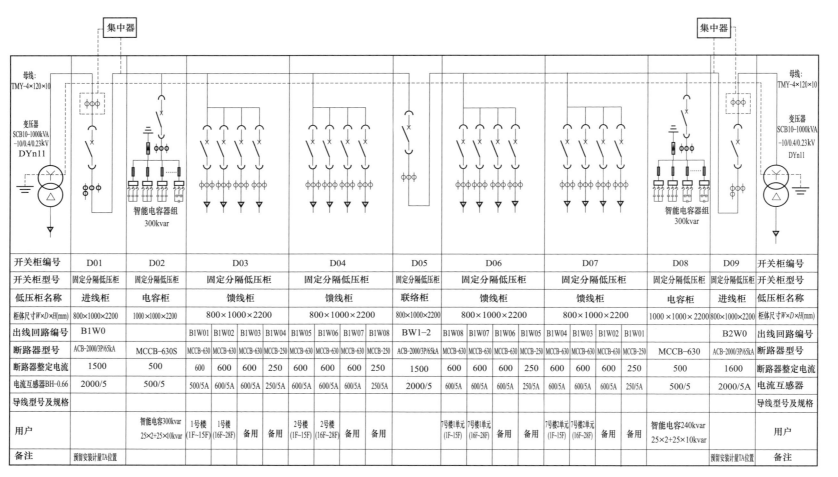

图 8-27 B-3号配电室接线系统

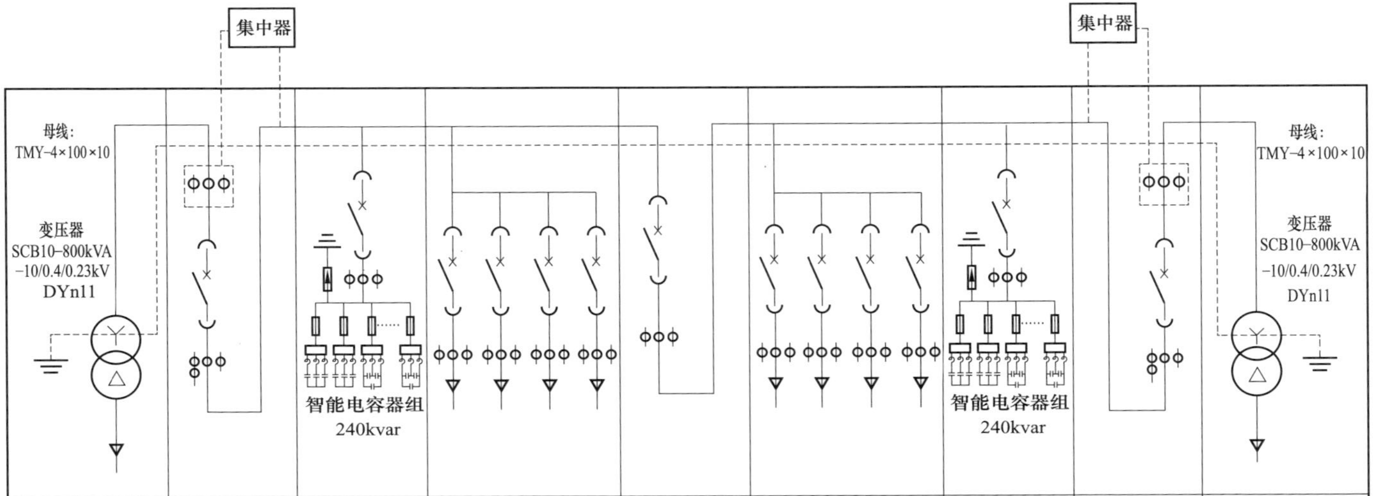

母线：TMY-4×100×10

变压器 SCB10-800kVA -10/0.4/0.23kV DYn11

集中器

智能电容器组 240kvar

集中器

智能电容器组 240kvar

母线：TMY-4×100×10

变压器 SCB10-800kVA -10/0.4/0.23kV DYn11

| 开关柜编号 | D01 | D02 | D03 | | | | D04 | D05 | | | | D06 | D07 | 开关柜编号 |
|---|---|---|---|---|---|---|---|---|---|---|---|---|---|---|
| 开关柜型号 | 固定分隔低压柜 | 固定分隔低压柜 | 固定分隔低压柜 | | | | 固定分隔低压柜 | 固定分隔低压柜 | | | | 固定分隔低压柜 | 固定分隔低压柜 | 开关柜型号 |
| 低压柜名称 | 进线柜 | 电容柜 | 馈线柜 | | | | 联络柜 | 馈线柜 | | | | 电容柜 | 进线柜 | 低压柜名称 |
| 柜体尺寸$W\times D\times H$(mm) | 800×1000×2200 | 1000×1000×2000 | 800×1000×2200 | | | | 800×1000×2200 | 800×1000×2200 | | | | 1000×1000×2000 | 800×1000×2200 | 柜体尺寸$W\times D\times H$(mm) |
| 出线回路编号 | B1W0 | | B1W01 | B1W02 | B1W03 | B1W04 | BW1-2 | B2W01 | B2W02 | B2W03 | B2W04 | | B2W0 | 出线回路编号 |
| 断路器型号 | ACB-1600/3P/65kA | MCCB-630S | MCCB-630 | MCCB-630 | MCCB-630 | MCCB-250 | ACB-1600/3P/65kA | MCCB-630 | MCCB-630 | MCCB-630 | MCCB-250 | MCCB-630S | ACB-1600/3P/65kA | 断路器型号 |
| 断路器整定电流 | 1200 | 500 | 600 | 600 | 600 | 250 | 1200 | 600 | 600 | 600 | 250 | 500 | 1200 | 断路器整定电流 |
| 电流互感器BH-0.66 | 1500/5 | 500/5 | 600/5A | 600/5A | 600/5A | 250/5A | 1500/5 | 600/5A | 600/5A | 600/5A | 250/5A | 500/5 | 1500/5 | 电流互感器 |
| 导线型号及规格 | | | | | | | | | | | | | | 导线型号及规格 |
| 用户 | | 智能电容240kvar 24×2+24×8kvar | 5号楼(1F~15F) | 5号楼(16F~29F) | 6号楼1单元(1F~15F) | 备用 | | 6号楼1单元(16F~29F) | 6号楼2单元(1F~15F) | 6号楼2单元(16F~29F) | 备用 | 智能电容240kvar 24×2+24×8kvar | | 用户 |
| 备注 | 预留安装计量TA位置 | | | | | | | | | | | | 预留安装计量TA位置 | 备注 |

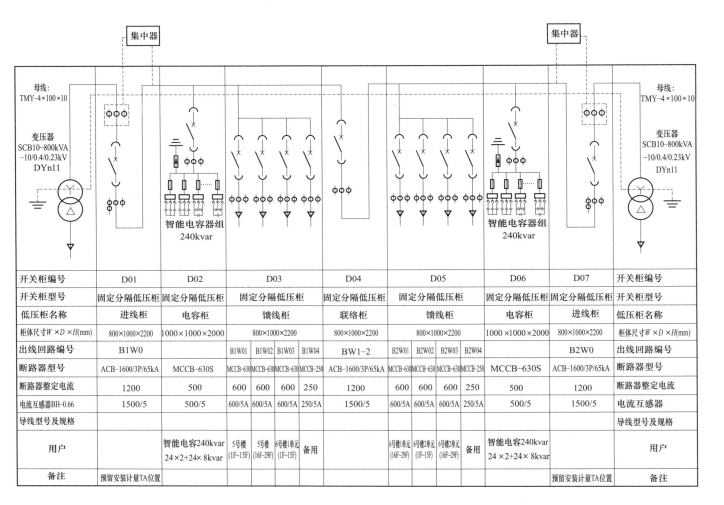

图 8-28 C-1号配电室接线系统

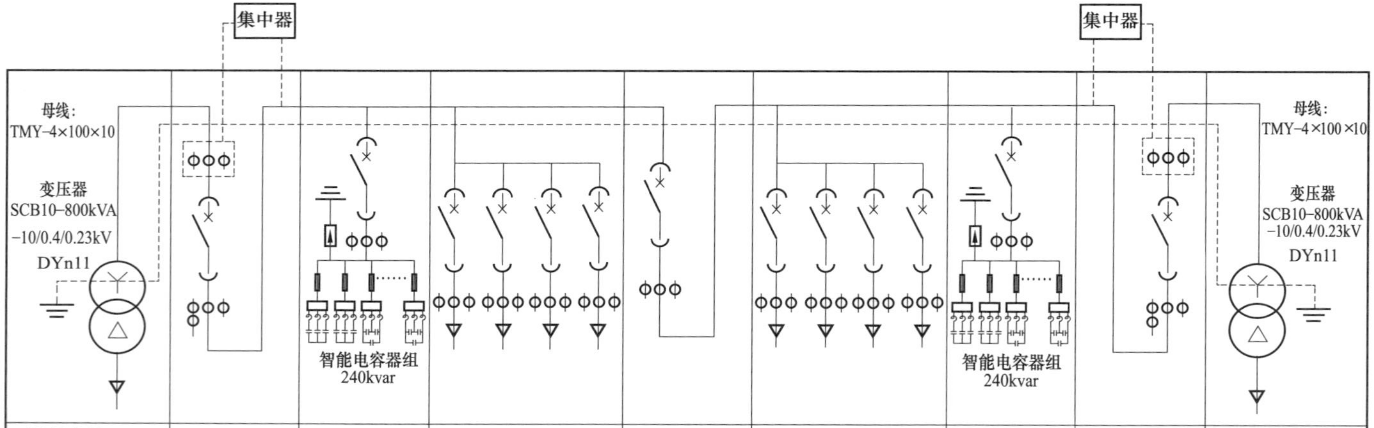

集中器　　集中器

母线：TMY-4×100×10　　变压器 SCB10-800kVA -10/0.4/0.23kV DYn11

智能电容器组 240kvar　　智能电容器组 240kvar

母线：TMY-4×100×10　　变压器 SCB10-800kVA -10/0.4/0.23kV DYn11

| 开关柜编号 | D01 | D02 | D03 | | | | D04 | D05 | | | | D06 | D07 | 开关柜编号 |
|---|---|---|---|---|---|---|---|---|---|---|---|---|---|---|
| 开关柜型号 | 固定分隔低压柜 | 固定分隔低压柜 | 固定分隔低压柜 | | | | 固定分隔低压柜 | 固定分隔低压柜 | | | | 固定分隔低压柜 | 固定分隔低压柜 | 开关柜型号 |
| 低压柜名称 | 进线柜 | 电容柜 | 馈线柜 | | | | 联络柜 | 馈线柜 | | | | 电容柜 | 进线柜 | 低压柜名称 |
| 柜体尺寸$W\times D\times H$(mm) | 800×1000×2200 | 1000×1000×2200 | 800×1000×2200 | | | | 800×1000×2200 | 800×1000×2200 | | | | 1000×1000×2200 | 800×1000×2200 | 柜体尺寸$W\times D\times H$(mm) |
| 出线回路编号 | BJW0 | | B1W01 | B1W02 | B1W03 | B1W04 | BW1-2 | B2W01 | B2W02 | B2W03 | B2W04 | | B2W0 | 出线回路编号 |
| 断路器型号 | ACB-1600/3P/65kA | MCCB-630S | MCCB-630 | MCCB-630 | MCCB-630 | MCCB-250 | ACB-1600/3P/65kA | MCCB-630 | MCCB-630 | MCCB-630 | MCCB-250 | MCCB-630S | ACB-1600/3P/65kA | 断路器型号 |
| 断路器整定电流 | 1200 | 500 | 500 | 600 | 600 | 250 | 1200 | 600 | 600 | 600 | 250 | 500 | 1200 | 断路器整定电流 |
| 电流互感器BH-0.66 | 1500/5 | 500/5 | 600/5A | 600/5A | 600/5A | 250/5A | 1500/5 | 600/5A | 600/5A | 600/5A | 250/5A | 500/5 | 1500/5 | 电流互感器 |
| 导线型号及规格 | | | | | | | | | | | | | | 导线型号及规格 |
| 用户 | | 智能电容240kvar 24×2+24×8kvar | 7号楼 (1F~15F) | 7号楼 (16F~29F) | 8号楼1单元 (1F~1F) | 备用 | | 8号楼1单元 (16F~29F) | 8号楼2单元 (1F~16F) | 8号楼2单元 (16F~29F) | 备用 | 智能电容240kvar 24×2+24×8kvar | | 用户 |
| 备注 | 预留安装计量TA位置 | | | | | | | | | | | | 预留安装计量TA位置 | 备注 |

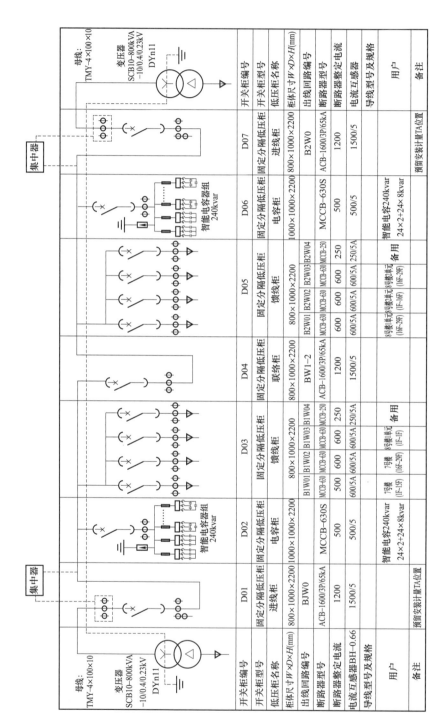

图 8-29　C-2 号配电室接线系统

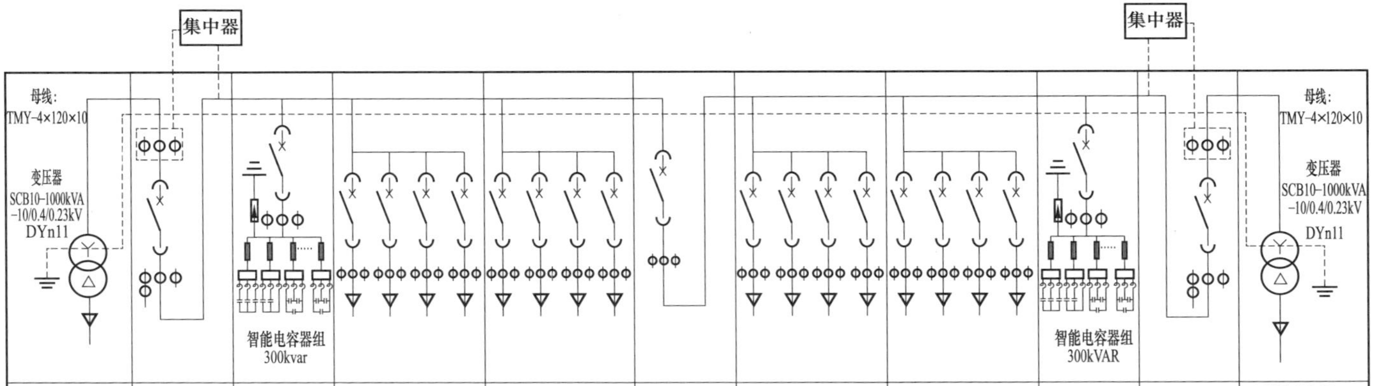

| 开关柜编号 | D01 | D02 | D03 | | | | D04 | | | | D05 | D06 | | | | D07 | | | | D08 | D09 | 开关柜编号 |
|---|---|---|---|---|---|---|---|---|---|---|---|---|---|---|---|---|---|---|---|---|---|---|
| 开关柜型号 | 固定分隔低压柜 | 固定分隔低压柜 | 固定分隔低压柜 | | | | 固定分隔低压柜 | | | | 固定分隔低压柜 | 固定分隔低压柜 | | | | 固定分隔低压柜 | | | | 固定分隔低压柜 | 固定分隔低压柜 | 开关柜型号 |
| 低压柜名称 | 进线柜 | 电容柜 | 馈线柜 | | | | 馈线柜 | | | | 联络柜 | 馈线柜 | | | | 馈线柜 | | | | 电容柜 | 进线柜 | 低压柜名称 |
| 柜体尺寸$W$×$D$×$H$(mm) | 800×1000×2200 | 1000×1000×2200 | 800×1000×2200 | | | | 800×1000×2200 | | | | 800×1000×2200 | 800×1000×2200 | | | | 800×1000×2200 | | | | 1000×1000×2200 | 800×1000×2200 | 柜体尺寸$W$×$D$×$H$(mm) |
| 出线回路编号 | B1W0 | | B1W01 | B1W02 | B1W03 | B1W04 | B1W05 | B1W06 | B1W07 | B1W08 | BW1-2 | B1W08 | B1W07 | B1W06 | B1W05 | B1W04 | B1W03 | B1W02 | B1W01 | | B2W0 | 出线回路编号 |
| 断路器型号 | ACB-2000/3P/65kA | MCCB-630S | MCCB-630 | MCCB-630 | MCCB-630 | MCCB-250 | MCCB-630 | MCCB-630 | MCCB-630 | MCCB-250 | ACB-2000/3P/65kA | MCCB-630 | MCCB-630 | MCCB-630 | MCCB-250 | MCCB-630 | MCCB-630 | MCCB-630 | MCCB-250 | MCCB-630S | ACB-2000/3P/65kA | 断路器型号 |
| 断路器整定电流 | 1500 | 500 | 600 | 600 | 600 | 250 | 600 | 600 | 600 | 250 | 1600 | 600 | 600 | 600 | 250 | 600 | 600 | 600 | 250 | 500 | 1500 | 断路器整定电流 |
| 电流互感器BH-0.66 | 2000/5 | 500/5 | 600/5A | 600/5A | 600/5A | 250/5A | 600/5A | 600/5A | 600/5A | 250/5A | 2000/5 | 600/5A | 600/5A | 600/5A | 250/5A | 600/5A | 600/5A | 600/5A | 250/5A | 500/5 | 2000/5 | 电流互感器 |
| 导线型号及规格 | | | | | | | | | | | | | | | | | | | | | | 导线型号及规格 |
| 用户 | | 智能电容300kvar 25×2+25×10kvar | 1号楼1单元(1F~15F) | 1号楼1单元(16F~29F) | 备用 | 备用 | 1号楼2单元(1F~15F) | 1号楼2单元(16F~29F) | 备用 | 备用 | | 9号楼(1F~15F) | 9号楼(16F~29F) | 备用 | 备用 | 10号楼(1F~15F) | 10号楼(16F~29F) | 备用 | 备用 | 智能电容300kvar 25×2+25×10kvar | | 用户 |
| 备注 | 预留安装计量TA位置 | | | | | | | | | | | | | | | | | | | | 预留安装计量TA位置 | 备注 |

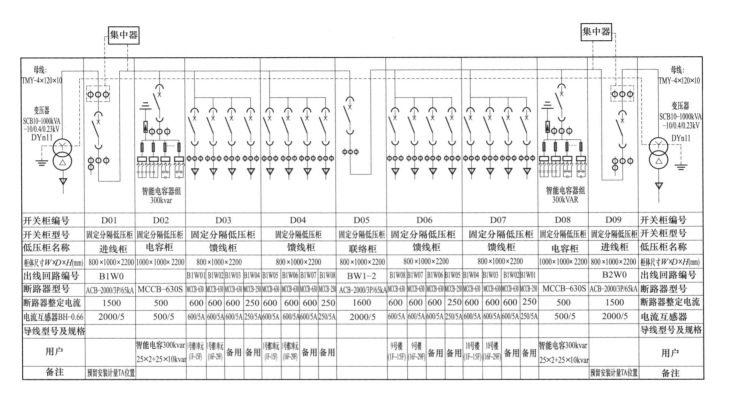

图 8-30　C-3 号配电室接线系统

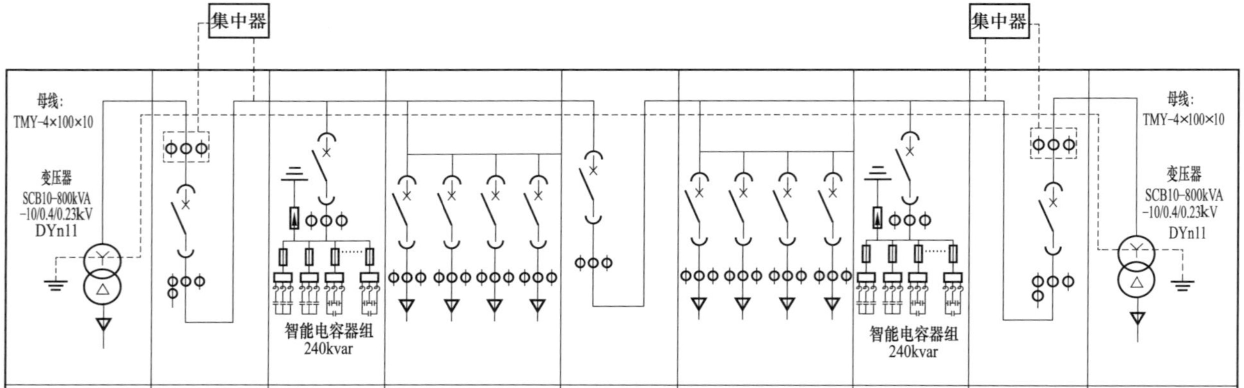

集中器
集中器

母线：TMY-4×100×10
变压器 SCB10-800kVA -10/0.4/0.23kV DYn11

智能电容器组 240kvar
智能电容器组 240kvar

母线：TMY-4×100×10
变压器 SCB10-800kVA -10/0.4/0.23kV DYn11

| 开关柜编号 | D01 | D02 | D03 | | | | D04 | D05 | | | | D06 | D07 | 开关柜编号 |
|---|---|---|---|---|---|---|---|---|---|---|---|---|---|---|
| 开关柜型号 | 固定分隔低压柜 | 固定分隔低压柜 | 固定分隔低压柜 | | | | 固定分隔低压柜 | 固定分隔低压柜 | | | | 固定分隔低压柜 | 固定分隔低压柜 | 开关柜型号 |
| 低压柜名称 | 进线柜 | 电容柜 | 馈线柜 | | | | 联络柜 | 馈线柜 | | | | 电容柜 | 进线柜 | 低压柜名称 |
| 柜体尺寸$W\times D\times H$(mm) | 800×1000×2200 | 1000×1000×2200 | 800×1000×2200 | | | | 800×1000×2200 | 800×1000×2200 | | | | 1000×1000×2200 | 800×1000×2200 | 柜体尺寸$W\times D\times H$(mm) |
| 出线回路编号 | B1W0 | | B1W01 | B1W02 | B1W03 | B1W04 | BW1-2 | B2W01 | B2W02 | B2W03 | B2W04 | | B2W0 | 出线回路编号 |
| 断路器型号 | ACB-1600/3P/65kA | MCCB-630S | MCCB-630 | MCCB-630 | MCCB-630 | MCCB-250 | ACB-1600/3P/65kA | MCCB-630 | MCCB-630 | MCCB-630 | MCCB-250 | MCCB-630S | ACB-1600/3P/65kA | 断路器型号 |
| 断路器整定电流 | 1200 | 500 | 600 | 600 | 600 | 250 | 1200 | 600 | 600 | 600 | 250 | 500 | 1200 | 断路器整定电流 |
| 电流互感器BH-0.66 | 1500/5 | 500/5 | 600/5A | 600/5A | 600/5A | 250/5A | 1500/5 | 600/5A | 600/5A | 600/5A | 250/5A | 500/5 | 1500/5 | 电流互感器 |
| 导线型号及规格 | | | | | | | | | | | | | | 导线型号及规格 |
| 用户 | | 智能电容240kvar 24×2+24×8kvar | 2号楼1单元(1F~15F) | 2号楼1单元(16F~29F) | 2号楼1单元(1F~15F) | 备用 | | 2号楼2单元(16F~29F) | 3号楼(1F~15F) | 3号楼(16F~29F) | 备用 | 智能电容240kvar 24×2+24×8kvar | | 用户 |
| 备注 | 预留安装计量TA位置 | | | | | | | | | | | | 预留安装计量TA位置 | 备注 |

图 8-31　C-4号配电室接线系统

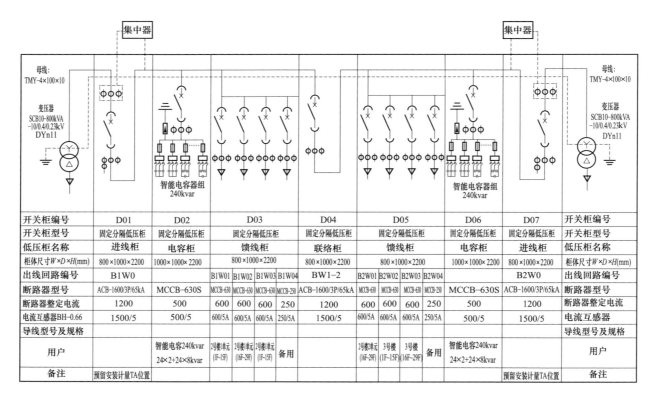

## 四、低压干线部分

由配电室内的低压馈线柜分别向每栋楼每个单元楼道进行供电，低压电缆在地下室外采用电缆沟敷设方式，在地下室采用电缆架桥敷设方式，电缆沟过路需要采用加强型承重盖板，电缆盖板和电缆桥架要有明显的电力符号和电缆走向标示。

小区 33 栋楼均为一类高层住宅，在高层住宅每个单元强电井内采用低压密集母线供电，由配电室新出低压电缆敷设至楼道强电井内与低压密集母线始端箱连接，强电井内密集母线外壳需要与大楼接地装置连接。

根据供电需要在强电井内密集母线上分别安装 250A 母线插接箱，再由母线插接箱引低压电缆至表计箱。

新敷设 WDZC－YJV33－0.6/1kV－4×185 电力电缆 4 根，0.59km；

新敷设 WDZC－YJV33－0.6/1kV－4×150 电力电缆 84 根，10.51km；

新敷设 WDZC－YJV33－0.6/1kV－4×35 电力电缆 634 根，11.6km。

## 五、户表及集抄部分

根据每户面积分别配置电能表：安装单相智能集抄电子表 1083 块，三相智能集抄电子表 1230 块，新敷设 1×10mm$^2$ BV 线 10.6km。14 台变压器均安装集中器一台及考核表计一套。

# 第九章

# 新建住宅小区供配电系统运行与维护

## 第一节　供配电系统运行管理

### 一、供配电系统缺陷管理

1. 供配电系统缺陷的分类

供配电系统缺陷的分类见表 9-1。

表 9-1　新建住宅小区的供配电系统的缺陷的分类

| 序号 | 缺陷分类 | 处理要求 |
|---|---|---|
| 1 | 一般缺陷 | 近期对安全运行影响不大的缺陷，可以列入年、季、月检修计划或日常维修中予以消除 |
| 2 | 重大缺陷 | 缺陷比较严重，但设备仍可在短期内继续安全运行，该缺陷应在短期内消除，消除前应加强监视 |
| 3 | 紧急缺陷 | 严重程度已使设备不能继续安全运行随时可能导致设备或人身安全事故的缺陷，应尽快消除或采取必要的安全技术措施进行临时处理 |

2. 供配电系统缺陷的闭环处理

供配电系统缺陷的闭环处理见表 9-2。

表 9-2　新建住宅小区供配电系统缺陷的闭环处理

| 序号 | 缺陷 | 闭环处理内容 | 备注 |
|---|---|---|---|
| 1 | 一般缺陷 | 由设备维护班组掌握，不需列入停电计划的由设备维护班组自行安排处理 | 住宅小区供配电管理单位应建立设备缺陷管理责任制 |
| 2 | 重大缺陷 | 应填写严重缺陷处理单，报供配电管理单位安排处理 | |
| 3 | 紧急缺陷 | 应填写紧急缺陷处理单，按设备管辖权限批准后紧急处理 | |

### 二、新建住宅小区供配电系统的电压管理

1. 供配电系统无功补偿装置

供配电系统无功补偿装置的作用及配置原则见表 9-3。

表 9-3　供配电系统无功补偿装置的作用及配置原则

| 序号 | 项目 | 内　容 |
|---|---|---|
| 1 | 作用 | (1) 减低线路损耗、节省电能。<br>(2) 调节系统潮流，使之更为合理、有效 |
| 2 | 配置原则 | 根据分层分区、就地平衡和便于调整的原则进行配置 |

2. 配电变压器无功自动补偿装置的配置

配电变压器（含配电室、箱式变电站、柱上变）无功自动补偿装置的配置，应符合以下各项要求：

(1) 在低压侧母线上装设无功自动补偿装置的容量，按配电变压器容量 20%～40% 考虑。

(2) 以电压为约束条件，根据无功需量进行分组自动投切。

(3) 宜采用交流接触器—晶闸管复合投切方式。

(4) 合理选择配电变压器分接头，避免电压过高电容器无法投入运行。

3. 供配电系统在供电距离远，功率因数低时的无功补偿

新建住宅小区的供配电系统在供电距离远、功率因数低的架空线路上可适当安装并联补偿电容器，其容量（包括用户）一般按线路上配电变压器总量的 7%～10% 配置（或经计算确定），但不应在负荷低谷时向系统倒送无功。

4. 用户电压超过规定范围时的措施

供配电系统的用户电压超过规定范围应采取措施进行调整，电压调节可以采用以下措施进行调整：

(1) 合理选择配电变压器分接开关的分接头。

(2) 在中低压侧母线上装设无功补偿装置。

(3) 缩短线路供电半径及平衡三相负荷，必要时在中压线路上加装调压器。

## 三、供配电系统的负荷管理

为了保证新建住宅小区的供配电系统的经济、可靠、安全的运行，新建住宅小区的供配电系统应采取可靠的措施对供配电系统的负荷进行有效管理。具体措施如下：

(1) 配电变压器运行应经济，最大负荷电流不宜低于额定电流的 60%；两台并（分）列运行的变压器，在低负荷时，当一台变压器能够满足负荷需求时，应将另一台退出运行。

(2) 变压器的三相负荷应力求平衡，不平衡度不应大于 15%，只带少量单相负荷的三相变压器，中性线电流不应超过额定电流的 25%，不符合上述规定时，应将负荷进行调整。不平衡度为最大电流与最小电流的差值在最大电流中的比例。

(3) 变压器熔丝选择，应按熔丝的安秒特性曲线选定。

(4) 多台变压器共用一组熔丝时，其熔丝的额定电流按各台变压器的额定电流之和的 1～1.5 倍选用。

(5) 二次熔丝的额定电流，按变压器的二次额定电流选择。一台装有 2 个隔离开关箱的公用变压器，其各路的二次熔丝配置应按负荷选定。但二次熔丝的额定电流之和应小于变压器二次额定电流的 1.3 倍。

## 四、新建住宅小区供配电系统的标志标识管理

供配电系统应具备标志标识管理，配电线路及其他设备（包括杆上变压器、开闭所、配电室、环网单元、箱式变压器）其设备应有明显的标志，主要标志内容见表 9-4。

表 9-4　　配电线路及其他设备的标志标识

| 序号 | 项目 | 内　容 |
|---|---|---|
| 1 | 配电线路及其设备 | 配电线路名称和杆塔编号 |
| | | 每基杆塔和变压器台应有名称和编号标志，标志设在巡视易见一侧，同一条线路标志应设在一侧 |
| | | 同杆架设不同电源应有不同电源警告牌 |
| | | 靠近道口及较有可能发生车辆撞击或外力事故的电杆、高板、拉线等应有带夜光的红、白漆标志 |
| | | 导线的三相用黄、绿、红三色标志。应设有相色标志的杆塔：<br>(1) 每条线路的出口杆塔。<br>(2) 分支杆塔。<br>(3) 导线开断连接的转角杆塔。<br>(4) 其他认为有必要设立相色标志的杆塔 |
| 2 | 杆上变压器、环网单元、箱式变电站 | 杆上变压器、环网单元、箱式变电站应有名称、编号及适当的警告牌 |
| | | 开关应有编号 |
| 3 | 开闭所、配电室 | 开闭所配电线的出口和配电室的进、出线应有配电线名称、编号和相位标志。架空配电出线的标志设在出线端的下方（或架构上）。电缆配出线的标志设在户外电缆头下方 |
| | | 开闭所和配电室的进、出线直埋电缆应有编号 |
| | | 开闭所、配电室应有名称、编号及适当的警告牌 |
| | | 设备及母线的相位标志 |
| | | 开关的调度名称和编号 |

## 第二节　供配电事故及异常处理

### 一、供配电事故及异常处理的主要任务

供配电事故及异常处理的主要任务包括：

(1) 尽快查明故障地点和原因，消除故障根源，防止事故的扩大。

(2) 采取措施防止行人接近故障线路和设备，避免发生人身伤亡事故。

(3) 尽量缩小故障停电范围和减少故障损失。

(4) 对已停电的用户尽快恢复供电。

### 二、供配电的事故及异常处理的处理原则

供配电的事故及异常处理的处理原则如下：

(1) 先保人身、保电网、保设备，限制事故发展，消除事故根源并解除对人身设备的威胁。

(2) 多处故障时处理顺序是先主干线后分线，先公用变压器后专用变压器。

(3) 对故障停电用户恢复供电顺序为，先重要用户后一般用户，优先恢复一、二级负

荷用户供电。

## 三、供配电的事故及异常处理的要求

1. 供配电配电线路的事故及异常处理

当新建住宅小区供配电配电线路发生以下状况之一时，应迅速查明原因并及时处理。

(1) 断路器掉闸或熔断器跌落（熔丝熔断）。

(2) 发生永久性接地或频发性接地。

(3) 线路倒杆、断线、发生火灾、触电伤亡等意外事故。

(4) 变压器一次或二次熔丝熔断。

(5) 用户报告无电或电压异常。

2. 供配电配电线路故障处理的一般要求

新建住宅小区供配电配电线路故障处理有以下要求：

(1) 线路上的熔断器或柱上断路器掉闸后，不得盲目试送，应详细检查线路和有关设备（对装有故障指示器的线路，应先查看故障指示器，以快速确定方向），确无问题后方可恢复送电。

(2) 已发现的短路故障修复后，应检查故障点前后的连接点（跳档，搭头线），确无问题方可恢复供电。

(3) 中性点不接地系统发生永久性接地故障时，应先确认故障线路，然后可用柱上断路器或其他设备（负荷开关、跌落熔断器，需校验开断接地电流能力，否则应停电操作）分段选出故障段。

(4) 电缆线路发生故障，在故障未修复前应对故障点进行适当的保护，免因雨水、潮气等影响使电缆绝缘受损。电缆线路故障处理前后都应进行相关试验，以保证故障点全部排除及处理完好。

(5) 跌落式熔断器作分路开关时，合上时宜先合近边相，再合远边相，后合中相；拉开时，先拉近相，再拉远边相，然后拉近边相；有风情况下，合上时先合上风侧；拉开时，先拉下风侧。

3. 供配电设备的故障处理要求

供配电设备的故障处理要求如下：

(1) 出线开关故障跳闸，应尽快查明原因，及时排除故障，恢复送电。

(2) 配电变压器的上一级开关跳闸，应对配电变压器作外部检查或内部测试后才可恢复供电。

(3) 开闭所、环网单元母线电压互感器发生异常情况（如冒烟、内部放电等），应先用开关切断该电压互感器所在母线的电源，然后隔离故障电压互感器。不得直接拉开该电压互感器的电源隔离开关，其二次侧不得与正常运行的电压互感器二次侧并列。

(4) 开闭所、环网单元母线避雷器发生异常情况（如内部有异声）的处理方法同母线电压互感器故障处理方法。

(5) 烧毁计量表计，应查明原因后更换计量表计。

(6) 变压器一、二次熔丝熔断时按如下规定处理：

1）一次熔丝熔断时，应详细检查一次侧设备及变压器，无问题后方可送电。

2）二次熔丝（片）熔断时，首先查明熔丝（片）接触是否良好，然后检查低压线路，无问题后方可送电，送电后应立即测量负荷电流，判明运行是否正常。

3）一次熔丝两相熔断时，除应详细检查一次侧设备及变压器外，还应检查低压出线以下设备的情况，确认无故障后才能送电。

（7）变压器、断路器等发生冒油、冒烟或外壳过热现象时，应断开电源，待冷却后处理。

（8）故障发生后，应及时组织有关人员进行调查、分析、制订防范对策，并按规定提出相关报告。紧急情况下，可在保障人身安全和设备安全运行的前提下，采取临时措施，但事后应及时补救处理。

（9）故障处理后应做好记录、重大事故应收集引起设备故障的物件，人身事故应先切断电源保护好现场。故障、事故后应进行调查分析，制订防止事故的对策。

4．供配电主变压器的异常运行及事故处理

供配电主变压器的异常运行及事故处理要求如下：

（1）发现变压器运行中有异常现象（温度异常、音响不正常等）时，应立即汇报主管部门，设法尽快消除故障。

（2）当变压器出现下列情况之一时，应立即将变压器退出运行：

1）变压器冒烟着火。

2）变压器套管有严重的破损和放电现象。

3）变压器的运行音响明显增大，声响时大时小，并伴有爆裂声。

4）临近变压器的设备着火、爆炸或发生其他异常情况，对变压器构成严重威胁时。

5）供电系统发生危及变压器安全的故障，而变压器保护装置拒绝动作。

（3）变压器运行温度异常升高并超过允许值时，应判明变压器运行温度异常升高的原因，并采取措施降低变压器运行温度。其检查步骤为：

1）检查变压器的负载和环境温度，并与该变压器在同一负载和环境温度下的温度记录进行比对，以分析温度异常升高的原因。

2）检查变压器的冷却风机的运转是否正常。

5．10kV 断路器的异常运行及事故处理

（1）10kV 断路器（以弹簧机构为例）的常见故障及处理方法见表 9-5。

**表 9-5　　10kV 断路器的常见故障及处理方法**

| 故障现象 | 故障原因 | 处理方法 |
|---|---|---|
| 断路器不能合闸 | 断路器弹簧未储能 | 检查断路器机构，若是弹簧未储能，则电动或手动操作使机构弹簧储能 |
| | 断路器已处于合闸位置状态 | 先检查断路器位置状态，再进行运行操作 |
| | 手车式断路器未完全进入工作位置或试验位置 | 将断路器操作到工作位置，再进行合闸操作 |
| | 选用了合闸闭锁装置，而辅助电源未接通或低于技术条件要求 | 检查合闸闭锁装置，按运行规范进行操作 |
| | 二次线路不准确 | 检查二次回路，排除二次回路故障 |

续表

| 故障现象 | 故障原因 | 处理方法 |
|---|---|---|
| 断路器不能推进拉出 | 断路器处于合闸位置状态 | 检查断路器位置状态，再进行操作 |
| | 推进手柄未完全插入推进孔 | 将推进手柄完全插入推进孔，再进行操作 |
| | 推进机构未完全到试验位置，致使舌板不能与柜体解锁 | 将推进机构完全操作到试验位置，再进行操作 |
| | 柜体接地联锁未解开 | 操作前，先检查柜体接地联锁是否解开 |

(2) 当10kV断路器出现如下情况之一时，应立即申请停电，将断路器退出运行。

1) 断路器支柱绝缘子或瓷套管严重破损，有放电现象。

2) 断路器弹簧操动机构不能储能。

3) 真空断路器出现明显异常声响。

6. 10kV电流互感器的异常运行及事故处理

当10kV电流互感器出现如下情况之一时，应立即申请停电，对电流互感器的故障进行处理。

(1) 电流互感器严重发热或运行音响不正常及冒烟等。

(2) 套管有严重的破损和放电现象。

(3) 电流互感器的引线接头发热变色。

(4) 电流互感器的二次回路开路。

7. 10kV电压互感器的异常运行及事故处理

当10kV电压互感器出现如下情况之一时，应立即向有关部门汇报，申请将电压互感器停电处理。

(1) 电压互感器高压熔断器连续熔断2～3次。

(2) 电压互感器严重发热或运行音响不正常及冒烟等。

(3) 瓷件放电、闪络或破损时。

8. 400V低压开关柜低压开关跳闸后的处理

当新建住宅小区供配电的低压开关跳闸后，应对其供电线路及电气设备进行检查，通过声、光、味进行综合判断，在故障原因没有查明前，不得强行送电。故障线路可采用先断开下级负荷，逐级送电的方法排查故障。故障查明后，应对故障线路或故障设备进行隔离，并恢复其他回路的供电。对有明显故障的线路或设备应待故障排除后再恢复供电运行。

9. 继电保护的异常处理

当继电保护出现如下情况之一时，应及时向有关部门汇报，根据上级命令将有关保护及被保护的断路器停用。

(1) 继电保护装置不正常，有误动可能。

(2) 二次回路出现异常，可能影响继电保护或自动装置正常工作时。

(3) 保护装置内部发生控制电源故障。

(4) 其他危及安全运行的情况。

10. 新建住宅小区供配电的主供、备供电源停电的处理

当新建住宅小区供配电主供、备供电源停电，工作人员首先检查10kV电压、电流有

无显示，然后再检查10kV断路器的进线侧的带电显示器的带电指示灯是否已经熄灭。若判明是线路停电，应立即向有关部门汇报。系统恢复供电后，应检查新建住宅小区供配电的控制电源运行是否正常。

11. 新建住宅小区供配电火灾处理处理

(1) 新建住宅小区供配电火灾处理处理要求如下：

1) 电气设备发生火灾时，若为带电燃烧，现场抢救人员应首先设法切断电源，然后再进行灭火。

2) 切断电源的位置要选择适当，防止切断电源后影响扑救工作的进行。

3) 切断电源的开关是断路器或其他可带负荷拉闸的负荷开关，但不能带负荷拉隔离开关，以免引发电弧造成新的灾情。

4) 在切断电源时，应使用绝缘操作棒或戴橡胶绝缘手套。

5) 剪断电源线的位置应在电源方向有支持物附近的不同部位分别剪断，防止线间发生短路或导线剪断后跌落在地上造成接地短路，危及人身安全。

6) 如着火的相邻设备受到威胁而影响其正常运行时，可自行切断电源设备。

(2) 新建住宅小区供配电火灾带电灭火的注意事项。

如果火势迅猛来不及断电，或因某种原因不可能切断电源时，为了争取灭火时机，防止灾情扩大，可进行带电灭火。带电灭火应注意：

1) 要使用不导电的灭火剂进行灭火，如二氧化碳、1211 、干粉灭火器等，严禁使用导电的灭火剂，如喷射水流、泡沫灭火器等。

2) 应注意周围环境情况，防止身体、手、足或者使用的消防器材等直接与有电部分接触或与有电部分过于接近而造成触电事故。带电灭火时，灭火人员应戴绝缘手套。

3) 由于电气设备发生故障，如电线断落于地，在局部地块将产生跨步电压，因此，在灭火中扑救人员应穿好橡胶绝缘靴方可进入该区域进行灭火。

4) 当发生火灾而无法自行扑灭时，还应迅速报警，设法联系消防人员前来灭火。当消防人员到达时，应向消防负责人说明周围情况，明确交代带电位置，并按消防负责人的指示做好安全措施，并始终在现场严密监护。

## 第三节　供配电系统日常巡视与检查

### 一、供配电系统的维护管理

1. 供配电系统运行维护的基本要求

供配电系统运行维护的基本要求如下：

(1) 新建住宅小区供配电应根据本小区供配电规模及设备情况制定运行维护工作计划，制订运行维护工作计划要具体、全面、要有针对性，应列入工作计划的维护项目必须全面，不留死角、不漏项目。

(2) 小区供配电系统设备管理人员必须按照本小区供配电系统运行维护工作计划进行

运行维护工作，并做好记录。

(3) 维护过程中发现的问题应及时处理，不能处理的应及时汇报上级有关部门并督促有关部门尽快处理。

2. 供配电系统的定期维护

供配电系统定期维护的项目包括：

(1) 安全用具、仪表的检查、试验。

(2) 备品备件的检查、试验。

(3) 消防器材的检查。

(4) 安防设施的检查。

(5) 防汛设施的检查。

(6) 照明灯检查更换。

(7) 各种机械锁加油。

(8) 设备标志的检查、完善。

(9) 电缆层、电缆室的定期清扫、防小动物措施的检查。

(10) 给、排水设施的检查维护。

(11) 继电保护和自动装置的维护与检查。

(12) 供配电系统所属高低压设备的维护与检查。

(13) 火灾报警设施的检查。

(14) 新设备投入运行需要增加运行维护项目时要及时增补定期维护计划。

3. 供配电系统的年度维护工作

(1) 除定期维护项目外，应结合本小区供配电系统的设备情况环境、气候、运行规律等制订年度维护工作计划。年度维护工作计划可按全年的月份进行编排。

(2) 年度维护工作计划中年度维护工作项目应包括：

1) 汛期前全面仔细检查防汛设施及设备应完好。

2) 干燥的秋、冬季前应全面详细检查防火设施。

3) 寒冬季节前应详细检查设备的保温装置，并在气温下降时投入保温装置。

4) 寒冬季节应做好室外设备的防冻工作，如给水管包扎保温层等。

5) 雷雨季节到来之前，应检查防雷设施的完好性。

6) 按季节做好设备评级工作。

7) 高温季节前做好空调设备的检查维修工作。

## 二、配电网的巡视管理

配电运行单位应根据现场运行规程的规定，结合设备运行状况和气候、环境变化情况以及生产部门的要求，制定切实可行的巡视管理办法，明确设备主人，合理安排设备巡视工作。

### (一) 配电线路与设备的巡视

1. 配电线路与设备的巡视方法

配电线路与设备的巡视方法见表 9-6。

表 9-6　　配电线路与设备的巡视方法

| 序号 | 巡视类别 | 巡视方法 |
| --- | --- | --- |
| 1 | 定期巡视 | 由设备管理人员进行，以掌握线路的运行状况、沿线环境变化情况为目的，及时发现设备缺陷和威胁线路安全运行情况 |
| 2 | 特殊巡视 | 在气候恶劣（如台风、暴雨、覆冰等）、设备带缺陷运行、有外力破坏可能、有重要保电任务或其他特殊情况下对设备进行全部或部分巡视 |
| 3 | 夜间巡视 | 在负荷高峰或阴雾天的夜间进行，主要检查连接点有无发热打火现象，绝缘子表面有无闪络等的巡视 |
| 4 | 故障巡视 | 以查明线路发生故障的地点和原因为目的的巡视 |
| 5 | 监察巡视 | 由领导和专责、技术人员进行的巡视工作，了解线路及设备状况，检查、指导设备管理人员的工作 |

2. 配电线路与设备的巡视周期

配电线路与设备的巡视周期有如下要求：

(1) 市区每两个月一次。

(2) 郊区及农村架空线路及其附属电气设备柱上开关设备、杆上变压器、电容器等每季度一次。

(3) 电缆及其附属电气设备、电缆分支箱（对接箱）等每季度一次。

(4) 电缆管沟（隧道）及电缆通道每季度一次。

(5) 开闭所、环网单元每月一次。

(6) 配电室、箱式变压器变电站每季度一次。

(7) 防雷与接地装置、自动化设备与主设备相同。

3. 配电线路与设备的巡视要求

配电线路与设备的巡视要求有：

(1) 配电线路及设备的巡视应严格运行维护工作计划规定的内容和要求进行。

(2) 配电运行单位应积极建立各类有效的监督检查机制，确保巡视工作规范、有效。

(3) 巡视人员应随身携带图纸资料、巡线日志及常用工具、备件和个人防护用品。

(4) 巡视人员在巡视线路设备时，应同时核对线路资料，并在不违反安全规程与确保安全的前提下，进行维护和简单消缺工作，如开关名称编号、相色等设备标志、清除设备下面生长较高的杂草、蔓藤等。

(5) 巡视人员应认真填写当天的巡视记录，包括巡视人、巡视日期、巡视范围、线路名称及设备的缺陷情况、缺陷类别、沿线危及线路安全的树木、建筑和施工情况、交叉跨越的变动情况以及初步处理意见和情况等。

(6) 发现紧急缺陷应立即向班长汇报，并协助做好消缺工作。

(7) 发现影响线路安全的树木，应立即填写修树通知单，并交班长审核。

(8) 发现影响安全的施工作业情况，应立即开展调查，做好现场宣传、劝阻工作，并书面通知专职人员处理。

(9) 巡视发现的问题要及时进行记录、分析、汇总，重大问题应及时向有关部门汇报。

4. 配电线路与设备定期巡视的主要范围

配电线路与设备定期巡视的主要范围如下：

(1) 架空线路、电缆及其附属电气设备。

(2) 杆上变压器、柱上开关设备、开关站、环网单元、配电室、箱式变压器变电站等设备。

(3) 防雷与接地装置、配电自动化设备、电容器等设备。

(4) 开闭所、环网单元、配电室的建筑物和相关辅助设施。

(5) 线路通道内的树木、违章建筑及悬挂、堆积物，以及周围的挖沟、取土、修路、开山放炮及其他影响安全运行的施工作业等。

(6) 各类相关的运行、警示标志标识及相关设施。

5. 配电线路与设备特殊巡视的主要范围

配电线路与设备的特殊巡视的主要范围如下：

(1) 新投运、大修预试后、改造和长期停用后重新投入运行的线路及设备。

(2) 设备缺陷近期有发展和有重大及以上缺陷或异常情况的线路及设备。

(3) 发生不良工况的线路和设备。

(4) 根据检修或试验情况，有薄弱环节或可能造成缺陷的线路及设备。

(5) 外力破坏或恶劣自然条件对线路及设备安全运行有影响时。

### (二) 架空线路的巡视

1. 架空线路杆塔和基础的巡视内容

架空线路杆塔和基础的巡视内容见表 9-7。

**表 9-7　　架空线路杆塔和基础的巡视内容**

| 序号 | 项目 | | 巡视内容 |
|---|---|---|---|
| 1 | 杆塔是否倾斜、位移 | | (1) 杆塔偏离线路中心不应大于 0.1m，混凝土杆倾斜不应大于 15/1000，转角杆不应向内角倾斜，终端杆不应向导线侧倾斜，向拉线侧倾斜应小于 0.2m。<br>(2) 钢管塔倾斜：档距 50 米以下，不大于 10/1000；档距 50m 以上，不大于 5/1000 |
| 2 | 杆塔外观 | 混凝土杆 | (1) 不应有严重裂纹、铁锈水，保护层不应脱落、疏松、钢筋外露。<br>(2) 不宜有纵向裂纹，横向裂纹不宜超过 1/3 周长，且裂纹宽度不宜大于 0.5mm |
| | | 焊接杆 | 焊接处应无裂纹，无严重锈蚀。铁塔（钢杆）不应严重锈蚀，主材弯曲度不得超过 5/1000，混凝土基础不应有裂纹、疏松、露筋 |
| 3 | 基础 | | (1) 有无损坏、下沉、上拔，周围土壤有无挖掘或沉陷。<br>(2) 有无被水淹、水冲的可能，防洪设施有无损坏、坍塌。<br>(3) 杆塔位置是否合适，有无被车撞的可能，保护设施是否完好，警示标志是否清晰。<br>(4) 基础保护帽上部塔材有无被埋入土或废弃物堆中，塔材有无锈蚀、缺失 |
| 4 | 杆塔标志 | | 如名称杆号、相位标志、不同电源警告牌、3 米线标记是否齐全、清晰明显、规范统一 |
| 5 | 杆塔结构 | | 各部螺丝应紧固，杆塔部件的固定情况，是否缺螺栓或螺母，螺栓丝扣长度，螺栓是否松动等 |
| 6 | 杆塔周围 | | (1) 杆塔周围有无藤蔓类攀援植物和其他附着物，有无危及安全的鸟巢、风筝及杂物。<br>(2) 有无未经批准同杆搭挂非电力资产设施或非同一电源的低压配电线路 |

2. 架空线路金具、绝缘子、拉线、导线、接户线、设备标志的巡视内容

架空线路金具、绝缘子、拉线、导线、接户线、设备标志的巡视内容见表 9-8。

**表 9-8　架空线路金具、绝缘子、拉线、导线、接户线、设备标志的巡视内容**

| 项目 | | | 内　容 |
|---|---|---|---|
| 架空线路金具、绝缘子的巡视内容 | 金具 | | 有无严重锈蚀、变形，磨损，有无起皮或出现严重麻点，锈蚀表面积不应超过 1/2，特别要注意检查金具经常活动、转动的部位和绝缘子串悬挂点的金具 |
| | 螺栓 | | 是否坚固，有无缺螺帽、销子，开口销及弹簧销有无锈蚀、断裂、脱落 |
| | 绝缘子 | | (1) 有无损伤、裂纹和闪络痕迹，釉面剥落面积不应大于 $100mm^2$。<br>(2) 绝缘子钢脚有无弯曲、铁件有无严重锈蚀，针式绝缘子是否歪斜。<br>(3) 在同一绝缘等级内，绝缘子装设应保持一致 |
| | 横担 | 铁横担 | 横担上下倾斜、左右偏斜不应大于横担长度的 2% |
| | | 瓷横担 | 瓷横担、瓷顶担是否偏斜 |
| | 其他 | | (1) 铝包带、预绞丝有无滑动、断股或烧伤；防振锤有无移位、脱落、偏斜。<br>(2) 铁脚、铁帽有无锈蚀、松动、弯曲偏斜 |
| 架空线路接线的巡视内容 | 接线 | | 有无断股、松弛、严重锈蚀和张力分配不匀的现象，拉线的受力角度是否适当，当一基电杆上装设多条拉线时，各条拉线的受力应一致 |
| | 拉线棒 | | 有无严重锈蚀、变形、损伤及上拔现象，必要时应作局部开挖检查 |
| | 拉线基础 | | 是否牢固，周围土壤有无突起、深陷、缺土等现象 |
| | 拉线绝缘子 | | 是否破损或缺少，对地距离应符合要求 |
| | 拉线的位置 | | (1) 拉线不应设在妨碍交通（行人、车辆），或易被车撞的地方，无法避免时应设有明显警示标志或采取其他保护措施，穿越电源线的拉线应加设拉线绝缘子。<br>(2) 跨越道路的拉线对通车路面的垂直距离不应小于 6m（跨越电车线路的水平拉线对路面中心的垂直距离不应小于 9m），路面的垂直距离不应小于 4.5m，并应满足交通管理部门的规定 |
| | 高扳拉线电杆 | | 是否损坏、开裂、起弓、拉直 |
| | 其他 | | 拉线的抱箍、拉线棒、UT 形线夹、楔形线夹等金具铁件有无变形，锈蚀或松动现象 |
| | | | 顶（撑）杆、拉线桩、保护桩或墩子等有无损坏、开裂等现象 |
| | | | 拉线的 UT 形线夹有无被埋入土或废弃物堆中 |
| | | | 因环境变化，拉线是否妨碍交通 |
| 架空线路导线的巡视内容 | 电流 | | 导线通过的负荷电流不应超过其允许电流 |
| | 导线外观 | | (1) 有无断股、损伤、烧伤、腐蚀的痕迹，绑扎线有无脱落、开裂，连接线夹是否坚固。7 股导线中任一股损伤深度不得超过该股导线直径的 1/2，19 股及以上导线任一处的损伤不得超过 3 股。<br>(2) 导线上有无抛扔物。<br>(3) 导线线间距离、对地、对建筑物等交叉跨越距离应符合规定 |
| | 导线弛度 | | 三相弛度是否平衡，有无过紧、过松现象；三相导线弛度误差不得超过设计值的 −5%或+10%；一般档距内弛度相差不宜超过 50mm |
| | 接头及线夹 | | (1) 接头是否良好，有无过热变色和严重腐蚀，连接线夹是否缺少。<br>(2) 线夹、连接器上有无锈蚀或过热现象（如接头变色、熔化痕迹等），连接线夹弹簧垫是否齐全，螺栓是否坚固 |
| | 架空绝缘线 | | 有无过热、变形、起泡现象 |
| | 绝缘子 | | (1) 与绝缘导线直接接触的金具绝缘罩是否齐全、有无开裂，发热变色变形，接地环设置是否满足规程要求。<br>(2) 固定导线用绝缘子上的绑线有无松弛和开断现象 |
| | 其他 | | 跳（档）线、引线有无损伤、断股、弯扭；过引线有无损伤、断股、松股、歪扭，与杆塔、构件及其他引线间距离是否符合规定 |

续表

| 项目 | | 内容 |
|---|---|---|
| 架空线路接户线的巡视内容 | 跨越距离 | 线间距离和对地、对建筑物等交叉跨越距离是否符合规定 |
| | 绝缘层 | 是否老化、损坏 |
| | 接头 | 接触是否良好，有无电化腐蚀现象 |
| | 绝缘子 | 有无破损、脱落 |
| | 支持物 | 是否固定，有无腐朽、锈蚀、损坏等现象 |
| | 弧垂 | 是否合适，有无混线、烧伤等现象 |
| 架空线路设备标志的巡视内容 | | 线路杆号牌、分色牌、相色牌，公用配电变压器铭牌，柱上断路器和隔离开关的名称编号牌，以及警告牌是否正确完好 |
| | | 标志牌应尽可能设在巡视易见一侧 |

### （三）电缆的巡视

#### 1. 电缆的巡视周期

电缆的巡视周期见表 9-9。

**表 9-9　　电缆的巡视周期**

| 序号 | 项目 | 巡视周期 |
|---|---|---|
| 1 | 电缆、电缆管沟（隧道） | 电缆、电缆管沟（隧道）每季度巡视一次 |
| 2 | 电缆通道 | 巡视应结合电缆管沟（隧道）巡视进行。特殊天气、大负荷和通道周边有动土施工等特殊情况时应增加巡视频次 |
| 3 | 敷设在土中、隧道中以及沿桥梁架设的电缆 | 两次巡视间隔不得超过三个月。根据季节及基建工程特点，应增加巡查次数 |
| 4 | 电缆竖井内的电缆 | 每半年至少巡查一次 |
| 5 | 对挖掘暴露的电缆 | 视工程情况，酌情加强巡视 |
| 6 | 污秽地区的电缆终端头 | 巡视期限，可根据当地的污秽程度予以决定 |

#### 2. 电缆的巡视

(1) 电缆通道的地面、电缆管沟、隧道巡视内容见表 9-10。

**表 9-10　　电缆通道的地面、电缆管沟、隧道巡视内容**

| 项目 | | 内容 |
|---|---|---|
| 电缆通道的地面的巡视内容 | 路径周边 | 有无挖掘、打桩、拉管、顶管等施工迹象，检查路径沿线各种标识标志是否齐全 |
| | 电缆通道上方 | 有无违章建筑物，是否堆置可燃物、杂物、重物、腐蚀物等 |
| | 地面 | 是否存在沉降、埋深不够等缺陷 |
| | 井盖 | 是否丢失、破损、被掩埋 |
| | 电缆沟盖板 | 是否齐全完整并排列紧密 |
| | 隧道进出口 | 设施是否完好，巡检通道是否畅通，沿线通风口是否完好 |

续表

| 项目 | | 内　　容 |
|---|---|---|
| 电缆管沟的巡视内容 | 电缆管沟及窨井盖板 | 有无缺损，编号、标识是否完整、清晰；铸铁盖板内挂牌是否齐全；入井内电缆铅包在排管口及挂钩处，不应有磨损现象，并检查衬铅是否失落 |
| | 电缆管沟本体 | 有无破损、下沉，接地是否良好，管沟体上是否有违章建筑，电缆有无外露 |
| | 电缆管沟周围 | 是否正常，有无挖掘痕迹，是否有在建设施、管线 |
| | 电缆桥架构件 | 有无弯曲、变形、锈蚀，是否被盗。螺栓有无缺损、松动，防火措施是否完善 |
| | 电缆工作井内 | (1) 有无积水、杂物，备用管孔有无堵塞。<br>(2) 工作井内每条电缆命名铭牌是否清晰齐全 |
| 电缆隧道的内部巡视内容 | 结构本体 | 有无形变，支架、爬梯、楼梯等附属设施及标识、标志是否完好 |
| | 电缆固定金具 | 是否齐全，隧道内接地箱、交叉互联箱的固定、外观情况是否良好 |
| | 安全隐患 | (1) 机械通风、照明、排水、消防、通信、监控、测温等系统或设备是否运行正常，是否存在隐患和缺陷。<br>(2) 测量并记录氧气和可燃、有害气体的成分和含量。<br>(3) 是否存在火灾、坍塌、盗窃、积水等隐患。<br>(4) 是否存在温度超标、通风不良、杂物堆积等缺陷，缆线孔洞的封堵是否完好 |

(2) 电缆线路的巡视。包括电缆终端头、中间接头、支架、分支箱（对接箱）的巡视以及电缆温度的检查和监视。见表9-11。

**表9-11　电缆线路的巡视内容**

| 项目 | | 内　　容 |
|---|---|---|
| 电缆终端头的巡视内容 | 连接部位 | 是否良好，有无过热现象（如：连接部位变色等） |
| | 清洁度 | 电缆终端头和支柱绝缘子的瓷件或硅橡胶伞裙套有无脏污、损伤、裂纹和闪络痕迹 |
| | 电缆终端 | 有无放电现象 |
| | 交联电缆终端 | 热缩、冷缩或预制件有无开裂、积灰、电蚀或放电痕迹 |
| | 相色 | 是否清晰齐全 |
| | 接地 | 是否良好 |
| 电缆中间接头的巡视内容 | 密封 | 是否良好 |
| | 积水 | 是否有积水现象 |
| | 标志 | 是否清晰齐全 |
| | 连接部位 | 是否良好，有无过热变色、变形、烧损、熔接等现象 |
| 电缆支架的巡视内容 | 电缆支架 | 是否有变形、锈蚀现象 |
| | 稳定性 | 电缆终端头和避雷器固定是否牢固 |
| | 完整性 | 电缆上杆部分保护管及其封口是否完整 |
| 电缆分支箱（对接箱）的巡视内容 | 基础 | 有无损坏、下沉，周围土壤有无挖掘或沉陷，电缆有无外露，固定螺栓是否松动 |
| | 壳体 | 锈蚀损坏情况，外壳油漆是否剥落，内装式铰链门开合灵活 |
| | 箱内 | 有无进水，有无小动物、杂物、灰尘 |
| | 电缆搭头 | 接触是否良好，有无发热、氧化、变色现象，电缆搭头相间和对壳体、地面距离是否符合规程要求 |

续表

| 项目 | | 内容 |
|---|---|---|
| 电缆分支箱（对接箱）的巡视内容 | 铭牌 | （1）名称、铭牌、警告标识、一次接线图、故障值班报修电话等标志是否清晰、正确。<br>（2）箱体内电缆进出线牌号与对侧端标牌是否对应，电缆命名牌应齐全，肘头相色齐全 |
| | 防雷 | 防雷和接地装置是否完好，电缆洞封口是否严密，箱内底部填沙与基座是否齐平 |
| | 其他 | 有无异常声音或气味箱内其他设备运行是否良好 |
| 电缆温度的检查和监视内容 | 直埋电缆温度 | 测量直埋电缆温度时，应测量同地段的土壤温度，测量土壤温度的热偶温度计的装置点与电缆间的距离不小于 3m，离土壤测量点 3m 半径范围内应无其他热源 |
| | 土壤温度 | 电缆同地下热力管交叉或接近敷设时，电缆周围的土壤温度，在任何时候不应超过本地段其他地方同样深度的土壤温度 10℃以上 |
| | 检查电缆的温度 | 应选择电缆排列最密处或散热情况最差处或有外界热源影响处 |
| | 测量电缆的温度 | 应在夏季或电缆最大负荷时进行 |

### （四）柱上开关设备的巡视

1. 柱上开关设备的巡视范围和周期

柱上开关设备的巡视范围和周期见表 9-12。

**表 9-12　　柱上开关设备巡视范围和周期**

| 项目 | 内　容 |
|---|---|
| 巡视范围 | 柱上开关设备主要包括断路器、负荷开关、隔离负荷开关（负荷刀闸）、隔离开关和跌落式熔断器等 |
| 巡视周期 | 柱上开关设备的巡视周期与架空线路的巡视周期相同，并应同步开展巡视工作 |

2. 柱上开关设备的巡视内容

（1）断路器和负荷开关的巡视内容如下：

1）外壳有无渗、漏油、漏气和锈蚀现象。

2）套管有无破损、裂纹和严重污染或放电闪络的痕迹。

3）开关的固定是否牢固，是否下倾；支架是否歪斜、松动；引线接点和接地是否良好线间和对地距离是否足够。

4）气压、油位是否正常，弹簧机构是否已储能。

5）气体绝缘开关的压力指示是否在允许范围内，开关命名，分、合位置指示，警示标志，带电显示器是否正确、清晰。

6）各个电气连接点是否采用压接、是否漏用铜铝过渡设备，有无锈蚀、过热和烧损现象。

（2）隔离负荷开关、隔离开关、跌落式熔断器的巡视内容如下：

1）瓷件有无裂纹、闪络、破损及严重污染。

2）熔丝管有无弯曲、变形。

3）触头间接触是否良好，有无过热、烧损、熔化现象。

4）各部件的组装是否良好，有无松动、脱落。

5）引下线接点是否良好，与各部件间距是否合适。

6）安装是否牢固，相间距离、倾角是否符合规定。

7）操动机构是否灵活，有无锈蚀现象。

8）隔离负荷开关的有机绝缘灭弧室是否完整无裂纹。

9）接地装置是否完好。

10）综合测控装置的箱体是否破损、倾斜、变化、锈蚀、异常声音等现象；连接线是否脱落、破损、变色、老化等。

11）跌落式熔断器遮断容量应大于其安装点的短路容量。负荷开关、隔离开关额定热稳定电流应大于其安装点的短路电流。

3. 柱上开关设备缺陷的处理

检查发现柱上开关设备有以下缺陷之一时，应及时处理。

（1）跌落式熔断器的消弧管内径扩大或受潮膨胀而失效，上下触头不在一条直线内。

（2）触头接触不良、有麻点、过热、烧损现象。

（3）触头弹簧片的弹力不足，有退火、断裂等情况。

（4）操动机构操作不灵活。

（5）熔丝容量不合适。

（6）相间距离不足 0.5m，跌落式熔断器安装倾斜角超出 15°～30°范围。

（五）开闭所、配电室、环网单元的巡视

1. 开闭所、配电室、环网单元的巡视周期

开闭所、配电室、环网单元的巡视周期如下：

（1）定期巡视、检查每月一次。

（2）灭火器具检查每月一次。

（3）翻电缆盖板抽查半年一次（春末、冬初）。

2. 特殊巡视检查

开闭所、配电室、环网单元遇以下情况之一时，应作特殊巡视检查。

（1）新投运或检修后投运。

（2）遇台风、暴雨、大雪等特殊天气。

（3）设备满负荷、法定节假日和有重要供电任务。

（4）用电高峰季节前应对电气连接部分进行一次检查，以及时发现过热缺陷，并及时处理。

3. 开闭所、配电室、环网单元的巡视内容

开闭所、配电室、环网单元的巡视内容如下：

（1）各种仪表，信号装置是否正常。

（2）各种设备的各部件接点接触是否良好，有无放电声，有无过热变色、烧熔现象，示温片是否熔化。

（3）瓷件有无裂纹、损伤、放电痕迹。

（4）隔离开关的开关指示位置是否正确，$SF_6$ 断路器气体压力是否正常。

（5）模拟图板与运行状态是否一致。

(6) 照明设备和防火设施是否完好。

(7) 铭牌及各种标志是否齐全、清晰。

(8) 建筑物的门、窗、钢网有无损坏，基础有无下沉、开裂；屋顶有无漏水、积水，沿沟有无堵塞。

(9) 开关柜内电缆终端是否接触良好，电缆终端相间和对地距离是否符合要求。

(10) 盖板有无破损、缺少，进出沟管封堵是否良好，防小动物设施是否完好。

(11) 室内是否清洁，周围有无威胁安全的堆积物，大门口是否畅通、是否影响检修车辆通行。

(12) 设备有无凝露，加热器或去湿装置是否处于良好状态、随时能投入运行。

(13) 接地装置是否良好，有无严重锈蚀、损坏。

(14) 开关防误闭锁是否完好，柜门关闭是否正常，油漆有无剥落。

(15) 电缆引线有无断股、发热、变色或闪络痕迹。

(16) 母线排有无变色变形现象，支柱绝缘子有无碎裂。

(17) 变压器油面是否正常，有无渗油现象，硅胶有无变色，有无异常响声，套管有无裂纹和放电痕迹，桩头有无变色。

(18) 设备运行条件是否符合产品要求。

### (六) 配电变压器台区设备的巡视

#### 1. 配电变压器台区的巡视范围

配电变压器台区设备的巡视范围主要包括杆上变压器、配电室、箱式变压器等。

#### 2. 配电变压器台区设备的巡视周期

配电变压器台区设备的巡视周期如下：

(1) 定期巡视每季度一次，杆上变压器的巡视应与架空线路巡视同步进行。

(2) 负荷测量每年至少一次。

#### 3. 配电变压器台区设备的巡视内容

配电变压器台区设备的巡视内容包括：

(1) 各种仪表、信号指示是否正常，配电变压器是否超负荷。

(2) 各种设备的各部件接点接触是否良好，有无过热变色、烧熔现象，示温片是否熔化。

(3) 配电变压器分接开关指示位置是否正确，换接是否良好。

(4) 变压器套管是否清洁，有无裂纹、击穿、烧损和严重污秽，瓷套裙边损伤面积不应超 100mm$^2$。

(5) 变压器油温、油色、油面是否正常，有无异声、异味。

(6) 各部位密封圈（垫）有无老化、开裂，缝隙有无渗、漏油现象。配电变压器外壳有无脱漆、锈蚀。焊口有无裂纹、渗油。

(7) 呼吸器是否正常，有无堵塞，硅胶有无变色现象，如有绝缘罩应检查是否齐全完好。全密封变压器的压力释放装置是否完好。

(8) 变压器噪声水平是否符合环境要求。

(9) 各种标志是否齐全、清晰，铭牌及其警告牌和编号等其他标志是否完好。

（10）变压器台架高度是否符合规定，有无锈蚀、倾斜、下沉。木构件有无腐朽。砖、石结构台架有无裂缝和倒塌的可能。地面安装的变压器、围栏是否完好。平台坡度不应大于 1/100。

（11）建筑物的门、窗、钢网有无损坏，基础有无下沉、开裂。屋顶有无漏水、积水，沿沟有无堵塞。各种防小动物措施是否完善，排风设备及定时装置是否正常。

（12）室内温度是否正常，有无异声、异味，通风是否符合要求。

（13）室内照明装置、消防设施是否完好。

（14）电杆引线是否松弛，绝缘是否良好，相间或对构件的距离是否符合规定，对工作人员上下电杆有无触电危险。

（15）台架周围有无杂物堆放，有无可能威胁配变安全运行的杂草、藤蔓类植物生长等。

（16）各部位螺栓是否完整、有无松动。

（17）变压器温度显示器是否良好，变压器冷却装置的运行是否正常。

### （七）防雷和接地装置的巡视

#### 1. 防雷和接地装置的巡视范围及周期

防雷和接地装置的巡视范围及周期见表 9－13。

**表 9－13　防雷和接地装置的巡视范围及周期**

| 项目 | 内　　容 |
|---|---|
| 巡视范围 | 防雷和接地装置主要包括避雷器、保护间隙，接地线、接地体等 |
| 巡视周期 | 防雷和接地装置的巡视周期与主设备巡视周期相同，并应与主设备巡视同步进行 |

#### 2. 防雷和接地装置的巡视内容

防雷和接地装置的巡视内容如下：

（1）避雷器是否按要求投入运行。

（2）瓷件有无破损，避雷器的硅橡胶有无龟裂。

（3）避雷器引线与构架、导线的距离是否符合规定。

（4）避雷器支架是否歪斜，铁件有无锈蚀。

（5）避雷器瓷套有无裂纹、损伤、闪络痕迹，表面是否脏污。

（6）避雷器的固定是否牢固。

（7）保护间隙有无烧损，锈蚀或被外物短接，间隙距离是否符合规定。

（8）避雷器上、下引线连接是否良好，下引线有否脱落，接地地线有否断线，接地是否良好。

（9）接地线和接地体的连接是否可靠，接地线绝缘护套是否破损，接地体有无外露、严重锈蚀，在埋设范围内有无土方工程。

（10）接地电阻是否满足要求。

（11）各类接头接触是否良好，线夹螺栓有无松动、锈蚀。

（12）各类附件是否锈蚀，接地端焊接处有无开裂、脱落。

### （八）电容器的巡视

电容器的巡视应与所在线路巡视周期相同，并同步开展巡视工作。电容器的巡视内容

如下：

(1) 瓷件有无闪络、裂纹、破损和严重脏污。

(2) 有无渗、漏油。

(3) 外壳有无膨胀、锈蚀。

(4) 接地是否良好。

(5) 放电回路及各引线接线是否良好。

(6) 带电导体与各部的间距是否合适。

(7) 断路器、熔断器的单台熔丝是否熔断。

(8) 并联电容器的单台熔丝是否熔断。

(9) 串联补偿电容器的保护间隙有无变形、异常和放电痕迹。

(10) 电容器运行中的最高温度是否超过制造厂规定值。

(11) 电容器的保护熔丝的整定值是否在电容器的额定电流的 1.2～1.3 倍范围。

电容器的巡视时若发现以下故障之一时，应停止运行，进行处理：

(1) 电容器爆炸、喷油、漏油、起火、鼓肚。

(2) 套管破损、裂纹、闪络烧伤。

(3) 接头过热、熔化。

(4) 单台熔丝熔断。

(5) 内部有异常响声。

# 第四节 供配电系统运行技术管理

## 一、供配电系统的资料管理

### 1. 供配电系统的架空线路技术资料

供配电系统的架空线路技术资料清单见表 9-14。

**表 9-14　　供配电系统的架空线路技术资料清单**

| 序号 | 资料名称 | 要求 | 备注 |
|---|---|---|---|
| 1 | 架空线路系统图 | 每年更新一次，对局部有较大系统改动的，应及时进行补充修改 | 系统图中应标明每一线路的电源和双路用户 |
| 2 | 架空线路单线图 | 每年更新一次 | |
| 3 | 架空线路杆位图 | 每年更新一次 | 市区宜以 1/500 的地理图、郊区及农村宜以 1/10 000 的地理图作背景 |
| 4 | 线路巡视手册 | 巡视即更新 | |
| 5 | 线路交叉跨越记录 | 变更即更新 | |
| 6 | 中压同杆架设线路不同电源记录 | 变更即更新 | |

续表

| 序号 | 资料名称 | 要求 | 备注 |
|---|---|---|---|
| 7 | 柱上设备的拆装、调换等记录 | 记录应能反映某一设备的使用寿命全过程情况 | 以设备跟踪形式进行记录 |
| 8 | 配电线路、设备更改通知单 | 更改即更新 | |
| 9 | 防护、整改通知书 | 随时更新 | |
| 10 | 线路设备缺陷及处理记录 | 随时更新 | |
| 11 | 线路设备检修记录 | 随时更新 | |
| 12 | 杆上变压器的详细资料记录 | 以变压器跟踪形式记录，反映变压器寿命的全过程 | |
| 13 | 公用变压器负荷、电压测量记录 | 随时更新 | |
| 14 | 出厂及交接试验记录 | 变更即更新 | 绝缘子、各种开关、变压器、绝缘线、避雷器、电容器等设备 |
| 15 | 预试试验记录 | 随时更新 | 绝缘子、各种开关、变压器、绝缘线、避雷器、电容器等设备及接地电阻等预试试验数据 |

2. 供配电系统技术资料

供配电系统的开闭所、配电室、环网单元技术资料，供配电系统应备有的技术资料及电力电缆技术资料清单见表 9 - 15。

**表 9 - 15　　供配电系统的开闭所、配电室、环网单元技术资料清单**

<table>
<tr><th>序号</th><th>资料名称</th><th>备注</th></tr>
<tr><td rowspan="10">开闭所、配电室、环网单元技术资料清单</td><td>设备说明书及使用手册</td><td rowspan="7">开闭所、配电室、环网单元设备的资料</td></tr>
<tr><td>技术规范书（技术协议书）</td></tr>
<tr><td>设备图纸</td></tr>
<tr><td>设备合格证</td></tr>
<tr><td>现场试验报告（全检报告）</td></tr>
<tr><td>设备调试报告</td></tr>
<tr><td>设备安装报告</td></tr>
<tr><td>原理接线图（竣工图）</td><td rowspan="3">设计施工图纸（含电子图档）</td></tr>
<tr><td>安装接线图（竣工图）</td></tr>
<tr><td>电缆清册及材料明细（竣工图）</td></tr>
<tr><td rowspan="6">供配电系统应备有的技术资料清单</td><td>主接线图，主接线图板</td><td rowspan="6">随时更新</td></tr>
<tr><td>设备参数记录</td></tr>
<tr><td>设备维修记录</td></tr>
<tr><td>设备出厂、交接、预试和接地电阻测量记录</td></tr>
<tr><td>变压器记录</td></tr>
<tr><td>巡视记录</td></tr>
</table>

续表

| 序号 | 资料名称 | 备注 |
|---|---|---|
| 供配电系统应备有的技术资料清单 | 设备缺陷及处理记录 | 随时更新 |
| | 台区负荷及电压测量记录 | |
| | 设备变更通知单 | |
| | 竣工验收记录和设备技术资料 | |
| | 消防器具检查、更换记录 | |
| | 防护通知书 | |
| 新建住宅小区的电力电缆技术资料 | 电缆路径图 | 随时更新 |
| | 终端、中间接头制作记录 | |
| | 电缆施工记录 | |
| | 预试记录 | |
| | 巡视记录 | |
| | 设备更改记录 | |
| | 电缆设备缺陷及处理记录 | |
| | 故障及处理记录 | |
| | 竣工验收记录 | 随时更新 |
| | 电缆沟竣工及验收资料 | |
| | 电缆及附件清册（包括电缆编号、起止点、型式、电压、芯数、截面、接头、长度等） | |
| | 与用户签订的维护（产权）分界点协议书 | |
| | 设计资料图纸、变更设计的证明文件和竣工图 | |
| | 附件合格证明，安装工艺图，出厂资料 | |

## 二、供配电系统配电设备试验

1. 供配电系统配电设备的试验分类

配网设备试验分为巡检、例行试验和诊断性试验三类。巡检、例行试验通常按周期进行，诊断性试验只在诊断设备状态时有选择地进行。

2. 供配电系统配电设备的巡检

新建住宅小区的供配电系统设备的巡检项目包括：

(1) 在设备运行期间，按规定的巡检内容和巡检周期对各类设备进行巡检，巡检内容还应包括设备技术文件特别提示的其他巡检要求。巡检情况应有书面或电子文档记录。

(2) 在雷雨季节前、恶劣天气后、满负荷（含接近）运行等特殊工况后以及新投运或大修之后，应加强对相关设备的巡检工作。

(3) 高温及大负荷期间应加强红外测温。

3. 供配电系统配电设备的例行试验

新建住宅小区的供配电系统设备的例行试验项目包括：

(1) 重要新设备投运满 1～3 年和设备停运 6 个月以上重新投运前应进行例行试验。

(2) 现场备用设备应视同运行设备进行例行试验。备用设备投运前应对其进行例行试验。若更换的是新设备，投运前应按交接试验要求进行试验。

4. 供配电系统配电设备的诊断性试验

新建住宅小区的供配电系统配电设备的诊断性试验方法如下：

(1) 在进行与环境温度、湿度有关的试验时，除专门规定的情形之外，环境相对湿度不宜大于80%，环境温度不宜低于5℃，绝缘表面应清洁、干燥。

(2) 进行耐压试验时，应尽量将连在一起的各种设备分离开来单独试验（制造厂装配的成套设备不在此限），但同一试验电压的设备可以连在一起进行试验。已有单独试验记录的若干不同试验电压的电力设备，在单独试验有困难时，也可以连在一起进行试验，此时，试验电压应采用所连接设备中的最低试验电压。

(3) 若电力设备的额定电压与实际使用的额定工作电压不同，应根据下列原则确定试验电压：

1) 当采用额定电压较高的设备以加强绝缘时，应按照设备的额定电压确定其试验电压。

2) 当采用额定电压较高的设备作为代用设备时，应按照实际使用的额定工作电压确定其试验电压。

(4) 交流耐压试验时若无特殊说明，试验频率范围应为45～65Hz，加至试验标准电压后的持续时间应为1min。

5. 试验标准的采用

若设备技术文件有要求，但试验规程未涵盖的检查和试验项目，按设备技术文件要求进行。若设备技术文件要求与试验规程要求不一致，按标准高的要求执行。

第十章

# 新建住宅小区供配电系统施工与维护的安全管理

## 第一节　架空线路施工与维护的安全管理

### 一、配电线路杆塔上作业的安全管理

配电线路杆塔上作业的安全管理要求见表10-1。

表10-1　配电线路杆塔上作业的安全管理要求

| 序号 | 项目 | 安全管理要求 |
|---|---|---|
| 1 | 攀登杆塔作业前 | 应先核对杆塔的双重名称，检查杆根、基础和拉线是否牢固。新立杆塔在杆基未完全牢固或未做好临时拉线前，禁止攀登。遇有冲刷、起土、上拔或拉线松动的杆塔，应先培土加固，打好临时拉线或支好架杆后，再行登杆 |
| 2 | 登杆塔前 | 应先检查登高工具、设施，如：脚扣、升降板、安全带、梯子和脚钉、爬梯、防坠装置等是否完整牢靠。并应检查杆塔上影响攀登的附属物，若杆塔上附挂有低压线路，应先停电并接地。杆塔上附挂的弱电线路或弱电电缆钢绞线也应接地 |
| 3 | 禁止携带器材登杆或在杆塔上移位 | (1) 手扶的构件应牢固，不准失去安全保护，并有防止安全带从杆顶脱出或锋利物损坏的措施。<br>(2) 禁止携带器材登杆或杆塔上移位。<br>(3) 禁止利用绳索、拉线上下杆塔或顺杆下滑。<br>(4) 攀登有覆冰、积雪、雨水、积霜的杆塔时，应采取防滑措施 |
| 4 | 上横担进行工作前 | 应检查横担连接是否牢固和腐蚀情况，检查时安全带（绳）应系在主杆或牢固的构件上 |
| 5 | 在杆塔上使用梯子或临时工作平台时 | 应将两端与固定物可靠连接，一般应由一人在其上工作 |
| 6 | 在杆塔上作业时 | (1) 宜使用有后备绳的区域式安全带（带后备保护绳的安全带），安全带和保护绳应分挂在杆塔不同部位的牢固构件上。<br>(2) 杆塔上作业应使用工具袋，较大的工具应固定在牢固的构件上，不准随便乱放。上下传递物件应用绳索拴牢传递，禁止上下抛掷。在人员密集或有人员通过的地段，在杆塔上作业，工作点下方应按坠落半径设围栏或其他保护措施。杆塔上下无法避免垂直交叉作业时，应做好防落物伤人的措施，作业时要相互照应，密切配合。<br>(3) 雷雨天气不宜进行线路杆塔上的作业。必须进行的抢修作业，要有安全措施 |

### 二、架空配电线路杆塔施工的安全管理

配电线路杆塔施工的安全管理要求见表10-2。

**表 10－2　　配电线路杆塔施工的安全管理要求**

| 序号 | 项目 | 安全管理要求 |
|---|---|---|
| 1 | 开工前 | 开工前，应交代施工方法、指挥信号和安全措施，工作人员应明确分工、密切配合、服从指挥。在居民区和交通道路附近立、撤杆时，应具备相应的交通组织方案，设警戒范围或警告标志，并派专人看守 |
| 2 | 立、撤杆要求 | (1) 立、撤杆应设专人统一指挥。<br>(2) 立、撤杆使用的起重设备应经检验合格，禁止过载使用。<br>(3) 立、撤杆塔过程中基坑内禁止有人工作。除指挥人及指定人员外，其他人员应在处于杆塔高度的 1.2 倍距离以外 |
| 3 | 立杆及修整杆坑时 | (1) 应采用拉绳、叉杆等防止杆身倾斜、滚动的措施。<br>(2) 顶杆及叉杆只能用于竖立 10m 以下的拔梢杆，不准用铁锹、木桩等代用。立杆前，应开好“马道”。工作人员要均匀地分配在电杆的两侧 |
| 4 | 利用已有杆塔立、撤杆 | 应先检查杆塔根部及拉线和杆塔的强度，必要时应增设临时拉线或其他补强措施 |
| 5 | 使用吊车立、撤杆时 | 钢丝绳套应挂在电杆的适当位置以防止电杆突然倾倒。吊车位置应选择适当，吊钩口应有防脱钩装置，并应有防止吊车下沉、倾斜的措施。起、落时应注意与周围的带电设备保持足够的安全距离。撤杆时，应先挖开检查有无卡盘或障碍物并试拔 |
| 6 | 使用倒落式抱杆立、撤杆时 | 主牵引绳、尾绳、杆塔中心及抱杆顶应在一条直线上，抱杆下部应固定牢固，抱杆顶部应设临时拉线控制，临时拉线应均匀调节并由有经验的人员控制。临时拉线不应固定在有可能移动或其他不牢固的物体上。抱杆应受力均匀，两侧拉绳应拉好，不准左右倾斜 |
| 7 | 使用固定式抱杆立、撤杆时 | 抱杆应用临时拉绳固定稳固，所有拉绳均应固定在牢固的地锚上。抱杆的基础应平整坚实，抱杆不应受侧向力 |
| 8 | 整体立、撤杆塔前 | 应进行全面检查，各受力、联结部位全部合格方可起吊。立、撤杆塔过程中，杆顶起立离地约 0.8m 时，应对杆塔进行一次冲击试验，对各受力点处作一次全面检查，确无问题，再继续起立。起立至 80°时，停止牵引，用临时拉线调整杆塔 |
| 9 | 立、撤杆作业现场要求 | (1) 不准利用树木或外露岩石作受力桩。一个锚桩上的临时拉线不应超过 2 根，临时拉线不准固定在有可能移动或其他不可靠的物体上。<br>(2) 临时拉线绑扎工作应由有经验的人员担任。临时拉线应在永久拉线全部安装完毕承力后方可拆除。<br>(3) 在带电设备附近进行立、撤杆工作，杆塔、拉线与临时拉线、起重设备与起重绳索应与带电设备保持安全距离，且有防止立、撤杆过程中拉线跳动和杆塔倾斜接近带电导线的措施 |
| 10 | 杆塔立起后 | (1) 回填夯实后方可撤去拉绳及叉杆。<br>(2) 基础未完全夯实牢固和有拉线杆塔在拉线未制作完成前，禁止攀登。<br>(3) 杆塔施工中不宜用临时拉线过夜。需要过夜时，应对临时拉线采取加固和防盗措施 |
| 11 | 检修杆塔 | 不应随意拆除受力构件，如需要拆除时，应事先作好补强措施。调整杆塔倾斜、弯曲、拉线受力不均或迈步、转向时，应根据需要设置临时拉线及其调节范围，并应有专人统一指挥。杆塔上有人时，不准调整或拆除拉线 |
| 12 | 穿越导线的杆塔拉线 | 应使用接线绝缘子并与导线保持足够的安全距离，登杆作业过程中需要接触或接近该拉线时，应检验拉线是否有电，否则应与拉线保持相应电压等级的安全距离 |

## 三、架空配电线路放线、紧线与撤线作业的安全管理

放线、紧线与撤线的安全管理要求见表10－3。

**表10－3　　放线、紧线与撤线的安全管理要求**

| 序号 | 项目 | 安全管理要求 |
| --- | --- | --- |
| 1 | 工作前 | 应检查放线、紧线与撤线工具及设备是否良好；安全器具是否齐全、完好 |
| 2 | 放线、紧线前 | 应检查导线有无障碍物挂住，导线与牵引绳的连接应可靠，线盘架应稳固可靠、转动灵活、制动可靠 |
| 3 | 放线、紧线时 | （1）应检查接线管或接线头过滑轮、横担、树枝、房屋等处有无卡、挂现象，遇有卡、挂现象，应松线后处理。<br>（2）处理时操作人员应站在卡线处外侧，采用工具、大绳等撬、拉导线。<br>（3）禁止用手直接拉、推导线 |
| 4 | 紧线、撤线前 | 应检查拉线、桩锚及杆塔。必要时，应加固桩锚或加设临时拉绳。拆除杆上导线前，应先检查杆根，做好防止倒杆措施，在挖坑前应先绑好拉绳 |
| 5 | 放线、紧线与撤线工作时 | （1）放线、紧线与撤线工作均应有专人指挥、统一信号，并做到通信畅通、加强监护。<br>（2）人员不应站在或跨在已受力的牵引绳、导线的内角侧和展放的导线圈内以及牵引绳或架空线的垂直下方，防止意外跑线时抽伤 |
| 6 | 采用以旧线带新线的方式施工时 | （1）应先检查旧导线是否完好牢固；并检查放线通道中是否有带电线路和带电设备，若有带电线路与带电设备，应与之保持足够的安全距离，不能保证安全距离时应采取防止措施，否则带电线路必须停电。<br>（2）牵引过程中应安排专人跟踪新老线连接点，发现问题及时通知停止牵引 |
| 7 | 其他情况 | （1）交叉跨越各种线路、铁路、公路、河流等放、撤线时，应先取得主管部门同意，做好安全措施，如搭好可靠的跨越架、封航、封路、在路口设专人持信号旗看守等。<br>（2）在交通道口采取无跨越架施工时，应采取措施防止车辆挂碰施工线路。<br>（3）禁止采用突然剪断导线的做法松线 |

## 四、低压线路上工作的安全管理

低压线路上工作的安全管理要求见表10－4。

**表10－4　　低压线路上工作的安全管理要求**

| 序号 | 项目 | 安全管理要求 |
| --- | --- | --- |
| 1 | 低压线路上的停电工作 | 应对工作地点的线路和设备进行验电。在确认无电后，在有直接电气连接部位装设接地线 |
| 2 | 低压带电线路和设备上工作 | （1）所有未接地的线路和设备都应视为带电，采取绝缘隔离措施或使用有绝缘手柄和戴手套后方可开展工作。低压线路和设备上工作应在监护人的监护下进行。<br>（2）在低压带电导线未采取绝缘隔离措施前，作业人员不应穿越。<br>（3）高低压同杆塔架设，在低压带电线路上工作时，应先检查与高压线的距离，采取防止误碰带电高压设备的措施 |
| 3 | 低压不停电作业上杆前 | 应先分清相、零线，选好工作位置。断开导线时，应先断开相线，后断开零线。搭接导线时，顺序应相反。人体不应同时接触两根线头 |

续表

| 序号 | 项目 | 安全管理要求 |
| --- | --- | --- |
| 4 | 低压不停电作业中 | (1) 应使用有绝缘柄的工具，其外裸露的导电部位应采取绝缘措施，防止操作时造成相间或相对地短路。禁止使用锉刀、金属尺和带有金属物的毛刷、毛掸等工具。<br>(2) 作业人员应穿绝缘鞋（雨天应穿绝缘靴）和全棉长袖工作服，并戴手套、护目镜，站在干燥的绝缘物或专用的绝缘垫上进行 |
| 5 | 在带电的低压配电线路上工作时 | 应采取防止相间短路和单相接地的绝缘隔离措施 |
| 6 | 低压装表接电时 | 禁止装表与接火同时进行或先接火后安装计量装置 |

# 第二节　电力电缆施工与维护的安全管理

## 一、电力电缆作业时的安全管理要求

电力电缆作业时的安全技术要求见表 10－5。

**表 10－5　　电力电缆作业时的安全管理要求**

| 序号 | 项目 | 安全管理要求 |
| --- | --- | --- |
| 1 | 电缆直埋敷设施工前 | (1) 应先查清图纸，再开挖足够数量的样洞和样沟，摸清地下管线分布情况，以确定电缆敷设位置及确保不损坏运行电缆和其他地下管线。<br>(2) 为防止损伤运行电缆或其他地下管线设施，在城市道路规划红线范围内不宜使用大型机械来开挖沟槽，硬路面的面层破碎可使用小型机械设备，但应加强监护，不得深入土层。若需使用大型机械设备时，应履行相应的报批手续 |
| 2 | 掘路施工 | 应具备相应的交通组织方案，做好防止交通事故的安全措施。施工区域应用标准路栏等严格分隔，并有明显标记，夜间施工人员应穿着带反光标志的马甲，施工地点的四周应加挂警示灯 |
| 3 | 沟槽开挖时 | 应将路面铺设材料和泥土分别堆置，堆置处和沟槽之间应保留通道供施工人员正常行走。在堆置物堆起的斜坡上不得放置工具、材料等器物 |
| 4 | 沟槽开挖后 | (1) 沟槽开挖深度达到 1.5m 及以上时，应采取措施防止土层塌方。<br>(2) 挖掘出的电缆或接头盒，如下面需要挖空时，应采取悬吊保护措施。电缆悬吊应每 1～1.5m 吊一道。接头盒悬吊应平放，不得使接头盒受到拉力。若电缆接头无保护盒，则应在该接头下垫上加宽加长木板，方可悬吊。电缆悬吊时，不得用铁丝或钢丝等 |
| 5 | 挖到电缆保护板（管）后 | 应由有经验的人员在场指导，方可继续进行 |
| 6 | 开启电缆井井盖、电缆沟盖板及电缆隧道入孔盖时 | 应使用专用工具，同时注意所立位置，以免滑脱后伤人。开启后应设置标准路栏围起，并有人看守。工作人员撤离电缆井或隧道后，应立即将井盖或隧道盖板盖好 |

续表

| 序号 | 项目 | 安全管理要求 |
| --- | --- | --- |
| 7 | 电缆沟的盖板开启后 | 应自然通风一段时间，经测试合格后方可下井沟工作。电缆井、隧道内工作时，通风设备应保持常开 |
| 8 | 电缆井内工作时 | (1) 电缆隧道应有充足的照明，并有防火、防水、通风的措施。<br>(2) 禁止只打开一只井盖（单眼井除外）。<br>进入电缆井、电缆隧道前，应先用吹风机排除浊气，再用气体检测仪检查井内或隧道内的易燃易爆及有毒气体的含量是否超标，并做好记录 |
| 9 | 移动电缆接头 | (1) 一般应停电进行。如必须带电移动电缆，应先调查该电缆的历史记录，由有经验的施工人员，在专人统一指挥下，平正移动。<br>(2) 配电设备中使用的普通型电缆接头，禁止带电插拔。可带电插拔的电缆接头，不准带负荷操作。带电插、拔电缆头时应使用绝缘操作棒并戴绝缘手套 |
| 10 | 锯电缆前 | (1) 应与电缆走向图图纸核对相符，并使用专用仪器（如感应法）确切证实电缆无电后，用接地的带绝缘柄的铁钎钉入电缆芯后，方可工作。<br>(2) 扶绝缘柄的人应戴绝缘手套并站在绝缘垫上，并采取防灼伤措施（如防护面具等）。如使用液压割刀开断电缆，应在铁钎钉入电缆芯后方可开断，刀头应可靠接地 |
| 11 | 制作电缆头 | 制作环氧树脂电缆头和调配环氧树脂工作过程中，应采取有效的防毒和防火措施 |
| 12 | 动火工作 | (1) 使用携带型火炉或喷灯时，火焰与带电部分的距离：电压在 10kV 及以下者，不得小于 1.5m；电压在 10kV 以上者，不得小于 3m。<br>(2) 不得在带电导线、带电设备、变压器、油断路器（开关）附近以及在电缆夹层、隧道、沟洞内对火炉或喷灯加油及点火。<br>(3) 在电缆沟盖板上或旁边进行动火工作时需采取必要的防火措施 |
| 13 | 跌落式熔断器使用 | (1) 在 10、20kV 跌落式熔断器与 10、20kV 电缆头之间，宜加装过渡连接装置，使工作时能与熔断器上桩头有电部分保持安全距离。<br>(2) 在 10、20kV 跌落式熔断器上桩头有电的情况下，未采取安全措施前，不得在熔断器下桩头新装、调换电缆尾线或吊装、搭接电缆终端头。<br>(3) 如必须进行上述工作，则应采用专用绝缘罩隔离，在下桩头加装接地线。作业人员站在低位，伸手不得超过跌落式熔断器下桩头，并设专人监护。上述加绝缘罩的工作应使用绝缘工具。雨天禁止进行以上工作 |
| 14 | 电缆施工完成后 | 应将穿越过的孔洞进行封堵 |

## 二、电力电缆线路试验的安全管理要求

电力电缆线路试验时的安全管理要求见表 10-6。

**表 10-6　　电力电缆线路试验时的安全管理要求**

| 序号 | 项目 | 安全管理要求 |
| --- | --- | --- |
| 1 | 电力电缆试验需拆除接地线时 | 应征得工作许可人的许可（根据调度员指令装设的接地线，应征得调度员的许可），方可进行。工作完毕后立即恢复 |
| 2 | 电缆耐压试验前 | 应先对被试电缆充分放电，加压端应做好安全措施，防止人员误入试验场所。另一端应设置围栏并挂上警告标示牌。如另一端是上杆的或是锯断电缆处，应派人看守 |

续表

| 序号 | 项目 | 安全管理要求 |
|---|---|---|
| 3 | 在电缆试验过程中 | 更换试验引线时，应先对被试电缆充分放电，作业人员应戴绝缘手套 |
| 4 | 电缆耐压试验分相进行时 | 另两相电缆应可靠接地 |
| 5 | 电缆试验结束 | 应对被试电缆进行充分放电，并在被试电缆上加装临时接地线，待电缆接通后才可拆除 |
| 6 | 电缆故障声测定点时 | 禁止直接用手触摸电缆外皮或冒烟小洞 |

## 三、电力电缆的运行的安全管理

1. 电力电缆运行的故障现象分析

电力电缆运行的故障现象分析如下：

(1) 电力电缆超负荷运行，造成了设备故障。

(2) 电力电缆接头接触不良，有过热变色现象。

(3) 电力电缆端头有相色脱落、端头脱胶及放电现象。

(4) 电力电缆停电运行超过了规定期，在送电时没作相关试验造成了设备事故。

2. 电力电缆运行的安全措施

电力电缆运行的安全措施如下：

(1) 电力电缆在正常情况下，一般不允许过负荷运行，在紧急事故时允许超负荷运行。

(2) 电力电缆接头接触不良，有过热变色现象，应加强运行监视，情况严重时，应申请停电处理。

(3) 电力电缆端头有相色脱落、端头脱胶及放电现象。应加强运行监视，情况严重时，应申请停电处理。

(4) 电力电缆停电超过 7 天，但不满 30 天，在重新投入运行前，应用绝缘电阻表测量绝缘电阻。停电超过 30 天，必须做耐压试验。

# 第三节　配电系统施工与维护的安全管理

## 一、配电系统柱上变压器台架作业的安全管理

柱上变压器台架作业的安全管理要求见表 10－7。

**表 10－7　　柱上变压器台架作业的安全管理要求**

| 序号 | 项目 | 安全管理要求 |
|---|---|---|
| 1 | 柱上变压器台架作业前 | 应先拉开低压侧的负荷开关、隔离开关，再断开可能送电到变压器台架的高压线路的隔离开关或跌落式熔断器，验电、接地后，才能进行工作。如跌落式熔断器至变压器的引线为绝缘导线时，应留出验电、装设接地线的部位或装置。如变压器的低压侧无法装设接地线时，应采用绝缘遮蔽措施 |

续表

| 序号 | 项目 | 安全管理要求 |
| --- | --- | --- |
| 2 | 在柱上变压器台架作业时 | 人体与高压线路和跌落式熔断器上部有电部分应保持安全距离，不得在跌落式熔断器下部新装、调换引线。如必须进行上述工作，则应采用绝缘罩将跌落式熔断器上部隔离，并设专人监护 |
| 3 | 攀登柱上变压器及上台架前 | 应先检查杆根、基础及台架与杆塔联结是否牢固，接地体是否完好。台架上作业人员应使用安全带 |

## 二、配电系统箱式变电站作业的安全管理

箱式变电站作业的安全管理要求如下：

(1) 箱式变电站停电作业前，应断开可能送电到箱式变电站各线路的断路器（开关）、负荷开关、隔离开关（刀闸）和熔断器，验电、接地后才能进行箱式变电站的高压设备工作。

(2) 变压器高压侧短路接地、低压侧短路接地或采用绝缘遮蔽措施后才能进入变压器室工作。

(3) 箱式变电站低压装置上的工作应执行低压配电设备停电的安全措施。

## 三、配电系统开闭所、配电室作业的安全管理

1. 配电变压器作业的安全管理

(1) 配电变压器就位与安装的安全措施见表 10 - 8。

**表 10 - 8　配电变压器就位与安装的安全措施**

| 序号 | 项目 | 安全措施 |
| --- | --- | --- |
| 1 | 配电变压器安装 | 应在满足安装条件时方可进行安装，若与土建交叉作业时，应协调双方做好防护措施，以防人身及设备安全 |
| 2 | 配电变压器在安装地点拆箱后 | 应立即将拆箱板等物清理干净，以免妨碍交通和钉子扎脚 |
| 3 | 配电变压器起吊前 | 应检查起重设备及其安全装置，重物吊离地面约 10cm 时应暂停检查，确认好后方可正式起吊 |
| 4 | 配电变压器就位时 | 沟、洞要搭设人行跳板，室内所有孔洞要盖有能够承受人体重量的木板或铁板，以防踏空造成施工人员的伤害 |
| 5 | 撬动配电变压器时 | 应有足够的人力，统一指挥，防止倾倒伤人或损坏设备 |
| 6 | 配电变压器基础固定焊接时 | 应有隔热、防火措施，避免烧坏电缆及设备，要有人监护 |

(2) 配电变压器的运行的安全管理。包括配电变压器的故障现象分析及事故处理措施。常见故障及安全措施见表 10 - 9。

**表 10 - 9　配电变压器运行的故障现象及安全措施**

| 序号 | 故障现象 | 安全措施 |
| --- | --- | --- |
| 1 | 当变压器运行声响明显增大，很不均匀，有爆裂声时 | 应汇报上级和有关部门，立即将变压器停运 |

续表

| 序号 | 故障现象 | 安 全 措 施 |
|---|---|---|
| 2 | 变压器有严重破损和放电现象 | 向上级和有关部门汇报，停运变压器 |
| 3 | 变压器冒烟着火 | 立即将变压器停运 |
| 4 | 当发生危及变压器安全的故障，而变压器保护拒动 | 将变压器停运，尽快消除故障 |
| 5 | 当变压器附近的设备着火、爆炸或发生其他异常情况，对变压器构成严重威胁 | 将变压器停运，尽快消除故障 |
| 6 | 变压器温度升高超过允许限度 | 应判明原因采取措施使其降低，其步骤为：<br>(1) 检查变压器的负载和环境温度，并与同一负载和环境温度下的温度核对。<br>(2) 检查变压器的冷却风机的运转是否正常 |

2. 开闭所、配电室配电屏、开关柜作业的安全管理

(1) 开闭所、配电室配电屏、开关柜就位与安装的安全措施见表 10－10。

**表 10－10　　开闭所、配电室配电屏、开关柜就位与安装的安全措施**

| 序号 | 项目 | 安 全 措 施 |
|---|---|---|
| 1 | 配电屏、开关柜应在满足安装条件时 | 方可进行安装，若与土建交叉作业时，应协调双方做好防护措施，以防人身及设备安全 |
| 2 | 配电屏、开关柜起吊前 | 应检查起重设备及其安全装置，重物吊离地面约 10cm 时应暂停检查，确认好后方可正式起吊 |
| 3 | 配电屏、开关柜在安装地点拆箱后 | 应立即将拆箱板等物清理干净，以免妨碍交通和钉子扎脚 |
| 4 | 开关柜就位时 | 沟、洞要搭设人行跳板，室内所有孔洞要盖有能够承受人体重量的木板或铁板，以防踏空造成施工人员的伤害 |
| 5 | 撬动屏、柜时 | 应有足够的人力，统一指挥，防止倾倒伤人或损坏设备 |
| 6 | 对重心偏移一侧的屏、柜，在未安装固定好之前 | 应有防止倾倒的措施。屏、柜安装时需有人扶持，待固定好后，方可松手 |
| 7 | 屏、柜基础焊接时 | 应有隔热、防火措施，避免烧坏电缆及设备，要有人监护 |

(2) 开闭所、配电室作业的安全管理要求见表 10－11。

**表 10－11　　开闭所、配电室作业的安全管理要求**

| 序号 | 项目 | 安全管理要求 |
|---|---|---|
| 1 | 工作前 | 环网柜停电、验电、合上接地刀闸后才能打开柜门工作 |
| 2 | 环网柜部分停电作业时 | 如进线柜或解列点开关柜线路侧有电，进线柜或解列点开关柜应设遮栏，进线柜或解列点开关柜接地刀闸的操作把手插入口应加锁，并悬挂“禁止合闸，有人工作!”的标示牌 |
| 3 | 配电室变压器室内工作时 | (1) 人体与高压设备的有电部分应保持安全距离。<br>(2) 配电变压器柜的柜门应安装完善的防误入带电间隔闭锁装置 |

3. 开闭所10kV开关柜运行的安全管理

开闭所10kV开关柜运行的安全管理包括故障现象分析及事故处理措施。常见故障及安全措施见表10－12。

**表10－12　　开闭所10kV开关柜运行的常见故障及安全措施**

| 序号 | 故障现象 | 安全措施 |
| --- | --- | --- |
| 1 | 断路器的机构“弹簧未储能”信号长时间发出，同时无其他异常信号 | 可能是储能电机电源空气断路器跳闸，应仔细检查二次回路。在检查回路正常后，应将电源空气断路器强送一次，合上电机电源空气断路器，若仍然不能恢复，应及时向上级部门汇报，通知专业人员进行处理 |
| 2 | 断路器的引线连接部位有过热变色现象 | 应加强运行监视，情况严重时，应申请停电处理 |
| 3 | 断路器的支持绝缘子或瓷套管破损，有放电现象 | 应及时向上级部门汇报，申请停电处理 |
| 4 | 真空断路器出现明显声音现象 | 应及时向上级部门汇报，申请停电处理 |

4. 开闭所10kV电流互感器和电压互感器的安全管理

(1) 电流互感器和电压互感器上工作的安全技术要求如下：

1) 所有电流互感器和电压互感器的二次绕组应有一点且仅有一点永久性的、可靠的保护接地。工作中禁止将回路的永久接地点断开。

2) 在带电的电流互感器二次回路上工作时，应采取措施禁止将电流互感器二次侧开路。

3) 带电的电压互感器二次回路上工作时，应采取措施严格防止短路或接地。

4) 二次回路通电或耐压试验前，应通知有关人员，并派人到现场看守，检查二次回路及一次设备上确无人工作后，方可加压。

5) 电压互感器的二次回路通电试验时，为防止由二次侧向一次侧反充电，除应将二次回路断开外，还应取下电压互感器高压熔断器或断开电压互感器一次刀闸。

(2) 开闭所10kV电流互感器运行的安全管理。包括故障现象分析及事故处理措施。常见故障及安全措施见表10－13。

**表10－13　　10kV电流互感器运行的故障现象及安全措施**

| 序号 | 故障现象 | 安全措施 |
| --- | --- | --- |
| 1 | 将运行中的二次回路开路，造成人身及设备事故 | 短路电流互感器二次绕组，应使用短路片或短路线，严禁用导线缠绕 |
| 2 | 工作中误将电流互感器二次侧永久接地点断开 | 工作时，应有专人监护，使用绝缘工具，并站在绝缘垫上 |
| 3 | 电流互感器瓷件外部破损裂纹，有放电痕迹及其他异常 | 加强运行监视，情况严重时，应申请停电处理 |
| 4 | 电流互感器支柱绝缘子或瓷套管破损，有放电现象 | 加强运行监视，情况严重时，应申请停电处理 |

续表

| 序号 | 故障现象 | 安全措施 |
| --- | --- | --- |
| 5 | 电流互感器的引线连接部位有过热变色现象 | 加强运行监视，情况严重时，应申请停电处理 |
| 6 | 在电流互感器与短路端子导线上工作，造成设备异常运行 | 应有严格的安全措施，必要时申请停用有关保护装置、计量装置或安全自动装置 |

(3) 开闭所10kV电压互感器安全运行的安全管理。包括故障现象分析及事故处理措施。常见故障及安全措施见表10－14。

**表10－14　　10kV电压互感器安全运行的常见故障及安全措施**

| 序号 | 故障现象 | 安全措施 |
| --- | --- | --- |
| 1 | 在运行中的电压互感器二次回路上工作，将二次回路短路，造成人身及设备事故 | 应使用绝缘工具，戴绝缘手套。必要时申请停用有关必要时申请停用有关保护装置、计量装置或安全自动装置 |
| 2 | 接临时负载未采取隔离保护措施或工作时误将二次侧安全接地点断开 | 接临时负载，应装有专用的隔离开关（刀闸）和熔断器，工作应有专人监护，严禁将永久接地点断开 |
| 3 | 电压互感器的引线连接部位有过热变色现象 | 加强运行监视，情况严重时，应申请停电处理 |
| 4 | 电压互感器支柱绝缘子或瓷套管破损，有放电现象 | 加强运行监视，情况严重时，应申请停电处理 |
| 5 | 电压互感器瓷件外部破损裂纹，有放电痕迹及其他异常 | 加强运行监视，情况严重时，应申请停电处理 |
| 6 | 电压互感器的二次回路通电试验时，安全措施不牢，造成人身及设备事故 | 为防止由二次回路向一次回路反送电，除应将二次回路断开外，还应取下电压互感器的高压熔断器或断开电压互感器的一次隔离开关（刀闸） |

5. 开闭所继电保护装置的安全管理

开闭所继电保护装置运行的安全管理。包括故障现象分析及事故处理措施。常见故障及安全措施见表10－15。

**表10－15　　继电保护装置运行的常见故障及安全措施**

| 序号 | 故障现象 | 安全措施 |
| --- | --- | --- |
| 1 | 保护装置的工作方式与设备的工作状态不对应，投入的保护装置对设备不能起到保护作用 | 保护装置在投入运行前，应认真检查设备状态 |
| 2 | 保护装置的停、加用没经专业人员操作，有漏投、误投现象，降低了保护装置的可靠性 | 保护装置停、加用操作均由专业人员进行 |
| 3 | 保护装置的停、加用操作方式不正确，有可能造成保护误动的可能 | 保护装置的停用应先停用出口压板，再停用装置电源。加用时先加装置电源，检查装置工作正常后再加出口压板。需要停用保护装置的交流回路时，最后停保护装置的交流回路① |
| 4 | 保护装置的停、加用没核对装置的位置及编号，有误操作现象 | 操作前应核对装置的位置及编号正确，操作完毕后应复核 |

续表

| 序号 | 故障现象 | 安全措施 |
|---|---|---|
| 5 | 停、加用保护装置电源没按规范操作，造成保护装置的误动 | 停、加用保护装置电源时应迅速果断 |
| 6 | 电气设备无保护投入了运行，系统故障造成了设备事故 | 无保护的电气设备严禁投入运行 |
| 7 | 保护装置在10kV开关柜正常运行与检修状态时的加入方式不正确，造成保护装置的拒动、误动 | 10kV开关柜正常运行时应加用“保护跳闸压板”，检修状态时应投“投检修状态压板” |
| 8 | 配电系统的保护装置与所在供电网的保护系统没产生梯级配合，配电系统的故障有造成上级断路器越级跳闸的现象 | 配电系统的保护装置与所在供电网协调一致 |
| 9 | 保护装置及配电系统的停、送电没经电网调度允许，独立操作。造成电网故障或事故 | 开闭所的保护装置及配电系统的停、送电操作，服从电网调度 |

① 交流回路包括交流电压回路、交流电流回路及交流电源回路，为了简洁，此外用交流回路叙述。

6. 检测作业的安全管理

配电系统在继电保护、配电自动化装置、安全自动装置及自动化监控系统检测作业的安全措施见表10-16。

**表10-16　检测作业的安全措施**

| 序号 | 项目 | 安全措施 |
|---|---|---|
| 1 | 现场工作开始前 | 应检查已做的安全措施是否符合要求，运行设备和检修设备之间的隔离措施是否正确完成，工作时还应仔细核对检修设备名称，严防走错位置 |
| 2 | 在全部或部分带电的运行屏（柜）上进行工作时 | 应将检修设备与运行设备以明显的标志隔开 |
| 3 | 工作中需临时停用时 | 工作中需临时停用有关保护装置、配电自动化装置、安全自动装置或自动化监控系统，应向调度申请，方可执行 |
| 4 | 搬运或安放试验设备 | 在继电保护、配电自动化装置、安全自动装置及自动化监控系统屏间的通道上搬运或安放试验设备时，不能阻塞通道，要与运行设备保持一定距离，防止事故处理时通道不畅，防止误碰运行设备，造成相关运行设备继电保护误动作 |
| 5 | 一次通电实验时 | 继电保护、配电自动化装置、安全自动装置及自动化监控系统做传动试验或一次通电试验时，应通知有关人员，并由工作负责人或由其指派专人到现场监视，方可进行 |
| 6 | 检验及检修 | 检验继电保护、配电自动化装置、安全自动装置、自动化监控系统和仪表的工作人员，不准对运行中的设备、信号系统、保护压板进行操作，但在经过许可并在检修工作盘两侧开关把手上采取防误操作措施后，可拉合检修断路器（开关） |
| 7 | 二次回路变动及清扫 | （1）继电保护装置、配电自动化装置、安全自动装置和自动化监控系统的二次回路变动时，应按经审批后的图纸进行，无用的接线应隔离清楚，防止误拆或产生寄生回路。<br>（2）清扫运行设备和二次回路时，要防止振动、防止误碰，要使用绝缘工具 |
| 8 | 二次设备箱体接地及验电 | （1）所有二次设备箱体均应可靠接地且接地电阻应满足要求。<br>（2）作业人员在接触运用中的二次设备箱体前，应检查接地装置是否良好，并用低压验电笔确认其确无电压后，方可接触。<br>（3）当发现二次设备箱体带电时，应查明带电原因，并作相应处理后方可继续工作 |

## 四、配电系统低压配电设备上作业的安全管理

1. 低压配电设备停电作业的安全措施

低压配电设备停电作业的安全措施有：

(1) 将检修设备的各方面电源断开，取下熔断器，在一经合闸即可送电到工作地点的断路器（开关）或隔离开关（刀闸）操作把手上悬挂“禁止合闸，有人工作!”的标示牌。

(2) 工作前应验电。

(3) 电容器柜内工作，应断开电容器的电源、逐相充分放电后，才能进行工作。

2. 低压配电设备停电作业根据需要采取的其他安全措施

低压配电设备停电作业根据需要采取的其他安全措施见表 10－17。

**表 10－17　　低压配电设备停电作业根据需要采取的其他安全措施**

| 序号 | 项目 | 安全措施 |
|---|---|---|
| 1 | 在不停电的低压配电设备上工作 | 作业人员应使用有绝缘柄的工具，穿绝缘鞋和全棉长袖工作服，戴手套、护目镜 |
| 2 | 低压配电设备上工作 | 应防止相间短路或接地短路，并采取有效措施遮蔽有电部分。若无法采取遮蔽措施时，应将影响作业的有电设备停电 |
| 3 | 接触运行中低压配电设备 | 所有低压配电设备金属外壳均应可靠接地且接地电阻满足要求。作业人员在接触运行中低压配电设备前，应检查接地装置是否良好，并用低压验电笔确认其确无电压后，方可接触 |
| 4 | 当发现低压配电设备金属外壳带电 | 应断开上一级电源将其停电，查明带电原因，并作相应处理 |

## 五、配电系统计量、负控装置上作业的安全管理

计量、负控装置作业的安全管理要求见表 10－18。

**表 10－18　　计量、负控装置作业的安全管理要求**

| 序号 | 项目 | 安全管理要求 |
|---|---|---|
| 1 | 计量、负控装置作业 | 应有防止电流互感器二次开路、电压互感器二次短路和防止相间、相对地短路、电弧灼伤的安全措施，作业人员应穿绝缘鞋和全棉长袖工作服，戴手套、护目镜 |
| 2 | 电源侧不停电更换电能表 | 直接接入的电能表应将出线负荷断开。经电流互感器接入的电能表应将电流互感器二次侧短路后进行 |
| 3 | 新装、更换低压单相电能表工作 | 应有明确工作负责人、工作地点、时间、人员分工、工作条件、安全措施（注意事项）的书面要求 |
| 4 | 现场校验及实验 | 现场校验电流互感器、电压互感器应停电进行，试验时应有防止反送电、防止人员触电的安全措施 |
| 5 | 负控装置安装、维护和检修工作 | 负控装置安装、维护和检修工作一般停电进行，如需不停电作业，工作时应有防止误碰运行设备、误分闸和防止短路的措施 |

## 六、配电系统电气试验作业的安全管理

1. 高压试验作业的安全管理措施

高压试验作业的安全措施见表10－19所示。

**表10－19　高压试验作业的安全措施**

| 序号 | 项目 | 安全措施 |
| --- | --- | --- |
| 1 | 配电线路和设备的高压试验 | （1）应填用配电第一种工作票，如同时有检修和试验时，可以填写一张工作票，设备试验前应得到工作负责人的同意。<br>（2）高压试验工作不得少于两人。试验负责人应由有经验的人员担任，开始工作前，试验负责人应向全体试验人员详细布置工作中的安全注意事项，交代邻近间隔、线路设备的带电部位，以及其他安全注意事项 |
| 2 | 试验装置 | （1）试验装置的金属外壳应可靠接地。高压引线应尽量缩短，并采用专用的高压试验线，必要时用绝缘物支持牢固。<br>（2）试验装置的电源开关，应使用明显断开的双极刀闸。为了防止误合刀闸，可在刀刃上加绝缘罩。试验装置的低压回路中应有两个串联电源开关，并加装过载自动跳闸装置。<br>（3）因试验需要断开设备接头时，拆前应做好标记，接后应进行检查 |
| 3 | 试验现场 | 应装设遮栏或围栏，遮栏或围栏与试验设备高压部分应有足够的安全距离，向外悬挂“止步，高压危险！”的标示牌。被试设备不在同一地点时，另一端还应派人看守 |
| 4 | 加压前 | 应认真检查试验接线，使用规范的短路线，表计倍率、量程、调压器零位及仪表的开始状态均正确无误，经确认后，通知所有人员离开被试设备，并取得试验负责人许可，方可加压。加压过程中应有人监护并呼唱 |
| 5 | 加压时 | 高压试验工作人员在全部加压过程中，应精力集中，随时警戒异常现象发生，操作人应站在绝缘垫上 |
| 6 | 变更接线或试验结束时 | 应首先断开试验电源，并将升压设备的高压部分放电、短路接地 |
| 7 | 试验结束后 | 试验人员应拆除自装的接地短路线，并对被试设备进行检查，恢复试验前的状态，经试验负责人复查后，进行现场清理 |

2. 配电系统高压配电设备检测作业的安全措施

配电系统高压配电设备检测作业的安全措施见表10－20。

**表10－20　高压配电设备的检测作业的安全措施**

| 序号 | 项目 | 安全措施 |
| --- | --- | --- |
| 1 | 检测工作 | （1）检测工作一般在良好天气时进行。雷雨天气禁止检测。<br>（2）高压配电设备的检测工作，需要将高压设备停电或做安全措施的，应填用配电第一种工作票。无需将高压设备停电的，应填用配电第二种工作票。<br>（3）低压设备的检测工作，应填用低压工作票 |
| 2 | 测量线路绝缘 | （1）使用绝缘电阻表测量绝缘电阻时，应将被测设备的各方面电源断开，验明无电压，确实证明设备无人工作后，方可进行。<br>（2）在有感应电压的线路上测量绝缘时，应将相关线路停电，方可进行。雷电时，禁止测量线路绝缘 |

续表

| 序号 | 项目 | 安全措施 |
|---|---|---|
| 3 | 测量绝缘电阻 | (1) 测量绝缘电阻用的导线应使用相应的绝缘导线，其端部应有绝缘套。<br>(2) 使用绝缘电阻表测量绝缘电阻时，应将被测设备的各方面电源断开，验明无电压，确实证明设备无人工作后，方可进行。在测量中禁止他人接近被测设备。在测量绝缘前后，应将被测设备对地放电。<br>(3) 在带电设备附近测量绝缘电阻时，测量人员和绝缘电阻表安放的位置应适当，与设备的带电部分保持安全距离，以免绝缘电阻表引线或引线支持物触碰带电部分。移动引线时，应加强监护，防止人员触电 |
| 4 | 测量接地电阻 | 杆塔、配电变压器和避雷器的接地电阻测量工作，可在线路和设备带电的情况下进行。解开或恢复杆塔、配电变压器和避雷器的接地引线时，应戴绝缘手套。禁止直接接触与地断开的接地线。系统有接地故障时不应测量接地电阻 |
| 5 | 动作特性测试 | 进行剩余电流动作保护装置动作特性测试时，应使用专用仪器 |

**注** 检测用的仪器、仪表应保存在干燥的室内，使用前仪器、仪表的表面要擦拭干净。

# 附　　录

## 新建住宅小区供配电系统名词术语

**住宅小区**　经政府有关部门批准，由开发商或单位开发建设的人口居住生活聚居地，包括配套建设的公共服务设施。

**公建设施**　又称公共服务设施。与居住人口规模相对应配套建设的，为住宅小区居民服务和使用的各类设施的总称。简单而言，例如搞房地产开发，除了建商品房外，还要建公建、市政公用设施。

**高层住宅建筑**　10层以上（含10层）、建筑总高度超过24m的住宅建筑。

**建筑面积**　建筑面积亦称建筑展开面积，房屋外墙（柱）勒脚以上各层的外围水平投影面积，包括阳台、挑廊、地下室、室外楼梯等，且具备上盖，结构牢固，层高2.2m以上（含2.2m）的建筑。

**“公变”供电模式**　是指公用变压器供电模式。由建设开发商出资，委托供电企业按公用电力设施标准进行规划建设。一表一户，用户直接由供电企业负责安装IC卡电表、机械表或集抄电子表。IC卡电表用户持电卡直接向供电部门购电，机械表、集抄电子表则由供电企业人工或自动抄表，用户通过银行或供电营业窗口交费。建成后由供电企业进行管理与维护。

**“专变”供电模式**　是指专用变压器供电模式。由房地产开发商自主建设，建设期产权属开发商，一表多户。房屋售出后作为小区内部公用设施，其产权自动归属业主，由业主委托物业公司等中介机构代为管理与维护，并代收电费。供电企业按总表收取电费。

**变电站**　电力系统的一部分，它集中在一个指定的地方，主要包括输电或配电线路开关及控制设备的终端、建筑物和变压器。通常包括电力系统安全和控制所需的设施（例如保护装置）。

**住宅小区配电网**　住宅小区配电网是从城市20kV或10kV电压等级公共配网或变电站20kV或10kV开关间隔接受电能，并通过住宅小区内配电设施就地或逐级配送给住宅小区内各类用户的电力网络。住宅小区配电网包括10kV（20kV）中压和400V低压两部分。住宅小区配电网主要由相关电压等级的架空线路、电缆线路、开闭所、配电房、环网柜等组成。

**配电站**　指10kV及以下交流电源经电力变压器变压后对用电设备供电的设备及其配套建筑物（构筑物）。

**开关站**　指安装有开闭和分配电能作用的高压配电设备（母线上不含配电变压器）及其配套建筑物（构筑物），俗称开闭所。

**箱式变压器电站**　也称预装式或组合式变电站，指由中压开关、配电变压器、低压出线开关、无功补偿装置和计量装置共同安装于一个封闭箱体内的户外配电装置。

**开闭所** 位于电力系统中变电站的下一级，相当于变电站母线的延伸。以相同电压等级向用户供电的开关设备的集合，并且具有出线保护。可用于解决变电站10kV进出线间隔有限或进出线走廊受限，并在区域中起到电源支撑的作用。中压开关站必要时可与配电室合建。开闭所一般两进多出（常用4～6出），只是根据不同的要求，进出线间隔可以设置断路器、负荷开关。必要时可附设配电变压器。

**小区开闭所总所** 小区开闭所总所用于住宅小区内配网线路主干网，起到变电站母线延伸和住宅小区区域内负荷再分配的作用，小区开闭分所、配电房由开闭所总所供电。

小区开闭所分所用于小区支线以及末端客户，起到带居民负荷及住宅小区配电网末端负荷的作用。

**配电室** 指主要为低压用户配送电能，设有中压进线（可有少量出线）、配电变压器和低压配电装置，带有低压负荷的户内配电场所。

**供电半径** 从电源点开始到其供电的最远的负荷点之间的线路的距离，供电半径是指供电线路物理距离而不是空间距离。

**配置系数** 配电变压器的容量（kVA）或低压配电干线馈送容量（kW）与住宅小区用电负荷（kW）之比值，即配电系数 $K_p$＝配电变压器容量（kVA）或配线馈送容量（kW）/用电负荷（kW）。

**小区电力通信系统** 小区电力通信系统是基于小区电力设施与公共配电网设施或通信主站之间电网运行数据传输的各类设备和配套设施，应用于智能配电网中的配网自动化、用电信息采集、智能电表、交互式配网等功能实现。

**配电变压器** 将10kV（20kV）电压变换为380V（220V）电压的配电设备，简称配变。按绝缘材料可分为油浸式配电变压器和干式配电变压器。住宅小区将配电变压器按产权归属分为公用配电变压器和专用配电变压器。设备产权属供电企业的配电变压器称公用配电变压器；设备产权属新建住宅业主的配电变压器称专用配电变压器。

**中压开关** 设有中压配电进出线、对功率进行再分配的配电装置。相当于变电站母线的延伸，可用于解决变电站进出线间隔有限或进出线走廊受限，并在区域中起到电源支撑的作用。开关站内必要时可附设配电变压器。中压指10kV和20kV。

**环网单元** 也称环网柜或开闭器，用于中压电缆线路分段、联络及分接负荷。按结构可分为整体式和间隔式，按使用场所可分为户内环网单元和户外环网单元，户外环网单元安装于箱体中时亦称开闭器。

**环网柜** 用于中压电缆线路分段、联络及分接负荷。指以环网供电单元（断路器、负荷开关和熔断器等）组合成的组合柜，称为环网供电柜，简称环网柜。

**电缆分支箱** 指用于电缆线路的接入和接出，作为电缆线路的多路分支，起输入和分配电能作用的电力设备，简称分支箱。不能用作线路联络或分段。

**母线插接箱** 为了使分接单元与母线干线连接，在母线上所设置的装置或所采取的结构措施。

**电能计量装置** 包括各种类型的电能表、计量用电压、电流互感器及其二次回路、电能计量柜（箱）及辅助设施。

**用电信息采集与管理系统** 指用电信息采集、处理和实时监控系统，能够实现电能数据自动采集、计量异常和电能质量检测、用电分析和管理功能。

**用电信息采集终端** 负责各信息采集点的电能信息的采集、数据管理、数据传输以及执行或转发主站下发的控制命令的设备。用电信息采集终端按应用场所可分为厂站采集终端、专用变压器采集终端、公用变压器采集终端和低压集中抄表终端（包括低压集中器、低压采集器）等类型。

**集中抄表系统** 集中抄表系统是指由主站通过传输媒体（无线、有线、电力线载波等信道或IC卡等介质）将多个电能表电能量的记录值（窗口值）的信息集中抄读的系统。该系统主要由采集用户电能表电能量信息的采集终端（或采集模块）、集中器、信道和主站等设备组成。

**表前端子盒** 指电能表前的分线盒，是一种用电缆向电能表分配电能的户外安装的封闭式成套设备，用于公用低压三相配电系统。

**防护等级** 按标准规定的检验方法，外壳对接近危险部件、防止固体异物进入或水进入所提供的保护程度。以 GB 4208—2008《外壳防护等级（IP代码）》给出的IP代码表示。

**一级供电负荷** 一级供电负荷指中断供电在政治和经济上造成重大损失者。一级负荷是指中断供电将造成人身伤亡，或将损坏主要设备且长期难以修复，或对国民经济带来巨大损失。如大型医院，炼钢厂，石油提炼厂或矿井等。对一级负荷，要求供电系统当线路发生故障停电时，仍保证其连续供电，即双电源供电。

**二级负荷** ①中断供电将在政治、经济上造成较大损失时。如：主要设备损坏、大量产品报废、连续生产过程被打乱需较长时间才能恢复、重点企业大量减产等。②中断供电将影响重要用电单位的正常工作。如：交通枢纽、通信枢纽等用电单位中的重要电力负荷，以及中断供电将造成大型影剧院、大型商场等较多人员集中的重要的公共场所秩序混乱。

**三级负荷** 对供电的可靠性要求不高，只需一路电源供电。但在工程设计时，也要尽量使供电系统简单，配电级数少，易管理维护。

**接地体** 是埋入地中并直接与大地接触的金属导体，专门为接地而人为装设的接地体。

**接地装置** 接地装置是接地线和接地体的总称。是把电气设备或其他物件和地之间构成电气连接的设备。接地装置由接地极（板）、接地母线（户内、户外）、接地引下线（接地跨接线）、构架接地组成。它被用以实现电气系统与大地相连接的目的。与大地直接接触实现电气连接的金属物体为接地极。它可以是人工接地极，也可以是自然接地极。

**接地网** 由若干接地体在大地中相互用接地线连接起来的一个整体，称为接地网。

**“电气地”和对地电压** 把电位等于零的地方称作电气的“地”。电气设备发生某相接地时，其接地部分（接地体、接地线、设备外壳等）与大地电位等于零处的电位差称作接地时的对地电压。

**接触电压和跨步电压** 当接地电流流过接地装置时，在大地表面形成分布电位，如果在地面上离设备水平距离为0.8m的地方与沿设备外壳垂直向上距离为1.8m处的两点被人触及，则人体承受一个电压，这个电压就叫做接触电压。地面上水平距离为 0.8m 的两点有电位差，如果人体两脚接触该两点，则在人体上承受电压，此电压称跨步电压。

**流散电阻和接地电阻** 接地极的对地电压与经接地极流入地中的接地电流之比，称为流散电阻。电气设备接地部分的对地电压与接地电流之比，称为接地装置的接地电阻，即等于接地线的电阻与流散电阻之和。一般因为接地线的电阻甚小，可以略去不计，因此，可认为接地电阻等于流散电阻。

**接地短路与接地短路电流** 电气设备的带电部分与外壳或其他金属器件或直接与大地发生电气连接时，称为接地短路。在发生接地短路时，接地短路点流入地中的电流，称为接地短路电流或接地电流。

**中性点、零点和中性线、零线** 发电机、变压器和电动机的三相绕组星形连接的公共点称为中性点，如果三相绕组平衡，由中性点到各相外部接线端子间的电压绝对值必然相等。如果中性点是接地点，则该点又称为零点。从中性点引出的导线，称作中性线。而从零点引出的导线就称为零线。

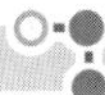

# 参 考 文 献

[1] 甄国涌，商福恭. 电工绝活之电气接地技术. 北京：中国电力出版社，2013.

[2] 刘峰，田宝森. 低压供配电实用技术. 北京：中国电力出版社，2011.

[3] 陆荣华. 物业电工手册. 2 版. 北京：中国电力出版社，2009.

[4] 曹建忠，张学众. 电力生产标准化作业安全措施卡. 北京：中国电力出版社，2003.